普通高等院校“十二五”规划教材
普通高等院校“十一五”规划教材
普通高等院校机械类精品教材

编审委员会

普通高等院校“十二五”规划教材
普通高等院校“十一五”规划教材
普通高等院校机械类精品教材
顾　问　杨叔子　李培根

数控加工工艺与编程

（第二版）

主　编　吴晓光　何国旗　谢剑刚
范超毅
副主编　刘有余　闫占辉　孙　未
姚桂玲　周星元　游达章
参　编　齐洪方　肖小锋　张　链
张　驰　张成俊　邹安阳
主　审　唐小琦

華中科技大学出版社
http://www.hustp.com
中国·武汉

内 容 简 介

本书是根据普通高等院校“十一五”及“十二五”规划教材及普通高等院校机械类精品教材的培养目标和要求编写的。本书内容全面、系统、重点突出，力求体现先进性、实用性。基础理论以“必需、够用、实用”为度，应用实例紧密结合生产实际。全书共8章，主要内容包括数控机床概述、数控刀具及装夹方法、数控加工的切削用量、数控编程基础、数控车床编程、数控铣床编程、加工中心编程、数控加工自动编程等，各章配有大量的实例分析，章末均附有一定数量的思考与练习题，强调教与学、学与练的结合。书中数控加工自动编程一章，通过介绍我国有自主知识产权的CAXA制造工程师2006软件、美国CNC Software公司开发的最新版MasterCAM X软件及由美国UGS(Unigraphics Solutions)公司开发UG软件的造型和加工实例，深入浅出地引导学生学习和掌握交互式CAD/CAM系统的基本功能、使用方法及技巧。

本书既注重先进性又兼顾实用性，既有理论又有实例，可作为大中专院校数控技术、模具设计与制造、机械制造与自动化、机电一体化等专业的课程教材，也可作为数控技术培训教材。同时，还可供从事数控加工的工程技术人员参考。

图书在版编目(CIP)数据

数控加工工艺与编程/吴晓光等主编. —2版. —武汉:华中科技大学出版社,2014.7(2021.7重印)
ISBN 978-7-5680-0275-2

Ⅰ.①数… Ⅱ.①吴… Ⅲ.①数控机床-加工-高等学校-教材 ②数控机床-程序设计-高等学校-教材 Ⅳ.①TG659

中国版本图书馆CIP数据核字(2014)第170935号

数控加工工艺与编程(第二版) 吴晓光 等 主编

策划编辑:俞道凯
责任编辑:刘 勤
责任校对:周 娟
封面设计:潘 群
责任监印:张正林
出版发行:华中科技大学出版社(中国·武汉) 电话:(027)81321913
武汉市东湖新技术开发区华工科技园 邮编:430223
录 排:华中科技大学惠友文印中心
印 刷:武汉市邮科印务有限公司
开 本:787mm×960mm 1/16
印 张:18.25 插页:2
字 数:390千字
版 次:2010年2月第1版 2021年7月第2版第6次印刷
定 价:36.00元

“爆竹一声除旧，桃符万户更新。”在新年伊始，春节伊始，“十一五规划”伊始，来为“普通高等院校机械类精品教材”这套丛书写这个“序”，我感到很有意义。

近十年来，我国高等教育取得了历史性的突破，实现了跨越式的发展，毛入学率由低于10%达到了高于20%，高等教育由精英教育而跨入了大众化教育。显然，教育观念必须与时俱进而更新，教育质量观也必须与时俱进而改变，从而教育模式也必须与时俱进而多样化。

以国家需求与社会发展为导向，走多样化人才培养之路是今后高等教育教学改革的一项重要任务。在前几年，教育部高等学校机械学科教学指导委员会对全国高校机械专业提出了机械专业人才培养模式的多样化原则，各有关高校的机械专业都在积极探索适应国家需求与社会发展的办学途径，有的已制定了新的人才培养计划，有的正在考虑深刻变革的培养方案，人才培养模式已呈现百花齐放、各得其所的繁荣局面。精英教育时代规划教材、一致模式、雷同要求的一统天下的局面，显然无法适应大众化教育形势的发展。事实上，多年来许多普通院校采用规划教材就十分勉强，而又苦于无合适教材可用。

“百年大计，教育为本；教育大计，教师为本；教师大计，教学为本；教学大计，教材为本。”有好的教材，就有章可循，有规可依，有鉴可借，有道可走。师资、设备、资料(首先是教材)是高校的三大教学基本建设。

“山不在高，有仙则名。水不在深，有龙则灵。”教材不在厚薄，内容不在深浅，能切合学生培养目标，能抓住学生应掌握的要言，能做到彼此呼应、相互配套，就行，此即教材要精、课程要精，能精则名、能精则灵、能精则行。

华中科技大学出版社主动邀请了一大批专家，联合了全国几十个应用型机械专业，在全国高校机械学科教学指导委员会的指导下，保证了当前形势下机械学科教学改革的发展方向，交流了各校的教改经验与教材建设计划，确定了一批面向普通高等院校机械学科精品课程的教材编写计划。特别要提出的，教育质量观、教材质量观必须随高等教育大众化而更新。大众化、多样化决不是降低质量，而是要面向、适应与满足人才市场的多样化需求，面向、符合、激活学生个性与能力的多样化特点。"和而不同"，才能生动活泼地繁荣与发展。脱离市场实际的、脱离学生实际的一刀切的质量不仅不是"万应灵丹"，而是"千篇一律"的桎梏。正因为如此，为了真正确保高等教育大众化时代的教学质量，教育主管部门正在对高校进行教学质量评估，各高校正在积极进行教材建设，特别是精品课程、精品教材建设。也因为如此，华中科技大学出版社组织出版普通高等院校应用型机械学科的精品教材，可谓正得其时。

我感谢参与这批精品教材编写的专家们！我感谢出版这批精品教材的华中科技大学出版社的有关同志！我感谢关心、支持与帮助这批精品教材编写与出版的单位与同志们！我深信编写者与出版者一定会同使用者沟通，听取他们的意见与建议，不断提高教材的水平！

特为之序。

中国科学院院士

教育部高等学校机械学科指导委员会主任

杨叔子

2006.1

第二版前言

制造自动化技术是先进制造技术中的重要组成部分，其核心技术是数控技术。从20世纪中叶数控技术出现以来，数控机床给机械制造业带来了革命性的变化。数控机床的特点及应用范围使其成为国民经济和国防建设的重要装备。

进入21世纪，我国制造业在世界上所占的比重越来越大，随着我国逐渐成为"世界制造业中心"进程的加快，社会急需大批既懂得企业需求的产品设计、又能熟悉并掌握数控加工及数控编程的工程技术人才。为了适应数控技术和国民经济发展的需要，以及高等工科院校的教学要求，在教育部机械学科教学指导委员会的指导下，遵循为我国普通高等院校机械专业编写精品教材的思路，参考了大量国内外资料，结合多年来的教学实践经验、科研成果及积累的典型的数控加工工艺分析及编程实例，并根据目前企业、高校教学广泛应用与学习的CAD/CAM自动编程软件和数控技术及应用专业方向的教学改革，编写了这本教材。本书取材新颖，力求反映数控技术和数控加工工艺与编程的基本知识、加工方法、手段与最新加工技术成就，书中本着基础理论以"必需、够用、实用"为度，应用实例紧密结合生产实际为原则。目前国内广泛应用的华中数控、北京数控和广州数控等数控系统，都是在FANUC系统的基础上结合我国国情开发的，因此，本书以华中数控系统为例介绍数控铣床编程指令的应用。

本次改版时注重充实工程实例，使本书更接近实际零件加工编程，对初学者具有较大帮助，学生通过启发式的实例学习，解决零件的工艺分析及编程问题。

本书可作为高等工科院校数控技术、模具设计与制造、机械制造与自动化、机电一体化等专业的课程教材，也可作为数控技术培训教材。同时，还可供从事数控加工的工程技术人员参考。

本书共分为8章。第1章介绍数控机床的组成、工作原理、分类和发展及技术水平。第2章介绍数控刀具及其装夹方法，包括数控机床常用的刀具种类、数控可转位刀片、数控刀具的选择、数控刀具的装夹方法等。第3章介绍数控加工的切削用量选择，包括数控车削的切削用量选择、数控铣削的切削用量选择、加工中心的切削用量选择。第4章介绍数控编程基础，包括数控系统的指令代码、常见功能指令的编程方法与举例等。第5章介绍数控车床编程及应用举例。第6章介绍数控铣床编程及应用举例。第7章介绍加工中心编程及应用举例。第8章介绍自动编程，包括CAXA制造工程师数控加工自动编程、MasterCAM X数控自动编程和UG数控自动编程。

参加本书编写的有武汉纺织大学吴晓光、周星元、肖小锋、张链、张驰、张成俊、邹安阳，湖南工业大学何国旗，武汉科技大学谢剑刚，江汉大学范超毅，安徽工程大学刘有余，长春工程学院闫占辉，成都理工大学孙未，湖北第二师范学院姚桂玲，湖北工业大学游达章，武汉理工大学华夏学院齐洪方。全书由吴晓光、何国旗、谢剑刚、范超毅担任主编，刘有余、闫占辉、孙未、姚桂玲、周星元、游达章担任副主编，华中科技大学唐小琦教授任全书主审。吴晓光负责并完成了全书的统稿工作。

本书在编写过程中，参阅了以往其他版本的同类教材，同时参阅了有关工厂和科研院所的一些教材、资料和文献，并得到许多同行专家教授的支持和帮助，在此衷心致谢。

由于编者水平有限，时间仓促，书中难免有错误和不妥之处，望读者和同仁提出宝贵意见。

编　者

2014年8月1日

目　　录

第1章　绪论 …… (1)
1.1　数控机床的产生及特点 …… (1)
1.2　数控机床的组成及分类 …… (4)
1.3　数控加工的定义、内容及特点 …… (9)
1.4　数控机床的发展趋势 …… (12)
思考与练习题 …… (16)
第2章　数控刀具及装夹方法 …… (17)
2.1　概述 …… (17)
2.2　刀具种类 …… (18)
2.3　数控可转位刀片 …… (19)
2.4　数控刀具的选择 …… (22)
2.5　数控刀具的装夹方法 …… (31)
思考与练习题 …… (34)
第3章　数控加工的切削用量 …… (35)
3.1　数控加工的切削基础 …… (35)
3.2　数控车削机床的切削用量 …… (44)
3.3　数控铣削加工的切削用量 …… (48)
3.4　加工中心的切削用量 …… (50)
思考与练习题 …… (53)
第4章　数控编程基础 …… (55)
4.1　概述 …… (55)
4.2　数控编程的基础 …… (58)
思考与练习题 …… (88)
第5章　数控车床编程 …… (89)
5.1　概述 …… (89)
5.2　数控车床的刀具补偿 …… (91)
5.3　简化编程功能指令 …… (97)
5.4　数控车床加工编程实例 …… (116)
思考与练习题 …… (132)

第6章　数控铣床编程……(135)
6.1　数控铣床编程基础 ……(135)
6.2　数控铣床编程指令 ……(155)
6.3　数控铣削加工程序的实例 ……(174)
思考与练习题……(197)
第7章　加工中心编程……(200)
7.1　概述 ……(200)
7.2　加工中心加工工艺方案的制定 ……(204)
7.3　加工中心的程序编制基础 ……(210)
7.4　加工中心综合编程实例 ……(212)
思考与练习题……(223)
第8章　数控加工自动编程……(225)
8.1　CAXA制造工程师数控加工自动编程 ……(225)
8.2　MasterCAM X数控自动编程 ……(244)
8.3　UG数控自动编程 ……(257)
思考与练习题……(279)
附录……(281)
附录A　FANUC数控系统铣削G代码指令系列 ……(281)
附录B　FANUC数控系统车削G代码指令系列……(282)
附录C　FANUC数控系统M代码指令系列 ……(283)
参考文献……(284)

第1章 绪 论

数控机床是一种以数字量作为指令信息形式，通过数字逻辑电路或计算机控制的机床。它综合运用了机械、微电子、自动控制、信息、传感测试、电力电子、计算机、接口和软件编程等多种现代技术，是典型的机电一体化产品。

数控机床具有较强的适应性和广泛的通用性，能获得较高的加工精度和稳定的加工质量，具有较高的生产效率，能改善劳动条件，减轻劳动强度，便于现代化生产管理。

数控机床自从20世纪50年代问世以来，发展迅速，在发达国家的机床工业总产值中已占大部分，其使用范围已从小批量生产扩展到大批量生产的领域。

1.1 数控机床的产生及特点

1.1.1 数控机床的产生

科学技术和社会生产的不断发展，使得机械制造技术发生了深刻的变化，机械产品的结构越来越合理，其性能、精度和效率日趋提高，因此对加工机械产品的生产设备提出了三高（高性能、高精度和高自动化）的要求。

在机械产品中，单件和小批量产品占到70％～80％。由于这类产品的生产批量小，品种多，一般都采用通用机床加工。当产品改型时，加工所用的机床与工艺装备均需作相应地变换和调整，而且通用机床的自动化程度不高，基本上由人工操作，难于提高生产效率和保证产品质量。实现这类产品生产的自动化成为了机械制造业中长期未能解决的难题。

为了解决大批大量生产的产品（如汽车零件、摩托车零件、家用电器零件等）的高产优质问题，以前多采用专用机床、组合机床、专用自动化机床及专用自动生产线和自动化车间进行生产。但是应用这些专用生产设备，生产周期长，产品改型不易，因而新产品的开发周期增长，生产设备使用的柔性很差。

现代机械产品的一些关键零部件，如造船、航天、航空、机床及国防部门的产品零件，往往都精密复杂，加工批量小，改型频繁，显然不能在专用机床或组合机床上加工。而借助靠模和仿形机床，或者借助划线和样板用手工操作的方法来加工，加工精度和生产效率受到很大的限制。特别是空间复杂的曲线曲面，在普通机床上根本无法实现。

为了解决上述问题，一种新型的数字程序控制机床应运而生，它极其有效地解决了上述一系列矛盾，为单件、小批量生产，特别是复杂型面零件提供了自动化加工手段。数控机床的研制始于20世纪40年代末。1952年,美国PARSONS公司与麻省理工学院(MIT)合作研制了第一台三坐标立式数控铣床。该机床的研制成功是机械制造行业中的一次技术革命,使机械制造业的发展进入了一个新的阶段。

在第一台数控机床问世至今的60多年中,随着微电子技术的迅猛发展,数控系统也在不断地更新换代,先后经历了电子管(1952年)、晶体管和印刷电路板(1960年)、小规模集成电路(1965年)、小型计算机(1970年)、微处理器或微型计算机(1974年)和基于PC-NC的智能数控系统(20世纪90年代后)等六代数控系统。

前三代数控系统是属于采用专用控制计算机的硬逻辑(硬线)数控系统,简称(NC,numerical control),目前已被淘汰。

第四代数控系统采用小型计算机取代专用控制计算机,数控的许多功能由软件来实现,不仅在经济上更为合算,而且提高了系统的可靠性和功能特色,故这种数控系统又称为软线数控,即计算机数控系统(CNC,computer numerical control)。1974年,出现以微处理器为核心的数控系统,形成第五代微型机数控系统(MNC,micro-computer numerical control)。以上CNC与MNC统称为计算机数控。CNC和MNC的控制原理基本上相同,目前趋向采用成本低、功能强的MNC。

由于CNC数控系统生产厂家自行设计其硬件和软件,这种封闭式的专用系统具有不同的软硬件模块、不同的编程语言、五花八门的人机界面、多种实时操作系统、非标准化接口等,不仅给用户带来了使用上和维修上的复杂性,还给车间物流层的集成带来了很大困难。因此现在发展了基于PC-NC的第六代数控系统,它充分利用现有PC机的软、硬件资源,规范设计新一代数控系统。

在数控系统不断更新换代的同时,数控机床的品种也得到不断地发展。自1952年世界上出现第一台三坐标数控机床以来,先后研制成功了数控转塔式冲床、数控转塔钻床。1958年,美国K&T公司研制出带自动换刀装置的加工中心(MC,machining center)。随着CNC技术、信息技术、网络技术及系统工程学的发展,在20世纪60年代末期出现了由一台计算机直接管理和控制一群数控机床的计算机群控系统,即直接数字控制系统(DNC,direct numerical control)。1967年,出现了由多台数控机床连接成可调加工系统,这就是最初的柔性制造系统(FMS,flexible manufacturing system)。1978年以后,各种加工中心相继问世。以1～3台加工中心为主体,再配上自动更换工件(AWC,automated work piece change)的随行托盘(pallet)或工业机器人,以及自动检测与监控技术装备,组成柔性制造单元(FMC,flexible manufacturing cell)。自20世纪90年代后,出现了包括市场预测、生产决策、产品设计与制造和销售等全过程均由计算机集成管理和控制的计算机集成制造系统(CIMS,computer integrated manufacturing system),它将一个制造工厂的生产活动进行有机的集成,以实现更高效益、更高柔性的智能化生产。综上所述,数控机床已经成为组成现代化机械制造生产系统，实现计算机辅助设计(CAD，computer aided design)、计算机辅助制造(CAM，computer aided manufacturing)、计算机辅助检验(CAT，computer aided testing)与生产管理等全部生产过程自动化的基础。

我国数控机床的研制始于1958年。到20世纪60年代末20世纪70年代初，已经研制出一些晶体管式的数控系统并用于生产，如数控线切割机床、数控铣床等。但数控机床的品种和数量都很少，稳定性和可靠性也比较差，只在一些复杂的、特殊的零件加工中使用。这是我国数控机床发展的初级阶段。

目前，我国数控机床生产企业有100多家，年产量增加到1万多台，品种满足率达80%，并在有些企业实施了FMS和CIMS工程，表明数控机床进入了实用阶段。

在数控机床全面发展的同时，数控技术在其他机械行业中也得以迅速发展，数控激光与火焰切割机、数控压力机、数控弯管机、数控绘图机、数控冲剪机、数控坐标测量机、数控雕刻机等数控机床得到了广泛的应用。

1.1.2 数控机床的特点

数控机床是一种高效能自动化加工设备。与普通机床相比，数控机床具有如下特点。

(1) 适应性强　数控机床是根据数控工作要求编制的数控程序来控制设备执行机构的各种动作，当数控工作要求改变时，只需改变数控程序软件，而不需改变机械部分和控制部分的硬件，就能适应新的工作要求。因此，生产准备周期短，有利于机械产品的更新换代。

(2) 精度高，质量稳定　数控机床本身的精度较高，还可以利用软件进行精度校正和补偿，数控机床加工零件是按数控程序自动进行，可以避免人为的误差。因此，数控机床可以获得比普通设备更高的加工精度，尤其提高了同批零件生产的一致性，产品质量稳定。

(3) 生产效率高　数控机床上可以采用较大的运动用量，有效地节省了运动工时。还有自动换速、自动换刀和其他辅助操作自动化等功能，而且无需工序间的检验与测量，故使辅助时间大为缩短。

(4) 能完成复杂型面的加工　许多复杂曲线和曲面的加工，普通机床无法实现，而数控机床完全可以完成。

(5) 减轻劳动强度，改善劳动条件　由于数控机床是自动完成，许多动作不需操作者进行，因此劳动条件和劳动强度大为改善。

(6) 有利于生产管理　采用数控机床，有利于向计算机控制和管理的生产方向发展，为实现制造和生产管理自动化创造了条件。

1.2 数控机床的组成及分类

1.2.1 数控机床的组成

数控机床通常由以下几部分组成,其原理框图如图 1-1 所示。

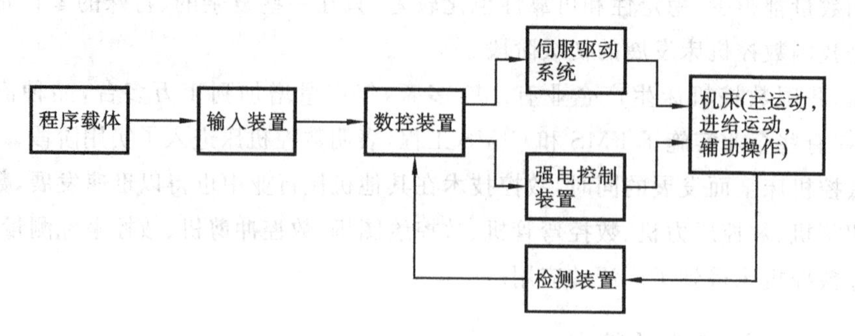

图 1-1 数控机床的组成

1. 程序载体

对数控机床进行控制,首先必须在人与机床之间建立某种联系,这种联系的中间媒介物称为程序载体(或称控制介质)。在程序载体上存储着被加工零件所需要的全部几何信息和工艺信息。这些信息是在对加工工件进行工艺分析的基础上确定的,它包括工件在机床坐标系内的相对位置、刀具与工件相对运动的坐标参数、工件加工的工艺路线和顺序、主运动和进给运动的工艺参数及各种辅助操作。用标准的由字母、数字和符号构成的代码,按规定的格式编制工件的加工程序单,再按程序单制作穿孔带、磁带等多种程序载体,用手工直接输入方式将程序输入到数控系统中。编程工作可以由人工进行,也可以由计算机辅助编程系统完成。操作者根据数控工作要求编制数控程序,并将数控程序记录在程序介质(如穿孔纸带、磁带、磁盘等)上。

2. 输入装置

输入装置的作用是将程序载体上的数控代码信息转换成相应的电脉冲信号传送至数控装置的内存储器。根据制作存储介质的不同,输入装置可以是光电阅读机、磁带机或软盘驱动器等。数控机床加工程序也可通过键盘用手工方式直接输入数控系统,还可由编程计算机用 RS-232C 接口或采用网络通信方式传送到数控系统中。

零件加工程序输入过程有两种不同的方式:一种是边读入边加工(数控系统内存较小时);另一种是一次将零件加工程序全部读入数控装置内部的存储器上,加工时再从内部存储器逐段调出进行加工。

3. 数控装置

数控装置是数控机床的核心。数控装置从内部存储器中取出或接收输入装置送来的一段或几段数控加工程序,经过数控装置的逻辑电路或系统软件进行编译、运算和逻辑处理后,输出各种控制信息和指令,控制机床各部分的工作,使其进行规定的有序运动和动作。

零件的轮廓往往由直线、圆弧或其他非圆弧曲线组成,刀具在加工过程中必须按零件形状和尺寸的要求进行运动,即按轮廓轨迹移动。由于输入的零件加工程序只能是各线段轨迹的起点和终点坐标值等数据,不能满足要求,因此要进行轨迹插补,也就是在线段的起点和终点坐标值之间进行“数据点的密化”,求出一系列中间点的坐标值,并向相应坐标输出脉冲信号,控制各坐标轴(即进给运动的各执行元件)的进给速度、进给方向和进给位移量等。

4. 强电控制装置

强电控制装置的主要功能是接受数控装置所控制的内置式可编程控制器(PLC)输出的主轴变速、换向、启动或停止,刀具的选择和更换,分度工作台的转位和锁紧,工件的夹紧或松夹,切削液的开或关等辅助操作的信号,经功率放大直接驱动相应的执行元件(如接触器、电磁阀等),从而实现数控机床在加工过程中的全部自动操作。

5. 伺服控制装置

伺服控制装置接受来自数控装置的位置控制信息,将其转换成相应坐标轴的进给运动和精确定位运动。由于伺服控制装置是数控机床的最后控制环节,它的伺服精度和动态响应特性将直接影响数控机床的生产效率、加工精度和表面加工质量。

目前,常用的伺服驱动器件有功率步进电动机、直流伺服电动机和交流伺服电动机等。交流伺服电动机具有良好的性价比,成为首选购伺服驱动器件。除了三大类的电动机以外,伺服控制装置还必须包括相应的驱动电路。

伺服电动机与脉冲编码器的组合构成了较理想的半闭环伺服系统,已被广泛采用。

6. 机床

与传统的普通机床相比,数控机床在整体布局、外部造型、主传动系统、进给传动系统、刀具系统、支承系统和排屑系统等方面有着很大的差异。这些差异是为了更好地满足数控技术的要求,并充分适应数控加工的特点。数控技术通常在机床的精度、静刚度、动刚度和热刚度等方面提出了更高的要求,而传动链则要求尽可能的简单。因此,必须建立数控机床设计的新概念。

数控程序经数控装置的输入接口输入到数控装置中,控制系统按数控程序控制该设备执行机构的各种动作或运动轨迹,达到规定的工作结果。图 1-2 所示为数控机床的一般工作原理图。

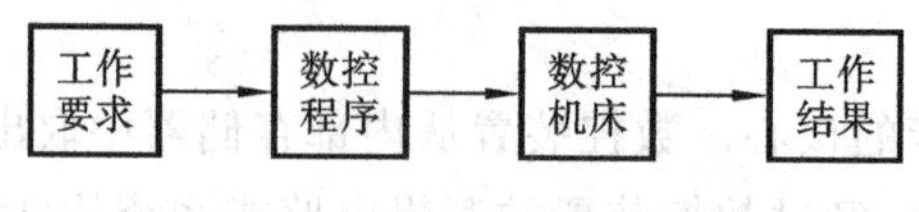

图 1-2　数控机床的工作原理

1.2.2　数控机床的分类

数控设备的种类很多,各行业都有自己的数控设备和分类方法。在机床行业,数控机床通常从以下不同角度进行分类。

1. 按工艺用途分类

目前,数控机床的品种规格已达500多种,按其工艺用途可以划分为以下四大类。

(1) 金属切削类　指采用车、铣、镗、钻、铰、磨、刨等各种切削工艺的数控机床。它又可分为两类。

① 普通数控机床　普通数控机床一般指在加工工艺过程中的一个工序上实现数字控制的自动化机床,有数控车、铣、钻、镗及磨床等。普通数控机床在自动化程度上还不够完善,刀具的更换与零件的装夹仍需人工来完成。

② 数控加工中心　数控加工中心 MC 是带有刀库和自动换刀装置的数控机床。在加工中心上,可使零件一次装夹后,实现多道工序的集中连续加工。加工中心的类型很多,一般分为立式加工中心、卧式加工中心和车削加工中心等。加工中心由于减少了多次安装造成的定位误差,所以提高了零件各加工面的位置精度,近年来发展迅速。

(2) 金属成形类　指采用挤、压、冲、拉等成形工艺的数控机床,常用的有数控弯管机、数控压力机、数控冲剪机、数控折弯机、数控旋压机等。

(3) 特种加工类　主要有数控电火花线切割机、数控电火花成形机、数控激光与火焰切割机等。

(4) 测量、绘图类　主要有数控绘图机、数控坐标测量机、数控对刀仪等。

2. 按控制运动的方式分类

(1) 点位控制数控机床　这类机床只控制机床运动部件从一点移动到另一点的准确定位,在移动过程中不进行切削,对两点间的移动速度和运动轨道没有严格控制。为了减少移动时间和提高终点位置的定位精度,一般先快速移动,当接近终点位置时,再以低速准确移动到终点,以保证定位精度。这类数控机床有数控钻床、数控坐标镗床、数控冲床等。

(2) 直线控制数控机床　直线控制数控机床可控制刀具或工作台以适当的进给速度,沿着平行于坐标轴的方向进行直线移动和切削加工,进给速度根据切削条件可在一定范围内变化。

直线控制的简易数控车床只有两个坐标轴,可加工阶梯轴。直线控制的数控铣床有三个坐标轴，可用于平面的铣削加工。现代组合机床采用数控进给伺服系统，驱动动力头沿带有多轴箱的轴向进给进行钻镗加工，它也算是一种直线控制数控机床。

数控镗铣床、加工中心等机床，它们的各个坐标方向的进给运动的速度能在一定范围内进行调整，兼有点位和直线控制加工的功能，这类机床应该称为点位/直线控制的数控机床。

(3) 轮廓控制数控机床　轮廓控制数控机床能够对两个或两个以上的位移及速度进行连续相关的控制，使合成的平面或生成的运动轨迹能满足零件轮廓的要求。它不仅能控制机床移动部件的起点与终点坐标，而且能控制整个加工轮廓每一点的速度和位移，将工件加工成要求的轮廓形状。

常用的数控车床、数控铣床和数控磨床就是典型的轮廓控制数控机床。数控火焰切割机、电火花加工机床及数控绘图机等也采用了轮廓控制系统。轮廓控制系统的结构要比点位/直线控制系统更为复杂，在加工过程中需要不断进行插补运算，然后进行相应的速度和位移控制。

现代计算机数控装置的控制功能均由软件实现，增加轮廓控制功能不会带来成本的增加。因此，除少数专用控制系统外，现代计算机数控装置都具有轮廓控制功能。

3. 按驱动装置的特点分类

(1) 开环控制数控机床　图 1-3 所示为开环控制数控机床的系统框图。这类控制的数控机床的控制系统没有位置检测元件，伺服驱动部件通常为反应式步进电动机或混合式伺服步进电动机。数控系统每发出一个进给指令，经驱动电路功率放大后，步进电动机旋转一个角度，再经过齿轮减速装置带动丝杆旋转，通过丝杠螺母机构转换为移动部件的直线位移。移动部件的移动速度或位移量是由输入脉冲的频率或脉冲数所决定的。此类数控机床的信息流是单向的，即进给脉冲发出后，实际移动值不再反馈回来，所以称为开环控制数控机床。

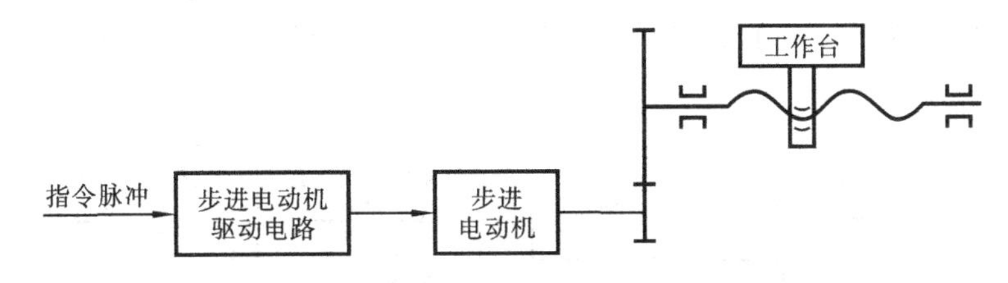

图 1-3　开环控制数控机床的系统框图

开环控制系统的数控机床结构简单，成本较低。但是，系统对移动部件的实际位移量不进行监测，也不能进行误差校正。因此，步进电动机的失步、步距角误差、齿轮与丝杠等传动误差都将影响被加工零件的精度。开环控制系统仅适用于加工精度要求不高的中小型数控机床，特别是简易经济型数控机床。

(2) 闭环控制数控机床　闭环控制数控机床是在机床移动部件上直接安装直线位移

检测装置,直接对工作台的实际位移进行检测,将测量的实际位移值反馈到数控装置中,与输入的指令位移值进行比较,用差值对机床进行控制,移动部件按照实际需要的位移量启动,最终实现移动部件的精确运动和定位。从理论上讲,闭环控制系统的运动精度主要取决于检测装置的检测精度,与传动链的误差无关,因此其控制精度高。图1-4所示为闭环控制数控机床的系统框图。图中A为速度传感器,C为直线位移传感器。当位移指令值发送到位置比较电路时,若工作台没有移动,则没有反馈量,指令值使得伺服电动机转动,通过A将速度反馈信号送到速度控制电路,通过C将工作台实际位移量反馈回去,在位置比较电路中与位移指令位的值相比较,用比较后得到的差值进行位置控制,直至差值为零时停止。这类控制的数控机床,因把机床工作台纳入了控制环节,故称为闭环控制数控机床。

闭环控制数控机床的定位精度高,但调试和维修都较困难,系统复杂,成本较高。

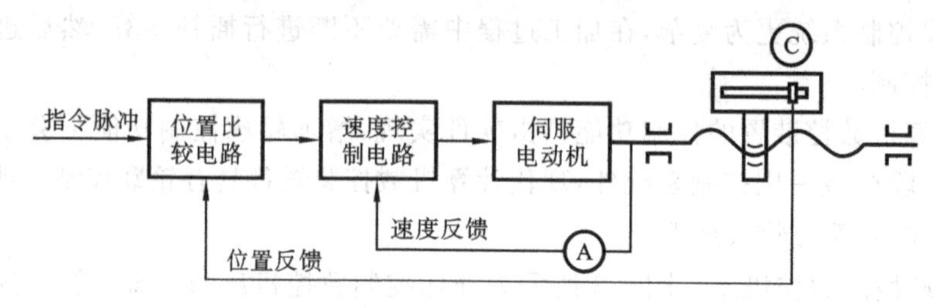

图1-4　闭环控制数控机床的系统框图

(3) 半闭环控制数控机床　半闭环控制数控机床是在伺服电动机的轴或数控机床的传动丝杠上装有角位移电流检测装置(如光电编码器等),通过检测丝杠的转角间接地检测移动部件的实际位移,然后反馈到数控装置中去,并对误差进行修正。图1-5所示为半闭环控制数控机床的系统框图。图中A为速度传感器,B为角度传感器。通过A和B可间接检测伺服电动机的转速,从而推算出工作台的实际位移量,将此值与指令值进行比较,用差值来实现控制。由于工作台没有被包括在控制回路中,故而称为半闭环控制数控机床。

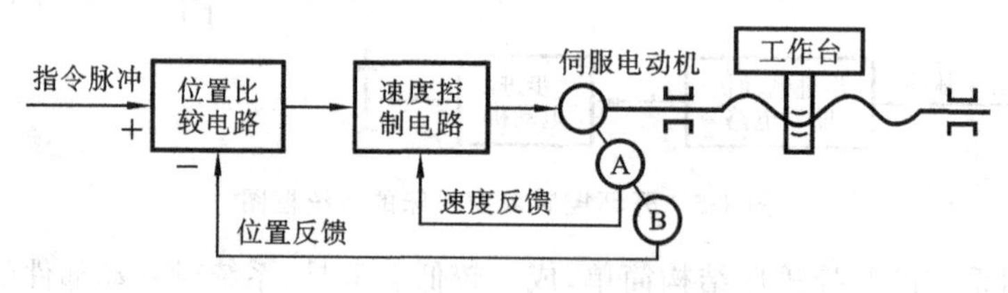

图1-5　半闭环控制数控机床的系统框图

半闭环控制数控系统调试比较方便,并且具有很好的稳定性。目前大多将角度检测装置和伺服电动机设计成一体,使结构更加紧凑。

(4) 混合控制数控机床　将以上三类数控机床的特点结合起来,就形成了混合控制数控机床。混合控制数控机床特别适用于大型或重型数控机床，因为大型或重型数控机床需要较高的进给速度与相当高的精度，其传动链惯量与力矩大，如果只采用闭环控制，机床传动链和工作台全部置于控制闭环中，闭环调试比较复杂。混合控制系统又分为两种形式。

① 开环补偿型 图 1-6 所示为开环补偿型控制方式。它的基本控制选用步进电动机的开环伺服机构，另外附加一个校正电路，用装在工作台的直线位移测量元件的反馈信号校正机械系统的误差。

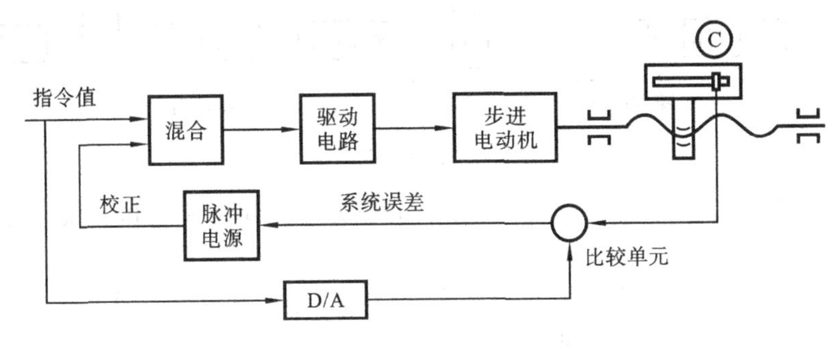

图 1-6 开环补偿控制方式

② 半闭环补偿型 图 1-7 所示为半闭环补偿型控制方式。它是用半闭环控制方式取得高精度控制，再用装在工作台上的直线位移测量元件实现全闭环修正，以获得高速度与高精度的统一。其中 A 为速度传感器（如测速发电机），B 为角度传感器，C 为直线位移传感器。

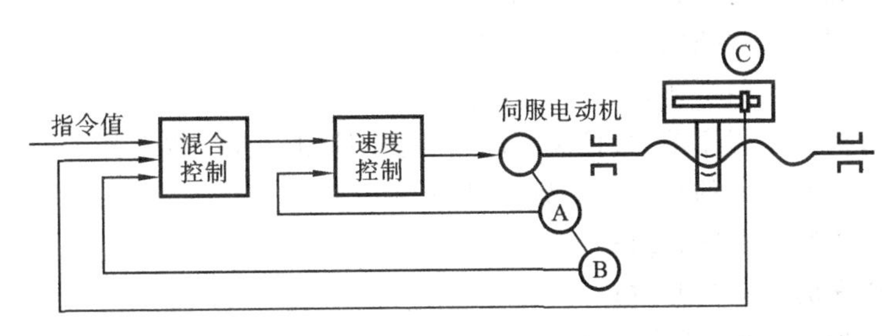

图 1-7 半闭环补偿控制方式

1.3 数控加工的定义、内容及特点

1.3.1 数控加工的定义

数控加工是指在数控机床上进行自动加工零件的一种工艺方法。数控机床加工零件时，将编制好的零件加工数控程序输入到数控装置中，再由数控装置控制机床主运动的变速、启停、进给运动的方向、速度和位移大小，以及其他诸如刀具选择交换、工件夹紧松开和冷却润滑的启停等动作，使刀具与工件及其他辅助装置严格地按照数控程序规定的顺序、路程和参数进行工作，从而加工出形状、尺寸与精度符合要求的零件。数控加工流程如图 1-8 所示。

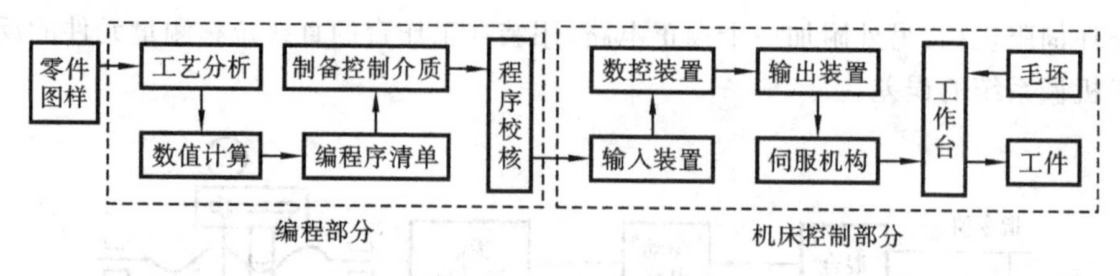

图 1-8　数控加工流程

从图 1-8 可以看出，数控加工过程总体上可分为数控程序编制和机床加工控制两大部分。

数控机床的控制系统一般都能按照数字程序指令控制机床实现主轴自动启停、换向和变速，能自动控制进给速度、方向和加工路线进行加工，能选择刀具并根据刀具尺寸调整吃刀量及行走轨迹，能完成加工中所需要的各种辅助动作。

1.3.2　数控加工的内容

一般来说，数控加工主要包括以下方面的内容：

(1) 选择并确定零件的数控加工内容；

(2) 对零件图进行数控加工的工艺分析；

(3) 设计数控加工的工艺；

(4) 编写数控加工程序单(数控编程时，需对零件图形进行数学处理；自动编程时，需进行零件 CAD、刀具路径的产生和后置处理)；

(5) 按程序单制作程序介质；

(6) 数控程序的校验与修改；

(7) 首件试加工与现场问题处理；

(8) 数控加工工艺技术文件的定型与归档。

1.3.3　数控加工的特点

数控机床以其精度高、效率高和能适应小批量多品种复杂零件的加工等优点，在机械加工中得到日益广泛的应用。概括起来，数控机床的加工有以下几方面的优点。

1. 适应性强

适应性即所谓的柔性，是指数控机床随生产对象变化而变化的适应能力。在数控机床上改变加工零件时，只需重新编制程序，输入新的程序后就能实现对新的零件的加工，而不需改变机械部分和控制部分的硬件，且生产过程是自动完成的。这就为复杂结构零件的单件、小批量生产，以及试制新产品提供了极大的方便。适应性强是数控机床最突出的优点，也是数控机床得以产生和迅速发展的重要原因。

2. 精度高、质量稳定

数控机床是按数字形式给出的指令进行加工的，一般情况下工作过程不需要人工干预，这就消除了操作者人为产生的误差。在设计制造数控机床时，采取了许多措施，使数控机床的机械部分达到了较高的精度和刚度。数控机床工作台的移动当量普遍达到0.01～0.000 1 mm，而用进给传动链的反向间隙与丝杠螺距误差等均可由数控装置进行补偿，高档数控机床采用光栅尺进行工作台移动的闭环控制。数控机床的加工精度由过去的±0.01 mm提高到现在的±0.005 mm，甚至更高。20世纪90年代中期，定位精度已达到±(0.002～0.005)mm。此外，数控机床的传动系统与机床结构都具有很高的刚度和热稳定性。通过补偿技术，数控机床可获得比本身精度更高的加工精度，特别是提高同一批零件生产的一致性，加工质量稳定，产品合格率高。

3. 生产效率高

零件加工所需的时间主要包括机动时间和辅助时间两部分。数控机床主轴的转速和进给量的变化范围比普通机床大，因此每一道工序都可选用最有利的切削用量。数控机床结构刚度好，允许进行大切削用量的强力切削，提高了数控机床的切削效率，节省了机动时间。数控机床的移动部件空行程运动速度快，工件装夹时间短，刀具可自动更换，辅助时间比普通机床大大减少。

数控机床更换被加工零件时几乎不需要更新调整机床，节省了零件安装调整时间。数控机床加工质量稳定，一般只进行首件检验和工序间关键尺寸的抽样检验，节省了停机检验时间。在加工中心的机床上加工时，一台机床可实现多道工序的连续加工，生产效率的提高更为显著。

4. 能实现复杂的运动

普通机床难以实现或无法实现轨迹为三次方以上的曲线或曲面的运动，如螺旋桨、汽轮机叶片之类的空间曲面；数控机床则可实现几乎是任意轨迹的运动和加工任何形状的空间曲面，适用于复杂异形零件的加工。

5. 良好的经济效益

数控机床虽然设备昂贵，加工时分摊到每个零件上的设备折旧费较高，但在单件、小批量生产的情况下，使用数控机床加工可节省划线工时，减少调整、加工和检验时间，节省直接生产费用。数控机床加工零件一般不需制作专用夹具，节省了工艺装备费用。数控机床加工精度稳定，减小了废品率，使生产成本进一步下降。此外，数控机床可实现一机多用，节省厂房面积和建厂投资。因此，使用数控机床可获得良好的经济效益。

6. 有利于生产管理的现代化

数控机床使用数字信息与标准代码处理、传递信息，特别是在数控机床上使用计算机控制，为计算机辅助设计、制造及管理一体化奠定了基础。

1.4 数控机床的发展趋势

数控机床是综合应用了现代最新科技成果而发展起来的新型机械加工机床。60 多年来，数控机床在品种、数量、加工范围与加工精度等方面有了惊人的发展，大规模集成电路和微型计算机的发展和完善，使数控机床的价格逐年下降，而精度和可靠性都大大提高。

数控机床不仅表现为数量迅速增长，而且在质量、性能和控制方式上也有明显改善。目前，数控机床正朝着以下几个方面发展。

1.4.1 数控机床结构的发展

数控机床加工工件时，完全根据计算机发出的指令自动进行加工，不允许频繁测量和手动补偿，这就要求机床结构具有较高的静刚度与动刚度，同时要提高结构的热稳定性，提高机械进给系统的刚度并消除其中的间隙，消除爬行。这样可以避免振动、热变形、爬行和间隙的影响，从而提高被加工工件的精度。

同时数控机床由普通数控机床向数控加工中心发展。加工中心可使多道工序集中在一台机床上完成，减少了机床数量，压缩了半成品库存量，减少了工序的辅助时间，提高了生产效率和加工质量。

继数控加工中心出现之后，又出现了由数控机床、工业机器人(或工件交换机)和工件台架组成的加工单元，工件的装卸、加工实现全自动化控制，如图 1-9 所示。

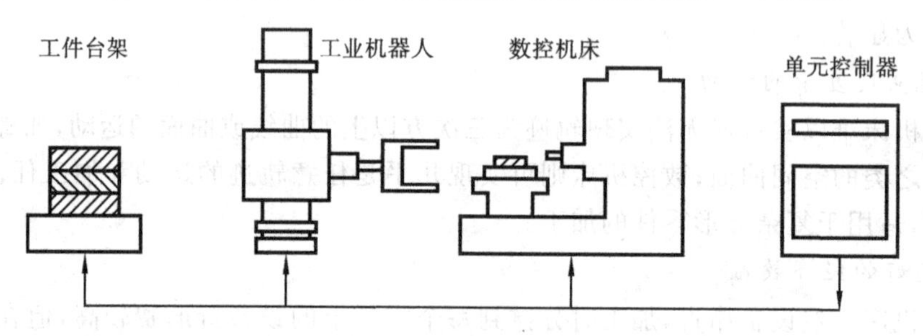

图 1-9 加工单元示意图

为实现工件自动装卸，以镗铣床为基础的数控加工中心可使用两个交换工作台。一个工作台加工工件时，另一个工作台由工人装夹待加工的工件，在计算机控制下，自动地把待加工工件送去加工，并自动卸下加工好的工件，工件由自动输送车搬运，如图 1-10 所示。如果这种加工中心有较多的交换工作台，便可实现长时间无人看管加工。这种形式的数控机床称为柔性制造单元(FMC)。

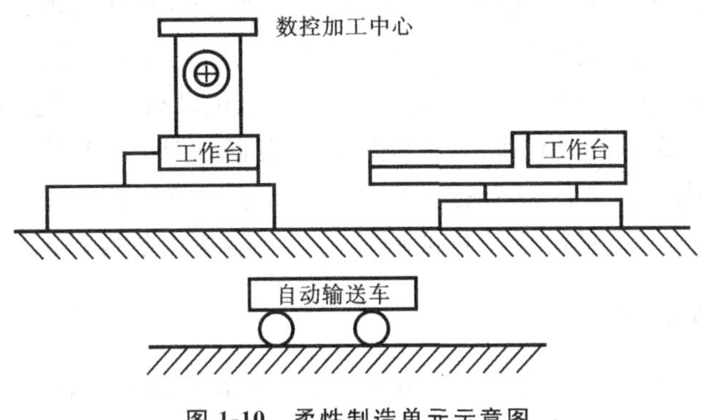

图 1-10 柔性制造单元示意图

1.4.2 计算机控制性能的发展

目前，数控系统大都采用多个微处理器(CPU)组成的微型计算机作为数控装置(CNC)的核心，因而数控机床的功能大大增强。但随着人们对数控机床的精度和进给速度要求进一步提高，对计算机的运算速度的要求就更高。现在计算机控制系统使用的 16 位 CPU 已不能满足这种要求，所以国外各大公司竞相开发 32 位微处理器的计算机数控系统。这种控制系统更像通用的计算机，可以使用硬盘作为外存储器并且允许使用高级语言编程，例如，使用 C 语言和 PASCAL 语言编程。

计算机数控系统还可含有可编用控制器(PLC)，可完全代替传统的继电器逻辑控制，取消了庞大的电气控制箱。

1.4.3 伺服驱动系统的发展

最早的数控机床采用步进电动机和液压转矩放大器(又称电液脉冲马达)作为驱动电动机。

功率型步进电动机出现后，因为功率较大，可直接驱动机床，使用方便，逐渐取代了电液脉冲马达。

20 世纪 60 年代初期，美国和欧洲采用液压伺服系统。同期，日本首先研制出一种新型小惯量直流伺服电动机，其动态响应快，不亚于液压伺服系统。同时，用来驱动直流伺服电动机的大功率晶闸管整流器的价格下降，所以，在 20 世纪 60 年代中后期，数控机床上普遍采用小惯量直流伺服电动机。

小惯量直流伺服电动机最大的特点是转速高，用于机床进给驱动时，必须使用齿轮减速箱。为了省去齿轮箱，20世纪70年代，美国盖梯茨(Gettys Co)公司首先成功研制出大惯量直流伺服电动机，又称宽调速直流伺服电动机，可以直接与机床的丝杠相连。目前，许多数控机床都是使用大惯量直流伺服电动机。

直流伺服电动机结构复杂，经常需要维修。20世纪80年代初期，美国通用电气公司成功研制出笼型异步交流伺服电动机。交流伺服电动机的优点是没有电刷，避免了滑动摩擦，运转时无火花，进一步提高了可靠性。交流伺服电动机也可以直接与滚珠丝杠相互连接，调速范围与大惯量直流伺服电动机相近。根据统计，欧美日近年生产的数控机床，采用交流伺服电动机进行调速的达80%以上，采用直流伺服电动机的所占比例不足20%。可以看出，交流伺服电动机的调速系统已经成为数控机床的主要调速方法。

1.4.4 自适应控制

闭环控制的数控机床主要监控机床和刀具的相对位置或移动轨迹的精度。数控机床严格按照编制的加工程序自动进行加工，但是有一些因素(如工件加工余量不一致，工件的材料质量不均匀，刀具磨损等引起的切削的变化，以及加工时温度的变化等)在编制程序时无法准确考虑，往往根据可能出现的最坏情况估算，这样就没有充分发挥数控机床的能力。如果能在加工过程中，根据实际参数的变化值，自动改变机床切削进给量，使数控机床能适应任一瞬间的变化，始终保持在最佳加工状态，这种控制方法称为自适应控制方法，图1-11所示的是自适应控制结构框图。其工作过程是通过各种传感器测得加工过程中参数的变化信息，并将这些信息传送到自适应控制器，与预先存储的有关数据进行比较分析，然后发出校正指令送到数控装置，自动修正程序中的有关数据。

计算机控制装置为自适应控制提供了物质条件，只要在传感器检测技术方面有所突破，数控机床的自适应能力必将大大提高。

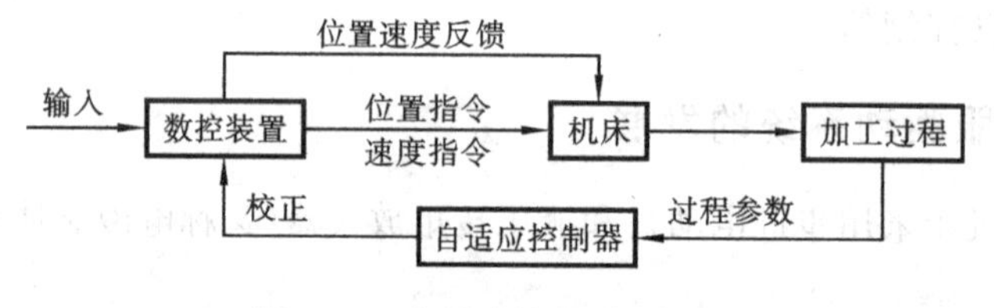

图1-11　自适应控制结构框图

1.4.5 计算机群控

计算机群控可以简单地理解为，用一台大型通用计算机直接控制一群机床，简称DNC系统。根据机床群与计算机连接方式的不同，可以分为间接型、直接型和计算机网络三种。

间接型DNC是使用主计算机控制每台数控机床，加工程序全部存放在主计算机内，加工工件时，由主计算机将加工程序分别送到每台数控机床的数控装置中，每台数控机床还保留插补运算等控制功能。

在直接型 DNC 中，机床群中每台机床不再安装数控装置，只有一个由伺服驱动电路和操作面板组成的机床控制器。加工过程所需要的插补运算等功能全部集中，由主计算机完成。这种系统内的任何一台数控机床都不能脱离主计算机单独工作。

计算机网络 DNC 系统，该系统使用计算机网络协调各个数控机床工作，最终可以将该系统与整个工厂的计算机连成网络，形成一个较大的、较完整的制造系统。

1.4.6 柔性制造系统(FMS)

柔性制造系统是一种把自动化加工设备、物流自动化加工处理和信息流自动处理融为一体的智能化加工系统。进入 20 世纪 80 年代之后，柔性制造系统得到迅速发展。

柔性制造系统由三个基本部分组成，如图 1-12 所示。

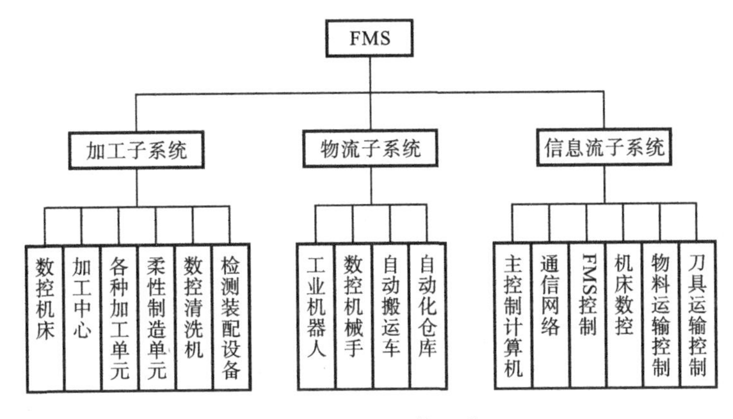

图 1-12 FMS 的组成

本章重点、难点及知识拓展

本章重点：数控系统的组成及分类。

本章难点：数控原理。

知识拓展：在了解数控技术发展历史的基础上，理解数控机床与现代机械制造系统之间的关系和发展数控机床的必要性，并到实验室了解数控机床的组成。

思考与练习题

1-1　数控机床的加工特点有哪些？

1-2　数控机床由哪些部分组成？各组成部分有什么作用？

1-3　数控机床加工工艺方法分类有哪几种？

1-4　什么是闭环控制系统？

1-5　自适应控制与普通闭环控制有何区别？

1-6　什么是计算机群控？

1-7　柔性制造系统由哪些基本部分组成？

第 2 章　数控刀具及装夹方法

2.1　概　　述

近几年来，数控机床的制造及使用已有很大的发展。为适应数控机床加工精度高、加工效率高、加工工序集中及零件装夹次数少等要求，数控机床对所用的刀具有许多性能上的要求。

2.1.1　高切削效率

当前，机床已向高速、高刚度和大功率发展，车床和车削中心的主轴转速都在 8 000 r/min 以上，加工中心的主轴转速一般都在 15 000～20 000 r/min，还有 40 000 r/min 和 60 000 r/min 的。切削速度由 200～300 m/min 提高到 500～600 m/min，甚至将提高到 800～1 000 m/min。因此，现代刀具必须具有能够承受高速切削和强力切削的性能。现在辅助工时因自动化而大大减少，刀具切削效率的提高，将能提高产量并明显降低成本。因此，在数控加工中应尽量使用优质高效刀具。

2.1.2　高刀具精度和重复定位精度

现在高精密加工中心，加工精度可以达到 3～5 μm，刀具的精度、刚度和重复定位精度必须和这样高的加工精度相适应。另外，刀具的刀柄与快换夹头间或与机床锥孔之间的连接应有较高的制造、定位精度。所加工的零件日益复杂和精密，这就要求刀具必须具备较高的形状精度。对数控机床上所用的整体式刀具也提出了较高的精度要求，有些立铣刀其径向尺寸精度高达 5 μm，以满足精密零件的加工需要。

2.1.3　高可靠性和耐用度

在数控机床上为了保证产品质量，对刀具实行强迫换刀或由数控系统对刀具寿命进行管理，所以，刀具工作的可靠性已上升为选择刀具的关键指标。数控机床上所用的刀具为满足数控加工及对难加工材料加工的要求，刀具材料应具有高的切削性能和高的刀具耐用度。不但其切削性能要好，而且一定要性能稳定，同一批刀具在切削性能和刀具寿命方面不得有较大差异，以免在无人看管的情况下，因刀具先期磨损或破损造成加工工件的大量报废甚至损坏机床。

2.1.4 实现刀具尺寸的预调和快速换刀

刀具结构应能预调尺寸,以达到很高的重复定位精度。如果数控机床采用人工换刀,则使用快换夹头。对于有刀库的加工中心,则实现自动换刀。

2.1.5 具有一个比较完善的工具系统

配备完善、先进的工具系统是用好数控机床的重要一环。如果数控机床采用人工换刀,则模块式工具系统能更好地适应多品种零件的生产,且有利于工具的生产、使用和管理,能有效地减少使用的工具储备。

2.1.6 建立刀具管理系统

在加工中心和柔性制造系统出现后,刀具管理相当复杂。刀具数量大,要求对全部刀具进行自动识别并记忆其规格尺寸、存放位置、已切削时间和剩余切削时间等,还需要管理刀具的更换、运送、刀具的刃磨和尺寸预调等。

2.1.7 应有刀具在线监控及尺寸补偿系统

该系统用以解决刀具损坏时能及时判断、识别并补偿,防止工件出现废品或意外事故。

2.2 刀具种类

数控机床加工时都必须采用数控刀具,数控刀具主要是指数控车床、数控铣床、加工中心等机床上所使用的刀具。随着数控机床结构、功能的发展,现在数控机床所使用的刀具,不是普通机床所采用的那样“一机一刀”的模式,而是多种不同类型的刀具同时在数控机床的主轴(刀盘)上轮换使用,以达到自动换刀的目的。因此“数控刀具”的含义应从广义上理解为“数控工具系统”。数控刀具按不同的分类方式可分成几类。

2.2.1 按数控刀具结构分类

(1) 整体式　由整块材料磨制而成,使用时可根据不同用途将切削部分修磨成所需要的形状。

(2) 镶嵌式　它分为焊接式和机夹式。机夹式又根据刀体结构的不同,分为不转位和可转位两种。

(3) 减振式　当刀具的工作臂长度与直径比大于4时,为了减少刀具的振动,提高加工精度,所采用的一种特殊结构的刀具,主要用于镗孔。

(4) 内冷式　为了减少刀具的振动，提高加工精度，所采用的刀具的切削冷却液通过机床主轴或刀盘传递到刀体内部，由喷孔喷射到切削刃部位。

(5) 特殊形式　包括强力夹紧、可逆攻螺纹、复合刀具等。

目前，数控刀具主要采用机夹可转位刀具。

2.2.2 按数控刀具制作材料分类

(1) 高速钢刀具　目前，国内外应用比较普遍的高速钢刀具材料以 WMo、WMoAl、WMoCo 为主，其中 WMoAl 是我国所特有的品种。

(2) 硬质合金刀具　硬质合金是以高硬度难熔金属的碳化物微米级粉末为主要成分，以钴(Co)或镍(Ni)、钼(Mo)为黏结剂，在真空炉或氢气还原炉中烧结而成的粉末冶金制品，其高温碳化物含量远远高于高速钢，所以在数控机床加工中为主要刀具材料。

另外，对于少部分难以加工的材料，如淬火钢、耐热钢等，目前，主要采用陶瓷、立方氮化硼和聚晶金刚石等材料制作刀具。

2.2.3 按数控刀具切削工艺分类

(1) 车削刀具　外圆车刀、端面车刀和成形车刀等。

(2) 钻削刀具　普通麻花钻、可转位浅孔钻、扩孔钻等。

(3) 镗削刀具　单刃镗刀、双刃镗刀、多刃组合镗刀等。

(4) 铣削刀具　面铣刀、立铣刀、键槽铣刀、模具铣刀、成形铣刀等。

2.2.4 按数控机床工具系统分类

(1) 整体式工具系统。

(2) 模块化式工具系统。

2.3 数控可转位刀片

2.3.1 可转位刀片代码

从刀具的材料应用方面看，数控机床刀具材料主要是各类硬质合金；从刀具的结构方面看，数控机床主要采用镶嵌式机夹可转位刀片的刀具。因此，对硬质合金可转位刀片的运用是数控机床操作者必须了解的内容之一。

选用机夹式可转位刀片，首先要了解可转位刀片型号表示规则、各代码的含义。按国际标准 ISO 1832：1985，可转位刀片的代码表示方法是由 10 位字符串组成的，其排列如下。

1 2 3 4 5 6 7 8 —9 10

其中每一位字符串代表刀片某种参数的意义：

1——刀片的几何形状及其夹角；

2——刀片主切削刃后角(法后角)；

3——公差，表示刀片内接圆 d 与厚度 s 的精度级别；

4——刀片形式、紧固方法或断屑槽；

5——刀片边长、切削刃长；

6——刀片厚度；

7——修光刃，刀尖圆角半径 r 或主偏角 κ_r 或修光刃后角 α_n；

8——切削刃状态，尖角切削刃或倒棱切削刃；

9——进刀方向或倒刃宽度；

10——各刀具公司的补充符号或倒刃角度。

一般情况下，第 8 位和第 9 位的代码，在有要求时才填写。此外，各公司可以另外添加一些符号，用一字线将其与 ISO 代码相连接(如—PF 代表断屑槽型)。可转位刀片用于车、铣、钻、镗等不同的加工方式，其代码的具体内容也略有不同，每一位字符参数的具体含义可参考各公司的刀具样本。

2.3.2 可转位刀片的断屑槽槽型

为满足切削能断屑及排屑流畅、加工表面质量好、切削刃耐磨等综合性要求，可转位刀片制成各种断屑槽槽型。目前，我国标准 GB/T2080—2007 中所表示的槽形为 V 形断屑槽，槽宽 V_0 为小于 1 mm、V_1 为 1 mm、V_2 为 2 mm、V_3 为 3 mm、V_4 为 4 mm 等五种。各刀具制造公司都有自己的断屑槽槽型，选择具体断屑槽代号可参考各公司刀具样本。例如，日本三菱公司可根据被加工材料的不同性质及切削范围，提供最适合车削加工的断屑槽类型。

2.3.3 可转位刀片的夹紧方式

可转位刀片的刀具由刀片、定位元件、夹紧元件和刀体所组成，为了使刀具能达到良好的切削性能，对刀片的夹紧方式有如下基本要求：

(1) 夹紧可靠，不允许刀片松动或移动；

(2) 定位准确，确保定位精度和重复精度；

(3) 排屑流畅，有足够的排屑空间；

(4) 结构简单，操作方便，制造成本低，转位动作快，换刀时间短。

常见的可转位刀片的夹紧方式有以下几种，如图 2-1 所示。通常采用偏心销式、杆销式、L 形杠杆式、上压式、楔销式、复合式等。

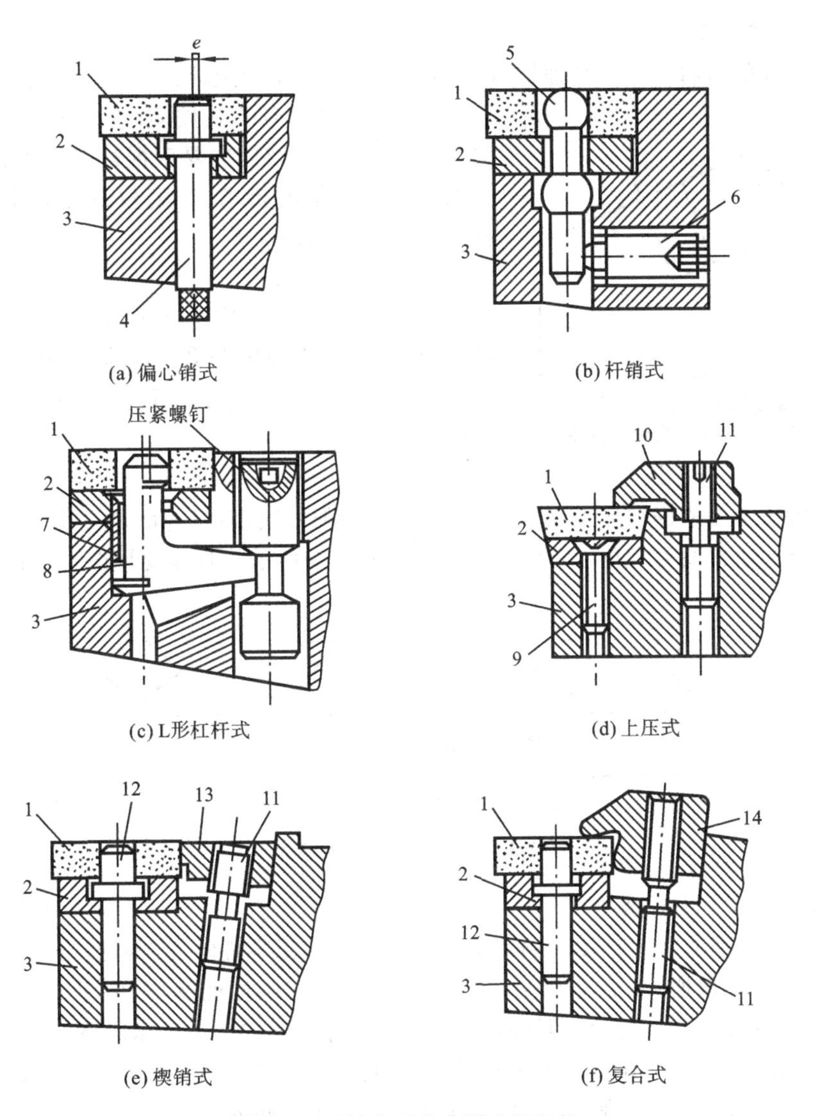

图 2-1 可转位刀片典型夹紧机构

1—刀片；2—刀垫；3—刀体；4—偏心销；5—杠销；6—顶压螺钉；7—弹簧套；8—杠杆；9—固定螺钉；10—爪形压板；11—双头螺钉；12—定位销；13—楔块；14—特殊楔块

2.3.4 可转位刀片的选择

根据被加工零件的材料、表面粗糙度要求和加工余量等条件来决定刀片的类型。这里主要介绍车削加工中刀片的选择方法，其他切削加工的刀片也可参考。

1. 刀片材料的选择

车刀刀片的材料主要有高速钢、硬质合金、涂层硬质合金、陶瓷、立方氮化硼和金刚石等。其中,应用最多的是硬质合金和涂层硬质合金刀片。选择刀片材料,主要依据被加工工件的材料、被加工表面的精度要求、切削载荷的大小及切削过程中有无冲击和振动等。

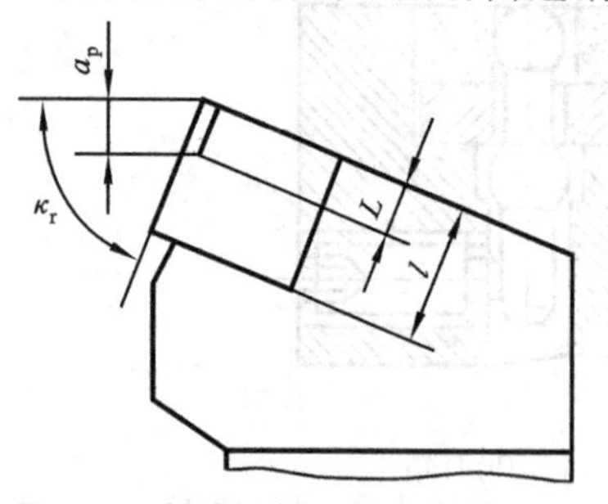

图 2-2 有效切削刃长度 L 与背吃刀量 a_p 和主偏角 κ_r 的关系

2. 刀片尺寸的选择

刀片尺寸的大小取决于必要的有效切削刃长度 L,有效切削刃长度与背吃刀量 a_p 和主偏角 κ_r 有关,如图 2-2 所示。使用时可查阅有关刀具手册选取。

3. 刀片形状的选择

刀片形状主要依据被加工工件的表面形状、切削方法、刀具寿命及刀片的转位次数等因素来选择。通常的刀尖角度影响加工性能如图 2-3 所示。具体使用时可查阅有关刀具手册选取。

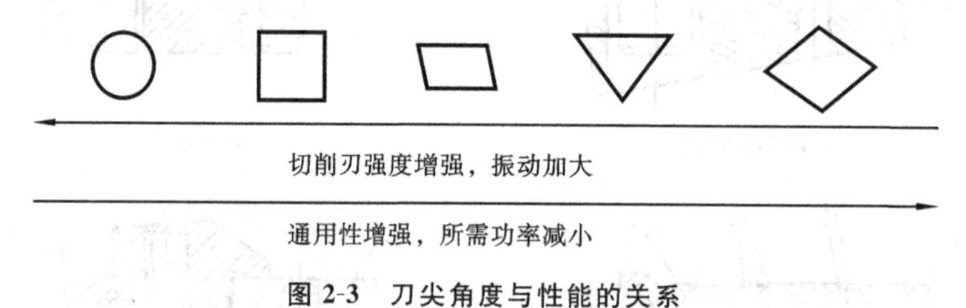

图 2-3 刀尖角度与性能的关系

4. 刀片的刀尖半径选择

刀尖圆弧半径的大小直接影响刀尖的强度及被加工零件的表面粗糙度。刀尖圆弧半径大,表面粗糙度值增大,切削力增大且易产生振动,切削性能变坏,但刀刃强度增加,刀具前后刀面磨损减少。通常在切深较小的精加工、细长轴加工、机床刚度较差的情况下,选用刀尖圆弧应较小;而在需要刀刃强度高、工件直径大的粗加工中,选用刀尖圆弧应大。国家标准 GB 2077—1987 规定,刀尖圆弧半径的尺寸系列为 0.2 mm、0.4 mm、0.8 mm、1.2 mm、1.6 mm、2.0 mm、2.4 mm、3.2 mm。刀尖圆弧半径一般适宜选取进给量的 2～3 倍。

2.4 数控刀具的选择

数控机床与普通机床相比较,对刀具提出了更高的要求,不仅要精度高、刚度高、装夹调整方便,而且要求切削性能强、耐用度高。因此,数控加工中刀具的选择是非常重要的内容。刀具选择合理与否不仅影响机床的加工效率，而且还直接影响加工质量。选择刀具通常要考虑机床的加工能力、工序内容、工件材料等多种因素。数控机床刀具按装夹、转换方式主要分为两大系统：一种是车削系统，另一种是镗铣削系统。车削系统由刀片（刀具）、刀体、接柄（或柄体）、刀盘所组成；镗铣削系统由刀片（刀具）、刀杆（或柄体）、主轴或刀片（刀具）、工作头、连接杆、主柄、主轴所组成。前者为整体式工具系统，后者为模块式工具系统。车削系统的刀具主要是刀片的选取，在2.3节中已作介绍，本节将重点介绍镗铣削系统刀具的选择方法。

2.4.1　选择数控刀具通常应考虑的因素

因为机床种类、型号、工件材料的不同及其他因素的影响，因而得到的加工效果也不相同。选择刀具应考虑的因素归纳起来应为：

(1) 被加工工件的材料及性能，如金属、非金属等不同材料，材料的硬度、耐磨性、韧度等；

(2) 切削工艺的类别，有车、钻、铣、镗或粗加工、半精加工、精加工、超精加工等；

(3) 被加工工件的几何形状、零件精度、加工余量等因素；

(4) 要求刀具能承受的背吃刀量、进给速度、切削速度等切削参数；

(5) 其他因素，如操作间断时间、振动、电力波动或突然中断等。

2.4.2　数控铣削刀具的选择

1. 铣刀类型的选择

铣刀类型应与被加工工件尺寸与表面形状相适应。加工较大的平面应选择面铣刀；加工凸台、凹槽及平面零件轮廓应选择立铣刀；加工毛坯表面或粗加工孔可选用镶硬质合金的玉米铣刀；曲面加工常采用球头铣刀，但加工曲面较平坦的部位应采用环形铣刀；加工空间曲面、模具型腔或凸模成形表面等多选用模具铣刀；加工封闭的键槽选择键槽铣刀；选用鼓形铣刀、锥形铣刀可加工类似飞机上的变斜角零件的变斜角面。图2-4所示为各种数控铣刀的形状。

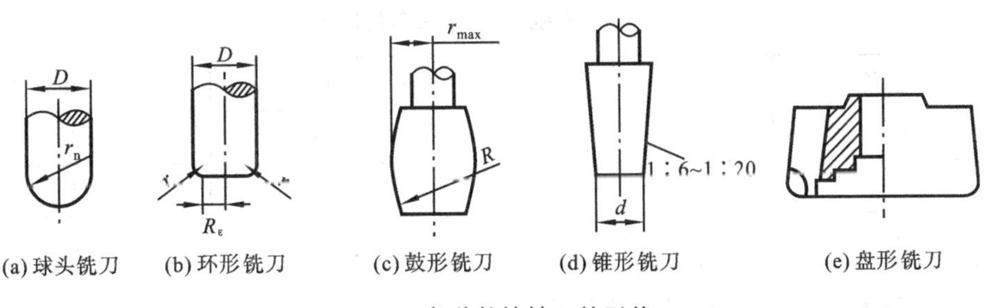

图2-4　各种数控铣刀的形状

2. 铣刀参数的选择

数控铣床上使用最多的是可转位面铣刀和立铣刀,因此,这里重点介绍面铣刀和立铣刀参数的选择。

1) 面铣刀主要参数的选择

标准可转位面铣刀直径为16～630 mm。粗铣时,铣刀直径要小些,因为粗铣切削力大,选小直径铣刀可减小切削扭矩。精铣时,铣刀直径要大些,尽量包容工件整个加工宽度,以提高加工精度和效率,并减小相邻两次进给之间的接刀痕迹。

根据工件的材料、刀具材料及加工性质的不同来确定面铣刀几何参数。由于铣削时有冲击,故前角数值一般比车刀的略小,尤其是硬质合金面铣刀,前角要更小些。铣削强度和硬度高的材料可选用负前角。前角的具体数值可参考表2-1进行选择。铣刀的磨损主要发生在后刀面上,因此适当加大后角,可减少铣刀磨损。常取α_0为5°～12°,工件材料软时取大值,工件材料硬时取小值;粗齿铣刀取小值,细齿铣刀取大值。铣削时冲击力大,为了保护刀尖,硬质合金面铣刀的刃倾角常取λ_s为－15°～－5°。只有在铣削强度低的材料时,取λ_s为5°。主偏角κ_r在45°～90°范围内选取,铣削铸铁常用45°,铣削一般钢材常用75°,铣削带凸肩的平面或薄壁零件时要用90°。

表2-1　面铣刀前角的选择　　单位:(°)

工件材料 / 刀具材料	钢	铸　铁	黄铜、青铜	铝　合　金
高速钢	10～20	5～15	10	25～30
硬质合金	－15～15	－5～5	4～6	15

2) 立铣刀主要参数的选择

根据工件材料和铣刀直径选取前、后角都为正值,其具体数值可参考表2-2。为了使端面切削刃有足够的强度,在端面切削刃前刀面上一般磨有棱边,其宽度为0.4～1.2 mm。前角为6°。

表2-2　立铣刀前角、后角的选择

工件材料	铣刀直径/mm	前　角/(°)	后　角/(°)
钢	<10	10～20	25
铸铁	10～20	10～15	20
铸铁	>20	10～15	16

按下述推荐的经验数据,选取立铣刀的有关尺寸参数,如图2-5所示。

(1) 刀具半径r应小于零件内轮廓面的最小曲率半径ρ,一般取$r=(0.8\sim0.9)\rho$。

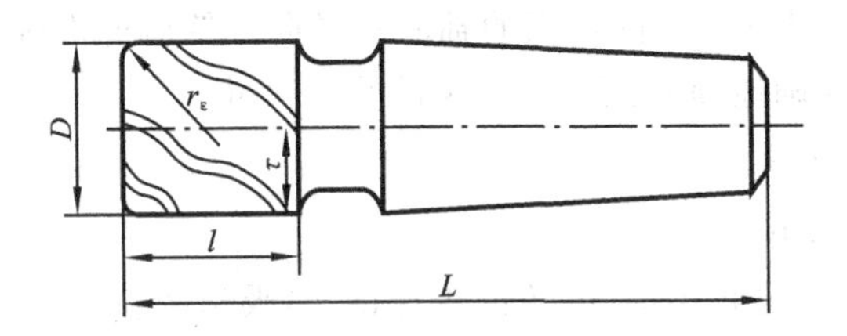

图 2-5　立铣刀的有关尺寸参数

(2) 零件的加工高度 $H\leqslant\left(\frac{1}{4}\sim\frac{1}{6}\right)r$，以保证刀具有足够的刚度。

(3) 对不通孔(深槽)，选取 $l=H+(5\sim10)$ mm(l 为刀具切削部分长度，H 为零件高度)。

(4) 加工外形及通槽时，选取 $l=H+r_\varepsilon+(5\sim10)$ mm(r_ε为端刃底圆角半径)。

(5) 加工肋时，刀具直径为 $D=(5-10)b$(b 为肋的厚度)。

(6) 粗加工内轮廓面时，铣刀最大直径 D_{max}可按下式计算，如图 2-6 所示。

$$D_{max}=\frac{2[\delta\sin(\phi/2)-\delta_1]}{1-\sin(\phi/2)}+D \qquad (2\text{-}1)$$

式中：D——轮廓的最小凹圆角直径；

δ——圆角邻边夹角等分线上的精加工余量；

δ_1——精加工余量；

ϕ——圆角两邻边的最小夹角。

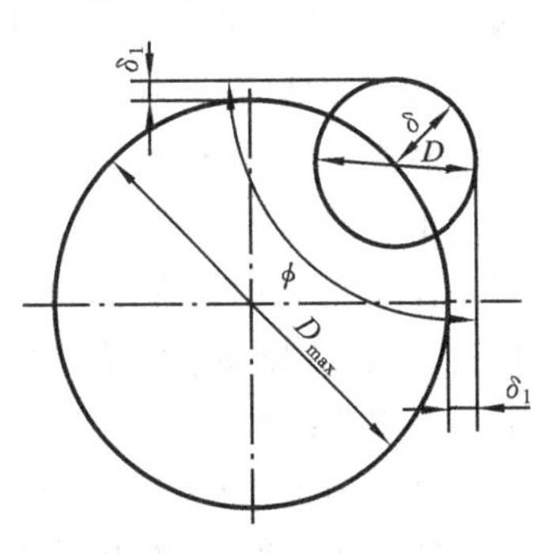

图 2-6　铣刀最大直径

2.4.3　加工中心刀具的选择

在加工中心上，各种刀具分别装在刀库里，按程序指令进行选刀和换刀工作。在加工中心上使用的刀具通常由刃具和刀柄两部分组成。刃具有面加工用的各种铣刀和孔加工用的钻头、扩孔钻、镗刀、铰刀及丝锥等。刀柄须满足机床主轴的自动松开和夹紧定位，并能准确地安装各种切削刃具和适应换刀机械手的夹持等要求。

各种铣刀及其选择在数控铣削刀具中已有介绍，这里只介绍孔加工刀具及其选择。

1. 加工中心刀具的基本要求

根据加工中心的结构特点，对加工中心刀具提出如下基本要求。

(1) 刀具应具有较高的刚度　因为在加工中心上加工工件时无辅助装置支承刀具，应使其尽可能短。

(2) 重复定位精度高　刀具的长度在满足使用要求的前提下，同一把刀具多次装入机床主轴锥孔时，刀刃的位置应重复不变。

(3) 刀刃相对于主轴的一个固定点的轴向和径向位置应能准确调整　即刀具必须能够以快速简单的方法准确地预调到一个固定的几何尺寸。

2. 孔加工刀具的选择

1) 钻孔刀具及其选择

钻孔刀具较多,有普通麻花钻、可转位浅孔钻、喷吸钻及扁钻等。应根据工件材料、加工尺寸及加工质量要求等合理选用。

在加工中心上钻孔,普通麻花钻应用最广泛,尤其是加工直径在 30 mm 以下的孔时。麻花钻有高速钢和硬质合金两种。它主要由工作部分和柄部组成。工作部分包括切削部分和导向部分。

麻花钻导向部分起导向、修光、排屑和输送切削液的作用,也是切削部分的后备。根据柄部不同,麻花钻有莫氏锥柄和圆柱柄两种。直径为 8～80 mm 的麻花钻多为莫氏锥柄,可直接装在带有莫氏锥孔的刀柄内,刀具长度不能调节。直径为 0.1～20 mm 的麻花钻多为圆柱柄,可装在钻夹头刀柄上。中等尺寸麻花钻两种形式均可选用。

麻花钻有标准型和加长型两种,为了提高钻头刚度,应尽量选用较短的钻头,但麻花钻的工作部分应大于孔深,以便排屑和输送切削液。

在加工中心上钻孔,因无夹具钻模导向,受两切削刃上切削力不对称的影响,容易引起钻孔偏斜,故要求钻头的两切削刃必须有较高的刃磨精度(两刃长度一致,顶角 2φ 对称于钻头中心线)。

钻削加工直径 d 为 20～60 mm、深径比不大于 3 的中等浅孔时,可选用如图 2-7 所示的可转位浅孔钻,其结构是在带排屑槽及内冷却通道钻体的头部装有两个刀片(多为凸多边形、菱形和四边形),交错排列,切屑排除流畅,钻头定心稳定。另外,多采用深孔刀片,通过该中心压紧刀片。靠近钻心的刀用韧度较高的材料,靠近钻头外径刀片选用较为耐磨的材料,这种钻具有刀片可集中刃磨、刀杆刚度高、允许切削速度高、切削效率高及加工精度高等优点,最适合于箱体零件的钻孔加工。为提高刀具的使用寿命,可以在刀片上涂镀 TiC 涂层。使用这种钻头钻箱体孔,比普通麻花钻提高效率 4～6 倍。

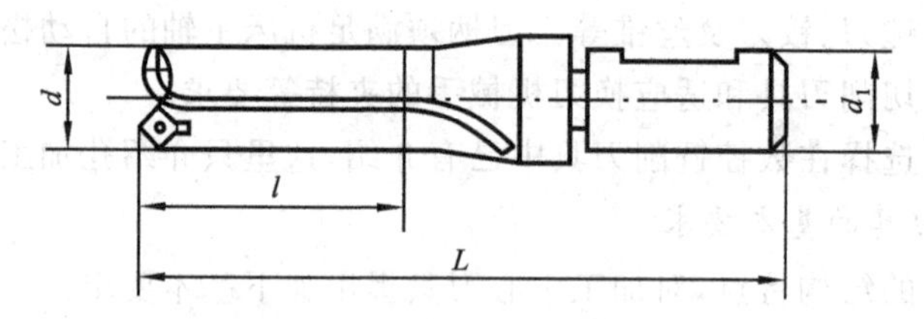

图 2-7　硬质合金刀片直柄浅孔钻

对深径比大于 5 而小于 100 的深孔,由于加工中散热差,排屑困难,钻杆刚度低,易使刀具损坏和引起孔的轴线偏斜,影响加工精度和生产率,故应选用深孔刀具加工。

喷吸钻是一种效率高、加工质量好的新型的内排屑深孔钻，适用于加工深径比不超过100，直径一般在 65～180 mm 的深孔，孔的精度可达 IT10～IT7 级，表面粗糙度可达 Ra3.2～0.8 μm，孔的直线度为 0.1/1 000。

图 2-8 所示为喷吸钻工作原理示意图，它主要由钻头、内钻管、外钻管三部分组成。工作时，具有一定压力的切削液从入口流进，其中三分之一从内钻管四周月牙形喷嘴喷入内钻管。由于月牙槽缝隙很窄，切削液喷入时产生喷射效应，能使内钻管里形成负压区，负压区一直延伸到钻头的排屑通道。另外约三分之二切削液流入内、外钻管壁间隙到切削区，会同切屑被吸入内钻管，并迅速向后排出，压力切削液流速快，到达切削区时雾状喷出，有利于冷却，经喷口流入内钻管的切削液流速增大，加强“吸”的作用，提高排屑效果。

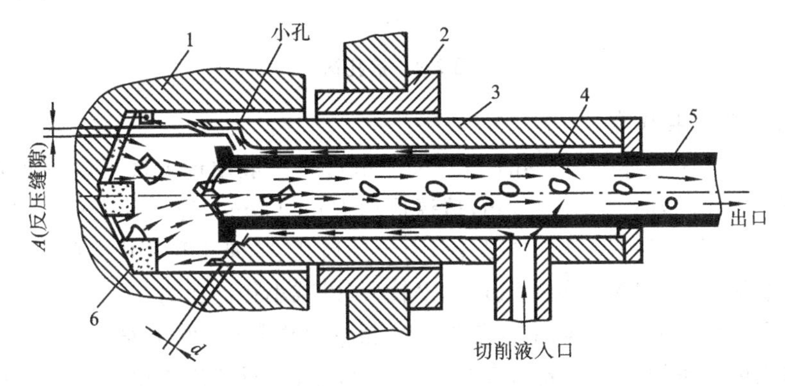

图 2-8　喷吸钻工作原理

1—工件；2—钻套；3—外钻管；4—喷嘴；5—内钻管；6—钻头

钻削大直径孔时，可采用刚度较高的硬质合金扁钻。扁钻切削部分磨成一个扁平体，主切削刃磨出顶角、后角，并形成横刃，副切削刃磨出后角与副偏角并且控制钻孔的直径。扁钻前角小，没有螺旋槽，制造简单，成本低。

2）**扩孔刀具及其选择**

扩孔钻是用来扩大孔径，提高孔加工精度的刀具。它可用于孔的半精加工或最终加工。用扩孔钻加工可达到公差等级 IT11～IT10，表面粗糙度 Ra 为 6.3～3.2 μm。扩孔钻与麻花钻相似，但齿数较多，一般为 3～4 个齿，因而工作时导向性好。扩孔余量小，切削刃无须延伸到中心，所以扩孔钻无横刃，切削过程平稳，可选择较大的切削用量。总之扩孔钻的加工质量和效率均比麻花钻高。

扩孔钻的结构形式有高速钢整体式（见图 2-9(a)）、镶齿套式（见图 2-9(b)）及硬质合金可转位式（见图 2-9(c)）等。扩孔直径较小或中等时，选用高速钢整体式扩孔钻；扩孔直径较大时，选用镶齿套式扩孔钻；扩孔直径在 20～60 mm 之间，且机床刚度高、功率大时，可选用硬质合金可转位式扩孔钻。

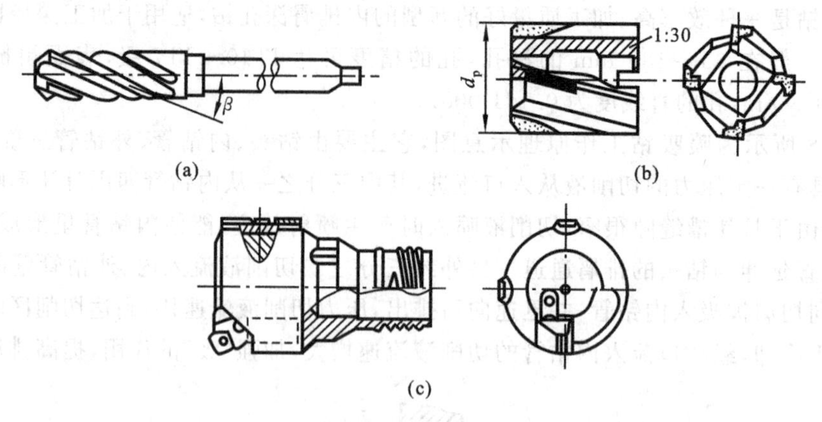

图 2-9　扩孔钻

3）镗孔刀具及其选择

镗刀多用于加工箱体孔。当孔径大于 80 mm 时，一般用镗刀加工。精度可达 IT7～IT6，表面粗糙度 Ra 为 6.3～0.8 μm，精镗可达 Ra0.4 μm。镗刀种类很多，按切削刃数量可分为单刃镗刀和双刃镗刀。单刃镗刀可镗削通孔、阶梯孔和盲孔。单刃镗刀刚度低，切削时易引起振动，所以镗刀的主偏角选得较大，以减小径向压力。

镗铸铁孔或精镗时，一般取主偏角为 90°；粗镗钢件孔时，取主偏角为 60°～75°，以提高刀具的耐用度。单刃镗刀一般均有调整装置，效率低，只能用于单件小批量生产。但它结构简单，适应性较广，粗、精加工都适用。

在精镗孔中，目前较多地选用精镗微调镗刀。这种镗刀的径向尺寸可以在一定范围内进行微调，调节方便，且精度高，其结构如图 2-10 所示。调整尺寸时，先松开紧固螺钉 4，然后转动带刻度盘的锥形精调螺母 5，等调至所需尺寸时，再拧紧螺钉 4。使用时应保证锥面靠近大端接触，且与直孔部分同心。螺纹尾部的两个导向块 3 用来防止刀块转动，键与键槽配合间隙不能太大，否则微调时就不能达到较高的精度。

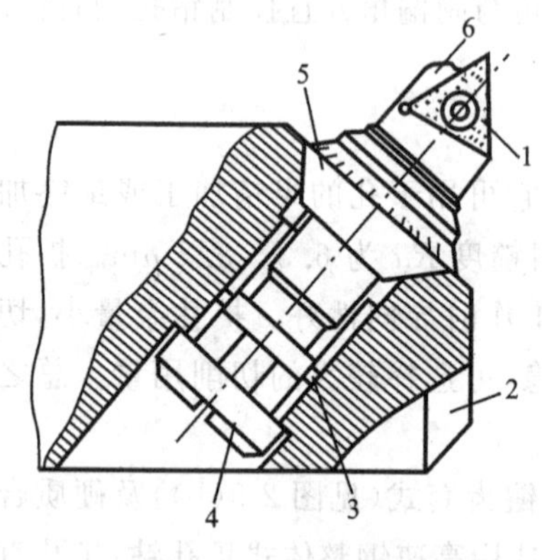

图 2-10　微调镗刀

1—刀片；2—镗刀杆；3—导向块；4—螺钉；5—螺母；6—刀块

为了消除镗孔时径向力对镗杆的影响，可采用双刃镗刀。工件孔径尺寸与精度由镗刀径向尺寸保证，且调整方便。它的两端有一对对称的切削刃同时参加切削，与单刃镗刀相比，每转进给量可提高一倍左右，生产效率高。

选择镗孔刀具时，主要的问题是刀杆的刚度，要尽可能地防止或消除振动，其考虑要点如下。

(1) 尽可能选择大的刀杆直径，最好接近镗孔直径。

(2) 尽可能选择短的刀杆臂(工作长度)。当工作长度小于4倍刀杆直径时可用钢制刀杆，加工要求高的孔时最好采用硬质合金刀杆；当工作长度为4～7倍的刀杆直径时，小孔用硬质合金刀杆，大孔用减振刀杆；当工作长度为7～10倍的刀杆直径时，要采用减振刀杆。

(3) 选择主偏角(切入角 κ_r)接近90°或大于75°。

(4) 选择涂层的刀片品种(刀刃圆弧小)和小的刀尖圆弧半径(0.2 mm)。

(5) 精加工采用正切削刃(正前角)刀片和刀具，粗加工采用负切削刃刀片的刀具。

(6) 镗深的盲孔时，采用压缩空气或切削液来排屑和冷却。

(7) 选择正确、快速的镗刀柄夹具。

4) 铰孔刀具及其选择

加工中心上使用的铰刀多是通用标准铰刀。此外，还有机夹硬质合金刀片单刃铰刀和可调浮动铰刀等。加工精度可达IT9～IT8级，表面粗糙度为 $Ra1.6$～0.6 μm。通用标准铰刀有直柄、锥柄和套式三种。锥柄铰刀直径为10～32 mm。直柄铰刀直径为6～20 mm，小孔直柄铰刀直径为1～6 mm。套式铰刀直径为25～80 mm。

对于铰削精度为IT7～IT6级，表面粗糙度为 $Ra1.6$～0.8 μm 的大直径通孔时，可选用专为加工中心设计的可调浮动铰刀。

图2-11所示为加工中心上使用的可调浮动铰刀。在调整铰刀时，先根据所要加工孔的大小调节好铰刀体2，在铰刀体插入刀杆体1的长方孔后，在对刀仪上找正两切削刃与刀杆轴的对称度在0.02～0.05 mm以内，然后，移动定位滑块5，使圆锥端螺钉3的锥端对准刀杆体上的定位窝，拧紧螺钉6后，调整圆锥端螺钉，使铰刀体有0.04～0.08 mm的浮动量(用对刀仪观察)，调整好后，将螺母4拧紧。

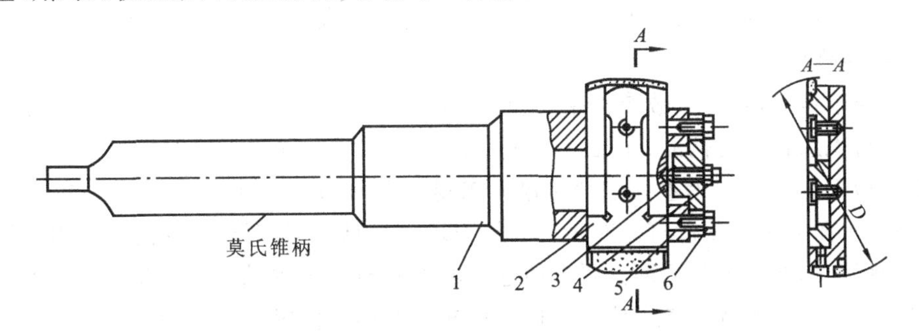

图2-11 可调浮动铰刀

1—刀杆体；2—可调式浮动铰刀体；3—圆锥端螺钉；4—螺母；5—定位滑块；6—螺钉

可调浮动铰刀既能保证在换刀和进刀过程中刀片不会从刀杆的长方孔中滑出，又能较准确地定心。它有两个对称刃，能自动平衡切削力，在铰削过程中又能自动抵偿因刀具安装产生的误差或由刀杆的径向跳动而引起的加工误差，所以加工精度稳定。可调浮动铰刀的寿命比高速钢铰刀高 8～10 倍，且具有直径调整的连续性，因而一把铰刀可当几把使用，修复后可调复原尺寸。这样，既可节省刀具材料，又可保证铰刀精度。

2.4.4 数控机床刀柄的选择

加工中心上使用的刀具由刃具部分和连接刀柄两部分组成。刃具部分包括钻头、铣刀、铰刀等。加工中心机床有自动换刀装置，连接刀柄要满足机床主轴自动松开和拉紧定位、准确安装各种切削刃具、适应机械手的夹持和搬运、储存和识别刀库中各种刀具的要求。加工中心刀柄、固定在刀柄尾部且与主轴内拉紧机构相适应的拉钉均已标准化，柄部及拉钉的具体尺寸可查阅相关标准。刀柄的选择直接影响机床性能的发挥。一些用户由于缺少刀柄，使得机床不能开动；而选择刀柄数量过多又会影响投资。选择加工中心刀柄时应遵循以下原则。

1. 根据机床上典型零件的加工工艺来选择刀柄

加工中心上使用的钻、扩、铰、镗孔及铣削、攻螺纹等各种用途的刀柄，其规格达数百种之多。具体到某一台或几台机床上，用户只能根据要在这台机床上加工的典型零件的加工工艺来选取。这样选择的结果既能满足加工需要，也不至于造成积压，是最经济、最有效的方法。

2. 刀柄配置数量

刀柄配置数量与机床所要加工的零件品种、规格及数量有关，也与零件复杂程度和机床的负荷有关，一般是所需刀柄数量的 2～3 倍。这是因为通常在机床工作的同时，还有一定数量的刀柄正在预调或刀具修磨。只有当机床负荷不足时，才取 2 倍或不足 2 倍。加工中心刀库只用来装载正在加工工件所需的刀柄。零件的复杂程度与刀库容量有关系，所以配置数量也必须为刀库容量的 2～3 倍，才能满足通常自动加工要求。

3. 刀柄的柄部形式是否正确

为了便于换刀，镗铣类数控机床及加工中心的主轴孔多选定为不自锁的 7：24 锥度，但是刀柄与机床相配的柄部(除锥角以外的部分)并没有完全统一。尽管已经有了相应国际标准 ISO 7388。可在有些国家该标准并未得到贯彻，如有的柄部在 7：24 锥度的小端带有圆柱头，而另一些就没有。对于自动换刀机床工具柄部，要切实弄清楚选用的机床应配用符合哪个标准的工具柄部。要求使选择的刀柄与机床主轴孔的规格(如 30 号、40 号或 45 号)相一致。刀柄抓拿部位要能适应机械手的形态位置要求，拉钉的形状、尺寸要与主轴的拉紧机构相匹配。

4. 尽量选用加工效率较高的刀柄和刀具

如粗镗孔时选用双刃镗刀刀柄代替单刃粗镗刀刀柄，可以取得提高加工效率、减少振动的效果。选用强力弹簧夹头不但可以夹持直柄刀具，还可以通过接杆夹持带孔刀具。

5. 选用模块式刀柄和复合刀柄要综合考虑

采用模块式刀柄必须配一个柄部、一个接杆和一个镗刀头部。若刀库容量大，刀具更换频繁，可考虑使用模块式刀柄。若长期反复使用，不需要反复拼装，则可使用普通刀柄。对于加工批量大又反复生产的典型零件时，为了减少加工时间和换刀次数，就可以考虑采用专门设计的复合刀柄。尽管复合刀柄价格较贵，但采用一把复合刀柄后，可大大节省工时。一般数控机床的主轴电动机功率较大，机床刚度较好，能够承受较大的切削力。采用多刀多刃强力切削，可以充分发挥机床的性能，提高生产效率，缩短生产周期。在设计专用的复合刀柄时，应尽量采用标准化的刀具模块，这样能有效地减少设计与加工的工作量。

选用特殊刀柄要根据实际加工情况来确定。如把增速头刀柄用于小孔加工，则转速比主轴转速增高几倍。多轴加工动力头刀柄可同时加工多个小孔。万能铣头刀柄可改变刀具与主轴轴线夹角，扩大工艺范围。内冷却刀柄冷却液通过刀柄，经过刀刃内通孔，直接在切削刃区冲击，可得到很好的冷却效果，适用于深孔加工。高速磨头刀柄适于在加工中心磨削淬火加工面或抛光模具面等。特殊刀柄的选用必须考虑对机床主轴端面安装位置的要求，并考虑是否能实现。

2.5 数控刀具的装夹方法

装刀是数控机床加工中极其重要并十分棘手的一项基本工作。这里主要介绍车刀和铣刀的安装方法。

2.5.1 车刀的安装

在实际切削中，车刀安装位置的高低，车刀刀杆轴线是否垂直于主轴中心线，都对车刀工作角度有很大的影响。安装车刀时应先将车刀放在方刀架左侧，车刀前面朝上，刀头伸出长度约等于刀体的1.5倍，如为右偏刀，主切削刃应与横向进给方向成3°～5°；然后把刀架摇向尾座，扳转方刀架和摇动尾座套筒，使刀尖接近顶尖，观察刀尖高低，通过调整垫刀片，使刀尖与顶尖等高；最后用螺钉轻轻拧住。

装刀过程中，应注意：

(1) 扳转方刀架时，不能用力过猛，防止车刀甩出；

(2) 移动刀架和顶尖时，要防止刀尖撞击顶尖而损坏；

(3) 垫刀片要平整对齐；

(4) 紧固车刀时，应先锁紧方刀架(卸刀也要先锁紧方刀架)；

(5) 紧固车刀时，刀尖应远离顶尖，防止方刀架转动而碰坏刀尖；

(6) 刀尖略高时，应先紧车刀前面的螺钉；刀尖略低时，应先紧车刀后面的螺钉。

2.5.2 铣刀的安装

1. 直柄铣刀的安装

如图 2-12(a)所示,将铣刀柄插入弹簧套中,接着用螺母压弹簧套端面,并使之被挤紧在夹头体锥孔中,达到夹紧刀柄之目的。更换相应规格的弹簧套,可安装直径在 20 mm 以内的直柄铣刀。夹头体在主轴锥孔中用螺杆拉紧。图 2-12(b)所示是用钻夹头安装直柄铣刀。

2. 锥柄铣刀的安装

若锥柄铣刀锥度与主轴内锥相同,则可直接装入主轴并用螺杆拉紧铣刀,如图 2-12(c)所示;若铣刀柄锥度与主轴内锥不同,则可用中间套安装,如图 2-12(d)所示。

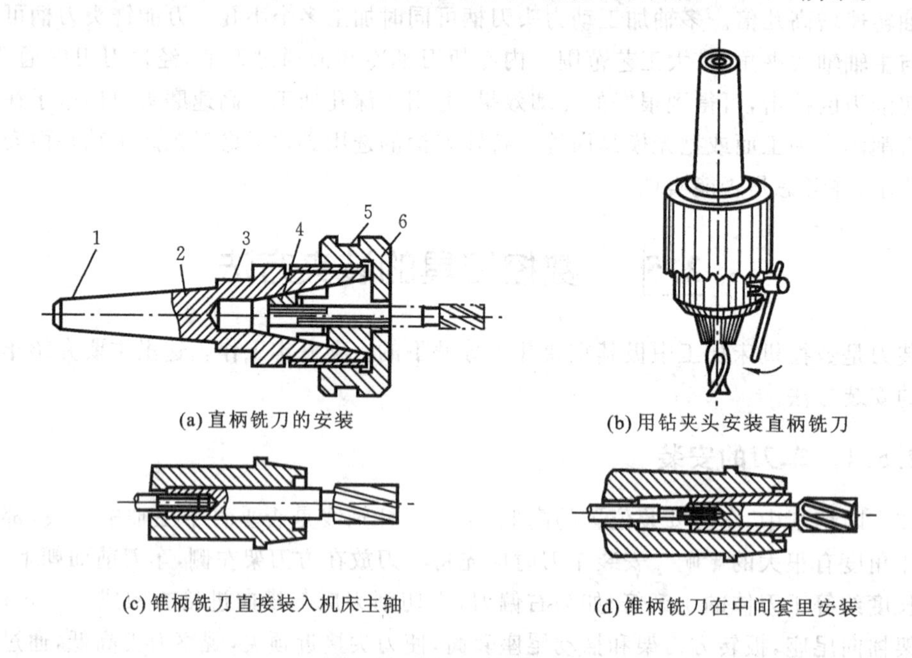

(a) 直柄铣刀的安装　(b) 用钻夹头安装直柄铣刀

(c) 锥柄铣刀直接装入机床主轴　(d) 锥柄铣刀在中间套里安装

图 2-12　带柄铣刀的安装

1—莫氏 4 号;2—夹头体;3—铣扁;4—弹簧套;5—六方;6—螺母

3. 带孔圆柱圆盘类铣刀的安装

带孔圆柱圆盘类铣刀装在刀杆上,刀杆用螺杆拉紧在主轴锥孔内。其安装方法大多类似于图 2-13(a)所示的圆盘铣刀的安装,具体安装过程分别如图 2-13(b)、(c)、(d)、(e)所示。图 2-13(b)中,在刀杆上先套上几个垫圈,装上键,再套上铣刀,然后在铣刀外边的刀杆上再套上几个垫圈后,拧上压紧螺母。如图 2-13(c)、图 2-13(d)所示装上吊架,拧紧吊架紧固螺钉,轴承孔内加润滑油。在图 2-13(e)中,初步拧紧螺母,开机观察铣刀是否装

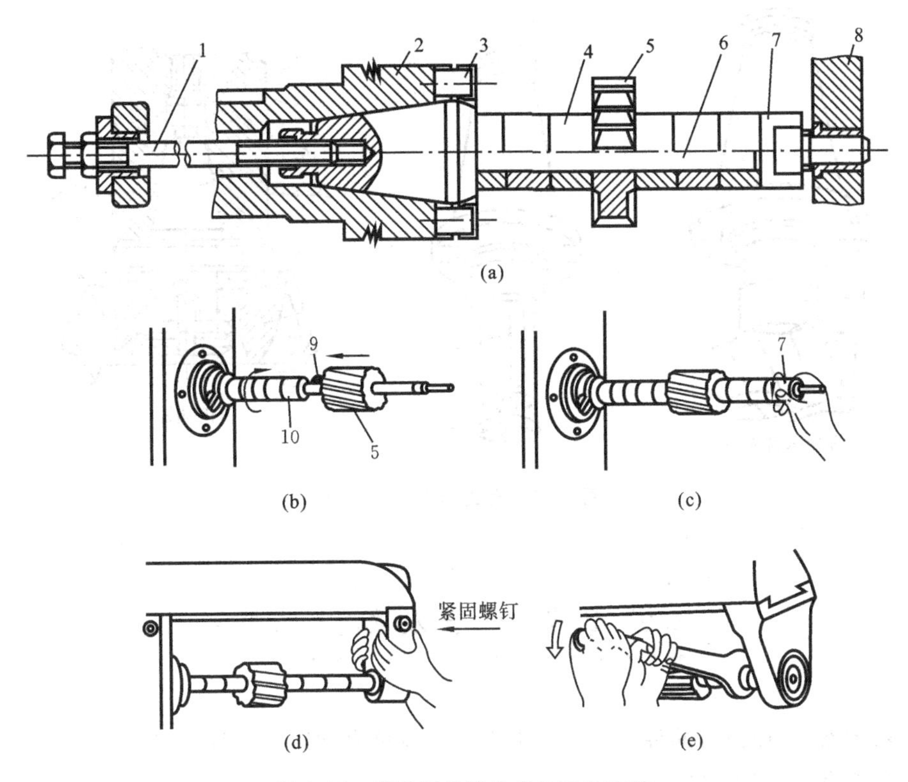

图 2-13　带孔圆柱圆盘类铣刀的安装

1—拉杆；2—主轴；3—端面键；4—套筒；5—铣刀；6—刀杆；7—螺母；8—吊架；9—键；10—垫圈

正，装正后用力拧紧螺母。

4. 套式端铣刀的安装

如图 2-14 所示，先将短刀杆装入铣刀内孔后，用螺钉紧固；再将短刀杆装入主轴内锥孔并用螺杆拉紧。

装刀过程中，应注意：

(1) 确认刀具和刀柄的重量不超过机床规定的许用最大重量；

(2) 应选择有足够刚度的刀具及刀柄，同时在装配刀具时保持合理的悬伸长度，以避免刀具在加工过程中产生变形；

(3) 卸刀柄时，必须要有足够的动作空间，刀柄不能与工作台上的工件、夹具发生干涉；

(4) 换刀过程中严禁主轴运转。

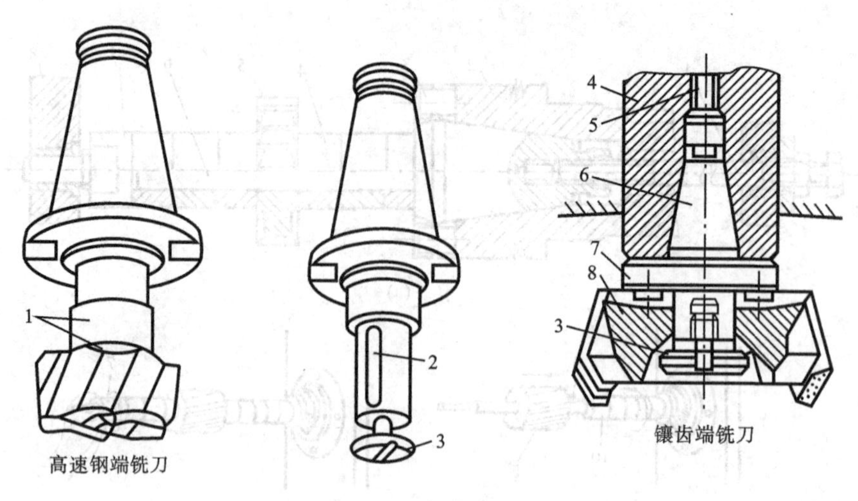

图 2-14　套式端铣刀的安装

1—固定环；2—键；3—螺钉；4—主轴；5—拉杆；6—短刀杆；7—端面键；8—铣刀

本章重点、难点及知识拓展

本章重点：数控刀具的种类、材料、失效形式及可靠性以及刀具的选择。

本章难点：数控刀具的选择。

知识拓展：随着机床装备软硬件的不断升级，机床功能的不断集成，以及先进数控制造技术的应用，数控刀具日新月异，特别是刀具系统和刀具管理系统在数控机床的使用更加广泛。先进的刀具系统和刀具管理系统能够可靠地保证加工质量，最大限度地提高加工质量和生产效率，使数控机床的效能得到充分的发挥。

思考与练习题

2-1　数控机床刀具按结构分类可分为哪几类？有何特点？

2-2　数控刀具具备哪些特点？

2-3　数控刀具的材料有哪些？

2-4　分析刀具破损的主要形式及产生原因和对策。

2-5　刀片夹紧方式基本要求是什么？常见可转位刀片的夹紧方式有哪几种？

2-6　可转位刀片的选择原则是什么？

第 3 章 数控加工的切削用量

3.1 数控加工的切削基础

3.1.1 切削运动与切削要素

1. 切屑运动与工件加工表面

切削加工是指利用金属切削刀具将工件加工余量切除而获得符合图样规定尺寸的零件。切削运动就是在切削过程中刀具与工件的相对运动，这种运动有重叠的轨迹。切削运动一般是金属切削机床通过两种以上运动单元组合而成，其中产生切削力的运动称为主运动，剩下的保证切削工作连续进行的运动称为进给运动。

1）主运动

主运动是由机床提供的，是在切削过程中切下工件加工余量所需的运动。其突出特征是该运动中工件与刀具相对速度 v_c 最大，该运动耗损的功率占机床所耗总功率的 4/5 以上。如车削中主轴的旋转运动、铣削、镗削加工中刀具的旋转运动及刨削加工中刀具的直线运动等。主运动一般只有一个，多刃特种机床的主运动可以看成一类，如采用特种多刃组合机床一次加工内燃机缸体时的拉削运动。

2）进给运动

进给运动俗称"走刀"运动，这种运动提供刀具与工件的附加相对运动，其相对速度和耗费功率较主运动相比均很小，但可以配合主运动产生连续的切削动作。如车削加工中车刀相对工件轴线的平移运动及车削端面时的垂直进刀运动，铣削、镗削加工中用于固定工件的工作台的移动，刨削加工中工件的移动等均属于进给运动，甚至有不存在进给运动的加工方法（如拉削加工及搓丝加工）。

3）加工中的工件表面

加工中的工件表面分为三种。

(1) 待加工表面　工件上有待切除的加工面。

(2) 过渡表面　工件上由切削刀具的切削刃形成的加工表面。一般该表面应在下一切削动作中被切除而形成新的过渡表面。

(3) 已加工表面　经刀具切削加工后形成的表面。它可能是最终的零件表面，也可能是下一阶段的待加工表面。

2. 切削要素

切削要素包括切削用量和切削层的一些组合参数,如图 3-1 所示。

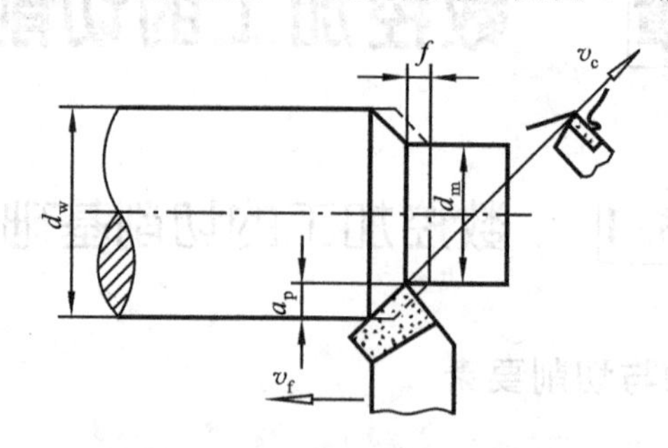

图 3-1 切削用量的三要素示意图

1) 切削用量的三要素

切削用量的三要素为切削速度、切削进给量及背吃刀量。在数控加工指令中用S×××来规定主轴转速,也即规定了车削及铣削、镗削加工的切削速度;用F×××来指定刀具相对工件的进给运动速度,也即规定了车削及铣削、镗削加工的切削进给量;至于背吃刀量则用两次走刀中坐标值的改变来体现其值的大小。

(1) 切削速度(v_c) 切削刀具中刀位点相对于主运动的瞬时线速度称为切削速度,单位是 m/min。这个速度(v_c)受到刀具允许切削速度的限制。当主运转是旋转运动时,切削速度(v_c)的计算式为

$$v_c = \frac{\pi d n}{1\ 000} \tag{3-1}$$

式中:d——工件或刀具的回转直径(mm);

n——刀具或工件的转速(r/min)。

由于在加工过程中工件的直径逐渐减小,故一般用最大的切削速度(v_{cmax})去检验 v_c 是否包含在刀具允许的切削速度范围之内,即用 v_{cmax} 代表此时的切削速度。

直线运动的刀具(如牛头刨床和龙门刨床)的切削速度就是刨刀的运动速度。

(2) 切削进给量(f)(以下简称进给量) 在主运动的一个循环里(见图 3-1),刀具在进给方向相对于工件的移动量称为进给量(俗称走刀量),用刀具或工件每转(r)或每个行程(st)的移动量来表示,如车削加工的 mm/r,刨削加工的 mm/st。但在数控加工中常用进给速度(mm/min)来说明进给量。这是因为在数控机床中,刀具相对于工件的进给运动一般由计算机控制的步进电动机提供,用进给速度表示进给量在编程中更方便。

(3) 背吃刀量 a_P 背吃刀量表示已加工表面与待加工表面的垂直距离,也称切削深度,单位是 mm。如车削外圆时,有

$$a_P = \frac{d_w - d_m}{2} \tag{3-2}$$

式中，d_w——待加工表面直径；

d_m——已加工表面直径。

又如铣削、镗削加工时 Z 方向的进刀量也就是背吃刀量。

数控加工中一般用两次走刀中坐标值的改变表示背吃刀量的多少。但要特别指出：数控车削加工时背吃刀量 a_P 等于 X 坐标变动值的 1/2。因为此时 X 的变动代表工件直径方向的变动，而 a_P 仅表示半径方向的变动。

2) **切削层参数**

在切削过程中，刀具相对工件每移动一个进给量 f 所切除的金属层称为切削层。如图 3-2 所示。

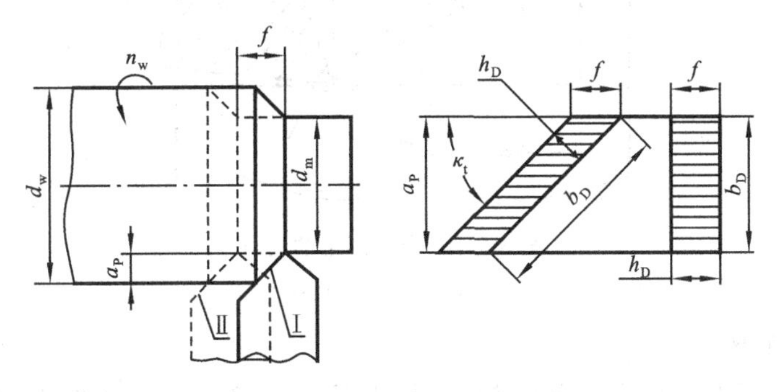

图 3-2 外圆纵车时切削层参数

描绘切削层的几何形状的参数称为切削层参数，主要有切削厚度(h_D)、切削宽度(b_D)以及切削面积(A_D)这三个参数。

(1) 切削厚度(h_D) 切削厚度是指垂直于切削刃口方向切削层的尺寸(单位:mm)。切削刃为直线时，切削厚度处处相同。当切削刃为弧线时，其切削厚度有一定变化，但一般以最大切削厚度来代表此时的切削厚度。

(2) 切削宽度(b_D) 切削宽度是指刀具主切削刃参与切削的那部分长度(单位:mm)，其计算式为

$$b_D = a_P / \sin\kappa_t \tag{3-3}$$

式中，κ_t——切削刃相对于工件轴线的夹角。

(3) 切削面积(A_D) 切削层在工件轴平面的投影面积称为切削面积(单位:mm^2)，其计算式为

$$A_D = b_D h_D \tag{3-4}$$

在切削过程中切削层参数是代表切削量有关参数的另一种表示方法，同时与切屑的尺寸和机床耗费的功率密切相关。当然在实际切削过程中，由于存在一定深度的刀痕，真实切削面积比理论面积(A_D)稍小一些。

3.1.2 切削过程中的几个基本概念

1. 切削过程中出现的三个变形区

所谓切削是在刀具的强力挤压下被切削金属层产生剪切滑移进而直到剪切断裂。通常把切削过程中金属的塑性变形区分成三个区域，如图 3-3 所示。

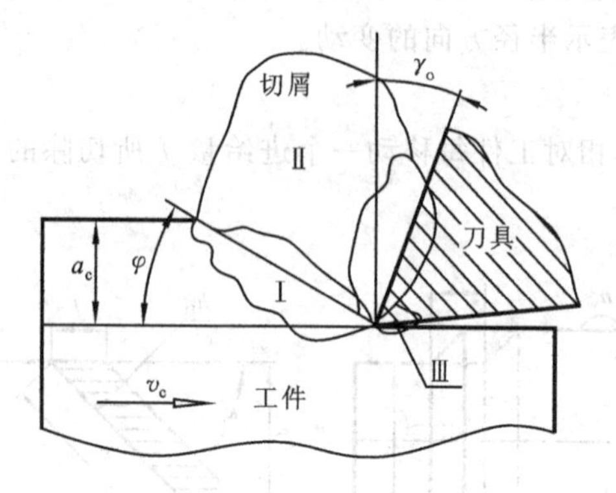

图 3-3 三个变形区的划分

Ⅰ—第一变形区；Ⅱ—第二变形区；Ⅲ—第三变形区

1) 第一变形区

被切削金属层在刀具前刀面的挤压力作用下，首先产生弹性变形，当最大切应力达到材料的屈服极限时，即沿图 3-4 中的 $OA—OM$ 曲线发生剪切滑移，并依次由位置 1 移至位置 2，2—2′之间的距离就是它的滑移量。随着刀具前刀面的逐渐推进，塑性变形也逐渐增大，滑移依次为 3—3′、4—4′，直至 OM 曲线，滑移终止，被切削金属层与母体脱离成为切屑沿刀具前刀面流出。曲线 $OAMO$ 所包围的区域就是剪切滑移区，又称第一变形区。它是金属切削过程中的主要变形区，其宽度较窄，为 0.02～0.2 mm，且切削速度越高，宽度就越窄。第一变形区消耗大部分机床功率并产生大量的切削热。

为使问题简单化，可设想用一个平面 OM 代替剪切滑移区，则平面 OM 就称为剪切

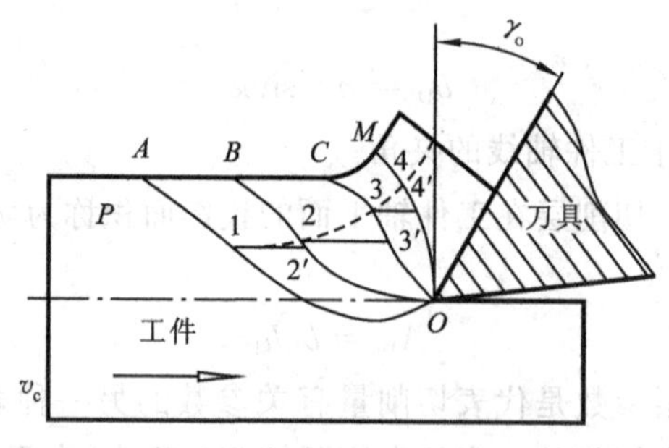

图 3-4 第一变形区的剪切滑移

平面。剪切平面与切削速度之间的夹角称为剪切角，以 φ 表示，如图 3-3 所示。

2）第二变形区

经第一变形区剪切滑移而形成的切屑沿刀具前刀面流出时，又受到前刀面的挤压而产生滑动摩擦，靠近前刀面处的金属再次产生拖曳变形，使切屑底层薄薄的一层金属流动滞缓，这一层滞缓流动的金属层称为滞流层。滞流层的综合变形程度比切屑上层大几倍到几十倍。切削刀具发生磨损主要在这个变形区。

3）第三变形区

第三变形区在刀具后刀面和工件的接触区产生，是指工件过渡表面和已加工表面的金属层受到切削刃钝圆部分和后刀面的挤压、摩擦与金属本身回弹而产生塑性变形的区域。第三变形区的金属变形造成已加工表层金属的纤维化和加工硬化，并产生一定的加工残余应力，这些情况将影响到工件的表面质量和使用性能。

三个变形区是既相互联系又相互影响的。金属切削过程中的许多物理现象都和三个变形区的变形密切相关，研究切削过程中的变形是掌控金属切削加工技术的基础。

切削变形区域的大小，主要取决于第一变形区及第二变形区的挤压和摩擦情况，其主要影响因素及规律如下。

（1）工件材料　试验证明：工件材料强度和硬度越高，变形量越小；而塑性大的金属材料变形大，塑性小的金属材料变形小。

（2）刀具前角　刀具前角越大，变形量也越小。这是因为增大刀具前角，可使剪切角增大，从而使切削变形减小。

（3）切削速度　切削速度 v_c 与切削变形量的关系可以通过试验得出。当以中低速切削 30 钢时，首先，切削变形量随切削速度的增加而减小，它对应于积屑瘤的成长阶段，由于实际前角的增大而使变形量减小；而后，随着速度的提高，变形量又逐渐增大，它对应于积屑瘤减小和消失的阶段；最后，在高速范围内，变形量又随着切削速度的继续增高而减小。这是因为切削温度随 v_c 的增大而升高，使切削底层金属被软化，剪切强度下降，降低了刀具和切屑之间的摩擦因数，从而使变形量减小。此外，当切削速度 v_c 很高时，切削层有可能未充分滑移变形就变成切屑流出，这也是变形量减小的原因之一。

（4）切削厚度　当进给量增加（切削厚度增加）时，切削变形量减小。

2. 切屑的形成和种类

1）切屑的形成

金属的切削过程是被切削金属层在刀具切削刃和前刀面的挤压作用下而产生剪切、滑移变形的过程。切削金属时，切削层金属受到刀具的挤压开始产生弹性变形。随着刀具的推进，应力、应变逐渐加大，当应力达到材料的屈服强度时产生塑性变形；若刀具继续切入，当应力达到材料的抗拉极限时，金属层被撕裂而形成切屑。实际上，由于加工材料性能与切削条件等不同,上述过程的三个阶段不一定能完全显示出来。尤其当切削速度 v_c 很高时,切削层有可能未充分滑移变形就变成切屑。

2) 切屑的种类

如前所述,金属切削层变形的过程即为切屑的形成过程。由于工件材料不同及切削加工条件不同,金属切削过程中的变形程度也就不同,从而形成不同种类的切屑。根据切削过程中变形程度的不同,切屑可分为以下三种不同的形态,如图 3-5 所示。

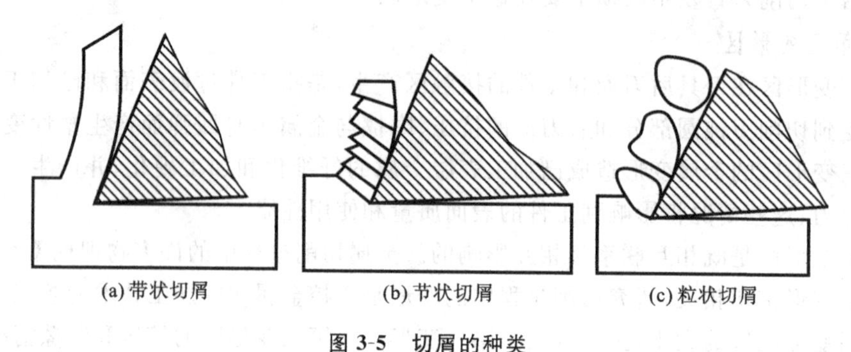

图 3-5 切屑的种类

(1) 带状切屑　这种切屑的底层(与前刀面接触的面)光滑,外表面呈毛茸状,无明显裂纹。加工塑性金属材料(如软钢、铜、铝等),当切削厚度较小、切削速度较高、刀具前角较大时,容易产生这种切屑。这种切屑在数控车床加工中特别容易见到。形成带状切屑时,切削过程平稳,切削力波动较小,已加工表面质量较高。但如果切屑连续不断,会缠绕在工件或刀具上,影响工件质量且不安全。生产中通常使用在刀具上制作断屑槽等方法断屑。

(2) 节状切屑　节状切屑又称“挤裂”切屑。这种切屑的底面有时出现裂纹,上表面呈现明显的锯齿状。加工塑性较低的金属材料(如黄铜),当切削速度较低、切削厚度较大、刀具前角较小时,容易产生节状切屑。特别当工艺系统刚度不足、加工碳素钢时,也容易产生这种切屑。产生节状切屑时,切屑过程不太稳定,切削力波动也比较明显,已加工表面质量相对于带状切屑而言较低。

(3) 粒状切屑　粒状切屑又称“单元”切屑。当采用小前角或负前角,以较低的切削速度和较大的切削厚度切削脆性金属(如断后伸长率较低的结构钢)时,会产生这种切屑。产生粒状切屑时,切削过程不平稳,且切削力波动较大,已加工表面质量较差。一旦产生粒状切屑时,就应改变工件夹持方式,改制刀具的前角或调整切削用量。

从加工过程的平稳性、保证加工精度和加工表面质量考虑,带状切屑是最好的切屑类型,粒状切屑最好改变成其他形态的切屑。需要说明的是:切屑的形态是可以随切削条件的改变而相互转化的。工厂里有句俗话:“机加工没有巧,只要刀子磨得好。”这说明合适的刀具前角及断屑槽可形成较好形态的切屑。

3. 积屑瘤与鳞刺

1) 积屑瘤

(1) 积屑瘤及其特征　在切削塑性金属材料时,常在刀具的切削刃口附近黏结硬度很高(通常为工件材料硬度的 2～3.5 倍)的楔状金属块,它包围着切削刃且覆盖部分前刀面,这种楔状金属块称为积屑瘤,如图 3-6 所示。

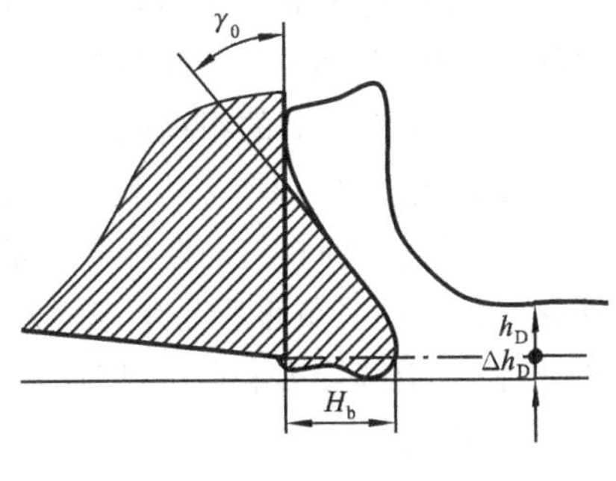

图 3-6　积屑瘤

一方面,由于积屑瘤覆盖在刀具的前刀面上,因此,积屑瘤便代替刀具切削刃担负实际切削工作,使刀具切削刃和前刀面得到保护,从而可减轻刀具磨损。同时积屑瘤使刀具实际前角增大(最大可达35°),刀具和切削层的接触面积减小,而使切屑变形减小,刀具切削力降低。另一方面,由于积屑瘤不断发生着长大和破裂脱离的循环过程,积屑瘤顶部和被切削金属界限不清,脱落的碎片会损伤刀具表面,或嵌入已加工工件表面而造成刀具磨损或已加工表面的粗糙度增大。积屑瘤的不稳定性常会引起切削过程的不稳定(切削力变动),同时积屑瘤还会形成"切削层"的不规则和不光滑,使已加工表面的粗糙度增大、尺寸精度降低,因此精加工时必须设法抑制积屑瘤的形成。

(2) 积屑瘤的形成和抑制措施　在切削过程中,由于刀与屑的摩擦而导致的"冷焊"是积屑瘤的主要成因。冷焊的形成条件是刀与屑相互之间存在巨大的压力和摩擦。切削时切屑和前刀面之间存在着很大的压力,当切屑从前刀面滑出时,便发生强烈的滑动摩擦使切削温度升高,加速了刀具与切屑之间相互的元素扩散,在刀与屑之间形成一层很薄(厚度为 0.6 μm 以下)的新合金层,随后新的合金层在此基础上逐渐黏结和堆积,最后长成肉眼可见的积屑瘤。

影响积屑瘤生成的因素很多,主要有工件材料、切削速度、切削液、刀具表面质量、刀具材料和前角等。在工件材料塑性高而强度低时,切屑与刀具前面摩擦大,切屑变形大,容易粘刀而产生积屑瘤,而且积屑瘤尺寸也较大。在切削脆性金属材料时,切屑呈崩碎状,刀和屑接触长度较短,摩擦较小,切削温度较低,一般不易产生积屑瘤。实际生产中,可采用下列措施抑制积屑瘤的生成。

① 控制切削速度。实践证明,切削速度是通过切削温度、前刀面的最大摩擦因数和工件材料性质而影响积屑瘤的,控制切削速度使切削温度限制在 300 ℃以下或 380 ℃以上,就可以减少积屑瘤的生成。所以,实际加工中采用低速或高速切削作为抑制积屑瘤的基本措施,一般不采用可能形成积屑瘤的中速切削。

② 降低进给量。进给量增大,则切削厚度增大。切削厚度越大,刀与屑的接触长度就越长,从而形成积屑瘤的生长基础。若适当降低进给量,则可削弱积屑瘤的生成基础。

③ 增大刀具前角。若增大刀具前角，则切屑变形减小，切削力减小，从而使前刀面上的摩擦减小，积屑瘤的生成可能性就小。实践证明，当刀具前角增大到35°时，一般不产生积屑瘤。

④ 使用切削液。采用润滑性能较好的切削液可以降低前刀面的温度和刀具与切屑之间的摩擦，从而减少或消除积屑瘤的产生。

⑤ 减小前刀面的粗糙度。前刀面粗糙，摩擦力较大，这给积屑瘤的形成创造了条件。若前刀面光滑，则积屑瘤也就不易形成。

⑥ 降低工件材料的塑性。影响积屑瘤形成的主要因素是工件材料的塑性太高。工件材料的塑性高就很容易生成积屑瘤，因此对于塑性高的碳素钢工件，可先进行正火或调质处理，以提高硬度和降低塑性。

2) **鳞刺**

鳞刺是在已加工表面上出现的鳞片状反刺，如图3-7(a)所示。它是用较低的速度切削塑性材料(如拉削、插齿、滚齿、螺纹切削等)时常出现的一种现象，使工件已加工表面质量恶化，表面粗糙度增大。

鳞刺生成的原因是由于部分金属材料的黏结、层积，而导致即将切离的切屑从根部发生断裂，并在已加工表面层留下金属被撕裂的痕迹，如图3-7(b)所示。与积屑瘤相比，鳞刺产生的频率较高。由于产生鳞刺的原因与形成切削瘤原因大致相同，故避免产生鳞刺的措施与积屑瘤类似。

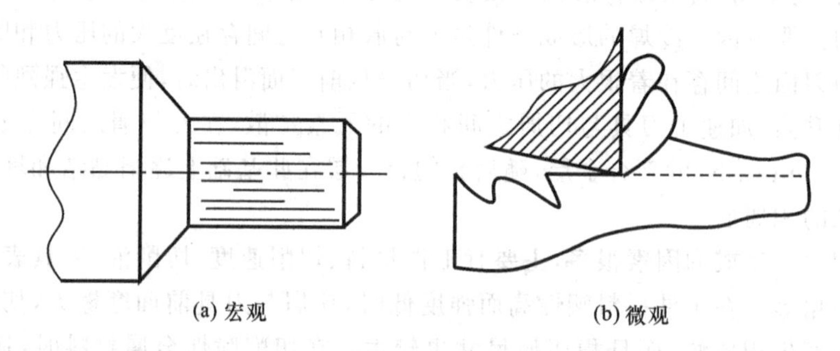
(a) 宏观　　(b) 微观

图3-7　鳞刺现象

3.1.3　选择切削用量与切削液的一般原则

1. 确定切削用量的基本原则

数控机床中对刀和确定工件坐标系的原点都是手动操作。若已经进行了一次加工，由于刀具的损坏需要重新对刀必然会引起一定的对刀误差和耗费大量的时间，故在各加工阶段应保证刀具能顺利完成一次装夹的工件切削任务，最好能让刀具在一个工作班内保持完好。这样，机床的利用率可以提高。故在粗加工阶段应以刀具的耐用度满足要求作为选择刀具的首要条件。

粗加工阶段主要追求较高的加工效率。故在满足刀具耐用度的条件下加大背吃刀量是粗加工阶段选择切削用量的基本思路。

在进行工件的精加工时，主要追求工件的表面粗糙度及精度满足图样要求。这个阶段需要切削速度较高，进给量及背吃刀量均较小，故刀具的耐用度一般可以容易满足要求。因此，在满足刀具耐用度的条件下以较高的切削速度、较小的进给量及背吃刀量是精加工阶段选择切削用量的基本原则。

有鉴于加工的两个阶段选择切削用量的思路不同，有条件时最好把刀具也分成精加工刀具和粗加工刀具。

切削用量对加工的影响主要表现为对加工质量的影响，这里的加工质量主要指加工误差及加工表面粗糙度指标。

1）切削速度（v_c）对加工质量的影响

切削速度（v_c）较快，切削刀刃部分的温度也就越高，刀具的升温会导致刀具的变形，加大刀具与工件的磨损，刀刃的升温甚至可以达到引起刀具金相组织发生变化的程度。这些情况足以产生明显的加工误差和表面粗糙度不高的质量问题，消除这种影响的手段之一是选用合理的切削速度。还可以用合适的切削液降温及减轻摩擦。

2）进给量（f）对加工质量的影响

在车削加工中刀尖在工件表面形成螺旋线，其螺距（P）就是进给量（f），若进给量太大，刀尖会在工件上形成明显的凹槽，直接影响工件表面的粗糙度数。这一点对于粗加工影响不大，但对于精加工而言却是致命的，尤其是现在人们越来越关心工件表面质量，故在工件的车削精加工阶段要着重考虑进给量对于工件表面的质量影响。刨削加工与车削加工类似，进给量对工件表面质量有关键影响。对于其他的加工方式，进给量对加工质量的影响主要体现在加工误差上。

3）背吃刀量（a_P）对加工质量的影响

背吃刀量与切削力密切相关。而切削力是引起机床振动和刀具变形的主要原因。故背吃刀量较大也会影响工件的加工精度及表面粗糙度，甚至导致工件产生鳞刺。

2. 切削液的选择

切削液在加工工程中主要起冷却和润滑作用。它可以通过流动、蒸发带走刀具刃部的热量，使刃部的金相组织及硬度保持不变。有的切削液（如高浓度皂化液和润滑油）还能对刀具刃部进行润滑，使刃部的磨损减轻。若切削液的流量比较大，还能起到冲洗切屑的作用，切削区域无切屑的环境有利于加工的各个方面。但因切削液的用量较大且无害化处理难度较大，切削液也会产生环境污染。另外，切削液的快速冷却作用可能引起工件表面硬化而增加切削力的问题也应重视。近年来，很多新开发的硬质合金整体刀具不再提倡使用切削液来进行冷却和润滑,代之以流量较大的空气也能有良好的冷却作用。

常用的切削液主要有乳化液和切削油两种。其中乳化液(俗称皂化液)是由皂化油加水稀释而成(皂化油与水质量比为1∶4～1∶8),它有良好的冷却性能,但也有很多不足,例如污染环境、润滑性能不佳等。切削油冷却及润滑性能均好,但价格昂贵且对环境的污染程度较重。

粗加工与精加工追求重点不一样,故切削液的选择重点也不同。简言之,粗加工一般以乳化液为主要切削液,主要起冷却作用;而精加工以切削油为主,目的是追求良好的润滑效果,以获得较高的表面粗糙度。

值得说明的是,如今随着刀具性能的进一步提高,新品种刀具(如陶瓷刀具、整体硬质合金刀具和纳米切削刀具)层出不穷。这些刀具强度大,耐高温性能好,一般不需要用液体冷却。切削液的主要作用已经开始淡化,一个不需要切削液而代之以压缩空气的加工时代已经来到。

3.2 数控车削机床的切削用量

刀具切削用量的确定与机床类型有关。根据刀具主运动的形式,人们把使用刀具进行加工的机床大致分为:数控车床、数控铣床、加工中心等。本章也按照这种分类,分别讨论各类机床的切削用量。

3.2.1 数控车削的加工特点

车削主要对回转零件进行加工。主要有四种加工类型:车外圆、车内孔、车端面和车螺纹。

1. 车外圆

在数控车床上对零件的外圆柱面、外圆锥面、外圆弧面及回转槽(含切断)加工都属于这一类。这些加工表面有共同的轴线,可用三爪卡盘进行自动定心夹持。当卡盘为四爪时还可以调整零件的回转中心线,以加工出偏心外圆形状。如图3-8所示。

2. 车内孔

车内孔加工包括盲孔、通孔、台阶孔及内部沟槽等的加工。由于车刀柄有一定的尺寸,故车削内孔时一般要求有直径大于15 mm的底孔,若孔离端面较远则底孔直径要求更大一些。车削盲孔时也应先制作合适的底孔。加工内孔时刀具呈悬臂受力状态,在主切削力的作用下刀具会产生较大的变形,从而引起较大的加工误差。如图3-9所示。

3. 车削端面

车削端面主要是加工台阶端面和整体端面,其特征是刀具的推进方向垂直于工件的轴线。如图3-10所示。

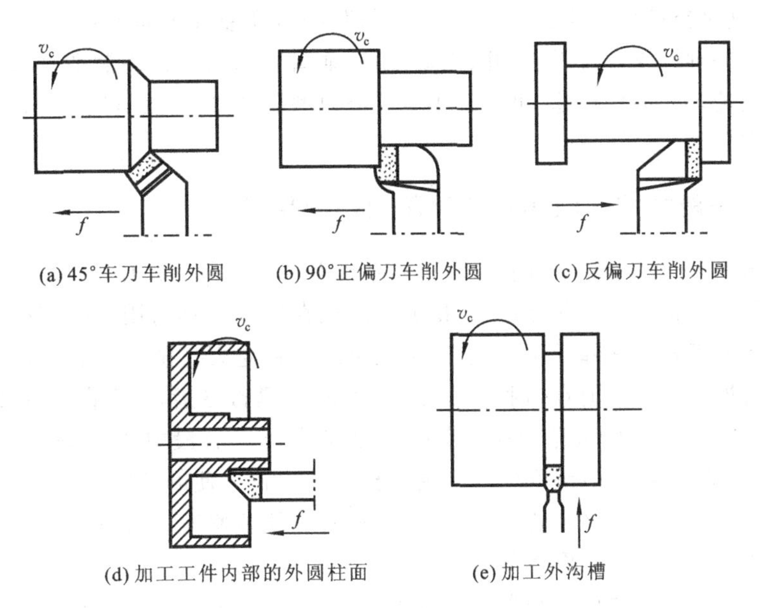

(a) 45°车刀车削外圆　(b) 90°正偏刀车削外圆　(c) 反偏刀车削外圆

(d) 加工工件内部的外圆柱面　(e) 加工外沟槽

图 3-8　车削外圆示意图

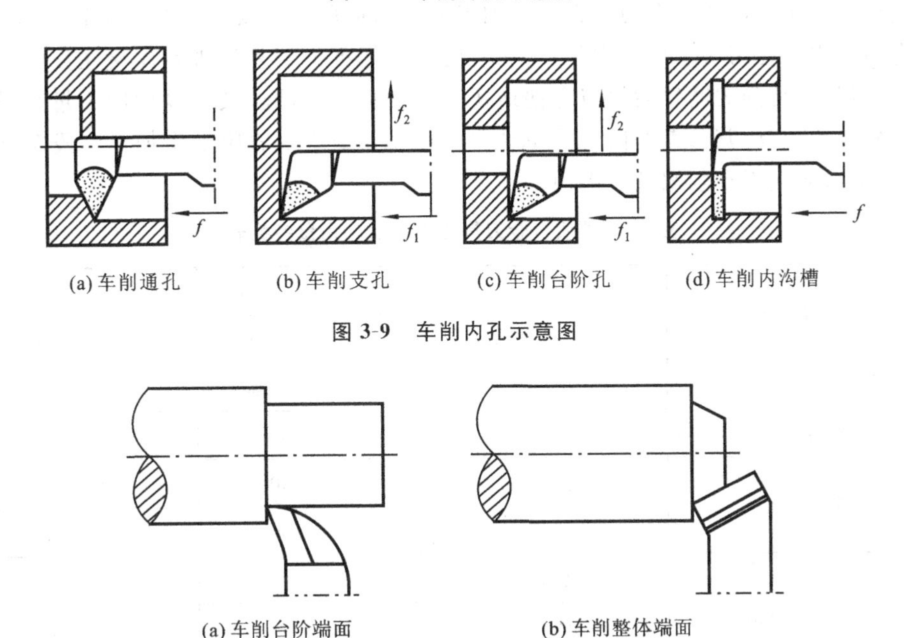

(a) 车削通孔　(b) 车削支孔　(c) 车削台阶孔　(d) 车削内沟槽

图 3-9　车削内孔示意图

(a) 车削台阶端面　(b) 车削整体端面

图 3-10　车削端面示意图

4. 车螺纹

螺纹加工需要其主运动与刀具的进给运动严格匹配，故车削螺纹是车床加工的优势项目之一，尤其是数控加工除能加工任意等距螺纹外，还能加工非等距螺纹、锥螺纹和端面螺纹。这些特种螺纹在航天、钻井、大型设备、血管机器人等许多制造领域内起到关键作用。由于数控车削动作迅速，可以减小螺纹退刀槽长度，这一点对尺寸空间限制较严的场合是非常有利的。

3.2.2 一般数控车削粗加工阶段的切削用量

切削用量包含三个参数：切削速度、进给速度及背吃刀量。在加工的各个阶段三个参数的选择权重是不相同的。前已说明，粗加工阶段在保证刀具耐用度的前提下加大背吃刀量可以提高加工效率并降低生产成本，也就是应使背吃刀量随刀具和工件材料随时变化以求较高的加工效率。但在数控车削的编程中，频繁改变背吃刀量 a_P 的数值并不方便，这是因为 a_P 是用 X 的数据变动来实现的，而零件加工各段中 X 数值彼此相互关联，所谓“牵一发而动全身”。而编程中改变主轴转速是比较方便的，现役的数控机床主轴均采用变频调速，主轴的转速(即切削速度)可以随时方便地修改。故下面的切削用量表以切削速度随情况改变而变化作为其特色。

切削速度应随刀具的材质和类型变动而变化，本节也不可能将所有刀具的切削速度参考值全部指出。硬质合金刀具在车削加工中的用量最大。以往的硬质合金刀具是将硬质合金刀片焊接在刀头上形成刀具；现在发展到把标准的刀片用螺钉压接在刀头指定位置，而且刀片的切削刃磨损后可以方便地换一边刃口。这两种类型就切削用量来讲都是针对硬质合金刀具，其参考切削用量如表 3-1 所示。表 3-1 适用于粗加工阶段车削外圆及内孔，不适合用于车削螺纹及端面。

表 3-1 硬质合金刀具粗加工切削用量参数表

工件材料(典型钢)	工件热处理状态	$a_P=6\sim12$ mm	$a_P=2\sim6$ mm
		$f=0.6\sim1$ mm/r	$f=0.3\sim0.6$ mm/r
		主轴转速 n/(r/min)	
低碳钢(20)	热轧	750～950	1 050～1 300
中碳钢(45)	热轧	650～850	950～1200
	调质	550～750	750～950
合金钢 16Mn、42CrMo	热轧	550～570	750～950
	调质	420～630	550～750
灰铸铁及球墨铸铁	<200 HBW	550～750	630～850
	200～250 HBW	420～630	550～750

续表

工件材料(典型钢)	工件热处理状态	a_P=6～12 mm	a_P=2～6 mm
		f=0.6～1 mm/r	f=0.3～0.6 mm/r
		主轴转速 n/(r/min)	
高锰钢(ω(Mn)=13%)	—	—	120～220
铜及铜合金	—	1 000～1 250	1 250～1 800
铝及铝合金	—	1 200～1 600	1 500～2 200

注:①此表仅适用于车削外圆、内孔,不适用螺纹加工;
②切削刀具的耐用度为 60 min;
③车削直径平均为 30 mm(一般常用值);
④若直径相差太多(超过 60 mm)则转速应按比例调整。

车削螺纹一般用一把螺纹成形车刀完成,并不严格区分粗、精加工。其切削用量的控制点不是刀具的耐用度,主要受到主电动机转速升降特性及螺纹插补运算速度的影响,应放慢切削速度。切削螺纹可三刀成形。第一次进刀螺纹深度的 3/5,第二次进刀螺纹深度的 1.5/5,第三次完成最后成形。若是刀具的切削角度及粗糙度符合要求,这种“三刀成形”的加工方法可以得到中等精度的螺纹。要得到更高精度的螺纹就应该进行螺纹仿形磨削。切削螺纹主轴的转速(单位:r/min)为

$$n=\frac{1\ 000}{P}-100 \tag{3-5}$$

式中,P—螺距(mm)。

车削端面时主轴转速参考车削外圆的数据,但进刀速度应较慢;否则,会因切削力过大而折弯工件或打坏刀具。

3.2.3 数控车削精加工阶段的切削用量

精加工阶段的主要矛盾是解决表面质量及精度问题,故此阶段应有较高的切削速度,较小的背吃刀量及较低的进给速度。表 3-2 列举了硬质合金刀具精加工外圆及内孔的切削速度参数值。

表 3-2 硬质合金刀具精加工外圆及内孔切削速度参数表

工件材质(典型钢种)	工件热处理状态	a_P=0.6～2 mm	a_P=0.1～0.6 mm
		f=0.1～0.3 mm/r	f=0.05～0.1 mm/r
		主轴转速 n/(r/min)	
低碳钢(Q235、20)	热轧	1 500～1 850	1 850～2 200

续表

工件材质（典型钢种）	工件热处理状态	a_p=0.6～2 mm	a_p=0.1～0.6 mm
		f=0.1～0.3 mm/r	f=0.05～0.1 mm/r
		主轴转速 n/(r/min)	
中碳钢（45、ZG550）	热轧	1 300～1 650	1 600～2 000
	调质	1 100～1 350	1 250～1 550
合金结构钢（16Mn、42CrMo）	热轧	1 100～1 350	1 200～1 400
	调质	850～1 150	1 150～1 350
灰铸铁及球墨铸铁	<195 HBW	950～1 250	1 150～1 350
	195～250 HBW	850～1 150	1 050～1 250
铜及铜合金	—	2 000～2 500	2 300～2 700
铝及铝合金	—	1 500～6 000	2 000～7 000

3.2.4 数控车削细长轴切削用量的确定原则

车削过程中细长轴(长度与直径之比大于10)的加工是比较困难的。加工中产生的切削力会导致工件弯曲而产生明显的加工误差，尤其是大部分数控车床没有尾锥来帮助工件固定，其加工弯曲的现象就更加严重。故这种细长轴工件应尽可能在普通车床上加工。普通车床防止工件弯曲的手段较多(如多立中间支架等)。如果必须在数控车床上加工(如车削非标螺纹等)，则必须大幅度减小切削用量。根据经验，此时的切削速度应为表3-1、表3-2所列参数值的1/2～3/5，背吃刀量是参考值的1/4～1/3，切削进给量是参考值的1/2～3/5。

3.3 数控铣削加工的切削用量

3.3.1 数控铣削类的加工特点

数控铣削加工可以加工平面和曲面。加工平面时分为端铣及周端铣。如图3-11所示。

加工刀具中一般采用面铣刀加工端面(端铣)。立式铣刀加工周、端面(周端铣)，面铣刀的直径较大(50～250 mm)，刚度较大，切削刃齿多，加工过程比较平稳，有较高的加工效率。特别指出的是，由于面铣刀特殊的多刃结构，其加工的工件可以达到较高的粗糙度，其表面粗糙度 Ra 可以小于 6.3 μm。若工件表面质量要求一般，则可不区分粗、精加

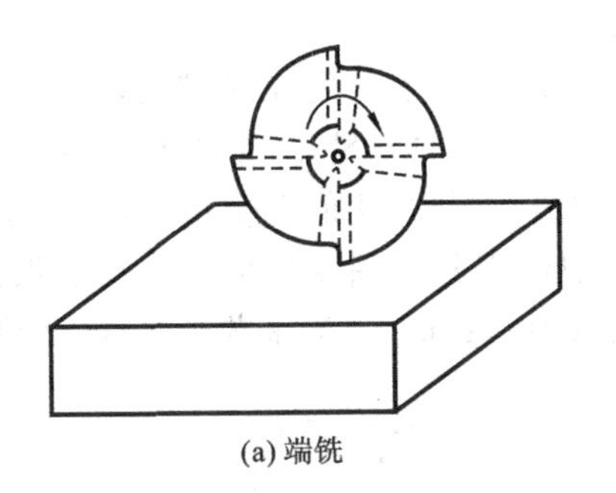

(a) 端铣

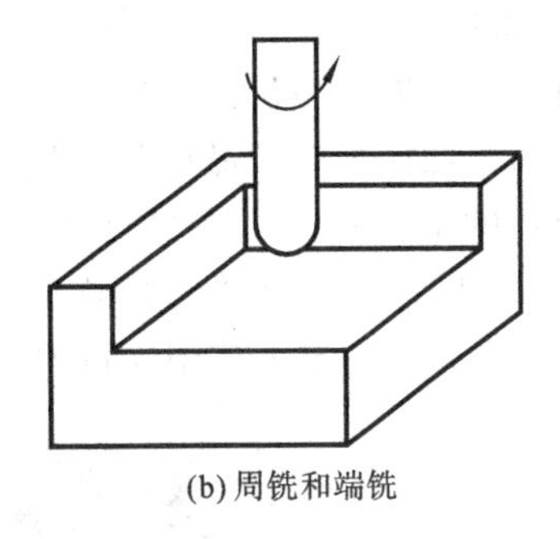

(b) 周铣和端铣

图 3-11　平面加工中的端铣及周端铣

工而一次切削成形。直柄立式铣刀的刀柄直径较小且长度较大，在切削过程中容易引起振动，使其加工表面质量不好，故必须有粗加工和精加工两个阶段。

3.3.2　常用铣削加工的切削用量

本节着重介绍两种常用刀具的切削用量选择。

1. 面铣刀（又称平面铣刀）

面铣刀（如图 3-12 所示）采用多刃断续切削，加工过程比较平稳。影响这种刀具工作寿命的主要因素是工件的材质与硬度，故应着重考虑合理的切削速度，其次是进给量，背吃刀量对其的影响最小。故在确定其切削用量时应优先采用较大的背吃刀量 a_P 来提高加工效率，进给量 f 也可选择稍大一些，最后根据面铣刀的使用寿命要求选择合理的切削速度。表 3-3 列出了硬质合金面铣刀切削用量的参考数据（数据源于成量集团）。

图 3-12　面铣刀

表 3-3　硬质合金面铣刀切削用量的参考数据表

项目		$\kappa_r=90°$、$75°$，面铣刀		密齿面铣刀	
		粗　铣	精　铣	粗　铣	精　铣
工件材料	主轴转速/（r/min）	$f_z=0.2\sim0.3$ mm/齿	$f_z=0.1\sim0.2$ mm/齿	$f_z=0.03\sim0.06$ mm/齿	$f_z=0.01\sim0.03$ mm/齿
普通碳钢（Q235、45）	v_c	170～350	250～400	320～600	400～700
低碳合金钢	v_c	150～250	170～350	250～500	350～600
高强度合金钢	v_c	100～180	120～190	130～250	170～300
铸钢	v_c	150～280	170～320	160～230	180～250
铸铁	v_c	105～190	130～255	160～300	200～350

注：表中铣刀直径设为 150 mm，若铣刀直径与此有较大的区别，可按比例增减切削速度。

2. 立铣刀(含螺旋铣刀、直柄铣刀、整形铣刀)

与面铣刀不同,立铣刀(见图 3-13)刀柄直径较小,刀柄长度相对较大,在加工中容易产生振动和弯曲而影响产品质量。故立铣刀加工时,背吃刀量 a_P(Z 向切削深度)不应超过其直径 d 的 1/3～1/2。刀具直径越小,背吃刀量 a_P 与其比值也应相应减小。进给量 f 也不应太大,否则,加工中产生的横向切削力会引起刀具弯曲变形而导致加工误差,甚至折断刀柄。表 3-4 列出了常用立铣刀的切削用量参考数值(数据来源于成量集团)。

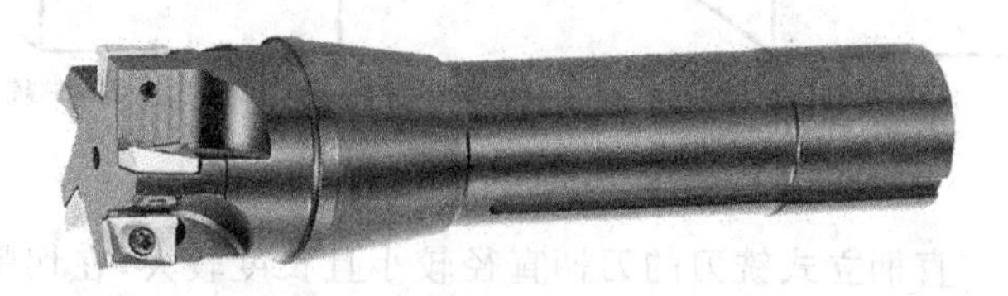

图 3-13　立式铣刀

表 3-4　立铣刀类切削用量参考数值表(切削速度/(r/min))

项　目	螺旋立铣刀(玉米铣刀)		螺旋齿立铣刀	整体合金铣刀		
	铣槽	铣平面		ϕ3	ϕ3.5～6	ϕ7～8
	f_z=0.2～0.4 mm/齿	f_z=0.12～0.4 mm/齿	f_z=0.15～0.4 mm/齿	f_z=0.015 mm/齿	f_z=0.02～0.04 mm/齿	f_z=0.03～0.06 mm/齿
普碳钢	1 500～1 800	1 500～1 800	3 000～3 500	3 000～4 000	1 500～2 000	1 600～3 600
低合金钢	1 500～1 800	1 500～2 500	2 800～3 500	3 000～4 000	1 500～2 000	1 600～3 500
高强度合金钢	1 400～1 600	3 000～4 000	2 700～3 400	3 000～4 000	1 500～2 000	1 600～3 600
铸钢	1 300～1 500	3 000～4 000	2 600～3 200	3 000～4 000	1 500～2 000	1 600～3 600
铸铁	1 400～1 600	3 000～4 000	2 800～3 500	3 000～4 000	1 800～2 200	1 600～3 200
有色金属	—	—	5000～5600	4000～4 500	2 000～2 400	2 000～2 500

注:此表中玉米铣刀及螺旋齿以及立铣刀的直径设为 10 mm,如果直径与此相差大于 20%,则切削速度须按比例进行调整。

3.4　加工中心的切削用量

3.4.1　加工中心的加工特点

加工中心一般有较大的刀具库。库里的刀具不仅数量多,而且种类齐全。工件装夹一次后可以循次完成铣削、镗削、钻削、铰孔及螺纹成形全部工作。因为工件装夹的复杂性会耗费许多机床工作时间，独体机床的加工效率不高。加工中心夹持工件及工件定位（对刀）仅需完成一次，故其效率较一般独体数控机床大为提高。加工中心加工类型主要是铣削、镗削、钻孔及螺纹成形。关于铣削的切削用量在3.3节已经介绍，本节主要介绍镗削、钻孔等工艺的切削用量问题。加工中心螺纹成形主要依靠钻削底孔后用丝锥切制螺纹。用丝锥切制螺纹其切削用量只有主轴转速一项，一般要求此时的主轴转速限制在150 r/min以下。近年来，已有内螺纹钻孔、攻螺丝一次成形的专利面世。这项专利改变了先钻孔后切制螺纹的传统模式，此时的主轴转速限制在120 r/min以下。

3.4.2 镗削加工的切削用量

镗削加工一般采用刀柄直径较大的镗刀进行切削，但镗杆长度较大（见图3-14），故刀具在加工时变形较大，工件的加工精度及表面质量不高。就刀具而言，镗削加工类似于车削加工，其切削用量应比同类车削的切削用量低一些，尤其是背吃刀量必须相对减小。这主要是因为镗刀杆的相对刚度不足且单点受力使镗削刀具变形较大。表3-5所示为硬质合金刀具镗孔的切削用量参考数据表。

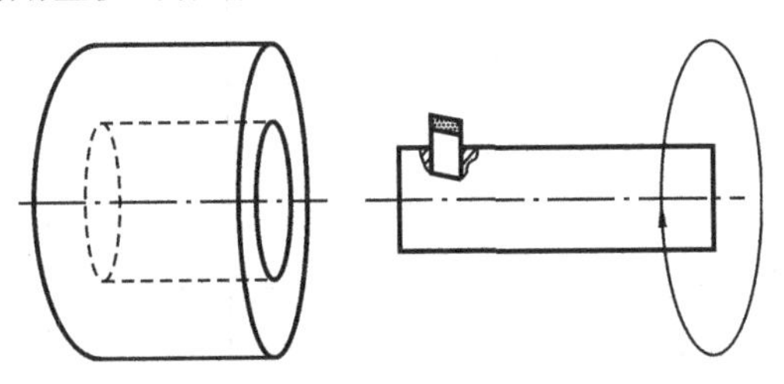

图3-14 镗孔示意图

表3-5 硬质合金刀具镗孔切削用量参考数据表

工件材料（典型钢号）	工件热处理状态	a_p=3～6 mm	a_p=1.0～3 mm	a_p=0.1～1 mm
		f=0.3～0.6 mm/r	f=0.15～0.3 mm/r	f=0.05～0.15 mm/r
		主轴转速 n/(r/min)		
低碳钢(Q235,20)	热轧	500～650	600～750	700～850
中碳钢(45)	热轧	550～680	650～800	750～900
	调质	500～620	550～700	700～820
合金钢(16Mn,42CrMo)	热轧	450～550	550～650	600～720
	调质	380～500	500～600	580～680
铸钢(ZG550)		520～650	600～700	650～800
铸铁	200 HBW	550～700	630～800	720～820
	200～250 HBW	420～550	500～620	600～700

3.4.3 钻孔的切削用量

钻孔的切削用量仅指钻头的旋转速度(切削速度)及钻头的钻进速度。钻头的类型主要有高速钢钻头、硬质合金镶边钻头及最近几年发展起来的整体硬质合金钻头。表 3-6 是硬质合金钻头切削用量参考数据表。

表 3-6 硬质合金钻头切削用量参考数据表

加工材料	抗拉强度 R_m/MPa	硬度 HBW	进给量 f/(mm/r)			主轴转速 n/(r/min)			切削液
			$d_0=3\sim8$ mm	$d_0=8\sim20$ mm	$d_0=20\sim40$ mm	$d_0=3\sim8$ mm	$d_0=8\sim20$ mm	$d_0=20\sim40$ mm	
工具钢、热处理钢	850~1 200	—	0.02~0.04	0.04~0.08	0.08~0.12	1 000~1 250	480~600	350~400	非水溶性切削油
	1 200~1 800	—	0.02	0.02~0.04	—	400~600	192~288	—	
淬硬钢	—	≥50HRC	0.01~0.02	0.02~0.03	—	320~400	160~192	—	
高锰钢(ω(Mn)=12%~14%)	—	—	—	0.03~0.05	—	—	160~256	—	
铸钢	≥700	—	0.02~0.05	0.05~0.12	0.12~0.18	1 000~1 250	480~608	350~400	
不锈钢	—	—	0.08~0.12	0.12~0.2	—	1 000~1 080	432~560	—	
耐热钢	—	—	0.01~0.05	0.05~0.1	—	120~240	80~128	—	
镍铬钢	1 000	300	0.08~0.12	0.12~0.2	—	1 400~1 600	640~720	—	
	1 400	420	0.04~0.05	0.05~0.08	—	600~800	320~400	—	
灰铸铁	—	≤250	0.04~0.08	0.08~0.16	0.16~0.3	1 600~2 000	800~1 120	600~800	干切或乳化液
合金铸铁	—	250~350	0.02~0.04	0.03~0.08	0.06~0.16	800~1 000	400~800	300~600	非水溶性切削油或乳化液
		350~450	0.02~0.04	0.03~0.06	0.05~0.1	320~500	160~400	120~300	
冷硬铸铁	—	65~85HS	0.01~0.03	0.02~0.04	0.03~0.06	200~300	96~160	80~120	

续表

加工材料	抗拉强度 R_m/MPa	硬度 HBW	进　给　量 f/(mm/r)			主 轴 转 速 n/(r/min)			切削液
			d_0=3～8 mm	d_0=8～20 mm	d_0=20～40 mm	d_0=3～8 mm	d_0=8～20 mm	d_0=20～40 mm	
可锻铸铁、球墨铸铁	—	—	0.03～0.05	0.05～0.1	0.1～0.2	1 600～1 800	720～800	500～600	干切或乳化液
黄铜	—	—	0.06～0.1	0.1～0.2	0.2～0.3	3 200～4 000	1 440～1 760	1 000～1 200	
铸造青铜	—	—	0.06～0.08	0.08～0.12	0.12～0.2	2 000～2 400	880～1 200	600～800	—

注：①硬质合金牌号按照 ISO 选用 K10 或 K20 对应的国内牌号；

②高速钢钻头耐热性较低，故切削用量相应降低 20%～30%。

本章重点、难点及知识拓展

本章重点：数控加工的切削基础；切削用量的三要素；切削过程中出现的三个变形区；数控车削机床的切削用量；数控铣削加工的切削用量；数控钻削加工的切削用量。

本章难点：切削用量的三要素；数控车削机床的切削用量；数控铣削加工的切削用量。

知识拓展：数控加工切削用量的选择比传统切削加工更有技术含量。这是因为数控加工是高度自动化的过程。若数控加工中切削用量选择不当，则会导致加工过程的失败并造成较大的经济损失。随着机床刚度的不断升级，切削刀具性能的进一步提高，以及先进数控制造技术的应用，切削用量的选择将更具挑战性。具有切削用量专家系统的 CAPP 技术的发展，将会为数控加工切削用量的制订与修改带来更高的精确性。可以预见，此类 CAPP 技术将成为未来数控加工行业关注的热点。

思考与练习题

3-1　车削及铣削加工中的主运动由机床的哪部分产生？

3-2　切削用量的三要素的内容是哪些?

3-3　机加工中产生何种切屑较好?

3-4　试述刀具积屑瘤的产生机理及消除方法。

3-5　粗加工阶段及精加工阶段选择切削用量的基本原则是什么?

第4章 数控编程基础

4.1 概　述

4.1.1 数控编程的基本概念

数控机床是按照事先编写好的加工程序进行工作的。在数控机床上加工零件时，首先需要编写零件的加工程序，即用数字形式的指令代码来描述被加工零件的工艺过程、零件尺寸和工艺参数（如主轴转速、进给速度等）。然后将零件加工程序输入数控装置，经过计算机的处理，发出各种控制指令，控制机床的运动与辅助动作，自动完成零件的加工。因此，加工程序不仅关系到能否加工出合格的零件，而且还影响到加工精度、加工效率，甚至还会影响到机床、操作者的安全。一个理想的加工程序，不仅能加工出符合图样要求的合格零件，使数控机床的功能得到合理的应用和充分的发挥，而且能保证设备安全、高效地工作。

根据被加工零件的图样、技术要求及其工艺要求等必要信息，按照数控系统所规定的指令和格式编制的加工指令序列，就是数控加工程序，或称零件程序。制备数控加工程序的过程称为数控程序编制，简称数控编程（NC programming）。

4.1.2 数控编程的内容与步骤

程序编制一般要经过分析零件图样、工艺处理、数值计算、编写程序单、程序校核、制备输入介质及首件试切等主要步骤，如图4-1所示。

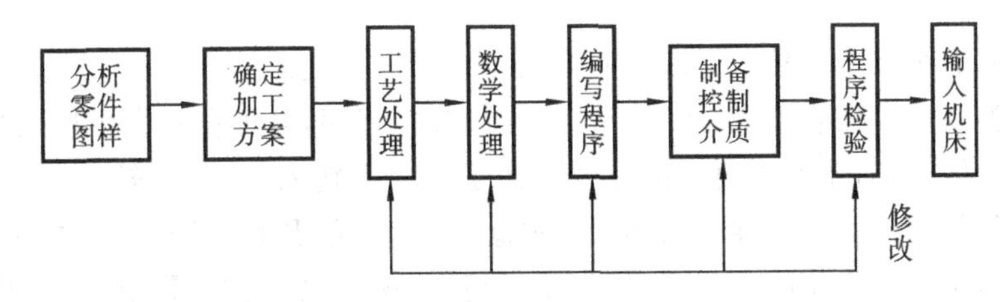

图4-1　数控编程过程

数控机床是按照事先编制好的加工程序自动地对工件进行加工的高效自动化设备。在数控机床上加工零件时，要把加工零件的全部工艺过程、工艺参数和位移数据，以信息的形式记录在控制介质上，用控制介质上的信息来控制机床，实现零件的全部加工过程。

把从零件图样到获得数控机床所需控制介质的全部过程称为程序编制。

1. 分析零件图样

首先分析零件图样,根据零件的材料、形状、尺寸、精度、毛坯形状和热处理要求等确定加工方案,选择合适的数控机床。

2. 工艺处理

在分析零件图样要求是否适合用数控加工及现有设备条件的基础上,先确定数控加工的工序并选用合适的数控机床;然后进行数控工序的详细设计,包括工件的定位与装夹、工步的划分、走刀路线的确定、刀具与切削用量的选用、工序卡等工艺文件的编写,作为编制程序与工装准备的依据(详见4.4节)。

3. 数学处理

数学处理也称数值计算。在完成工艺处理后,根据零件的几何尺寸、加工路线,计算数控机床所需的输入数据。简单零件一般只需计算出零件轮廓的相邻几何元素的交点或切点(基点)的坐标值。对于特殊零件,一般需要计算机进行辅助计算,求出基点和节点坐标值。

根据零件图的几何尺寸、走刀路径及设定的坐标系计算粗、精加工各运动轨迹的坐标值,诸如运动轨迹的起点与终点、圆弧的圆心等坐标尺寸。对圆形刀具,有时还要计算刀心运动轨迹的坐标;对非圆曲线,还要计算逼近线段的交点(亦称节点)坐标值,并限制在允许误差范围以内。

4. 编写加工程序单

根据工序卡已确定的工步与走刀顺序、刀号、切削参数、辅助操作,以及上述计算所得出的运动轨迹坐标值,编程人员按照所使用数控装置的指令、程序段格式,逐段编写零件加工程序。因此,编程人员要了解所选数控机床的性能、程序指令代码及数控机床加工零件的过程,才能编写出正确的加工程序。

5. 程序输入

程序输入有手动数据输入、介质输入、通信输入等方式。

现代数控系统存储容量大,可储存多个零件加工程序,且可在不占用加工时间的情况下进行输入。因此,对于不太复杂的零件常用手动数据输入(MDI),较为方便、及时。介质输入方式是将加工程序记录在穿孔带、磁盘、磁带等介质上,用输入装置一次性输入。穿孔带方式由于是用机械的代码孔,不易受环境(如磁场、粉尘等)影响,是数控机床传统的信息载体,但随着数控技术的发展,正逐渐被磁盘取代,介质输入方式常用于程序量较大的情况,输入快捷,便于长期保存和重复使用。通信输入是指通过存储介质(如U盘、光盘等)将生成的NC代码输入到控制数控机床的计算机中,数控装置再调用它以实现数控加工。

6. 程序校核与首件试切

程序单和制备的控制介质必须经过检验和试切削才能正式使用。一般的方法是将控制介质上的内容直接输入到数控装置进行机床的空运转检查,即在机床上用笔代替刀具,坐标纸代替工件进行空运转画图,检查机床运动轨迹的正确性。在具有图形显示的数控机床上,用图形模拟刀具相对工件的运动,则更为方便。但这些方法只能检查运动是否正确,不能查出由于刀具调整不当或编程计算不准而造成工件误差的大小。因此,必须用首件试切的方法进行实际切削检查,它不仅可查出程序单和控制介质的错误,还可以知道加工精度是否符合要求。当发现尺寸有误差时,应分析错误的性质,或者修改程序单,或者进行尺寸补偿,直至满足图样要求。至此,一个加工程序的编制方告完成,才能进行批量加工。

4.1.3 数控编程的方法

数控编程的方法目前有两种,即手工编程与自动编程。

1. 手工编程(manual programming)

手工编程是指零件图样分析、工艺处理、数值计算、书写程序单、纸带制作和检验等均由人工完成。它要求编程人员不仅要熟悉数控指令及编程规则,而且还要具备数控加工工艺知识和数值计算能力。手工编程适用于比较简单的零件加工程序编制,但掌握手工编程是学习自动编程的基础。

2. 自动编程(computer aided NC programming)

自动编程是由计算机完成数控加工程序编制过程的全部或大部分工作。采用计算机辅助编程,由计算机系统完成大量的数字处理运算、逻辑判断和检测仿真,可以大大提高编程效率和质量,对于复杂型面的加工,若需要三、四、五个坐标轴联动加工,其坐标运动计算十分复杂,很难用手工编程,一般必须采用计算机辅助编程方法。

数控加工的自动编程,一般有数控语言型、人机交互式图形编程和数字化编程三种类型。

(1) 数控语言型　采用某种高级语言,对零件几何形状及走刀线路进行定义,由计算机完成复杂的几何运算,或者通过工艺数据库对刀具夹具及切削用量进行选择。这是早期计算机自动编程的主要方法。比较著名的数控编程系统,如APT(automatically programmed tool)系统及其他版本如EAPT、FAPT等。这种方法在我国普及率较低,已逐渐被人机交互式图形编程所取代。

(2) 人机交互式图形编程　交互式图形编程是建立在CAD和CAM的基础上。是通过人机对话,利用菜单采取图形交互方式进行编程的自动编程方法。这种编程方法的图形元素的输入、加工路线的显示和工艺参数的设定等工作完全用图形方式,以人机对话的方法进行,具有速度快、直观性好、使用方便和便于检查等优点。因此,交互式图形自动编程是复杂零件普遍采用的数控编程方法,也是现在普遍使用的自动编程方法。目前常用的商业化软件(如 UG、Pro/E、CAXA、MasterCAM 等)都具有自动生成 NC 代码的功能。

(3) 数字化编程　首先,用测量机或扫描仪对零件图样或实物的形状和尺寸进行测量或扫描,然后经计算机处理后自动生成数控加工程序。这种方法十分方便,但成本较高,仅用于一些特殊场合。

应指出的是,手工编程与自动编程只是应用场合与编程手段的不同,而所涉及的内容基本相同,最终所编程的加工程序应无原则性的差异,都必须遵守具体数控机床所用的数控系统规定的指令代码规则、程序格式及功能指令编程方法。

4.2　数控编程的基础

4.2.1　编程的几何基础坐标系

关于数控机床的坐标轴和运动方向,ISO 作了统一的规定,并制定了 ISO 841 标准,这与我国有关部门制定的相应标准 JB 3051—1982 相当。

1. 机床坐标系

国际标准 ISO 841 规定:数控机床的坐标系,采用右手定则的笛卡儿坐标系。在该坐标系中,有三个互相垂直的坐标,分别为 X、Y、Z 坐标,三个坐标的交点为坐标系的零点。X、Y、Z 为移动坐标,A、B、C 分别为绕 X、Y、Z 轴的旋转坐标,U、V、W 为附加坐标轴,分别平行于 X、Y、Z 轴且方向相同,如图 4-2 所示。

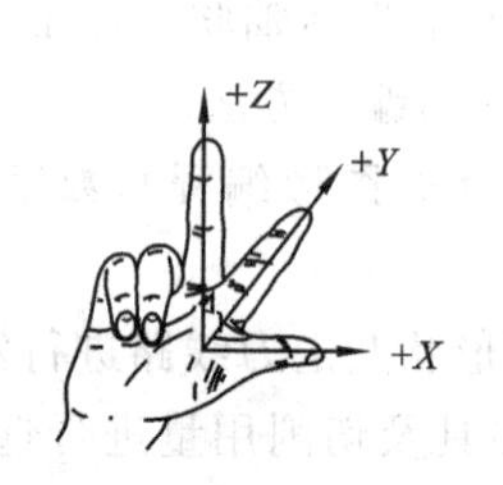

(a) 用于直线坐标轴的右手定则

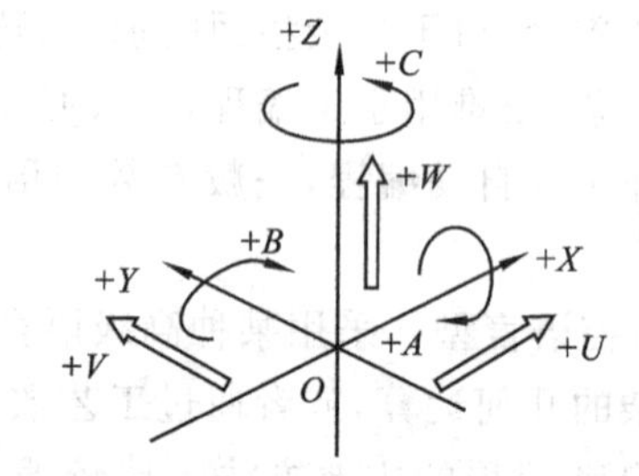

(b) 直线坐标轴和回转坐标轴

图 4-2　机床坐标系

2. 轴及方向规定

(1) Z 轴　规定与机床主轴轴线平行的坐标轴为 Z 轴,刀具远离工件的方向为 Z 轴的正向。

(2) X 轴　对于大部分铣床来讲，X 轴为最长的运动轴，它垂直于 Z 轴，平行于工件装夹表面。$+X$ 的方向位于操作者观看工作台时的右方，如图 4-3 所示。

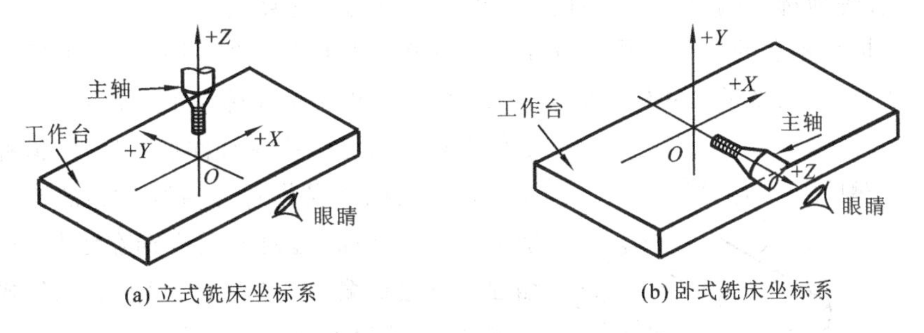

(a) 立式铣床坐标系　(b) 卧式铣床坐标系

图 4-3　数控铣床坐标系

对于数控车床、磨床等工件旋转的机床，工件的径向运动为 X 轴，刀具远离工件的方向为 $+X$ 的方向，如图 4-4 所示。

(3) Y 轴　对于大部分铣床来讲，Y 轴为较短的运动轴，它垂直于 Z 轴。在 Z 轴、X 轴确定后，通过右手定则可以确定 Y 轴。

(4) 回转轴　绕 X 轴回转的坐标轴为 A 轴，绕 Y 轴回转的坐标轴为 B 轴，绕 Z 轴回转的坐标轴为 C 轴。方向的确定采用右手螺旋定则，如图 4-5 所示，拇指所指的方向是 $+X$、$+Y$ 或 $+Z$ 的方向。

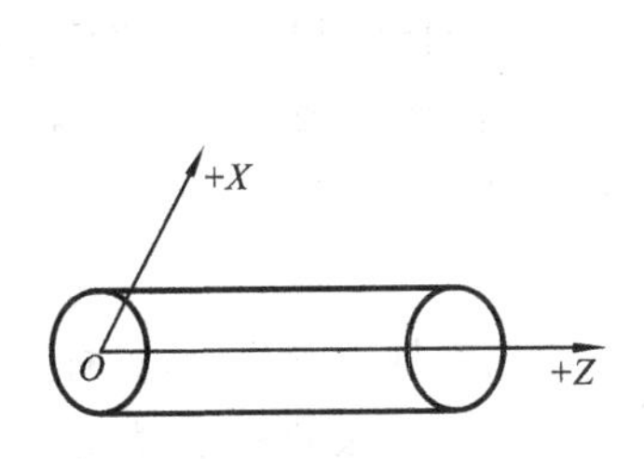

图 4-4　数控车床坐标系

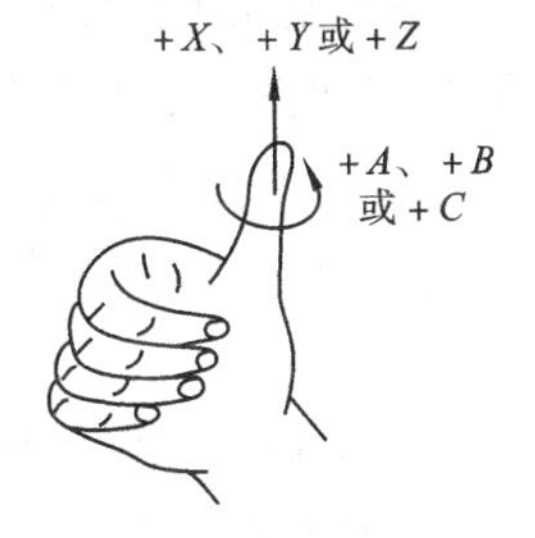

图 4-5　确定回转轴方向的右手螺旋定则

(5) 附加坐标轴　平行于 X 轴的坐标轴为 U，平行于 Y 轴的坐标轴为 V，平行于 Z 轴的坐标轴为 W，方向和 X、Y、Z 轴的方向一致，如图 4-2(b)所示。

3. 坐标系

前面所介绍的坐标系称为机床坐标系。机床坐标系是机床上固定的坐标系，具有固定的原点（机床零点）和坐标轴方向，机床零点位置在数控机床出厂时已经确定。数控装置内部的位置计算都是在机床坐标系内进行的。

由于机床坐标系的位置是固定不变的,对于编程时的位置计算有时很不方便。为了编程方便,可以设置编程坐标系(也称工件坐标系)。编程时的坐标计算完全在编程坐标系里进行,合理地选择编程坐标系的位置,可以减少编程计算量。

编程坐标系零点的选择要尽量满足编程简单、尺寸换算少、引起的加工误差小等条件。一般情况下,以坐标尺寸标注的零件,编程零点选在尺寸标注的基准点,中心对称的零件编程零点可以选在对称点。另外,编程零点也应该是数控机床操作者容易测量到的点。对于铣削加工,Z 方向的编程零点应选在零件的上表面。编程人员应将编程零点告诉机床操作者,操作者通过测量,将编程零点的坐标值输入数控机床。

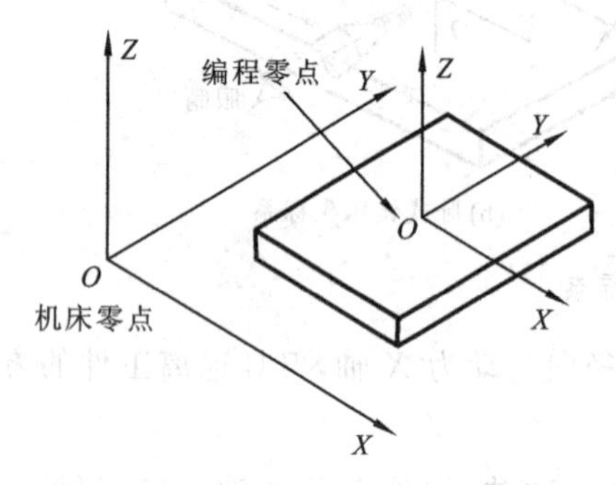

图 4-6　机床零点与编程零点的关系

编程零点位置是由操作者自己设定的,它在工件装夹完毕后,通过分中与对刀确定。它反映的是工件与机床零点之间的距离位置关系。编程坐标系一旦固定,一般不再改变,如图 4-6 所示。

4.2.2　数控系统的指令代码

数控加工程序中所用的各种代码,如坐标尺寸值、准备功能指令、辅助功能指令、主运动指令、进给速度指令、刀具指令,以及程序和程序段格式等方面都制定了一系列的国际标准。我国也参照相关国际标准制定了相应的国家标准。但是,不同厂家的数控系统其指令代码、功能和格式是不完全相同的,就是同一厂家,在不同时期开发的数控系统也有差别。尽管如此,准备功能代码 G 和辅助功能代码 M 对于绝大多数数控系统来说,有相当一部分符合 ISO 标准或类似 ISO 标准,程序段中 F、S、T 等其他指令代码内容明确、简单。

由于以上原因,编程时还应按照具体机床数控系统的编程规定来进行,这样所编写的加工程序才能为机床的数控系统所接受。此外,还有关于数控机床的机械、数控系统等方面的其他标准。我国制定的数控标准与国际上使用的 ISO 数控标准基本一致。

1. 准备功能 G 代码

G 代码是使机床建立起(准备好)某种工作方式的指令,如命令机床走直线或圆弧运动、刀具补偿、固定循环运动等。G 代码是程序的主要内容。表 4-1 所示为我国 JB 3208—1983 标准规定的 G 代码功能定义。

G 代码由地址 G 及其后的两位数字组成,从 G00～G99 共 100 种。

表 4-1 准备功能 G 代码

指令	模态	功能	指令	模态	功能
G00	01	快速定位运动	G54	07	选择工件坐标系 1
G01	01	直线插补运动	G55	07	选择工件坐标系 2
G02	01	顺时针圆弧插补	G56	07	选择工件坐标系 3
G03	01	逆时针圆弧插补	G57	07	选择工件坐标系 4
G04	#	暂停	G58	07	选择工件坐标系 5
G17	02	*XY* 平面选择	G59	07	选择工件坐标系 6
G18	02	*XZ* 平面选择	G80	08	取消固定循环
G19	02	*YZ* 平面选择	G81	08	钻孔循环
G20	03	寸制编程选择	G83	08	钻深孔循环
G21	03	米制编程选择	G84	08	攻螺纹循环
G28	#	返回参考点	G85	08	镗孔循环
G40	04	切削刀具补偿	G90	09	绝对坐标编程
G41	04	刀具左补偿	G91	09	相对坐标编程
G42	04	刀具右编程	G92	#	设定工件坐标系
G43	05	刀具长度正向补偿	G98	10	返回初始点
G44	05	刀具长度负向补偿	G99	10	返回参考面
G49	05	取消 G43/G44	G100	11	取消镜像
G50	06	取消 G51	G101	11	选择镜像
G51	06	缩放	G110-G129	07	选择工件坐标系 7-30

注：①表中凡有 01，02，…，11 指示的 G 代码为同一组代码，这种指令为模态指令；

②“#”指示的指令为非模态指令；

③在程序中，模态指令一旦出现，其功能在后续的程序段中一直起作用，直到同一组的其他代码出现才终止；

④非模态指令的功能只在它出现的程序段中起作用。

例 4-1 试述下列程序段中模态指令的作用。

```
N001 G01 G17 G42 X__Y__Z__
N002             X__Y__Z__
N003 G03         X__Y__Z__
N004             X__Y__Z__
```

N005 G01　　　　X＿Y＿Z＿

N006 G00 G40　　X＿Y＿Z＿

分析　上例中，N×××为程序段号。在N001程序段中，有3种G功能代码要求，但它们不属同一组，故可编在同一程序段中；N002的功能与N001相同，因都为模态代码，故继续有效；N003中出现G03，同组的G01失效，但G17、G42因不同组，继续有效；N005中需要的G01必须重写；N006出现同组的G00使G01失效，又因G40与G42同组，所以G42失效，但G17继续有效。

2. 辅助功能M代码

辅助功能是控制机床某一辅助动作通—断(开—关)的指令，如主轴的启、停，切削液的开、关，转位部件的夹紧与松开，等等。

表4-2所示为我国JB3208—1983标准规定的M代码及其功能。

表4-2　辅助功能M代码表

指　　令	功　　能	指　　令	功　　能
M00	程序停止	M31	正方向启动排屑器
M01	程序选择停止	M32	反方向启动排屑器
M02	程序结束	M33	排屑器停止
M03	主轴顺时针旋转	M34	切削液喷嘴升高一位
M04	主轴逆时针旋转	M35	切削液喷嘴降低一位
M05	主轴停止	M39	旋转刀盘
M06	换刀	M82	松开刀具
M08	切削液打开	M86	夹紧刀具
M09	切削液关闭	M97	子程序调用
M19	主轴准停	M98	子程序调用
M30	程序结束并返回	M99	子程序调用结束

M00——程序停止。M00用于停止一个程序，同时也停止主轴，关闭切削液，程序指针指向下一个程序段并停下来。按循环启动(cycle start)按钮将从下个程序段开始继续执行。

M01——程序选择停止。作用和M00相似，但只有在选择停止(optional stop)方式有效时，才会使程序停止运行。按循环启动(cycle start)按钮将继续执行程序。

M02——程序结束。当全部程序结束后，用此指令使主轴、进给、切削液全部停止。

M03——顺时针方向启动主轴。程序段将延时到主轴转速达到90%。

M04——逆时针方向启动主轴。程序段将延时到主轴转速达到90%。

M05——主轴停止。程序段将延时到主轴转速低于10 r/min。

M06——换刀。此时正在运转的主轴会停下来，Z轴自动移动到机床零点，被选的刀具将放入主轴。Z轴保持在机床零点位置上，在换刀完成之前，主轴不会再启动，换刀期间切削液泵会关闭。所需要换的刀具号必须和M06在同一程序段。M06可用于手动或自动换刀，对于自动换刀机床，机床的动作顺序是停止加工、自动换刀、恢复加工。主轴重新运转的转速仍然按照前面设定的转速进行运转。

M08——切削液打开。应注意M代码是在程序段最后执行，所以当与运动指令在同一程序段时，切削液将在运动开始后打开。切削液过少状态只能在程序执行之前检查，若程序已开始执行，则不管切削液是否过少。

M09——切削液关闭。

M19——主轴准停。

M30——程序结束并返回。停止程序执行，停止主轴运转，关闭切削液，程序指针返回到第一个程序段并停下来。其作用与M02相同。

M31——正方向启动排屑器。正方向是指将切屑排出机床的方向。

M32——反方向启动排屑器。

M33——排屑器停止。

M34——切削液喷嘴升高一位。

M35——切削液喷嘴降低一位。

M39——旋转刀盘。M39指令只是旋转刀盘，并不进行换刀。M39指令常用于诊断或在刀库碰撞时恢复。应注意面对主轴的刀位应是空的，而该条M代码就是用于将空的刀位转向主轴。

M82——用于从主轴上将刀具松开。在自动换刀时没有必要使用该指令。建议一般不要使用该指令，因为这样很可能会使刀具从主轴上掉下来而损坏工件或机床。

M86——夹紧刀具。在自动换刀时也没有必要使用该指令。

M97——子程序调用。用于调用同一程序段中程序段号为N的子程序，地址Pnnnn要求与同一程序中的某一程序段号相匹配，并要以M99结束，这样就避免了编写较复杂的独立子程序，在M97程序段中使用的地址L为调用子程序的次数。

M98——子程序调用。调用一个独立的子程序，地址Pnnnn必须与M98在同一程序段中，Pnnnn必须是一个编写好的子程序，以M99结束并返回。同一程序段中的L代码为调用子程序的次数。

M99——用于从子程序或宏程序返回主程序。如果不是用在子程序而是用在主程序中，将使主程序返回到程序开头并继续执行程序。如果使用M99Pnnnn，将使主程序跳转到程序段号为Nnnnn的程序段。

3. 其他代码

在一个程序中，除了前面介绍的G代码和M代码外，还有其他代码，这些代码指定其他功能，如机床的进给、主轴转速、刀具选择等。

地址A代码——第四轴旋转运动。一般数控系统规定最小分辨率0.001°，赋值范围为－8 380.000°至8 380.000°。

地址B代码——第五轴旋转运动。其最小分辨率和赋值范围同A轴。

地址C代码——辅助的外部旋转轴。其最小分辨率和赋值范围同A轴。

地址D代码——刀具直径补偿号选择。程序必须同时选择G41或G42以使刀具偏置有效。此代码用于刀具半径或直径补偿中选择相应的刀具号。D04表明选择刀具为4号刀具并取消刀具以前的指令Dn。

地址F代码——进给率设定。F后带若干位数字，如F150、F3500等，其中数字表示实际的合成速度值，单位为mm/min（米制）或in/min（寸制），视用户选定的编程单位而定，若为米制单位则上述两个指令分别表示为：F＝150 mm/min，F＝3 500 mm/min。F指令是模态指令。

地址H代码——刀具长度补偿号选择。程序必须同时选择G43或G44以使刀具偏置有效。

地址I代码——给定循环或圆弧插补的数据项。一般数控系统规定此代码的数据范围为－8 300.000至8 300.000。

地址J代码——给定循环或圆弧插补的数据项。其赋值范围同I代码。

地址K代码——给定循环或圆弧插补的数据项。其赋值范围同I代码。

地址L代码——循环次数。一般数控系统规定此代码的赋值范围为0至32 767之间的无符号数。

地址N代码——程序段号。此代码为任选的，它可用于一个程序段，其赋值范围为0至9 999。

地址O代码——程序编号或程序号。其赋值范围为O0000至O9999。

地址P代码——延时或M98调用的程序号。当用于指出程序号时，其值为小于9 999的正整数；当用于延时时间时，一般数控系统规定此代码的赋值范围为0.001至1 000.0的十进制数。

地址Q代码——固定循环的数据项。

地址R代码——固定循环与圆弧插补的数据项。一般数控系统规定，以mm为单位时，其赋值范围为－8 300.000至8 300.000。在固定循环中常用于作参考面。

地址S代码——主轴转速。一般数控系统规定此代码的赋值范围为1至99 999之间的无符号数。代码S只是指定转速的大小，其后带若干位数字，如S500、S3500等，其中数字表示实际的主轴转速值，单位为r/min。上述两个指令分别表示主轴转速：500

r/min,3 500 r/min。S 指令是模态指令,使用时用代码 M03 或 M04 指定主轴是正转或是反转。

地址 T 代码——刀具选择。该指令用于具有刀库的数控机床。对于大部分数控机床而言,代码 T 只是告诉机床将刀盘旋转到指定位置,该位置称为等待位置或下一把刀位置。并不会将刀具换到主轴,只有代码 M06 在同一程序出现时,如:M06　T02 表示选择第 2 号刀具,进行换刀,此时才会将所需要的刀具换到主轴。

地址 U 代码——辅助直线轴。平行于 X 轴,一般的数控系统规定此代码的赋值范围为−8 300.000 mm 至 8 300.000 mm。

地址 V 代码——辅助直线轴。平行于 Y 轴,一般的数控系统规定此代码的赋值范围为−8 300.000 mm 至 8 300.000 mm。

地址 W 代码——辅助直线轴。平行于 Z 轴,一般的数控系统规定此代码的赋值范围为−8 300.000 mm 至 8 300.000 mm。

地址 X 代码——X 轴直线运动。一般数控系统规定此代码的赋值范围为−8 300.000 mm 至 8 300.000 mm。最小运动单位是 1/1 000 mm。

地址 Y 代码——Y 轴直线运动。一般数控系统规定此代码的赋值范围为−8 300.000 mm 至 8 300.000 mm。最小运动单位是 1/1 000 mm。

地址 Z 代码——Z 轴直线运动。一般数控系统规定此代码的赋值范围为−8 300.000 mm 至 8 300.000 mm。最小运动单位是 1/1 000 mm。

4.2.3　程序结构与格式

一个完整的零件加工程序由若干程序段组成,一个程序段又由若干个代码字组成,每个代码字则由字母(地址码)和数字(有些数字还带有符号)组成。下面以图 4-7 所示的铣削外轮廓为例,说明数控程序的结构与格式。图 4-7 中,工件轮廓由直线组成:刀具起点为 H,沿着 $A \to B \to C \to D \to E \to F \to G \to$ 工件原点 $\to A$ 点。为计算刀尖运动轨迹的尺寸,设工件坐标系 XOY 在工件左端的 O 点。

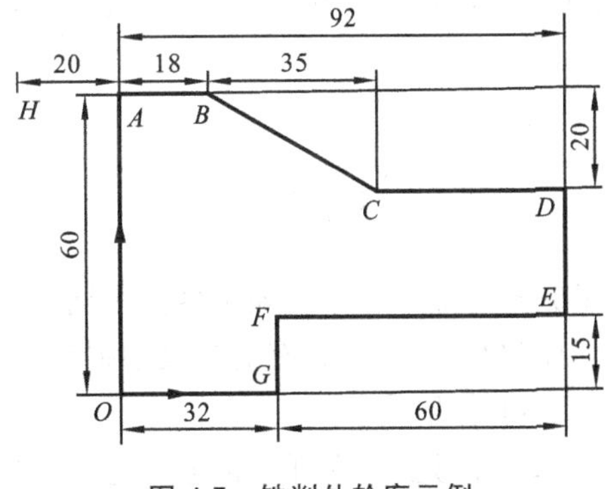

图 4-7　铣削外轮廓示例

现按某数控铣床编程的规定,加工程序编制如下:

```
%
O0052                                  ;程序号
N0001 G90 G00 X18. S800 M03 F100       ;H→B,绝对坐标
```

```
N0002 G91 X35. Y-20.        ;B→C,增量坐标
N0003 G90 X92.              ;C→D,绝对坐标
N0004 Y15.                  ;D→E
N0005 G91  X-60.            ;E→F,增量坐标
N0006 Y-15.                 ;F→G
N0007 X-32.                 ;G→程序原点
N0008 Y60.                  ;程序原点→A
N0009 M02                   ;自动停车
%
```

从上面的程序可以看出,程序以%开始,以%结束,%是程序的开始和结束标记。下面是O0005,在数控编程中将O0005称为程序号。程序中的每一行表示程序段结束。程序开始标记、程序号、程序段、程序结束标记是任何加工程序都必须具备的四个要素。例中分号及分号后的内容为解释说明,不作为程序内容;G代码与M代码的定义分别见表4-1与表4-2;F100表示进给量为100 mm/min;S800表示转速为800 r/min;N×××表示程序段号,计有9条程序段。(注:正式编程时,程序段中的各字符间不必空格。)

1. 地址、数字和字

在加工程序中出现的英文字母及字符称为地址,如X、Y、Z、A、B、C、%、@、#等;数字0～9(包括小数点、+号、-号)称为数字。一般来说,每一个不同的地址都代表着一类代码,而同类指令则通过后缀的数字加以区别。地址和数字的组合称为程序字或字,字是组成数控加工程序的最基本单位,如图4-8所示。

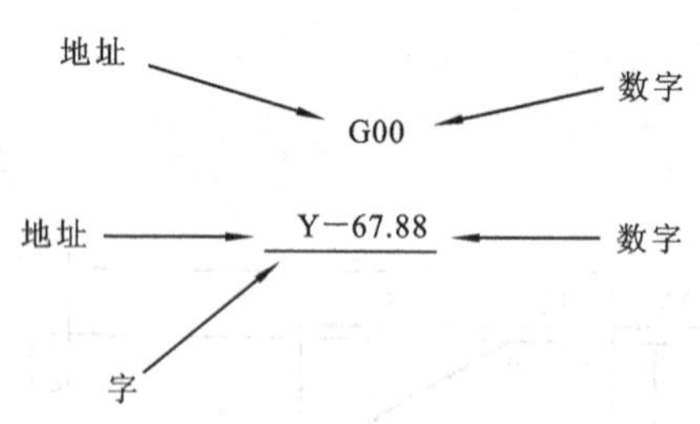

图4-8　地址、数字和字

2. 程序的组成、程序段

数控机床的加工程序以程序字作为最基本的单位,程序字的集合构成了程序段,程序段的集合构成了完整的加工程序。加工零件不同,数控加工程序也不同,但有的程序段(程序字)是所有程序都必不可少的,有的却是根据需要选择使用的。

1) 程序号

程序号必须在开始标记%之后,它一般有字母O后缀若干位数字组成。根据采用的标准和数控系统的不同,也可用其他字母后缀若干位数字组成。程序号是零件加工程序的名字,它是加工程序的识别标记,不同程序号对应着不同的加工程序。数控系统可以同时存若干个加工程序,程序号的范围从O0000到O9999之间。

2) 程序段号

程序段号又称程序段名,是由地址N后缀若干数字组成。其数字的大小的顺序不表

示加工或控制顺序，只是程序段的识别标记。是用作程序段检索，人工查找或宏程序中的无条件转移。因此，在编程时，其后缀数字大小的排列可以不连续，也可以颠倒，甚至可以部分或全部省略。

3）**程序段格式**

程序段格式是指程序中的地址、数字、程序字的安排规则。如果格式不符合规定，数控系统不予接受并报警。每个数控系统都规定了各自的地址、数字、程序字格式。例如，程序段“N80 G01 X100. Y25.8 Z—10.56 F100.”，地址G后缀的数字是两位整数，在Z—10.56中表示小数点保留两位。另外需要注意使用小数点，一般数控系统中在F、X、Y、Z、A、B、C、U、V、W、I、J、K后面都需要加小数点，整数也需要加小数点，如上面程序段中的X100.和F100.所示。还需要注意的是：一个程序段的字符总数不得超过数控系统规定的长度，一般规定程序段字符总数小于90个字符数，具体编程的字符数长度要看具体数控系统的规定。

程序段作为程序的最主要组成部分，通常由地址N及后缀数字开头，再加上其他地址及后缀数字。

3. 主程序与子程序(M98、M99)

数控加工程序可以分为主程序和子程序两种。主程序是零件加工的主体部分，它是一个完整的零件加工程序。主程序和被加工零件及加工要求一一对应，不同的零件或不同的加工要求，都有唯一的主程序。

主程序调用子程序的流程图如图4-9所示。

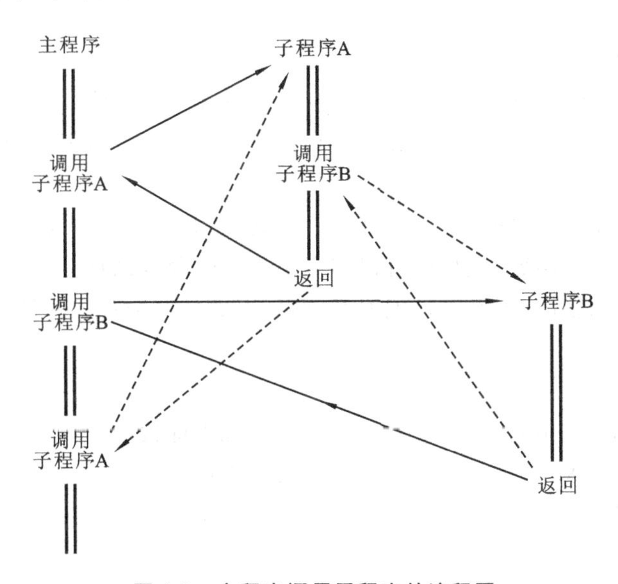

图4-9　主程序调用子程序的流程图

为了简化编程,有时可以将若干个顺序排列相同的程序段(相同的加工)编写为一个单独的程序,通过程序调用的形式来执行这类程序,这样的程序称为子程序。

程序的执行过程是:首先执行主程序,执行过程中遇到“调用子程序 A”指令时,转入执行子程序 A;执行完子程序 A,遇到“返回主程序”指令,又返回执行主程序。由于子程序可以嵌套,所以子程序执行“返主”指令只能返回调用它的程序,而并不一定返回“主程序”。主程序既可以调用多个子程序,又可以反复调用同一个子程序,如图 4-9 所示。

子程序的形式和组成与主程序大体相同:第一行是子程序编号(名),最后一行是子程序结束指令,它们之间的是子程序体。不同的是:主程序结束指令的作用是结束主程序,让数控系统复位,其指令已标准化,各系统都用 M02 或 M30;子程序结束指令的作用是结束子程序,返回主程序或上一层子程序,其指令字各系统很不统一,如 FANUC 系统用 M98 作为子程序调用指令字,用 M99 作为子程序结束,即返回指令字。而有的系统用 G20 作为子程序调用指令字,用 G24 作为子程序结束指令字。所以具体应用时,需参照所用数控系统的编程说明书。

常用的子程序调用指令有以下三种格式。

1) N10 M98 P0100

作用:调用子程序 O0100 一次。

2) N10 M98 P0100 L3

作用:调用子程序 O0100 三次。

3) N10 M98 P60100

作用:调用子程序 O0100 六次。

在地址 P 后缀的数字中,前四位代表调用的次数,后四位代表子程序号。如 N10 M98P30300;为调用子程序 O0300 三次,但 N10 M98P3300 则表示调用子程序 O3300 一次。

子程序最常用于一系列孔的加工,如钻中心孔、钻孔、倒角、攻螺纹等。如果子程序仅有孔的坐标位置(X,Y)组成,主程序可以在定义了一个固定循环去调用它,所以孔的位置坐标(X,Y)可以使用多次,不必对每把刀都重复,下面是一个具体的例子。

```
%
O0053
N0001 G54 G90 G80 G17            ;坐标平面选择
N0002 G00 X0. Y0.                ;原点设置
N0003 M06 T01                    ;中心钻
N0004 S1000 M03
N0005 G81 R2. Z-2. F50.          ;定义一个钻中心孔的固定循环
```

```
N0006 M98 P0200             ;调用子程序,钻每个孔的中心
N0007 M06 T02               ;换钻头
N0008 S800 M03
N0009 G83 R3. Z-20. Q5. F30. ;定义一个钻孔的固定循环
N00010 M98 P0200            ;调用子程序,钻每个孔
N00011 M06 T03              ;换倒角刀
N00012 S800 M03
N00013 G81 R2. Z-1. F50.    ;定义一个倒角的固定循环
N00014 M98 P0200            ;调用子程序,给每个孔倒角
N00015 M06 T04              ;换丝锥
N00016 S200 M03
N00017 G84 R2. Z-24. F20.   ;定义一个攻螺纹的规定循环
N00018 M98 P0200            ;调用子程序,给每个孔攻螺纹
N00019 M30                  ;主程序结束
O0200                       ;孔位置子程序
N0001 X0. Y0.
N0002 X10. Y0.
N0003 X20. Y0.
N0004 X30. Y0.
N0005 X30. Y10.
N0006 X20. Y10.
N0007 X10. Y10.
N0008 X0. Y10.
N0009 M99                   ;子程序结束
%
```

以上子程序的调用只是大多数数控装置的常用格式,对于不同的数控装置,还有不同的调用格式和规定,使用时必须参照有关数控装置的编程说明。

4.2.4 常用功能指令的编程方法与举例

以下简介常用功能指令的编程方法,具体应用时还应遵照具体机床的规定。

1. 与坐标系有关指令(M、W、R、P)

前面所介绍的坐标系称为机床坐标系。机床坐标系是机床上固定的坐标系,具有固定的原点和坐标轴方向,原点位置在数控机床出厂时已经确定。数控装置内部的位置计算都是在机床坐标系内进行的。但在编程与加工时,需要确定机床坐标系、工件坐标系、

刀具起点三者的位置数据才能加工。例如图4-10所示的车削加工，其编程需要确定机床原点M、参考点R、工件原点W、程序原点P等基准点的位置数据。

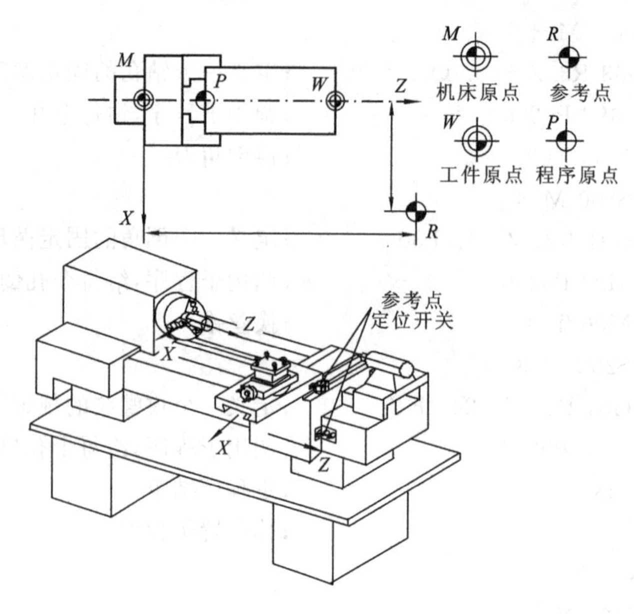

图4-10　数控车床坐标系

(1) 机床原点(M)　机床原点M即机床坐标系的原点。它平行于机床标准坐标系且是一个被固定的点。

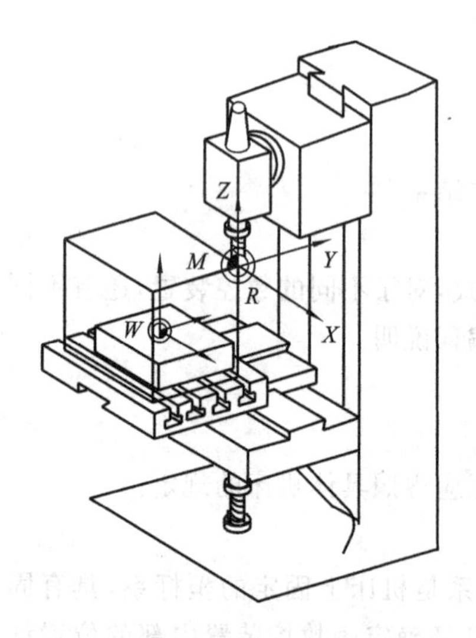

图4-11　数控铣床坐标系

(2) 机床参考点(R)　机床参考点R又称机械原点。它指机床各运动部件在各自的正向自动退至极限的一个固定点，至参考点时所显示的数值则表示参考点与机床原点间的工作范围，都是设在各轴的正向行程极限附近，其位置是通过挡铁和行程开关来确定的。如图4-10所示的数控车(两轴联动控制)机床原点与机床参考点分别是两个点(不重合)；而如图4-11所示的数控铣(三轴联动控制)及加工中心机床的机床原点和参考点为一个点(重合)。

(3) 工件原点(P)　工件原点即工件坐标系的原点。编程时，一般选择工件图样上的设计基准作为编程零点，例如回转体零件的端面中心、非回转体零件的角边、对称图形的中心，作为几何尺寸绝对值的基准。这种在工件上以编程零点建立的坐标系称为工件坐标系，其坐标轴及方向与机床坐标系一致。

(4) 起刀点与对刀点　起刀点是指刀具起始运动的刀位点，亦即程序开始执行时的刀位点。所谓刀位点即刀具的基准点，如圆柱铣刀底面中心、球头刀中心、车刀与镗刀的理论刀尖。当用夹具时常用与工件原点有固定联系尺寸的圆柱销等进行对刀，则用对刀点作为起刀点。如图 4-12 所示，对刀元件在夹具上，X_1 与 Y_1 为固定尺寸，X_0 与 Y_0 为原点偏置，可用 MDI 方式以对刀点相对于机床原点间的显示值确定偏置值并予以记忆，由补偿号调用。

1) 绝对尺寸与增量尺寸指令(G90,G91)

在 ISO 代码中，绝对尺寸指令和增量尺寸指令分别用 G90 和 G91 指定。G90 表示程序段中的编程尺寸为绝对坐标值，G91 则表示增量值。

其指令格式为：

$$\left\{\begin{matrix}G90\\G91\end{matrix}\right\} X\_\ Y\_\ Z\_$$

如图 4-13 所示的 AB 与 BC 两个直线插补程序段的运动方向，由于 BC 运动的起点坐标与上一程序段 AB 运动的终点坐标一致，故对 BC 程序段只考虑 C 点的绝对值(相对于 XY 的坐标原点)或其相对值(C 点相对于起点 B)。其程序分别为：

```
G90 G01 X30.0 Y40.0          ;绝对尺寸
```

或

```
G91 G01 X-50.0 Y-30.0        ;相对尺寸
```

某些系统不用 G90 和 G91 指定，而是绝对尺寸用 X、Y、Z 及增量尺寸用 U、V、W 予以区分。如上例的程序为：

```
G01 X30.0 Y40.0              ;绝对尺寸
```

或

```
G01 U-50.0 V-30.0            ;增量尺寸
```

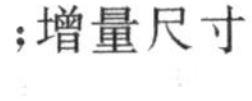

图 4-12　绝对尺寸与相对尺寸

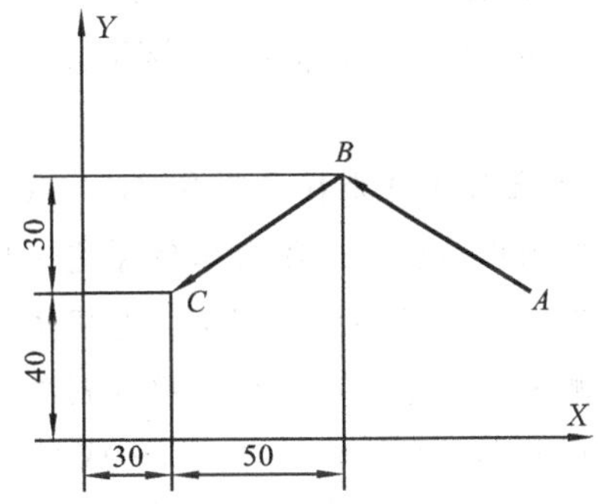

图 4-13　夹具上的对刀点

关于混合坐标编程在数控车床的编程中比较常见，且比较容易，详细内容将在第 6 章数控车床编程中讲到。

2) **工件坐标系设定指令**(G92、G50)

在数控机床上加工工件时，必须知道工件坐标系在机床坐标系中的位置，即确定工件坐标系原点的位置。在数控铣床或加工中心中使用 G92 来设定工件坐标系；在数控车床系统中使用 G50 来设定工件坐标系。用绝对值编程时必须设定工件坐标系。工件坐标系有两种设定方法。

用 G92(也称预置寄存指令)设定(FANUC 系统用 G50)：即用刀架或刀具主轴在参考点位置时的起刀点建立工件坐标系。这一指令不产生机床运动。

其指令格式为：

G92X __Y __Z __

如图 4-14 所示，设定程序为“G92 X_A Z_A”。该程序表明起刀点 A 处在工件坐标系正向 X_A 与 Z_A 处，亦即在距离起刀点 A 的 X_A、Z_A 处为工件零点。X_A 与 Z_A 被记忆在系统中并在系统中建立了工件坐标，但不产生运动。

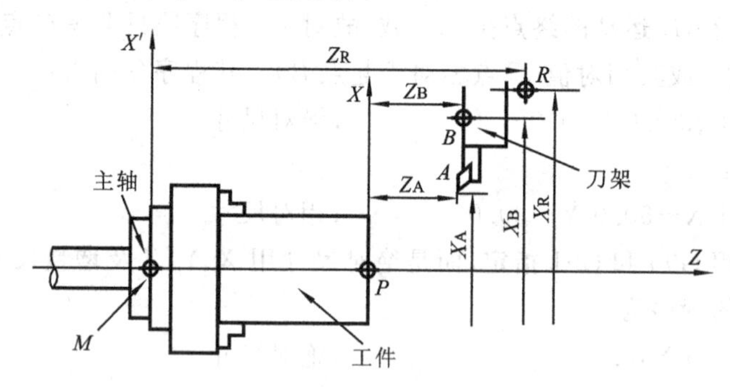

图 4-14　数控车床设定 G92 指令

同理，如图 4-15 所示的数控铣用 G92 设置加工坐标系，也可看作是在加工坐标系中，确定刀具起始点的坐标值，并将该坐标值写入 G92 编程格式中。其 G92 指令的编程格式：

G92 X30.0 Y30.0 Z20.0

3) **选择工件坐标系指令**(G54～G59)

这组指令将六个编程坐标系之一指定为当前坐标系，在其后出现的所有坐标值均为当前坐标系中的坐标。当工件在机床上固定以后，程序零点与机床参考点的偏移量必须通过测量来确定。可以使用接触式测头，在手动操作下能准确地测量该偏移量，通过操作面板将偏移量存入 G54,G55,…或 G59 零点偏置寄存器中，从而预先在机床坐标系中建立了工件坐标系。在没有接触式测头的情况下，程序零点位置的测量要靠碰刀的方式进行。图 4-16 表示选择工件坐标系 G54 或 G55 的例子。在加工之前，首先用测量的 G54 和

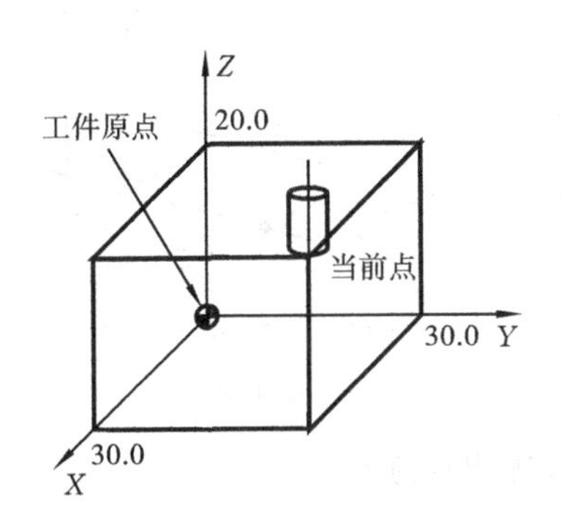

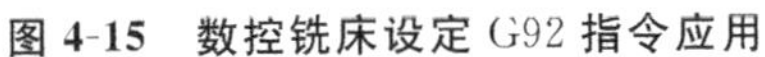
图 4-15　数控铣床设定 G92 指令应用

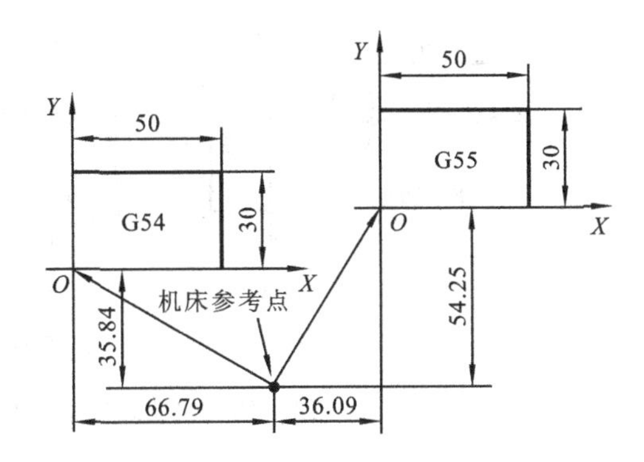

图 4-16　选择工件坐标系指令

G55 零点偏移量来设置 G54 和 G55 的零点偏置寄存器(假设偏置寄存器小数点保留 2 位)。

对于 G54:X－66.79 Y35.84

对于 G55:X36.09 Y54.25

G54～G59 属于同一组的模态指令。

2. 选择平面指令(G17、G18、G19)

笛卡儿直角坐标系有三个互相垂直的坐标平面 XY、ZX 和 YZ,分别用 G17、G18 和 G19 来指定。该指令用于选择插补平面、刀具补偿平面和钻削平面,如图 4-17 所示。G17、G18 和 G19 属于同一组的模态指令。

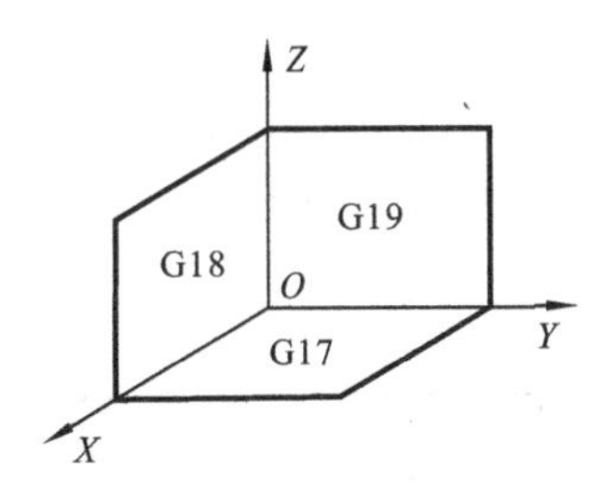

图 4-17　坐标平面选择

3. 和刀具运动相关的指令

1) 快速移动定位指令(G00)

数控机床的快速定位动作用 G00 指令指定。执行 G00 指令,刀具按照机床的快进速度从当前位置移动到目标位置,实现快速定位。现代数控系统的快速运动的速度已超过 24 m/min,有的会更高。G00 指令没有运动轨迹要求,其运动轨迹由数控系统的设计方法决定。

其指令格式为:G00 X __Y __Z __

如图 4-18 所示,

(a) G00 X30.0 或 G00 Y30.0

(b) G00 X20.0 Y40.0

(c) G00 X20.0 Y40.0 Z35.0

其中,(0,30)、(20,40)、(20,40,35)均为指定的终点坐标。

辅助轴 A、B、C、U、V、W 也可用 G00 指定快速移动。快速移动的速度由各轴的最高速度与快速倍率决定。

(a) 同时1轴移动 (b) 同时2轴移动 (c) 同时3轴移动

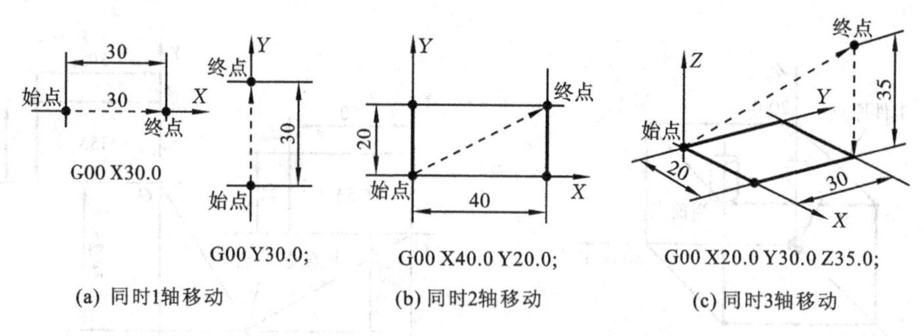

图 4-18 快速定位指令 G00 在不同轴数时的定位

2) 直线插补指令(G01)

指令 G01 用于产生直线运动，刀具按照规定的进给速度移动到终点，移动过程中可以进行切削加工。

其指令格式为：

G01 X__Y__Z__F

例 4-2 如图 4-19 所示，P 点为刀具起点。刀具由 P 点快速移至 A 点沿 AB、BO、OA 切削，再快速返回 P 点。试编制其加工程序。

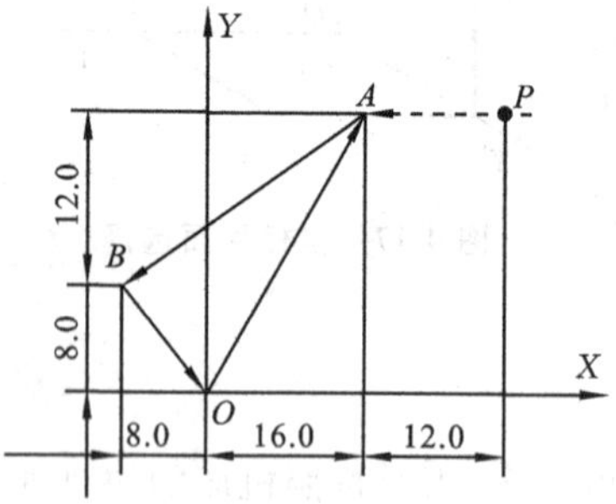

图 4-19 直线插补指令 G01

其程序如下。

用绝对值编程：

N001 G92 X28 Y20.0

N002 G90 G00 X16.0 S__T__M__

N003 G01 X−8.0 Y8.0 F__

N004 X0 Y0

N005 X16.0 Y20.0

N006 G00 X28.0 M02

用增量值编程：

N001 G91 G00 X−12.0 Y0 S__T__M__

N002 G01 X−24.0 Y−12.0 F__

N003 X8.0 Y−8.0

N004 X16.0 Y20.0

N005 G00 X12.0 Y0 M02

例 4-3 如图 4-20 所示，在立式数控铣床上按图中所示的走刀路线铣削工件上表面，已知主轴转速 300 r/min，进给量为 200 mm/min，试编制加工程序。

其程序如下。

O0054

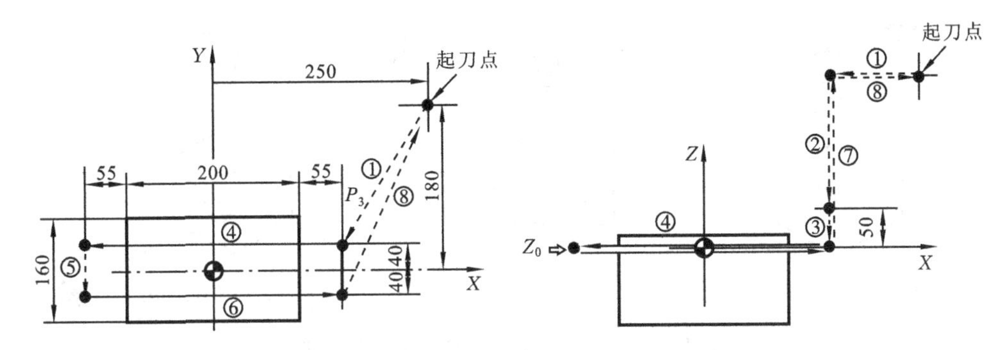

图 4-20　直线插补指令 G01 在铣床应用

```
N10 G90 G54 G00 X155. Y40. S300
N20 G00 Z50. M03
N30 Z0.
N40 G01 X-155. Y40. F120
N50 G00 Y-40.
N60 G01 X155.
N70 G00 Z300. M05
N80 X250. Y180.
N90 M30
```

如该例中，语句：N40 G01 X－155. Y40. F120.

其中，(－155,40)为指定终点坐标，F 指定进给速度，120 mm/min。

以上程序段是在绝对坐标编程方式下进行的。如果在增量坐标编程方式下进行，坐标(20,24,15)则表示和前一点在 X、Y、Z 方向的距离。

执行 G01 指令，刀具的移动轨迹是连接起点和终点的直线，运动速度由 F 控制。在程序中指定的进给速度，对于直线插补运动，则是机床各坐标轴的合成速度。F 指令也是模态的，它在新的指令 F 出现之前，一直起作用。

3) **圆弧插补指令**(G02、G03)

指令 G02 和 G03 是用于圆弧插补加工的指令。G02 指定顺时针圆弧插补，G03 指定逆时针圆弧插补，同时要用 G17、G18 或 G19 来指定圆弧插补平面。执行 G02、G03 指令，可以使刀具按照规定的进给速度沿圆弧移动到终点，移动过程中可以进行切削加工，其运动速度由 F 控制。如图 4-21 所示为圆弧顺、逆方向的判别，其方法是沿着不在圆弧平面内的坐标轴，由正方向向负方向看，顺时针方向 G02，逆时针方向 G03。

其指令格式为：

$$\mathrm{G17}\begin{Bmatrix}\mathrm{G02}\\ \mathrm{G03}\end{Bmatrix}\mathrm{X}\_\ \mathrm{Y}\_\ \begin{Bmatrix}\mathrm{R}\_\\ \mathrm{I}\_\ \mathrm{J}\_\end{Bmatrix}\mathrm{F}\_$$

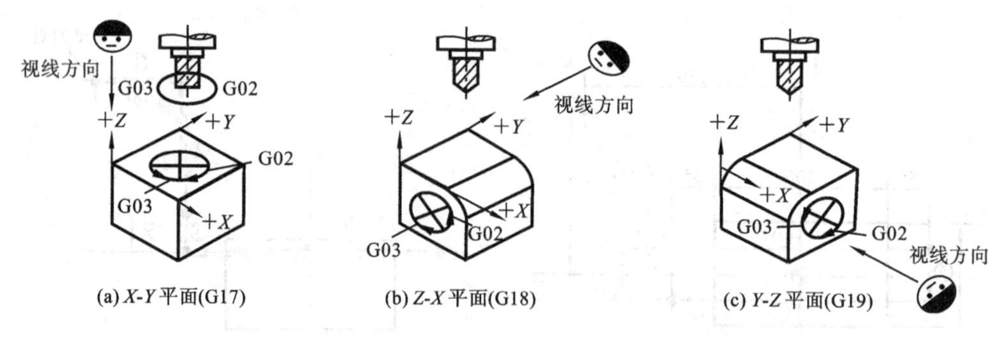

图 4-21 不同平面的圆弧插补指令的判别

$$\text{G18}\begin{Bmatrix}\text{G02}\\\text{G03}\end{Bmatrix}\text{X}\_\text{Z}\_\begin{Bmatrix}\text{R}\_\\\text{I}\_\text{K}\_\end{Bmatrix}\text{F}\_$$

$$\text{G19}\begin{Bmatrix}\text{G02}\\\text{G03}\end{Bmatrix}\text{Y}\_\text{Z}\_\begin{Bmatrix}\text{R}\_\\\text{I}\_\text{K}\_\end{Bmatrix}\text{F}\_$$

格式中：

(1) X、Y、Z 表示圆弧终点坐标，可以用绝对坐标编程，也可以用相对坐标编程，由G90或G91指，使用G91指令时是圆弧终点相对于起点的坐标；

(2) R 表示圆弧半径；

(3) I、J、K 分别为圆弧的起点到圆心的 X、Y、Z 轴方向的增量，如图4-22所示。

判定一个圆弧的插补是顺时针或逆时针时，应从第三轴的正向往负向观察，以该轴为基准看圆弧的转向即可。所谓第三轴就是没有包含在插补平面的那个轴，如图4-22所示。常用的圆弧插补编程的格式有两种：一种是指定圆心的编程，另一种是指定半径的编程。以顺时针圆弧插补为例，其编程格式如下。

格式一：

```
G17 G02 X10. Y20. I13. J5. F100.        ;XY平面圆弧插补
G18 G02 X10. Z20. I13. K5. F100.        ;ZX平面圆弧插补
G19 G02 Y10. Z20. J13. K5. F100.        ;YZ平面圆弧插补
```

同样，在绝对坐标编程方式，上述程序中 X、Y、Z 的值表示指定刀具圆弧插补的终点坐标；在增量坐标编程方式，上述程序中 X、Y、Z 的值则表示在 X、Y、Z 方向，终点分别和起点之间的距离。

在格式一中的 I、J、K 分别表示在 X、Y、Z 方向起点和圆心之间的增量距离。根据起点和圆心的相对位置，它可能是正值，也可能是负值。从起点向圆心划一箭头，如果箭头所指的方向为所在轴的正方向，那么它的值为正值；反之，为负值。另外一种判定方法是用圆心的坐标值减去起点的坐标值，如果得到的值是正值，那么它的值为正值；反之，为负值，如图4-22所示。

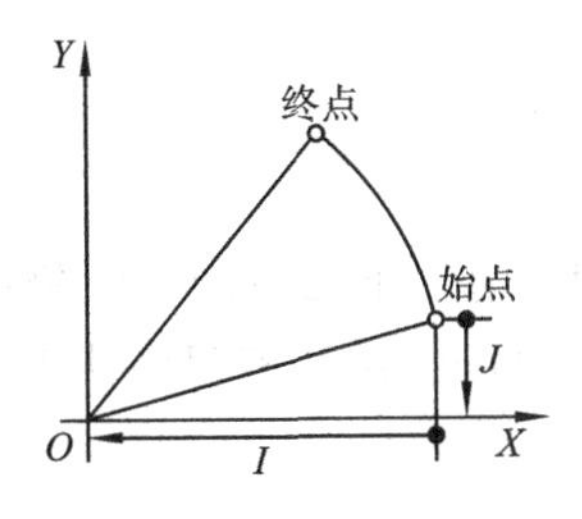

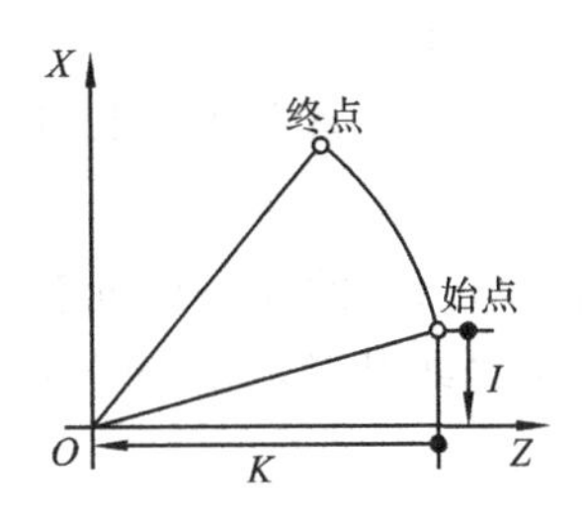

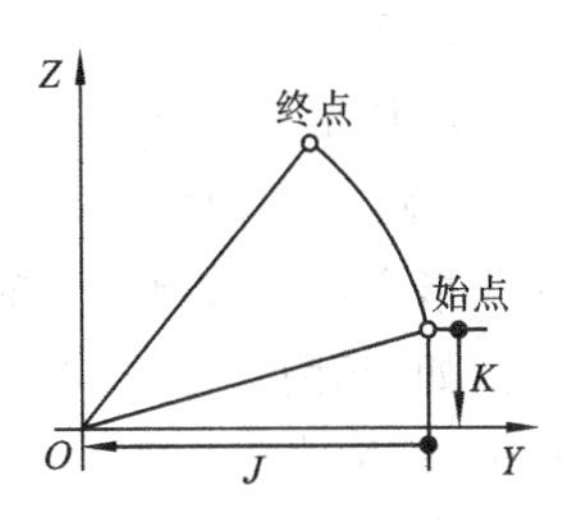

图 4-22 I、J、K 分量的确定

格式二：

G17 G02 X10. Y20. R40. F100. ;XY 平面圆弧插补

G18 G02 X10. Z20. R40. F100. ;XY 平面圆弧插补

G19 G02 Y10. Z20. R40. F100. ;XY 平面圆弧插补

上述程序中，X、Y、Z 表示圆弧插补的终点坐标，R 是插补圆弧的半径。对于插补的圆弧小于 180°，R 为正值；对于插补的圆弧大于 180°，R 为负值。对于 360°的整圆，不能用格式二编程，只能用格式一编程，因为起点坐标和终点坐标一样。图 4-23 表示用以上两种方法进行编程。

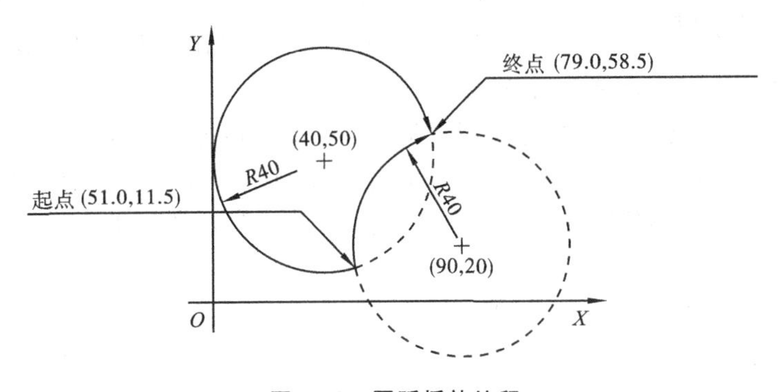

图 4-23 圆弧插补编程

使用格式一进行编程。

圆弧小于 180°：

G17 G90 G02 X79.0 Y58.5 I39.0J8.5 F100.

圆弧大于 180°：

G17 G90 G02 X79.0 Y58.5 I−11.0 J38.5 F100.

使用格式二进行编程。

圆弧小于 180°：

G17 G90 G02 X79.0 Y58.5 R40. F100.

圆弧大于 180°：

G17 G90 G02 X79.0 Y58.5 R－40. F100.

以上所讨论的 G00、G01、G02 和 G03 属于同一组的模态指令。

4) 暂停(延迟)指令(G04)

G04 指令可使刀具作短时间(几秒钟)的无进给光整加工,用于车槽、镗平面、锪孔等场合。例如,车削环槽时,若进给完立即退刀,其环槽径向为螺旋面,用暂停程序使工件空转几秒钟,即能光整成圆。

其指令格式为:

G04 β△△

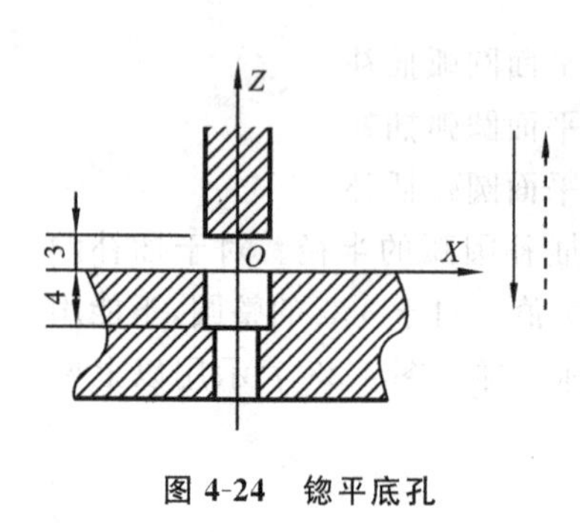

图 4-24　锪平底孔

符号 β 为地址,常用 X、P 等地址表示。△△为停留时间(0.001～99 999.999 s)或工件转速,视具体机床而定。如 G04　X5(刀具停留 5s),G04　X6(工件空转 6 转)。图4-24所示为锪孔加工,孔底有粗糙度要求,图示程序为:

N1 G91 G01 Z－7.0 F60

N2 G04 X5.0　　　　　;刀具停留 5 s

N3 G00 Z7.0 M02

G04 为非模态指令,只在本程序段有效。

4. 和刀具补偿相关的指令代码

刀具补偿功能是数控系统的重要功能,包括刀具半径补偿(G40、G41、G42),刀具长度补偿(G43、G44、G49)。刀具补偿功能为程序编制提供了方便。一般来说,数控车床需要对刀尖的 X、Z 方向的位置和刀尖半径进行补偿,数控铣床或加工中心需要对刀具长度和半径进行补偿。

1) 刀具半径补偿指令(G40、G41、G42)

刀具半径补偿功能用于铣刀半径或车刀刀尖半径的自动补偿。刀具运动轨迹由刀具中心确定。在实际加工时,由于刀具半径的存在,机床必须根据不同的进给方向,使刀具中心沿编程的轮廓偏置一个半径,才能使实际加工轮廓和编程的轨迹相一致。这种根据刀具半径和编程轮廓,数控系统自动计算刀具中心点移动轨迹的功能,称为刀具半径补偿功能。

刀具补偿指令 G40、G41、G42 分别是取消刀具半径补偿、设定刀具左偏(左刀补)、设定刀具右偏(右刀补)。刀具半径值可以通过操作面板(MDI)事先输入数控系统的"刀具偏置值"寄存器中,编程时指定刀具补偿号进行选择。指定刀具补偿号的方法有两种:一是通过指定补偿号(D 代码)选择"刀具偏置值"存储器,该方法适合于数控铣床和加工中心;二是通过换刀 T 代码指令进行选择,在刀具半径补偿时,无须再选择"刀具偏置值"存储器,该方法适合于数控车床。通过执行刀具半径补偿指令,系统可以自动对"刀具偏置值"存储器中的半径值和编程轮廓进行运算、处理,并生成刀具中心点移动轨迹,使实际加工轮廓和编程轨迹相一致。

其指令格式为：

$$\left.\begin{matrix}G17\\G18\\G19\end{matrix}\right\}\left\{\begin{matrix}G00\\ \\G01\end{matrix}\right\}\left\{\begin{matrix}G41\\G42\\G40\end{matrix}\right\}\left\{\begin{matrix}X\_\ Y\_\ D\_\\X\_\ Z\_\ D\_\\Y\_\ Z\_\end{matrix}\right.\begin{matrix}\left.\begin{matrix}\\ \\\end{matrix}\right\}\text{；建立补偿程序段}\\ \text{；补偿撤消程序段}\end{matrix}$$

如例，G01 G41 X40. Y50. D04 或 G01 G42 X40. Y50. D04。

上式是直线插补时进行的刀具补偿，其中 D04 表示用的刀具是 4 号刀。

应用刀具半径补偿指令说明如下。

(1) 刀具半径补偿指令 G41、G42 判别方法，如图 4-25 所示，规定沿着刀具运动方向看，刀具位于工件轮廓(编程轨迹)左边，则为左刀补(G41)如图 4-26(a)所示，建立补偿程序段；反之，为刀具的右刀补(G42)如图 4-26(b)所示。

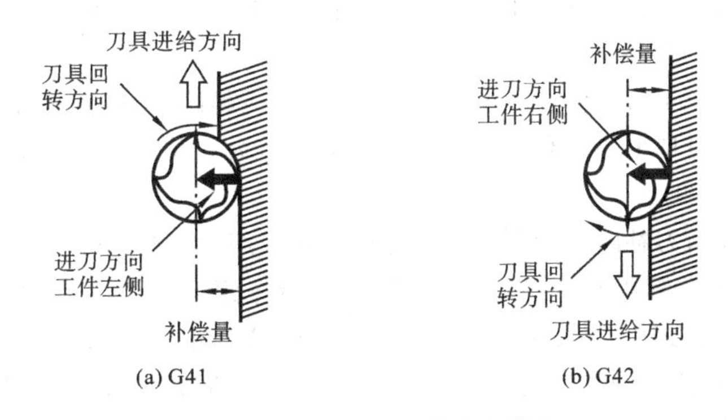

图 4-25　G41 和 G42 的方向判定

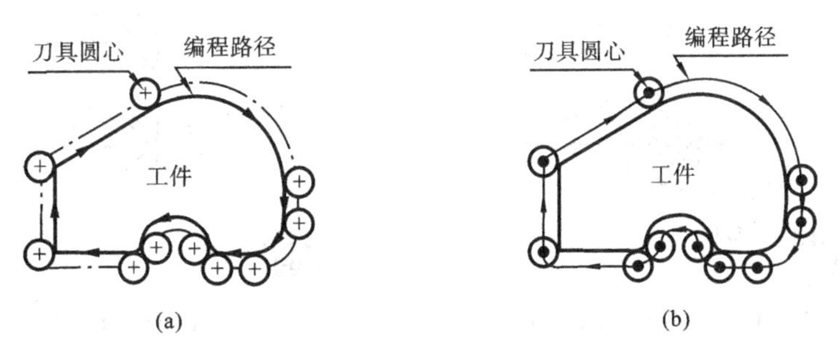

图 4-26　使用刀具偏置示例

(2) 使用刀具半径补偿时必须选择工作平面(G17、G18、G19)，如选用工作平面 G17 指令，当执行 G17 指令后，刀具半径补偿仅影响 X、Y 轴移动，而对 Z 轴没有作用。

使用刀具半径偏置有两种方法，一种是用工件的实际轮廓作为编程路径。用这种方法时，输入的“刀具偏置值”应为刀具的实际半径。如使用直径为 20 mm 的立铣刀加工工件时，输入的“刀具偏置值”应为 10 mm，如图 5-25(a)所示。

另外一种编程路径就是实际刀具圆心点移动轨迹。使用这种方法的较多，因为使用 CAD/CAM 软件很方便就可以通过工件轮廓计算出刀具圆心的轨迹线，如图 4-25(b)所示。使用该方法时，编程路径已经偏置了一个所使用刀具的半径。在使用中，如果更换刀具或刀具出现磨损，不必更换加工程序，只要将新的刀具偏置输入“刀具偏置值”寄存器中即可。如果使用的刀具直径大于编程所选用的刀具直径，输入的刀具偏置应为正值；如果使用的刀具直径小于编程所使用的刀具直径，输入的刀具偏置应为负值。假如编程所选用的刀具直径为 20 mm，实际使用的刀具也是直径为 20 mm，那么输入的刀具偏置应为零；假如实际使用的刀具直径为 22 mm，那么输入的刀具偏置应为＋1 mm；假如实际使用的刀具直径为 18 mm，那么输入的刀具偏置应为－1 mm。

(3) 当主轴顺时针旋转时，使用 G41 指令铣削方式为顺铣，如图 4-25(a)所示；反之，使用 G42 指令铣削方式为逆铣，如图 5-25(b)所示。而在数控机床为提高加工表面质量，经常采用顺铣，即 G41 指令。

(4) 使用 G41、G42 指令时，只能与 G00 或 G01 一起使用，且刀具必须移动。

(5) D 代码为刀具半径补偿号码，一般补偿量应为正值。若为负值，则 G41 和 G42 正好互换。

(6) 建立和取消刀补时，必须与 G01 或 G00 指令组合完成，配合 G02 或 G03 指令使用，机床会报警，在实际编程时建议使用与 G01 指令组合。建立和取消刀补过程如图 4-27所示，使刀具从无刀具半径补偿状态 O 点，配合 G01 指令运动到补偿开始点 A，刀具半径补偿建立。工件轮廓加工完成后，还要取消刀补的过程，即从刀补结束点 B，配合 G01 指令运动到无刀补状态 O 点。

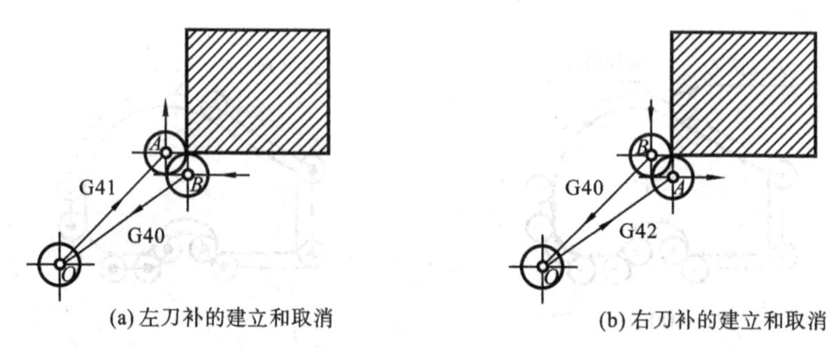

(a) 左刀补的建立和取消　　(b) 右刀补的建立和取消

图 4-27　刀具半径补偿的建立和取消过程

刀具补偿指令 G40、G41、G42 属于同一组的模态指令。

2) **刀具半径补偿过程中的刀心轨迹**

(1) 外轮廓加工如图 4-28 所示，刀具左补偿加工外轮廓。编程轨迹为 $A \rightarrow B \rightarrow C$，数控系统自动计算刀心轨迹，两轮廓交接处的刀心轨迹常见的有两种。如图 4-29(a)所示的为延长线过渡，刀心轨迹为 1→2→3→4→5；如图 4-28(b)所示的为圆弧过渡，刀心轨迹为 1→2→3→4。

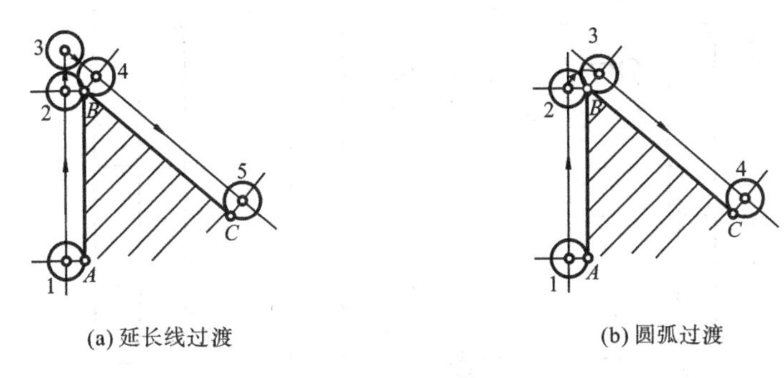

(a) 延长线过渡　　(b) 圆弧过渡

图 4-28　外轮廓加工的刀心轨迹

(2) 内轮廓加工如图 4-29 所示，刀具右补偿加工内轮廓。编程轨迹为 A→B→C，刀心轨迹有两种，如图 4-29(a)所示的按理论刀心轨迹移动 1→2→3→4，会产生过切现象，损坏工件；如图 4-29(b)所示的为计算机进行刀具半径补偿处理后的刀心轨迹，1→2→3，无过切现象。

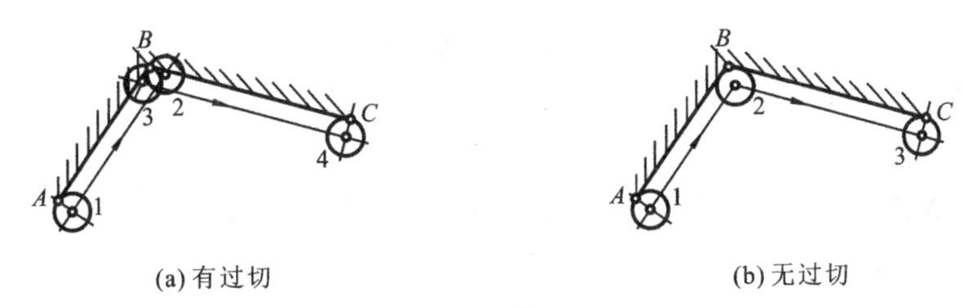

(a) 有过切　　(b) 无过切

图 4-29　内轮廓的刀心轨迹

例 4-4　加工如图 4-30 所示的外轮廓，用刀具半径补偿指令编程。

外轮廓采用刀具半径左补偿，为了提高表面质量，保证零件曲面的平滑过渡，刀具沿零件轮廓延长线切入与切出。O→A 为刀具半径左补偿建立段，A 点为沿轮廓延长线切入点；B→O 为刀具半径补偿取消段，B 点为沿轮廓延长线切出点。数控程序如下。

```
%O501                          ;程序号
G90 G54 G00 Z100. S800 M03     ;绝对值方式、建立坐标系
X0 Y0                          ;工件原点
Z5.0                           ;刀具距离工件上表面 5 mm
G01 Z-5.0 F100                 ;刀具沿 Z 轴下降 5 mm,进给速度 100 mm/min
G41 X5.0 Y3.0 F120 D31         ;建立左刀补,进给速度 120 mm/min,X=5,Y=3
Y25.0                          ;直线插补至 X=5,Y=25
X10.0 Y35.0                    ;直线插补至 X=10,Y=35
```

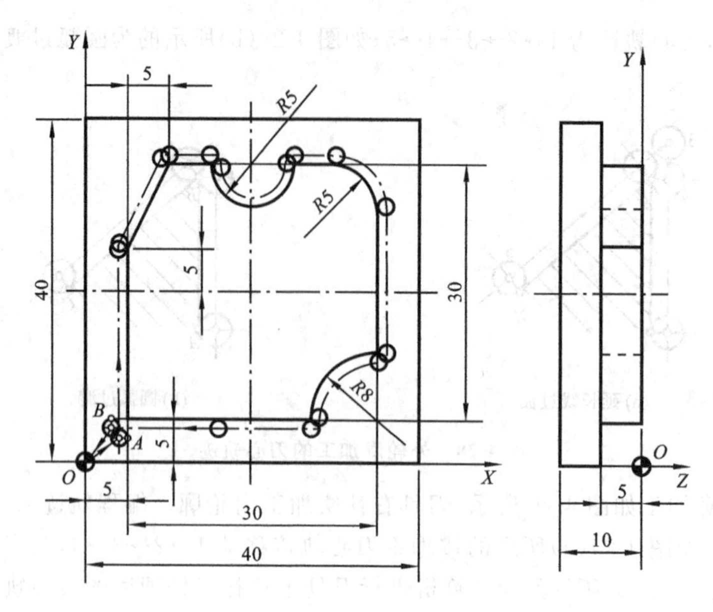

图 4-30　刀具半径补偿加工外轮廓

X15.0	;直线插补至 $X=15$
G03 X25.0 R5.0	;逆圆插补至 $X=25, R=5$
G01 X30.0	;直线插补至 $X=30$
G02 X35.0 Y30.0 R5.0	;顺圆插补至 $X=35, Y=30, R=5$
G01 Y13.0	;直线插补至 $X=35, Y=13$
G03 X27.0 Y5.0 R8.0	;逆圆插补至 $X=27, Y=50, R=5$
G01 X3.0	;直线插补至 $X=3, Y=50$
G40 X0 Y0	;取消刀径补偿,至工件 $X=0, Y=0$
G00 Z100.0	;快速抬刀至 $Z=100$ 的对刀点平面
M05	;主轴停止
M30	;程序结束,复位
%	;程序结束

说明:

① D代码必须配合 G41 或 G42 指令使用,D代码应与 G41 或 G42 指令在同一程序段给出,或者可以在 G41 或 G42 指令之前给出,但不得在 G41 或 G42 指令之后;

② D代码是刀具半径补偿号,其具体数值在加工或试运行之前以设定在刀具半径补偿存储器中;

③ D代码是模态代码,具有继承性。

例 4-5　加工如图 4-31 所示的零件凹槽的内轮廓，采用刀具半径补偿指令进行编程。

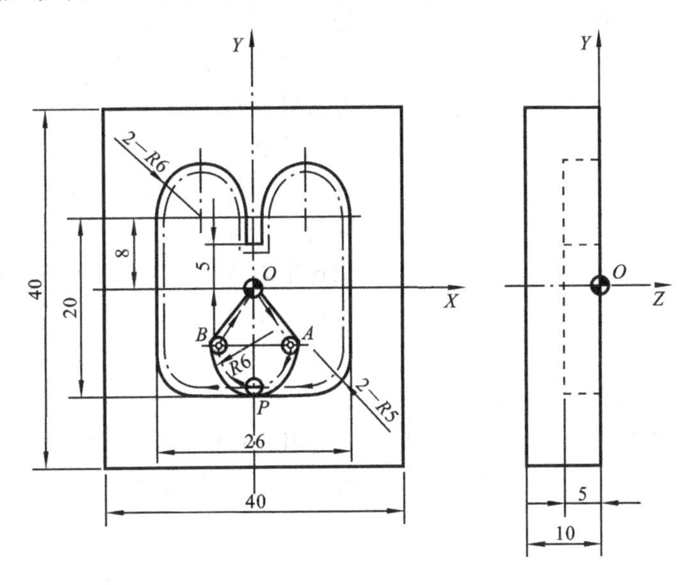

图 4-31　刀具半径补偿加工内轮廓

内轮廓加工采用刀具半径右刀补偿，为了提高表面质量，刀具沿一过渡圆弧切入与切出，保证零件曲面的平滑过渡。$O \rightarrow A$ 为刀具半径右补偿建立段，$A \rightarrow P$ 为沿圆弧切线切入段，$P \rightarrow B$ 为沿圆弧切线切出，P 点为切入与切出点，$B \rightarrow O$ 为刀具半径补偿取消段。数控程序如下。

```
%O502                          ;程序号
G90 G54 G00 Z100.0 S800 M03    ;绝对值方式、建立坐标系
X0 Y0                          ;工件原点
Z5.0                           ;刀具距离工件上表面 5 mm
G01 Z-5.0 F100                 ;刀具沿 Z 轴下降 5 mm,进给速度 100 mm/min
G42 X6.0 Y-6.0 F120 D31        ;建立右刀补,进给速度 120 mm/min,X=5,Y
                                =3,D31 寄存刀具半径补偿值
G03 X0 Y-12.0 R6.0             ;逆时针圆弧半径 R=6,X=0,Y=-12
G01 X-8.0                      ;直线插补至 X=-8,Y=-12
G03 X-13.0 Y-8.0 R5.0          ;逆时针圆弧半径 R=5,X=-13,Y=  8
G01 Y8.0                       ;直线插补至 X=8
G03 X-1.0 R6.0                 ;逆时针圆弧半径 R=6,X=-1,Y=8
G01 Y5.0                       ;直线插补至 X=-1,Y=15
X1.0                           ;直线插补至 X=1,Y=5
```

```
Y8.0                        ;直线插补至X=1,Y=8
G03 X13.0 R6.0              ;逆时针圆弧半径R=6,X=13,Y=8
G01 Y-8.0                   ;直线插补至X=13,Y=-8
G03 X8.0 Y-12.0 R5.0        ;逆时针圆弧半径R=5,X=8,Y=-12
G01 X0                      ;直线插补至X=0,Y=-12
G03 X-6.0Y-6.0 R6.0         ;逆时针圆弧半径R=6,X=-6,Y=-6
G01 G40 X0 Y0               ;取消刀径补偿,至工件X=0,Y=0
G00 Z100.0                  ;快速抬刀至Z=100的对刀点平面
M05                         ;主轴停止
M30                         ;程序结束,复位
```

5. *刀具长度补偿指令*(G43、G44、G49)

在数控铣床或加工中心上,刀具长度补偿是用来补偿实际刀具长度的功能。当实际刀具长度和编程长度不一致时,通过该功能可以自动补偿长度差额,确保 Z 向的刀尖位置和补偿位置相一致。

实际刀具长度和编程时设置的刀具长度之差称为“刀具长度偏置值”。“刀具长度偏置值”通过操作面板可以事先输入到数控系统的“刀具偏置值”存储器中。执行刀具长度补偿指令,系统可以自动将“刀具偏置值”存储器中的值与程序中要求的 Z 轴移动距离进行加或减处理,以保证 Z 向的刀尖位置和编程位置相一致。

G43、G44 和 G49 分别为刀具长度正补偿、负补偿和取消刀具长度补偿指令。在使用刀具长度补偿指令时,必须用指令 H 指定刀具偏置号,也就是指定刀具号。因为刀具在刀库中是按刀具号进行排列的,另外,对于不同的刀具其偏置值不一定完全相等。

其指令格式为:

```
G43 Z__ H××        ;执行G43时,Z实际值=Z指令值+(H××)
G44 Z__ H××        ;执行G44时,Z实际值=Z指令值-(H××)
```

其中,(H××)是指××寄存器中的补偿量,其值可以是正值或者负值。当刀具长度补偿量取负值时,G43 和 G44 的功效将互换。

G49 或 H00 为刀具长度补偿撤销指令。

图 4-32(a)所示为:

G01 G43 Z100. H02

图 4-32(b)所示为:

G01 G44 Z100. H02

上述程序中,G43 是指定 Z 向移动指令值 100 与“刀具偏置值”相加,即机床实际 Z 轴移动距离等于编程指令值加上“刀具偏置值”;G44 是指定移动指令值 100 与“刀具偏置值”相减,即机床实际 Z 轴移动距离等于编程移动指令值减去“刀具偏置值”。移动指令

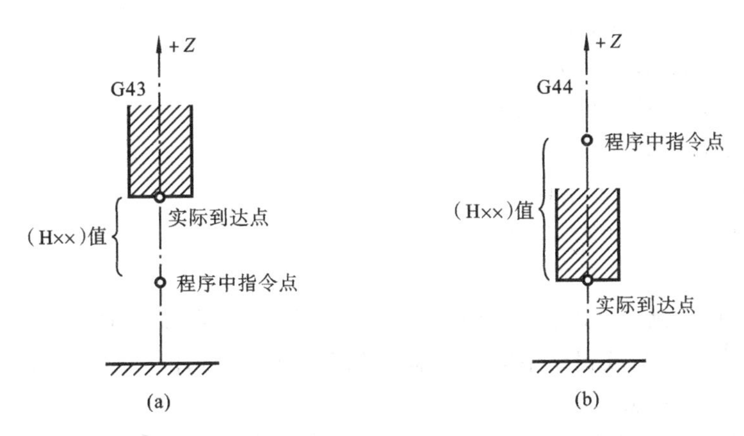

图 4-32　刀具长度补偿

值和"刀具偏置值"存储器中的值可以是正值也可以是负值。当刀具"刀具偏置值"为负值时，G43、G44 指令使刀具向上面对应的反方向移动一个"刀具偏置值"。图 4-32 所示为刀具长度补偿示例。在图 4-32 中，H×× 为"刀具偏置值"。图 4-32 是在 G17 平面进行加工，那么刀具长度的偏移是在 Z 轴方向(对 X 轴和 Y 轴无效)；如果在 G19 平面加工，刀具的长度偏移是在 X 轴方向；如果在 G18 平面加工，刀具的长度偏移是在 Y 轴方向。

在更换新刀具或加工过程刀具长度发生了变化时，可以不变更程序，将新的"刀具偏置值"输入到"刀具偏置值"寄存器中即可。或者将更换的新刀用塞尺的办法直接测得刀尖碰到编程 Z 向零点的坐标(在 G17 平面加工)，这样就可以得到实际的刀具长度，并且将"刀具偏置值"置为零。

刀具长度偏置指令 G43、G44 和 G49 属于同一组的模态指令。

例 4-6　刀具长度补偿指令通常用在下刀及提刀的直线段程序 G00 或 G01 中，使用多把刀具时，通常是每一把刀具对应一个刀长补偿号，下刀时使用 G43 或 G44。该刀具加工结束后，提刀时使用 G49 取消刀长补偿。如图 4-33 所示，编程如下。

设(H02)＝200 mm 时：

N001 G92 X0 Y0 Z0

;设定当前点 O 为程序零点

N002 G90 G00 G44 Z10.0 H02

;指定点 A，实到点 B

N003 G01 Z－20.0　　　　;实到点 C

N004　Z10.0　　　　;实际返回点 B

N005　G00 G49 Z0　　　　;实际返回点 O

⋮

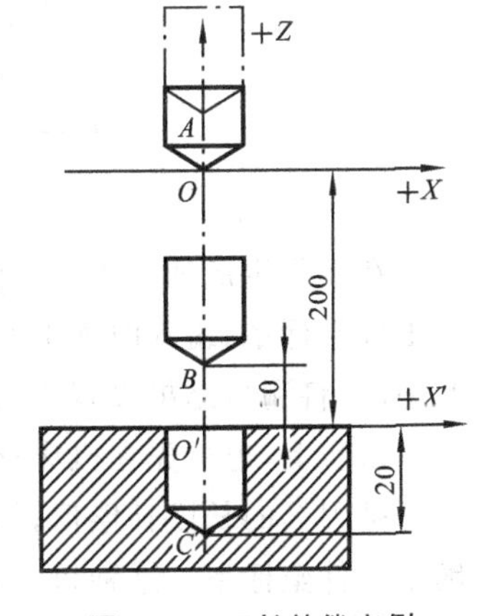

图 4-33　刀长补偿实例

设(H02)＝－200 mm 时：

```
N001 G92 X0 Y0 Z0
N002 G90 G00 G43 Z10.0 H02
N003 G91 G01 Z-30.0
N004         Z30.0
N005 G00 G49 Z-10.0
⋮
```

从上述程序示例中可以看出，使用 G43、G44 相当于平移了 Z 轴原点，即将坐标原点 O 平移到了 O' 点处，后续程序中的 Z 坐标均相对于 O' 进行计算。使用 G49 时则又将 Z 轴原点平移回到了 O 点。

同样地，也可采用 G43…H00 或 G44…H00 来替代 G49 的取消刀具长度补偿功能。

刀长补偿数据的设定如图 4-34 所示，将多把刀具中最长或最短的刀具作为基准刀具，用 Z 向设定器对刀。在保持机床坐标值不变(刀座等高)的情况下，若分别测得各刀具到工件基准面的距离为 A、B、C，以 A 为基准设定工件坐标系，则 H01＝0，H02＝$A-B$，H03＝$A-C$。

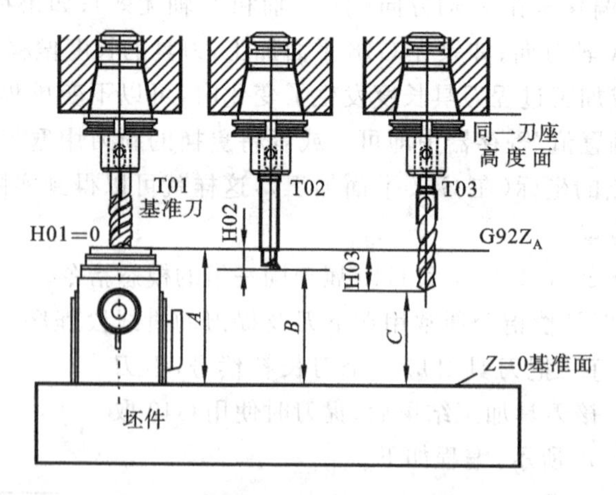

图 4-34　基准刀对刀时刀长补偿的设定

在实际生产加工中，常常使用刀座底面进行对刀，按刀座底面到工件基准面的距离设定工件坐标系，编程时加上 G43、G44 指令。安装上刀具后，测出各刀尖相对于刀座底面的距离，将测量结果设置为刀具长度补偿值，如图 4-35 所示。

事实上，也可先在机床外，利用刀具预调仪精确测量每把刀具的轴向和径向尺寸，确定每把刀具的长度补偿值；然后，在机床上用其中最长或最短的一把刀具进行 Z 向对刀，确定工件坐标系。这种机外刀具预调加机上对刀的方法，对刀精度和效率较高，便于工艺文件的编写和生产组织，但投资较大。

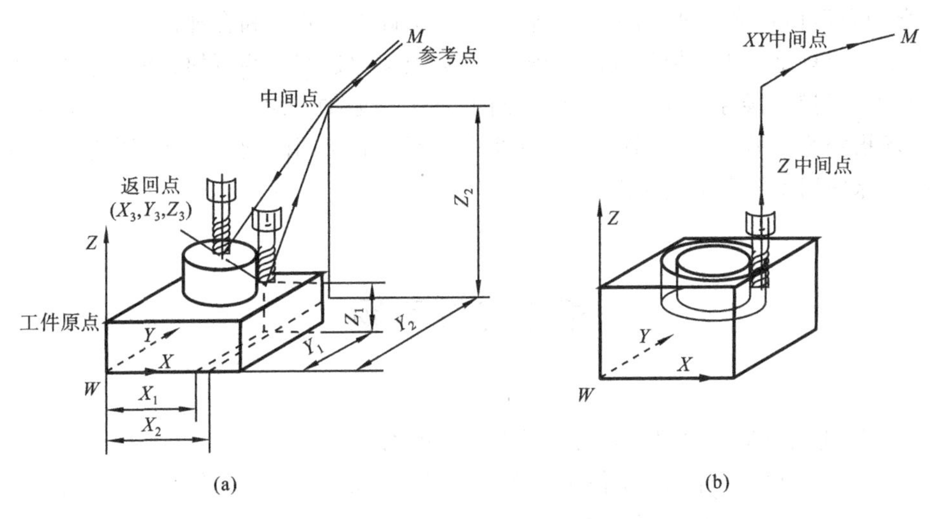

图 4-35　刀座对刀时刀长补偿的设定

6. 固定循环指令

数控加工中,用一个固定循环指令可以调出几个固定、有序的动作。例如,车削螺纹时,需要快速引进、切螺纹、径向或斜向推出、快速返回四个固定动作;又如,锪底孔时,需要快速引进、锪孔、孔底进给暂停、快速退出四个固定动作等。对这类典型的、经常应用的固定动作,用一个固定循环指令程序段去执行,则可使编程简短、方便,又能提高编程质量,不致出错。为此,现代数控系统特别是数控车床、数控钻镗床、加工中心都具有多种固定循环功能,这些是需要大家了解的。

本章重点、难点及知识拓展

本章重点:数控机床坐标系、工件坐标系、编程坐标系的概念及三者之间的关系;数控编程的概念,编程格式,编程指令;常用的 G 代码和 M 代码的功能及使用。

本章难点:对刀的概念及其过程;G92 和 G54 等指令的区别和使用方法;绝对编程和相对编程的概念和使用方法;刀具补偿的意义及其使用方法。

知识拓展:数控编程是数控加工的基础和前提,掌握数控编程的相关基础知识也是数控编程的前提条件。数控编程的目的是为了加工,所以数控编程的基础知识也是围绕数控加工来展开的,理解这一点,就能理解三大坐标系及其相互联系,理解对刀的作用及其过程,并进一步理解 G92 和 G54 的使用方法。为了编程的方便,衍生出相对编程和绝对编程的概念,模态和非模态的概念,刀补的概念等。那么,要正确使用常用的 G 代码和 M

代码,合理利用相对编程、采用子程序等方法,来提高编程效率和合理性。

本章内容只是限于数控编程的基础,关于数控编程还有一些更加具体,更加复杂的加工指令,如专门针对数控车床的、数控铣床的、加工中心的;而比如对数控车床,还有各种固定循环指令等。另外,不同数控系统对指令代码还有不同的规定和使用方法,这些要根据数控机床使用说明书来使用编程指令。

思考与练习题

4-1　简述绝对坐标编程与相对坐标编程的区别。

4-2　什么是机床坐标系、工件坐标系、编程坐标系?三者之间有什么区别和联系?

4-3　说明 G92 指令与 G54～G59 指令的使用特点和区别。

4-4　机床坐标系及坐标方向是怎样确定的?

4-5　何为工件原点?工件原点如何选定?

4-6　什么叫刀位点?什么是刀具半径补偿和刀具长度补偿?它们有什么作用?

4-7　数控编程的工艺处理内容是什么?

4-8　数控程序有哪几部分组成?试述字地址程序段的构成与格式。

4-9　试用刀具半径补偿等指令编写如图 4-36 所示工件的外轮廓精加工程序(不考虑工件厚度,即刀具在 Z 轴方向的移动不考虑,刀具采用 $\phi10$ 立铣刀)。

4-10　加工如图 4-37 所示的工件。加工程序启动时刀具在参考点位置,选择 $\phi60$ 立铣刀,并以零件的中心孔作为定位孔。试编写其精加工程序。

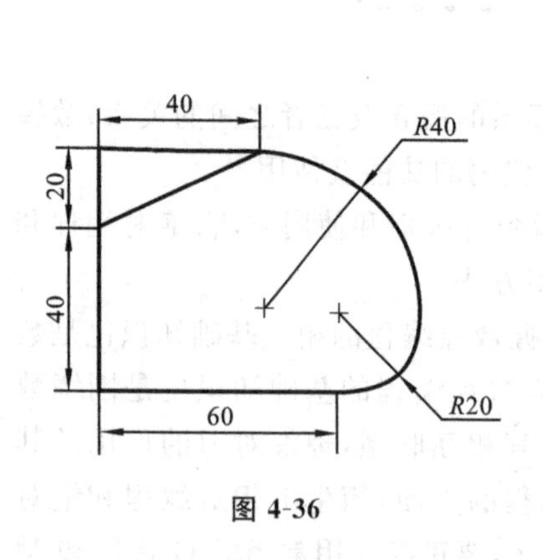

图 4-36

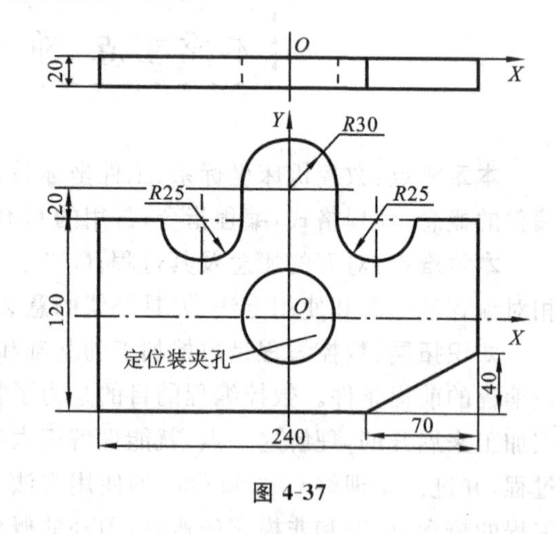

图 4-37

第5章 数控车床编程

5.1 概　　述

数控车床作为当今使用最广泛的数控机床之一，主要用于加工轴类、套类和盘类等回转体零件。近年来，研制出的数控车削中心和数控车铣中心，使得在一次装夹中可以完成更多的加工工序，提高了加工质量和生产效率，因此特别适宜加工复杂形状的回转体零件。

5.1.1 数控车削的加工对象及内容

数控车床成形原理与传统车床基本相同，但以数字控制代替机械传动，进给运动是由伺服电动机经滚珠丝杠，传到滑板和刀架，实现横向（X 向）和纵向（Z 向）移动。数控车削加工工艺范围涵盖了传统车削的工艺范围，可完成内、外回转体表面的车削、钻孔、车槽、切断、镗孔、铰孔和攻螺纹等，如图 5-1 所示。数控车床主要加工对象有：轮廓形状复杂的回转体零件，精度要求高的回转体零件，表面粗糙度低的回转体零件，带特殊螺纹的回转

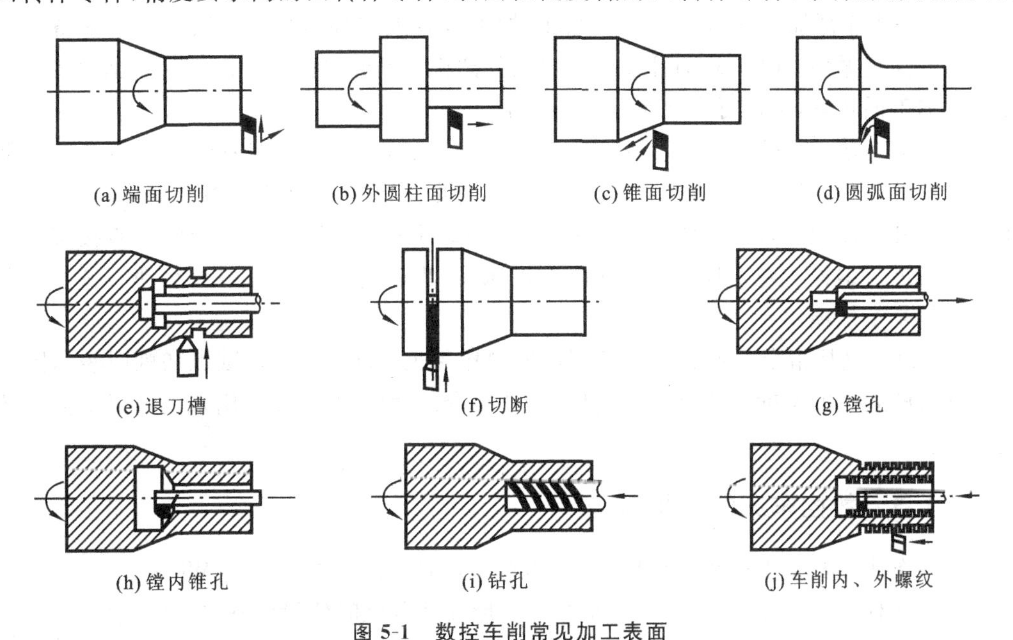

图 5-1　数控车削常见加工表面

体零件，用特殊方法加工的回转体零件等。

5.1.2 数控车削的编程特点

(1) 在数控车床和车削中心上加工的零件，由于结构往往简单，一般采用手工编程，但对具有复杂外轮廓的回转体零件，可以采用自动编程。

(2) 许多数控车床用 X、Z 表示绝对坐标指令，用 U、W 表示增量坐标指令，而不用 G90、G91 指令。

(3) 在一个程序段中，根据图样上标注的尺寸，可以采用绝对值编程或增量值编程，也可采用两者混合编程，如以下程序段都是合法的。

```
G01 X21.0 Z-32.0 F30
G01 U-5.0 W15.0 F30
G01 X21.0 W15.0 F30
```

(4) 被加工零件的径向尺寸图样标注和测量值大多以直径值表示，故一般径向用绝对值编程时，X 以直径值表示；用增量值编程时，$U(X)$ 以径向实际位移量的两倍值表示，并附上方向符号(正向省略)。大多数控系统的指令可在直径尺寸编程与半径尺寸编程方式间切换。

(5) 数控车床一般加工细长的回转类零件，其径向尺寸加工精度往往比轴向尺寸要求高，故数控车床 X 向的脉冲当量一般是 Z 向的一半。

(6) 由于车削加工常用棒料作为毛坯，加工量较大，为简化编程，数控系统常备有不同形式的固定循环，如内、外圆柱面循环，内、外圆锥面循环，切槽循环，端面切削循环，内、外螺纹加工循环等，可进行多次重复循环切削。

(7) 编程时，一般认为，车刀刀尖是一个点，而实际上为提高刀具的使用寿命和降低表面粗糙度，车刀刀尖常磨成半径较小的圆弧，因此，当编制圆头车刀程序时，需要对刀具半径进行补偿。现代数控车床大多具备 G41、G42 刀具半径自动补偿功能，可直接按轮廓实际尺寸进行编程。对不具备刀补功能的机床，编程前需人工计算刀尖运动轨迹。这种计算比较复杂烦琐。

(8) 第三坐标指令 I、K 在不同的程序段中作用也不同。I、K 在圆弧切削时表示圆心相对圆弧的起点的坐标位置；而在有自动循环指令的程序中，I、K 则用来表示每次循环的进刀量。

5.1.3 数控车床的坐标系

数控车床有机床坐标系(MCS)、编程坐标系(PCS)和工件坐标系(WCS)。

机床坐标系 $X_mO_mZ_m$(见图 5-2)是数控机床安装调试时便设定好的固定坐标系，以平行于主轴方向即纵向为 Z 轴，垂直于主轴方向即横向为 X 轴，刀具远离工件方向为正向；

C 轴(主轴)的运动方向则以从机床尾架向主轴看,逆时针为 $+C$ 向,顺时针为 $-C$ 向;机床坐标系设有固定的坐标原点,即机床原点(机械原点)。机床原点一般取在卡盘端面与主轴中心线的交点处;同时,通过设置参数的方法,也可将机床原点设定在 X、Z 坐标的正方向极限位置上。实际中,机床坐标系是由参考点来确定的,机床系统启动后进行返回参考点操作,机床坐标系就建立了。

编程坐标系 $X_pO_pZ_p$(见图 5-2)是编程人员根据零件图样及加工工艺等建立的坐标系。编程坐标系一般供编程使用,确定编程坐标系时不必考虑工件毛坯在机床上的实际装夹位置。编程原点通常设定在工件毛坯右端面的回转中心上,编程坐标系中各轴的方向应平行于工件装夹后机床坐标系的各轴。

工件坐标系是通过执行"G50/G92 X __ Z __"程序段或对刀操作而建立的。工件装夹上机床,其编程坐标系即为工件坐标系,编程原点即工件原点。工件坐标系建立的过程就是确定编程坐标系在机床坐标系中位置的过程,是建立起机床坐标系与编程坐标系关系的过程。对刀操作实际上是找到编程原点在机床坐标系中的坐标值,再以该点为原点建立与编程坐标系一致的工件坐标系。建立工件坐标系后,机床才能按照编程坐标数据对工件进行加工。所以,工件坐标系与机床坐标系的相应坐标轴平行,方向也相同,但原点不同。工件原点与机床原点间的距离称为工件原点偏置,加工时,这个偏置值需通过对刀预先输入到数控系统中。

图 5-2 中工件坐标系设置程序段为:

G50 X100 Z50

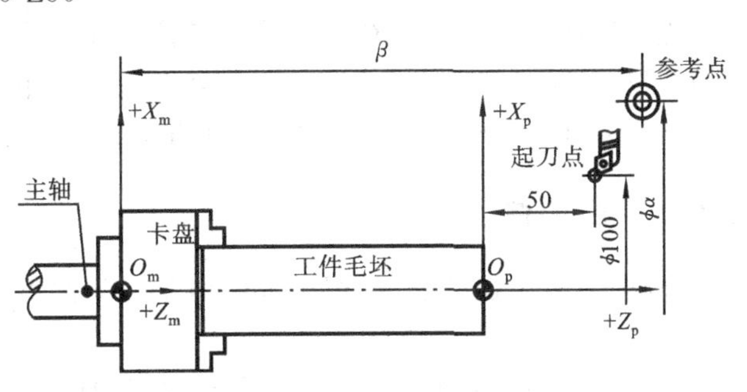

图 5-2 数控车床坐标系

5.2 数控车床的刀具补偿

数控车床一般均有刀具补偿功能,这是因为车床通常进行连续切削加工,刀架在换刀时的前一刀具刀尖位置和更换的新刀具刀尖位置之间会产生差异,以及由于刀具的安装误差、刀具磨损和刀尖圆弧半径的存在等,因此在数控加工中必须利用刀具补偿功能予以补偿,才能加工出符合图样形状要求的零件。此外,合理地利用刀具补偿还可以简化编程。

数控车床的刀具补偿可分为两类,即刀具位置补偿和刀尖圆弧半径补偿。

5.2.1　刀具位置补偿

刀具位置补偿又称刀具长度补偿,是刀具几何位置偏移和磨损补偿,可用来补偿不同刀具之间的刀尖位置偏移。

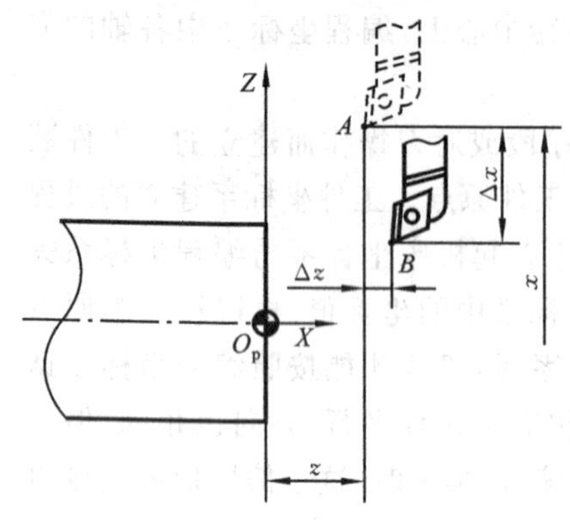

图 5-3　刀具位置补偿

如图 5-3 所示,在编程与实际加工中,一般以其中一把刀具为基准,并以该刀具的刀尖位置 A 点为依据来建立工件坐标系。当其他刀具转到加工位置时,由于刀具几何尺寸差异及安装误差,刀尖的位置 B 相对于 A 点就有偏移量 Δx、Δz。这样,原来以对刀点 A 设定的工件坐标系对这些刀具就不适用了。利用刀具位置补偿功能可以对刀具轴向和径向偏移量 Δx、Δz 实行修正,将所有刀具的刀尖位置都移至对刀点 A。每把刀具的偏移值(或称补偿值),事先用手工对刀和测量工件加工尺寸的方法测得,并输入到相应的存储器中。

此外,由于刀具磨损或重新安装造成的刀尖位置有偏移时,只要修改相应的存储器中的位置补偿值,而无须更改程序。刀具位置补偿是操作者控制加工尺寸的重要手段。假如某工件加工后外圆直径比要求的尺寸大(或小)了,就可以用修改相应存储器中的补偿值 X 的数值来减小或消除该加工误差。当长度方向尺寸有偏差时,修改方法类同。

5.2.2　刀尖圆弧半径补偿

刀尖圆弧半径补偿亦即刀具半径补偿,可用来补偿由于刀尖圆弧半径引起的过切或欠切及加工误差。

在通常的编程中,将刀尖看做是一个点,然而实际上刀尖是有圆弧的,在切削内孔、外圆及端面时,刀尖圆弧不影响加工尺寸和形状,但在切削锥面和圆弧时,则会造成过切或少切现象(见图 5-4)。此时可以用刀尖圆弧半径补偿功能来消除误差。

为使编程简单方便,数控车床一般都设置了刀尖圆弧半径补偿功能。对于具有刀尖圆弧半径补偿功能的数控系统,在编程时,只要按零件的实际轮廓编程即可,而不必按照刀具运动轨迹编程。使用刀尖圆弧半径补偿指令,并在控制面板上手工输入刀尖圆弧半径,数控装置便能自动地计算出刀尖中心轨迹,并按刀尖中心轨迹运动,即执行刀尖圆弧半径补偿后,刀具自动偏离工件轮廓一个刀尖半径值,从而加工出所要求的工件轮廓,如

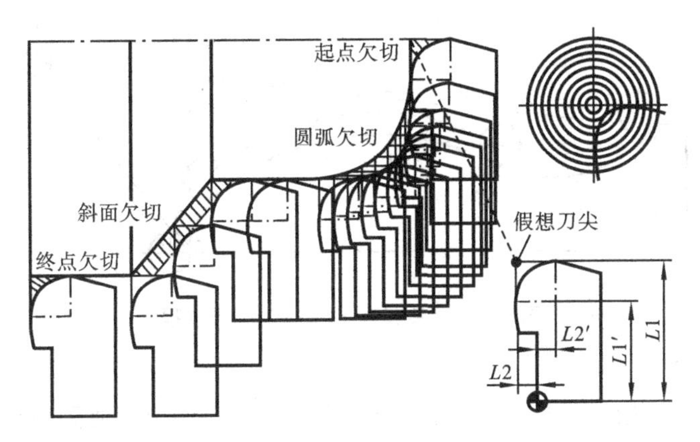

图 5-4 刀尖圆弧半径引起欠切和加工误差

图 5-5 所示。当刀具磨损或刀具重磨后刀具半径变小，这时只需手工输入改变后的刀具半径，而不需修改已编好的程序。

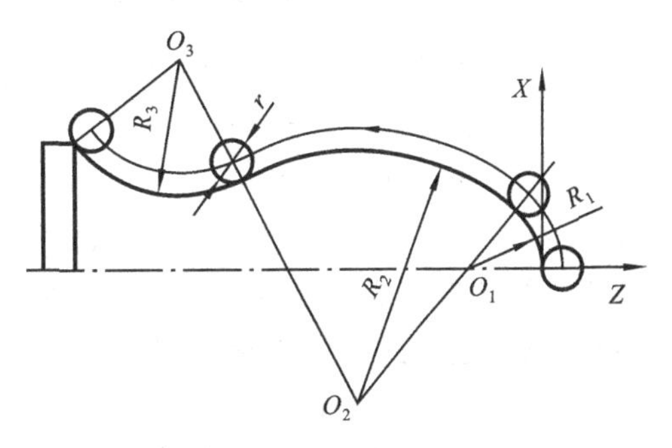

图 5-5 刀尖圆弧半径补偿

刀尖圆弧半径是否需要补偿及采用何种方式补偿，可使用 G40、G41、G42 指令设定。

先沿垂直于加工平面的第三轴的反方向看去，再沿刀具运动方向看，若刀具位于工件轮廓左侧，就是刀尖圆弧半径左补偿，用 G41 指令；若刀具位于工件轮廓右侧，就是刀尖圆弧半径右补偿，用 G42 指令，如图 5-6 所示。G41、G42 指令都用 G40 指令取消。

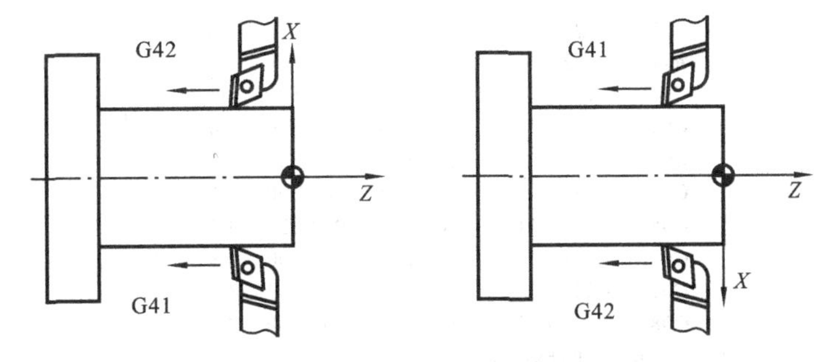

图 5-6 刀尖圆弧半径补偿指令判断

刀尖圆弧半径补偿执行过程如图 5-7 所示，有以下三个步骤。

(1) 建立刀具补偿　刀尖圆弧中心从与编程轨迹重合过渡到与编程轨迹偏离一个偏置量的过程。

(2) 进行刀具补偿　执行有 G41、G42 指令的程序段后，刀尖圆弧中心始终与编程轨

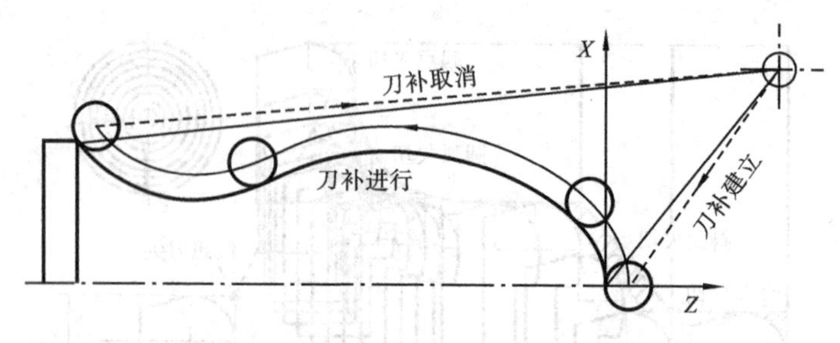

图 5-7　刀尖圆弧半径补偿执行过程

迹相距一个偏置量。

(3) 取消刀具补偿　刀具离开工件，刀尖圆弧中心轨迹要过渡到与编程重合的过程。

5.2.3　刀具补偿值的设定

刀具补偿值设定包括刀具位置补偿值和刀尖圆弧半径补偿值的设定两个方面。

1. 刀具位置补偿值的设定

刀具位置补偿值设定是在对刀过程中进行的。采用“G50 设置工件零点方式对刀”时，先记录基准刀具的机床坐标值，如(0,0)，将其刀尖移动到对刀点(如工件原点)，再记录此时机床坐标值，如(−50,−101)；移开刀架换第二把刀具，再将第二把刀具的刀尖移到对刀点，记录此时的坐标值，如(−49,−105)；计算两坐标的差值，即 $\Delta X=(-49)-(-50)=1$；$\Delta Z=(-105)-(-101)=-4$；进入图 5-8 所示的刀具偏置与刀具方位界面，将对应基准刀具的位置补偿值设为“$X=0$、$Z=0$”，将对应第二把刀具的位置补偿值设为“$X=1$、$Z=-4$”，其他车刀的位置补偿值设置类同。执行程序前，先将基准刀具移到工件

工件补正/现状　　　　00010　N0200

番号	X	Z	R	T
C01	−225.005	−105.966	000.500	03
C02	−219.255	−103.326	002.500	08
C03	−217.305	−102.165	001.060	01
C04	−210.306	−106.008	003.100	07
C05	−206.011	−100.561	002.050	02
C06	−218.321	−103.208	002.000	08
C07	−217.361	−102.207	001.405	04
C08	−221.062	−100.560	003.500	05

现在位置(相对坐标)

U　0.000　　W　0.000

ADRS　MX　25.300　　S 0　　T

JOG　****　***　***

[摩耗]　[现状]　[SETTING]　[坐标系]　[(操作)]

图 5-8　刀具偏置与刀具方位界面

坐标系中程序开头 G50 X_ Z_ 指定的 X、Z 后的坐标值位置，执行该段程序后，就通过机床刀架参考点建立起工件坐标系。

采用“刀具直接试切方式对刀”时，是先后将每把刀具都移动到对刀点(如工件原点)，记录并存储该点坐标值到如图 5-8 所示的刀具偏置与刀具方位界面，这里存储的是每把刀具在对刀点时机床刀架参考点在机床坐标系中的坐标值。

有些数控车床设有对刀显微镜或红外线对刀仪，可以实现自动对刀而不需要试切。对刀显微镜分划板十字中心的坐标在机床坐标系中是一个固定值，对刀时只要刀具的刀尖对准对刀显微镜分划板中心，则该刀具刀尖的偏置值自动确定，并由系统自动存入该刀位补偿号寄存器中。

2. 刀尖圆弧半径补偿值的设定

车刀刀尖一般都有一段小半径圆弧，利用数控车床刀尖圆弧半径补偿功能可以按零件轮廓编程并加工出合格的零件。

数控车床总是按假定刀尖(刀位点)对刀的，使假定刀尖与对刀点重合。如图 5-9 所示，编程时假定刀尖位置可以是假想点 A，也可以是圆弧中心点 B，而实际起车削作用的是切削刃圆弧切点。根据刀具形状及在切削时装夹位置的不同，假定刀尖的方位有 8 种位置可以选择。如图 5-10 所示，分别用方位号 1～8 号表示，箭头表示刀尖方向；如果按刀尖圆弧中心编程，则选用 0 或 9。加工前，打开如图 5-8 所示的刀具偏置与刀具方位界面，将每把刀具刀尖圆弧半径输入到对应的刀具补偿号 R 参数里，将假定刀尖方位号输入到对应的刀具补偿号 T 参数里。数控系统就能根据 R 参数和 T

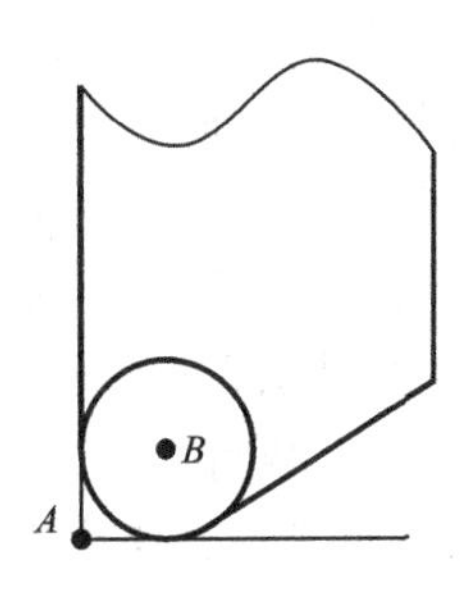

图 5-9 车刀的假定刀尖

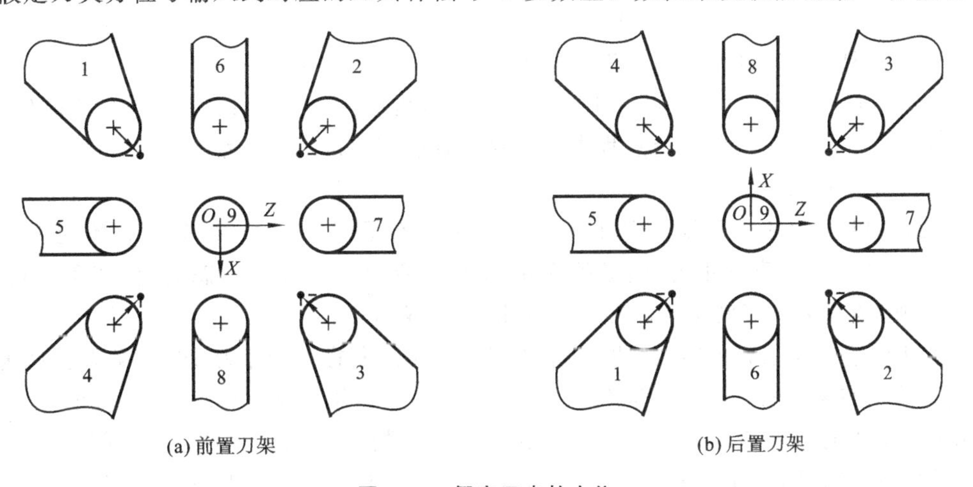

图 5-10 假定刀尖的方位

参数自动计算每把刀具刀尖圆心运动轨迹。

综上所述,刀具补偿有刀具位置补偿和刀尖圆弧半径补偿,刀具位置补偿用以补偿不同刀具之间的刀尖位置偏移,有 *X* 向和 *Z* 向;刀尖圆弧半径补偿用以补偿由于刀尖圆弧半径及刀尖位置方向造成的加工误差,有刀尖圆弧半径补偿量 R 和刀尖方位号 T。加工工件前,可用操作面板上的功能键 OFFSET 分别设定、修改每把刀具对应的刀具补偿号中 X、Z、R、T 参数(见图 5-8)。

5.2.4 刀具补偿的实现

刀具补偿功能(刀具位置补偿和刀尖圆弧半径补偿)是由程序中指定的 T 代码和刀尖圆弧半径补偿代码共同实现的。

T 代码由字母 T 和其后的 4 位数字所组成:T××××,其中前两位数字为刀具号,后两位数字为刀具补偿号。如 G01 X28 Z112 T0103 表示调用 1 号刀具,选用 3 号刀具补偿。刀具补偿号实际上是刀具补偿寄存器的地址号,可以是 00~32 中任意一个数;刀具补偿号为 00 时,表示不进行补偿或取消刀具补偿。如图 5-8 所示,对应于每个刀具补偿号,都有 X、Z、R、T 参数。补偿寄存器中预置的刀具位置和刀尖圆弧半径,包括基本尺寸和磨损尺寸两分量,控制器处理这些分量,计算并得到最后尺寸(总和长度、总和半径)。在激活补偿寄存器时这些最终尺寸生效,即补偿是按总和长度及总和半径进行的。

系统执行到含有 T 代码的程序时,是否对刀具进行刀尖圆弧半径补偿及用何种方式补偿,由半径补偿功能指令 G41、G42、G40 决定。

刀尖圆弧半径补偿程序格式:

```
G41/G42 G01/G00 X(U)_ Z(W)_
G40     G01/G00 X(U)_ Z(W)_
```

使用刀具补偿功能时应注意以下两点。

(1) 刀具补偿指令(T、G41、G42、G40)程序段内必须有 G00 或 G01 指令才能生效,补偿量是在一个程序段的执行过程中完成的。通常,在 G41、G42 程序段后紧接着工件轮廓的第一个程序段。

(2) G41、G42 不能重复使用,即在程序中前面有了 G41 或 G42 指令后,不能再直接使用 G41 或 G42。若想使用,则必须先用 G40 指令解除原补偿状态后,再使用 G41 或 G42;否则,补偿就不正常了。即 G40 必须和 G41 或 G42 成对使用。

综上所述,刀具补偿的实现过程是:假如某个程序段中的 T 指令为 T0102,则数控系统自动按 02 号存储器中的刀具补偿值修正 01 号刀具的位置偏移和进行刀尖圆弧半径的补偿,并根据程序段中的 G41、G42 指令来决定刀尖圆弧半径补偿的方向是左偏置还是右偏置。

例 5-1 用刀尖圆弧半径为 0.8 mm 的车刀精加工如图 5-11 所示的零件外轮廓,试编制加工程序。

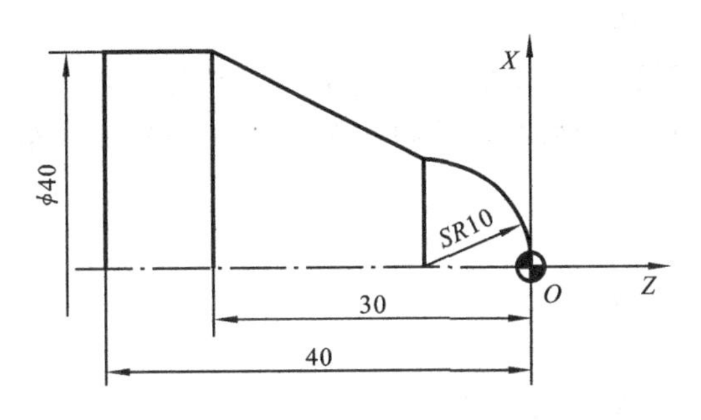

图 5-11 精加工零件外廓

解 编制程序如下。

```
O0610                                   ;程序名
N0010 G50 X100.0 Z50.0                  ;设定工件坐标系
N0020 G00 X0.0 Z2.0 S1200 T0101 M04     ;选用01号刀具和01号刀具补偿值
N0030 G42 G01 X0.0 Z0.0 F300 M08        ;刀尖圆弧半径右偏置补偿
N0040 G03 X20.0 Z—10.0 R10.0            ;逆圆加工半球面
N0050 G01 X40.0 Z—30.0                  ;加工圆锥面
N0060 X40.0 Z—42.0                      ;加工圆柱面
N0070 G00 G40 X100.0 Z50.0 T0100        ;取消刀具补偿,返回起刀点
N0080 M30                               ;程序结束
```

程序执行前,先通过对刀在机床面板上用 OFFSET 键设定 01 号刀具对应的 01 号刀具补偿的 X、Z 参数,并将 01 号刀具补偿的 R 参数设置为 0.800,T 参数设置为 3。

5.3 简化编程功能指令

为减少数控车床编程工作量,数控系统针对数控加工常见动作过程,按规定的动作顺序,以子程序形式设计了指令集,用 G 代码直接调用,分别对应不同的加工循环动作。这些循环功能的应用,可减少许多复杂的计算过程,减少编程工作量,缩短程序长度,使程序清晰可读。下面介绍 FANUC 指令系统的一些常用简化编程功能指令。

5.3.1 单一固定循环

单一固定循环指令典型的有 G90、G92、G94,循环过程包含了“进刀→切削→切出(退刀)→返回”四个动作,仅用一个程序段指令即可实现由 G00、G01 组成的多个程序段的功能。后面再介绍 G92 指令。

1. 外径、内径车削循环(G90)

外径、内径车削循环用 G90 指令,是模态指令。该循环指令包括圆柱面车削循环和圆锥面车削循环功能,用于零件的内、外圆柱面和内、外圆锥面的车削加工。外径、内径车削循环编程格式如下。

内、外圆柱面:

G90 X(U)__ Z(W)__ F__

内、外圆锥面:

G90 X(U)__ Z(W)__ I__ F__

外圆柱面车削循环路径如图 5-12(a)所示,刀具从循环起点开始按矩形循环,最后又回到循环起点。图中虚线表示快速移动,实线表示按 F 指定的进给速度移动;*X*、*Z* 为圆柱面切削终点(图中 *E* 点)坐标值,*U*、*W* 为圆柱面切削终点相对于循环起点的增量值。内圆柱面车削循环路径及编程与之相似。

外圆锥面车削循环路径如图 5-12(b)所示,与外圆柱面车削循环路径相似,只是刀具从循环起点开始按梯形循环,最后又回到循环起点。*X*(*U*)、*Z*(*W*)值的确定也与外圆柱面车削循环相同。*I* 为圆锥面车削始点与车削终点的半径差,起点坐标大于终点坐标时,*I* 为正,反之为负。内圆锥面车削循环路径及编程与之相似。

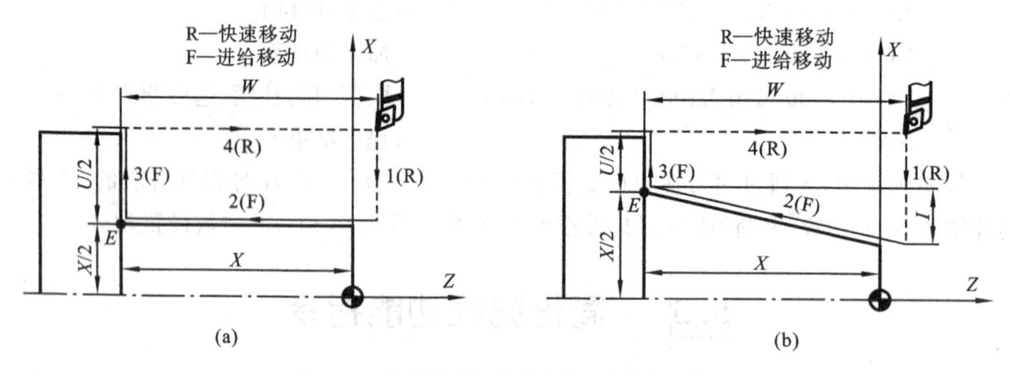

图 5-12 外圆柱面、外圆锥面车削循环路径

注意:

(1) 数控车床 *X* 一般以直径值表示,用增量值编程时,*U*(*X*)以径向实际位移量的两倍值表示;

(2) *U*、*W* 的符号由轨迹 1、2 的方向决定,沿负方向移动为负号,反之为正号;

(3) 内、外圆柱面车削循环是内、外圆锥面车削循环的特例,当内、外圆锥面车削循环的 I 指令为 I0 时,就是内、外圆柱面车削循环了,此时 I0 可省略不写。

例 5-2 用 G90 循环指令编制如图 5-13(a)所示的直径为 31 内孔圆柱面加工程序。

解 主要程序如下。

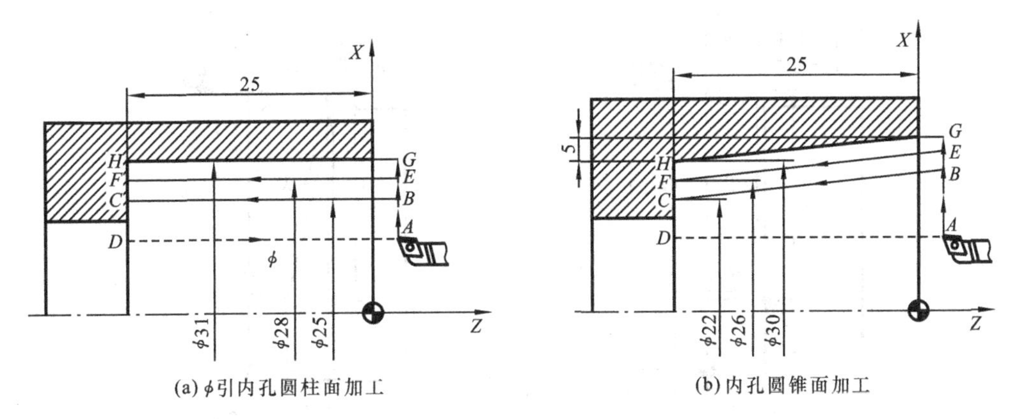

(a) ϕ引内孔圆柱面加工　(b) 内孔圆锥面加工

图 5-13　G90 循环指令编程

```
⋮
N0080 G90 X25.0 Z—25.0 F50        ;A→B→C→D→A
N0090     X28.0                   ;A→E→F→D→A
N0100     X31.0                   ;A→G→H→D→A
⋮
```

例 5-3　用 G90 循环指令编制如图 5-13(b)所示的内孔圆锥面加工程序。

解　主要程序如下。

```
⋮
N0160 G90 X22.0 Z—25.0 I5.0 F50   ;A→B→C→D→A
N0170     X26.0                   ;A→E→F→D→A
N0180     X30.0                   ;A→G→H→D→A
⋮
```

2. *端面车削固定循环(G94)*

端面车削固定循环用 G94 指令，也是模态指令。该循环指令包括垂直端面车削固定循环和锥形端面车削固定循环功能。端面车削循环编程格式如下。

```
G94 X(U)__ Z(W)__ F__           ;垂直端面
G94 X(U)__ Z(W)__ K__ F__       ;锥形端面
```

垂直端面和锥形端面车削固定循环路径如图 5-14 所示，与 G90 类似，刀具从循环起点开始按矩形或梯形循环，最后又回到循环起点。不同的是：G90 循环是先沿 X 轴快速进刀，再沿 Z 轴(或圆锥面)进给切削，后沿 X 轴工进退刀，最后沿 Z 轴快速返回；G94 循环是先沿 Z 轴快速进刀，后沿 X 轴(或锥端面)进给切削，再沿 Z 轴工进退刀，最后沿 X 轴快速返回。

编程格式中 X(U)、Z(W)、F 的含义同 G90 指令。K 为端面车削始点与端面车削终

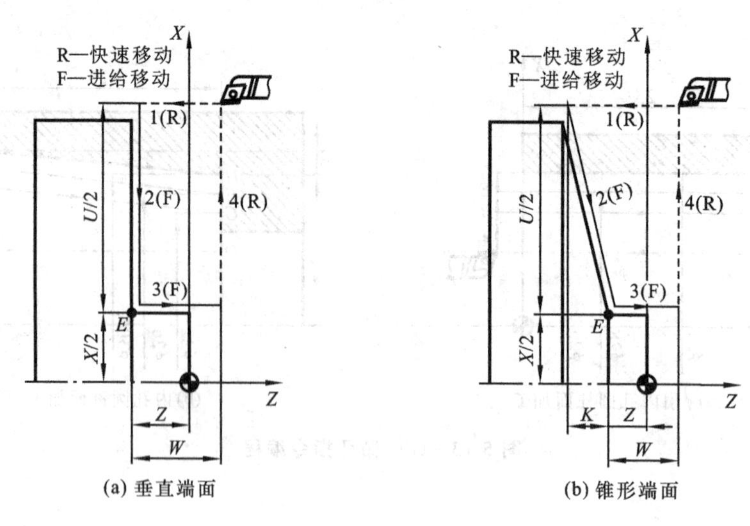

(a) 垂直端面　　(b) 锥形端面

图 5-14　端面车削固定循环路径

点在 Z 方向的坐标增量,起点坐标大于终点坐标时,K 为正,反之为负。

注意:垂直端面车削固定循环是锥形端面车削固定循环的特例。当锥形端面车削固定循环的 K 指令为 K0 时,就是垂直端面车削固定循环了,此时 K0 可省略不写。

例 5-4　用 G94 循环指令编制如图 5-15(a)所示的垂直端面加工程序。

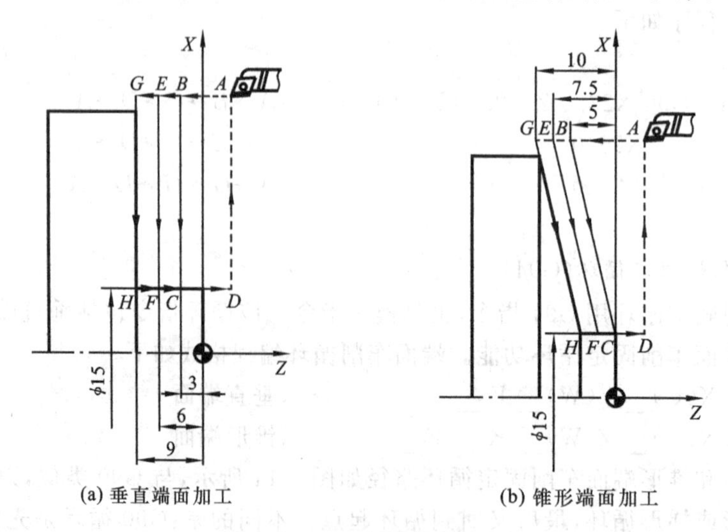

(a) 垂直端面加工　　(b) 锥形端面加工

图 5-15　G94 循环指令编程

解　主要程序如下。

⋮

N0240 G94 X15.0 Z−36.0 F50　　　　;$A \to B \to C \to D \to A$

N0250　　Z−6.0　　;A→E→F→D→A
N0260　　Z−9.0　　;A→G→H→D→A
⋮

例 5-5　用 G94 循环指令编制图 5-15(b)所示锥形端面加工程序。

解　主要程序如下。

⋮
N0350 G94 X15.0 Z0.0 I−5.0 F50　　;A→B→C→D→A
N0360　　Z−2.5　　;A→E→F→D→A
N0370　　Z−5.0　　;A→G→H→D→A
⋮

5.3.2　复合固定循环

在用棒料毛坯车削阶梯相差较大的轴，或切削铸、锻件毛坯时，由于加工余量较大，往往需要多次切削，而且每次加工的轨迹相差不大。利用复合固定循环功能，只要编出精加工路线(最终走刀路线)，依编程格式设定粗加工时每次的背吃刀量、精车余量、进给量等参数，系统就会自动计算出粗加工走刀路线，控制机床自动重复切削直到完成工件全部加工为止。因此可大为简化编程。FANUC 车削系统的复合固定循环指令、程序格式及其用途如表 5-1 所示，循环指令中的地址码含义见表 5-2。

表 5-1　FANUC 车削系统的复合固定循环程序格式及用途

G 代码	编程格式	用途
G71	G71 U(Δd) R(e) G71 P(ns) Q(nf) U(Δu) W(Δw) F_ S_ T_ 或:G71 P(ns) Q(nf) U(Δu) W(Δw) D(Δd) F_ S_ T_	外径、内径粗车复合循环
G72	G71 W(Δd) R(e) G72 P(ns) Q(nf) U(Δu) W(Δw) F_ S_ T_ 或:G72 P(ns) Q(nf) U(Δu) W(Δw) D(Δd) F_ S_ T_	端面粗车复合循环
G73	G73 U(Δi) W(Δk) R(d) G73 P(ns) Q(nf) U(Δu) W(Δw) F_ S_ T_ 或:G73 P(ns) Q(nf) I(Δi) K(Δk) U(Δu) W(Δw) D(Δd) F_ S_ T_	固定形状粗车循环
G70	G70 P(ns) Q(nf)	精加工循环

表 5-2　车削固定循环指令中地址码的含义

地　　址	含　　义
ns	循环程序段中第一个程序段的顺序号
nf	循环程序段中最后一个程序段的顺序号
Δi	粗车时，径向(X 轴方向)切除的余量(半径值)
Δk	粗车时，轴向(Z 轴方向)切除的余量
Δu	径向(X 轴方向)的精车余量(直径值)
Δw	轴向(Z 轴方向)的精车余量
Δd	每次车削深度(在外径和端面粗车循环)，或粗车循环次数(在固定形状粗车循环)
e	退刀量

1. 精车循环指令(G70)

G70 精车循环指令用于在粗车复合循环指令 G71、G72 或 G73 后进行精车，编程格式如下。

G70 P(ns) Q(nf)

其中：ns——精加工程序第一个程序段的段号；

nf——精加工程序最后一个程序段的段号。

使用 G70 的注意事项如下。

(1) 必须先使用 G71、G72 或 G73 指令后，才可使用 G70 指令。

(2) 在粗车循环 G71、G72、G73 状态下，优先执行 G71、G72、G73 指令中的 F、S、T，若 G71、G72、G73 中不指定 F、S、T，则在 G71 程序段前编程的 F、S、T 有效；在精车循环 G70 状态下，优先执行 ns～nf 程序段中的 F、S、T，若 ns～nf 程序段中不指定 F、S、T，则默认为粗加工时的 F、S、T。

(3) 在车削循环期间，刀尖圆弧半径补偿功能有效。

2. 外径、内径粗车复合循环指令(G71)

G71 指令适用于用圆柱毛坯料粗车外径，以及用圆筒毛坯料粗车内径。特别是在切除余量较大的情况下，它能自动地将工件车削成精加工前的尺寸，精加工前的工件形状及粗加工的刀具路径由系统根据精加工程序段(尺寸)自动设定。

图 5-16 所示为用 G71 粗车外径的加工路径，图中点 C 是粗加工循环的起点，点 A 是毛坯外径与端面轮廓的交点。该指令的执行过程如图 5-16 所示，加工路线为：$C \to D \to E \to F \to G \to \cdots \to H \to I \to A$，按图中箭头所示方向进刀和退刀；每次 X 轴上的进给量为 Δd，从切削表面沿 45°退刀的距离为 e，Δw 和 $\Delta u/2$ 分别为轴向和径向精车余量。图 5-16 中

直线 AB、AA' 与粗加工最后沿轮廓面运动轨迹 HI 间包容的区域即为粗加工 G71 循环切削内容；粗加工之后的精加工(G70)路线为：$A \to A' \to B$。

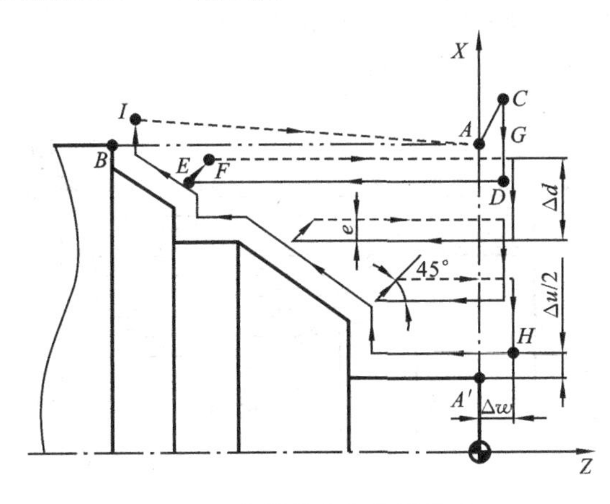

图 5-16 外径粗车复合循环 G71

外径粗车复合循环编程格式如下。

$$\begin{cases} \text{G71 U}(\Delta d)\ \text{R}(e) \\ \text{G71 P}(ns)\ \text{Q}(nf)\ \text{U}(\Delta u)\ \text{W}(\Delta w)\ \text{F\_ S\_ T\_} \end{cases}$$

或

G71 P(ns) Q(nf) U(Δu) W(Δw) D(Δd) F_ S_ T_ ；e 由参数设定

N(ns)… ；用 N(ns)到 N(nf)间的程序段定义 $A \to A' \to B$ 之间的精加工运动轨迹

⋮

N(nf)…

编程格式中指令字含义如表 5-2 所示，使用 G71 时应特别注意以下几点。

(1) ns 程序段指定 $A \to A'$ 间的刀具轨迹，必须为 G00、G01 指令，且只能为 X 向进给，不能出现 Z 向进给。

(2) Δd 为每次车削深度(半径值)，无符号，车削方向取决于 AA' 的方向，为模态值；Δu 为径向(X 轴方向)的精车余量大小(直径值)和方向。

(3) 车削的路径必须是单调增加或减小，即不可有内凹的轮廓外形。但对 FANUC 0T 系统无此限制。

(4) 用到的 N(ns)～N(nf)之间的精加工程序，只作为计算粗车时刀具运动轨迹用，在粗车时并不执行。所以该精加工程序可以紧跟在粗车循环指令后给出，也可放在程序其他位置。

(5) 用 G71 粗车外径时，Δu 和 Δw 都为正值；当用 G71 粗车内径时，Δu 为负值，Δw

为正值。

(6) 从 ns 到 nf 之间的程序段不能调用子程序。

例 5-6 车削如图 5-17 所示零件,先用 G71 进行粗车,每次车削深度 3 mm,退刀量 1 mm,各面留精车余量 0.2 mm,后采用 G70 进行精车。

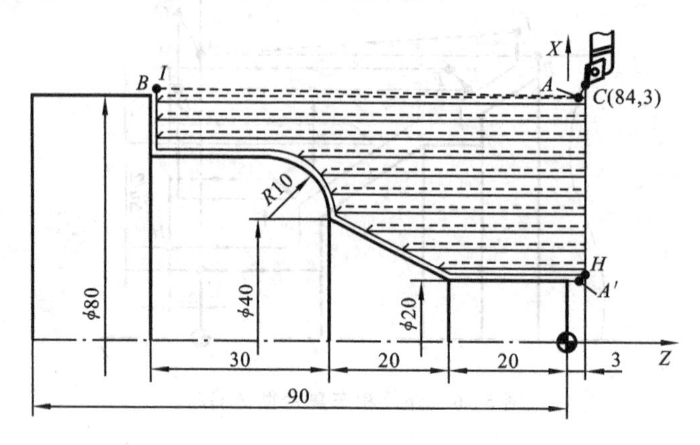

图 5-17 外径粗车复合循环 G71 实例

解 所编程序如下。

```
O0620                                   ;程序名
N0010 G50 X100.0 Z50.0                  ;设定工件坐标系
N0020 G00 X100.0 Z3.0 S800 T0101 M04    ;选 01 号刀具和 01 号刀具补偿值,预启动
N0030 G96 S100                          ;设定粗车恒线速度 100 m/min
N0040 G50 S2000                         ;设定转速极限
N0050 G95 G42 G00 X84.0 Z3.0 M08        ;快进至循环起点 C,刀具半径右补偿
N0060 G71 U3.0 R1.0
N0070 G71 P0080 Q0130 U0.4 W0.2 F0.3    ;G71 外径粗车复合循环
N0080 G00 X20.0                         ;开始定义精车轨迹:A→A′,Z 轴不移动
N0090 G01 W-23.0 F0.05
N0100 X40.0 W-20.0
N0110 G03 X60.0 W-10.0 R10.0
N0120 G01 W-20.0
N0130 X84.0                             ;完成精车程序段
N0140 G00 G40 X100.0 Z50.0 T0100 M05 M09 ;快速返回换刀点,取消刀补
```

N0150 G96 S150 ;设定精车恒线速度 150 m/min
N0160 X100.0 Z3.0 T0202 M04 ;选用 02 号刀具和 02 号刀具补偿值
N0170 G42 G00 X84.0 Z3.0 M08 ;快进至循环起点 C,刀具半径右补偿
N0180 G70 P0080 Q0130 ;精车循环
N0190 G00 G40 X100.0 Z50.0 T0200 ;快速返回换刀点,取消刀补
N0200 M30 ;程序结束

3. 端面粗车复合循环指令(G72)

G72 指令适用于棒料毛坯端面方向上粗车,特别是在切除余量较大的情况下。G72 与 G71 指令类似,不同之处就是刀具路径是按径向方向车削循环的。

图 5-18 所示为用 G72 粗车端面的加工路径,图中点 C 是粗加工循环的起点,点 A 是毛坯外径与端面轮廓的交点。直线 AB、AA' 与粗加工最后沿轮廓面运动轨迹 HI 间包容的区域即为粗加工 G72 循环切削内容,指令执行加工路线为:$C \to D \to E \to F \to G \to \cdots \to H \to I \to A$;粗加工之后的精加工(G70)路线为:$A \to A' \to B$。其他符号意义同 G71。

端面粗车复合循环编程格式如下。

$$\begin{cases} \text{G72 W}(\Delta d)\ \text{R}(e) \\ \text{G72 P}(ns)\ \text{Q}(nf)\ \text{U}(\Delta u)\ \text{W}(\Delta w)\ \text{F\_ S\_ T\_} \end{cases}$$

或

G72 P(ns) Q(nf) U(Δu) W(Δw) D(Δd) F_ S_ T_ ;e 由参数设定
N(ns)… ;用 N(ns)到 N(nf)间的程序段定义 $A \to A' \to B$ 之间的精加工运动轨迹
⋮
N(nf)…

编程格式中指令字含义如表 5-2 所示,使用 G72 时参考 G71 的注意事项。

例 5-7 车削如图 5-19 所示的零件,先用 G72 进行粗车,每次车削深度为 3 mm,退刀量为 1 mm,各面留精车余量为 0.2 mm,后采用 G70 进行精车。

解 所编程序如下。

O0630 ;程序名
N0010 G50 X300.0 Z100.0 ;设定工件坐标系
N0020 G00 X300.0 Z2.0 S800 T0101 M04 ;选 01 号刀具和 01 号刀具补偿值,预启动
N0030 G96 S100 ;设定粗车恒线速度 100 m/min
N0040 G50 S2000 ;设定转速极限
N0050 G95 G42 G00 X166.0 Z2.0 M08 ;快进至循环起点 C,刀具半径右补偿

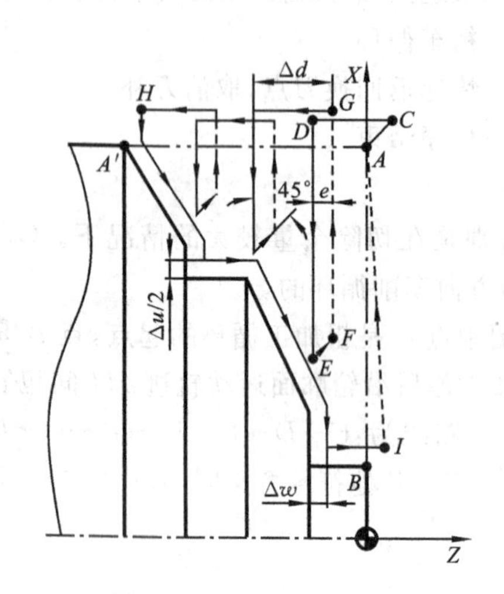

图 5-18　端面粗车复合循环

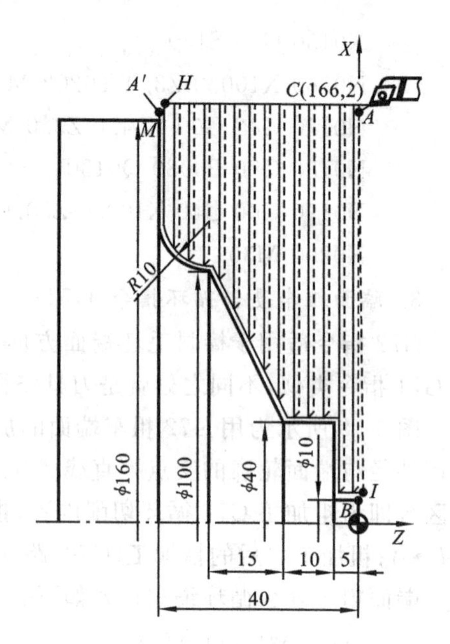

图 5-19　端面粗车复合循环

```
N0060 G72 W3.0 R1.0
N0070 G72 P0080 Q0140 U0.4 W0.2 F0.3   ;G72 端面粗车复合循环
N0080 G00 Z-40.0                      ;开始定义精车轨迹:A→A',X轴不移动
N0090 G01 U-46.0 F0.05
N0100 G03 X100.0 W10.0 R10.0
N0110 G01 X40.0 W15.0
N0120 W10.0
N0130 X10.0
N0140 Z2.0                            ;完成精车程序段
N0150 G00 G40 X300.0 Z100.0 T0100 M05 M09 ;快速返回换刀点,取消刀补
N0160 G96 S150                        ;设定精车恒线速度 150 m/min
N0170 X300.0 Z2.0 T0202 M04           ;选用 02 号刀具和 02 号刀具补偿值
N0180 G42 G00 X166.0 Z2.0 M08         ;快进至循环起点 C,刀具半径右补偿
N0190 G70 P0080 Q0140                 ;精车循环
N0200 G00 G40 X300.0 Z100.0 T0200     ;快速返回换刀点,取消刀补
N0210 M30                             ;程序结束
```

4. 固定形状粗车循环指令(G73)

G73指令适用于毛坯轮廓形状与零件轮廓形状基本接近时的粗车，例如一般锻件或铸件的粗车，此时若仍使用G71或G72指令，则会产生许多无效切削而浪费加工时间。

图5-20所示为用G73固定形状粗车循环的加工路径，图中点C是粗加工循环的起点，直线IB、IA'与粗加工最后沿轮廓面运动轨迹HG间包容的区域即为粗加工G73循环切削内容，指令执行加工路线为：$C\rightarrow D\rightarrow E\rightarrow F\rightarrow\cdots\rightarrow G\rightarrow H\rightarrow A$；粗加工之后的精加工(G70)路线为：$A\rightarrow A'\rightarrow B$。其他符号意义同G71、G72。

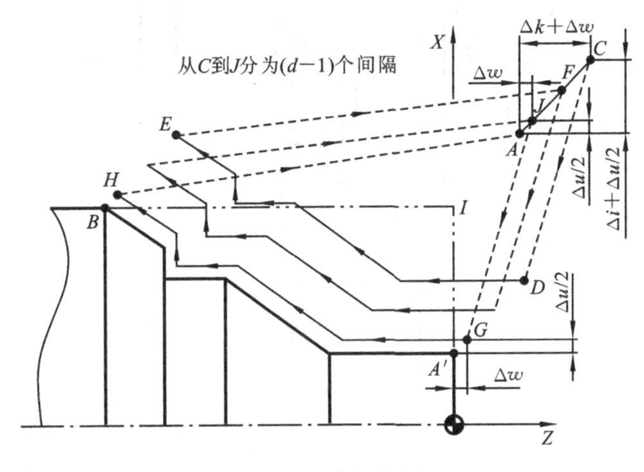

图5-20 固定形状粗车循环G73

固定形状粗车循环编程格式如下。

$$\begin{cases}\text{G73 U}(\Delta i)\ \text{W}(\Delta k)\ \text{R}(d)\\ \text{G73 P}(ns)\ \text{Q}(nf)\ \text{U}(\Delta u)\ \text{W}(\Delta w)\ \text{F\_ S\_ T\_}\end{cases}$$

或

G73 P(ns) Q(nf) I(Δi) K(Δk) U(Δu) W(Δw) D(Δd) F_ S_ T_ ;e由参数设定

N(ns)… ;用N(ns)到N(nf)间的程序段定义$A\rightarrow A'\rightarrow B$之间的精加工运动轨迹

⋮

N(nf)…

编程格式中指令字含义如表5-2所示。其中：Δi为粗加工径向(X轴方向)切除的总余量(半径值)；Δk为粗加工轴向(Z轴方向)切除的总余量；d为粗车循环次数。

例5-8 车削如图5-21所示零件，零件毛坯已基本锻造成形，先用G73进行粗车，X轴和Z轴方向单边加工余量14 mm，粗车循环3次，各面留精车余量2 mm，后采用G70进行精车。

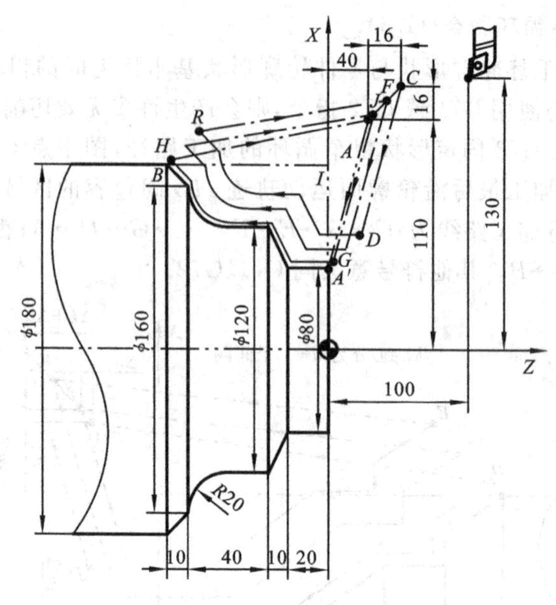

图 5-21 固定形状粗车循环 G73 实例

解 所编程序如下。

```
O0640                                   ;程序名
N0010 G50 X260.0 Z100.0                 ;设定工件坐标系
N0020 G00 X260.0 Z56.0 S800 T0101 M04   ;选 01 号刀具和 01 号刀具补偿值,
                                         预启动
N0030 G96 S100                          ;设定粗车恒线速度 100 m/min
N0040 G50 S2000                         ;设定转速极限
N0050 G95 G42 G00 X252.0 Z56.0 M08      ;快进至循环起点 C,刀具半径右
                                         补偿
N0060 G73 U14.0 W14.0 R3
N0070 G73 P0080 Q0130 U4.0 W2.0 F0.3    ;G72 端面粗车复合循环
N0080 G00 X80.0 Z1.0                    ;开始定义精车轨迹:A→A′
N0090 G01 W-20.0 F0.10
N0100     X120.0 W-10.0
N0110            W-20.0
N0120 G02 X160.0 W-20.0 R20.0
N0130 G01 X180.0 W-10.0                 ;完成精车程序段
N0140 G00 G40 X260.0 Z100.0 T0100 M05 M09 ;快速返回换刀点,取消刀补
```

```
N0150 G96 S150                        ;设定精车恒线速度 150 m/min
N0160 X260.0 Z56.0 T0202 M04          ;选用 02 号刀具和 02 号刀具补偿值
N0170 G42 G00 X252.0 Z56.0 M08        ;快进至循环起点 C,刀具半径右补偿
N0180 G70 P0080 Q0130                 ;精车循环
N0190 G00 G40 X260.0 Z100.0 T0200     ;快速返回换刀点,取消刀补
N0200 M30                             ;程序结束
```

5.3.3 螺纹加工指令

数控车床上加工螺纹的方法有:单行程螺纹切削、简单螺纹切削循环及螺纹切削复合循环。

1. 单行程螺纹切削指令(G32、G33、G34)

编程格式:G32 X(U)__ Z(W)__ F__

指令功能:可切削加工等螺距圆柱螺纹、等螺距圆锥螺纹和等螺距端面螺纹。

指令说明:

(1) 格式中的 X(U)、Z(W)为螺纹终点坐标,F 为以螺纹导程给出的每转进给率,如果是单线螺纹,则为螺纹的螺距,单位为 mm/r。

(2) 车削如图 5-22 所示的圆锥螺纹,其斜角 α 在 45°以下时,螺纹导程以 Z 轴方向指定;斜角 α 在 45°～90°时,以 X 轴方向指定。

(3) 圆柱螺纹切削加工时,X(U)值可以省略,格式为:

G32 Z(W)__ F__

(4) 端面螺纹切削加工时,Z(W)值可以省略,格式为:

G32 X(U)__ F__

(5) 螺纹往往需要多次切削才能完成,所以使用 G32 指令时,还必须编入进刀、退刀及返回程序。当切削次数较多时,编程将会显得比较麻烦,因此 G32 指令一般很少使用。

(6) 有些数控系统单行程螺纹切削还用 G33 或 G34 指令来实现,其中 G33 用于非整数导程螺纹加工(寸制转换为米制螺纹时出现),可车削米制螺纹;G32 用于车削寸制螺纹;G34 用于车削变导程螺纹。

例 5-9 用 G32 指令编制如图 5-23 所示零件的螺纹加工程序。螺纹的 Z 向导程 $F=2.5$ mm。

解 (1) 工艺分析。

由于该圆锥螺纹斜角 α 在 45°以下(Z 向螺距大于 X 向螺距),所以程序中螺纹导程以 Z 轴方向指定,为 2.5 mm。走刀路线设计为 $A \to B \to C \to D \to A$。

(2) 相关数据确定。

经过计算得到螺纹切深量(半径值)$h=1.624$ mm,共进刀 6 次,背吃刀量(直径值)分别为:1.0 mm、0.7 mm、0.6 mm、0.4 mm、0.4 mm、0.15 mm。

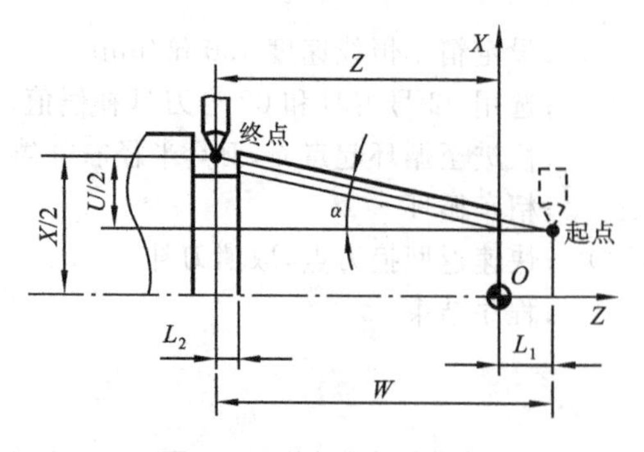

图 5-22 单行程螺纹切削

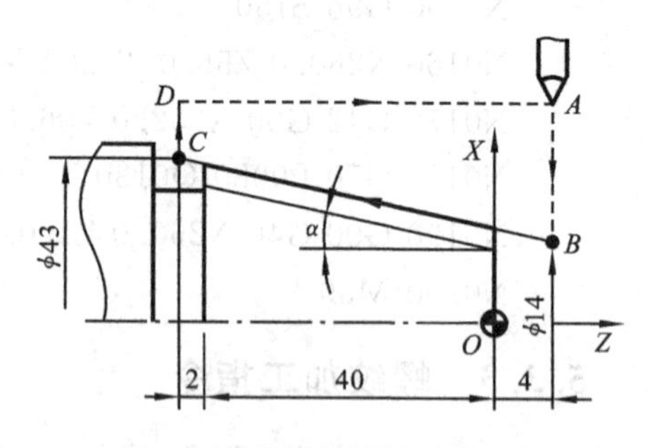

图 5-23 单行程螺纹切削实例

(3) 主要程序如下。

```
⋮
N0150 G00 X50.0 Z4.0                 ;快速走到螺纹车削起始点
N0200     X13.0                      ;第一次切削进刀,切深 1.0 mm
N0250 G32 X42.0 Z-42.0 F2.5          ;指定终点,第一次切削螺纹
N0300 G00 X50.0                      ;第一次切削退刀
N0350           Z4.0                 ;返回螺纹车削起始点
N0400     X12.3                      ;第二次切削进刀,切深 0.7 mm
N0450 G32 X41.3 Z-42.0 F2.5          ;指定终点,第二次切削螺纹
N0500 G00 X50.0                      ;第二次切削退刀
N0550 …                              ;第三、四、五次切削
N0600           Z4.0                 ;返回螺纹车削起始点
N0650     X10.75                     ;第六次切削进刀,切深 0.15 mm
N0700 G32 X39.75 Z-42.0 F2.5         ;指定终点,第六次切削螺纹
N0750 G00 X50.0                      ;第六次切削退刀
N0800           Z100.0               ;返回
⋮
```

2. 简单螺纹切削循环指令(G92)

G92 为简单螺纹切削循环指令,是模态指令,切削方式为直进式,编程格式如下。

圆柱螺纹:

G92 X(U)_ Z(W)_ F_

圆锥螺纹:

G92 X(U)_ Z(W)_ I_ F_

指令功能:用于加工圆锥螺纹和圆柱螺纹。刀具从循环起点,按图 5-24 与图 5-25 所示走刀路线,从循环起点 A 开始,按 $A \to B \to C \to D \to A$ 路径进行自动循环,最后返回到循环起点;图中虚线表示快速移动,实线表示按 F 指定的进给速度移动。

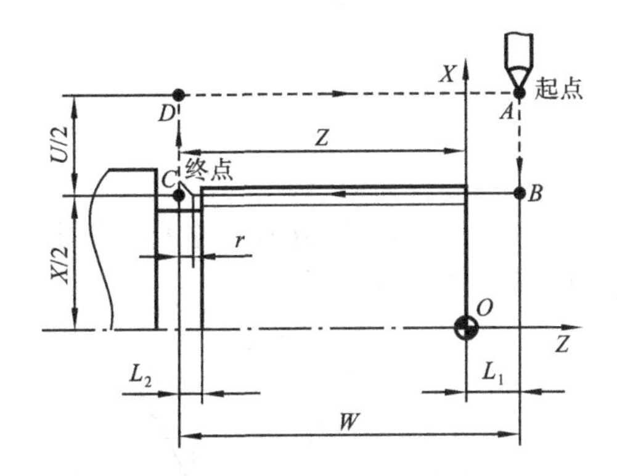

图 5-24　简单圆柱螺纹切削循环

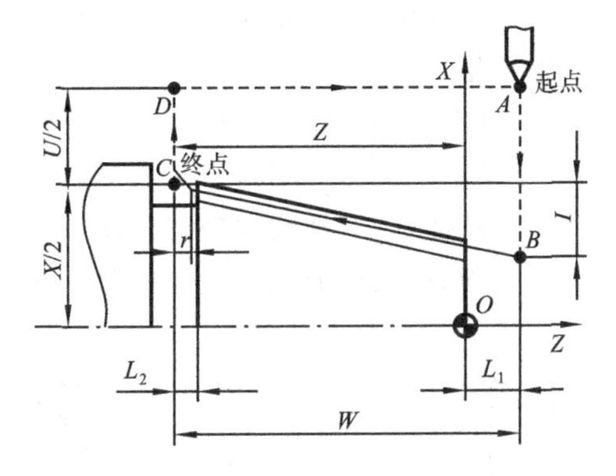

图 5-25　简单圆锥螺纹切削循环

指令说明：

(1) 格式中的 X(U)、Z(W)为螺纹终点坐标，F 为以螺纹导程给出的每转进给率，如果是单线螺纹，则为螺纹的螺距，单位为 mm/r。

(2) I 为锥螺纹切削起点与切削终点半径的差值，I 值正负判断方法与 G90 相同；圆柱螺纹 I=0 时，可以省略。

(3) 螺纹车削到接近螺尾处，以接近 45°退刀，退刀部分长度 r 可以通过机床参数控制在 0.1～12.7L(L 为螺纹导程)之间。

例 5-10　用 G92 指令编制如图 5-23 所示零件的螺纹加工程序。螺纹的 Z 向导程 L=2.5 mm。

解　(1) 相关数据确定。

经过计算得到螺纹切深量(半径值)h=1.624 mm，共进刀 6 次，背吃刀量(直径值)分别为：1.0 mm、0.7 mm、0.6 mm、0.4 mm、0.4 mm、0.15 mm。

锥度 I 为螺纹切削起始点与切削终点的半径差：I=(14−43)/2 mm=−14.5 mm。

(2) 主要程序如下。

```
⋮
N0150 G00 X50.0 Z4.0                    ;快速走到螺纹车削起始点
N0200 G92 X42.0 Z-42.0 I-14.5 F2.5      ;第一次切削螺纹循环，切深 1.0 mm
N0250     X41.3                         ;第二次切削螺纹循环，切深 0.7 mm
N0300     X40.7                         ;第三次切削螺纹循环，切深 0.6 mm
N0350     X40.3                         ;第四次切削螺纹循环，切深 0.4 mm
N0400     X39.9                         ;第五次切削螺纹循环，切深 0.4 mm
N0450     X39.75                        ;第六次切削螺纹循环，切深 0.15 mm
N0500 G00 X500.0 Z100.0                 ;返回
⋮
```

3. 螺纹切削复合循环指令(G76)

编程格式：

G76 P(m)(r)(α) Q(Δdmin) R(d)；

G76 X(U)__ Z(W)__ R(i) P(k) Q(Δd) F(L)；

指令功能：G76 螺纹切削复合循环指令较 G32、G92 指令简洁，在程序中只需指定一次有关参数，则螺纹加工过程自动进行，指令执行过程如图 5-26 所示。

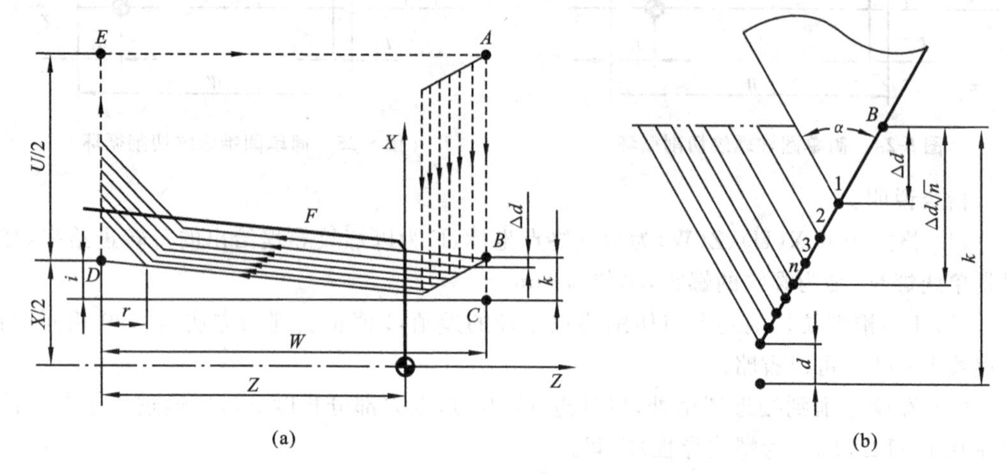

图 5-26　螺纹切削复合循环

指令说明如下。

(1) m：表示精车重复次数；从 1～99。

(2) r：表示斜向退刀量单位数，或螺纹尾端倒角值；在 0.0L～9.9L 之间，以 0.1L 为一单位，(即为 0.1 的整数倍)，用 00～99 两位数字指定(其中 L 为螺纹导程)。

(3) α：表示刀尖角度；从 80°、60°、55°、30°、29°、0°六个角度选择。m、r、α 用地址 P 同时指定；例如，m=3、r=1.5F、α=60°，可以用指令 P031560。

(4) Δdmin：表示最小切削深度，用半径编程指定，不支持小数点输入，而以最小设定单位(一般为微米级)编程；车削过程中每次切深按设定规则逐渐递减，如图 5-26(b)所示，当计算切削深度小于 $\Delta d_{\min}$时，则取 $\Delta d_{\min}$ 作为切削深度。

(5) d：表示精加工余量；用半径编程指定。

(6) Δd：表示第一刀粗切深；用半径编程指定，不支持小数点输入，而以最小设定单位编程。

(7) X(U)__ Z(W)__：表示螺纹根部终点的坐标值。

(8) i：表示锥螺纹的半径差；若 I=0，则为直螺纹。

(9) k：表示螺纹高度；X 方向半径值，不支持小数点输入，而以最小设定单位编程。

(10) L:螺纹导程值。

G76 螺纹切削循环采用斜进式,由于单侧刀刃切削工件,刀刃容易损伤和磨损,使加工的螺纹面不直,刀尖角发生变化,从而影响牙形精度。刀具负载较小,排屑容易,因此,此加工方法一般适用于大螺距低精度螺纹的加工,在螺纹精度要求不高的情况下,此加工方法更为简捷方便。而 G32、G92 螺纹切削循环采用直进式进刀方式,一般多用于小螺距高精度螺纹的加工。

例 5-11 用 G76 指令编制如图 5-27 所示零件的螺纹加工程序。螺纹高度为3.68 mm,螺纹导程为 6 mm,螺尾倒角为 1.0L,牙型角为 60°,首次切深为 1.8 mm,最小切深为 0.1 mm,精加工余量为 0.05 mm。

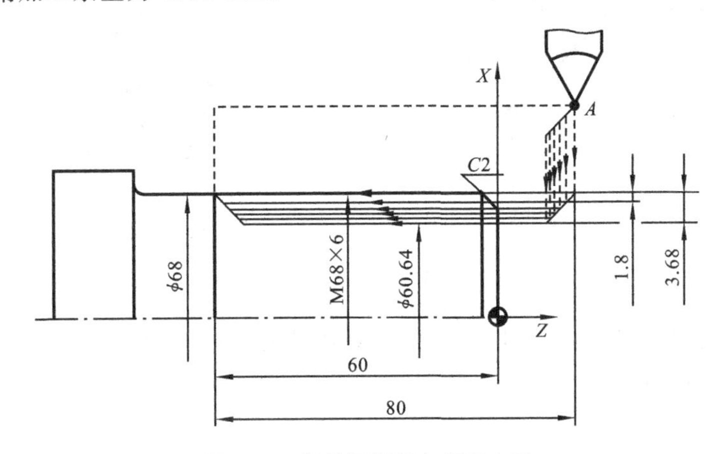

图 5-27 螺纹切削复合循环实例

解 所编程序如下。

```
O0650                                  ;程序名
N0010 G50 X200.0 Z100.0                ;设定工件坐标系
N0020 G00 X200.0 Z20.0 T0404           ;选用 04 号螺纹刀具和 04 号刀具补偿值
N0030 G42 G00 X80.0 Z20.0              ;快进至螺纹循环起点 A,刀具半径右补偿
N0040 G97 S500 M04 M08                 ;主轴恒转速功能控制
N0050 G76 P021060 Q100 R0.05           ;螺纹切削循环
N0060 G76 X60.64 Z—60.0 P3680 Q1800 F6.0
N0070 G40 G00 X200.0 Z100.0            ;快回起刀点
N0080 M30                              ;程序结束
```

5.3.4 倒角和倒圆角功能

车削回转类零件时经常会遇到倒角或倒圆角。如果前后两段程序中刀具的移动方向

相互垂直，且各自分别平行于 X 轴或 Z 轴，则可按需要在垂直相交点插入倒角或倒圆角。

1. 插入倒角

如图 5-28 所示，直线倒角 G01，指令刀具从 A 点到 B 点，然后到 C 点，根据车削时倒角之前运动方向的不同，插入倒角指令分为下面两种情况。

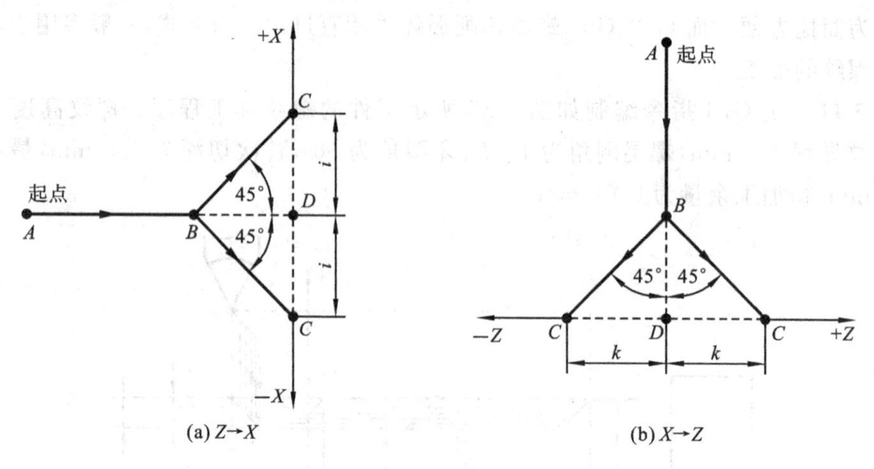

图 5-28　插入倒角

(1) Z→X 倒角　倒角前一段程序中刀具运动的方向平行于 Z 轴，如图 5-28(a)所示，刀具运动的编程格式为：

G01 Z(W)_ I(C)$\underline{\pm i}$

其中，Z(W)坐标为图中 D 点的 Z 坐标；I(C)为倒角值，如果下一运动是向 X 轴正向运动，I 取正值，反之取负值。

(2) X→Z 倒角　倒角前一段程序中刀具运动的方向平行于 X 轴，如图 5-28(b)所示，刀具运动的编程格式为：

G01 X(U)_ K(C)$\underline{\pm k}$

其中，X(U)坐标为图中 D 点的 X 坐标；K(C)为倒角值，如果下一运动是向 Z 轴正向运动，K 取正值；反之，取负值。

2. 插入圆角

如图 5-29 所示，圆弧倒角 G01，指令刀具从 A 点到 B 点，然后到 C 点，根据车削时倒圆角之前运动方向的不同，插入圆角指令分为下面两种情况。

(1) Z→X 倒圆角　倒圆角前一段程序中刀具运动的方向平行于 Z 轴，如图 5-29(a)所示，刀具运动的编程格式为：

G01 Z(W)_ R $\underline{\pm r}$

其中，Z(W)坐标为图中 D 点的 Z 坐标；R 为圆角值，如果下一运动是向 X 轴正向运动，R

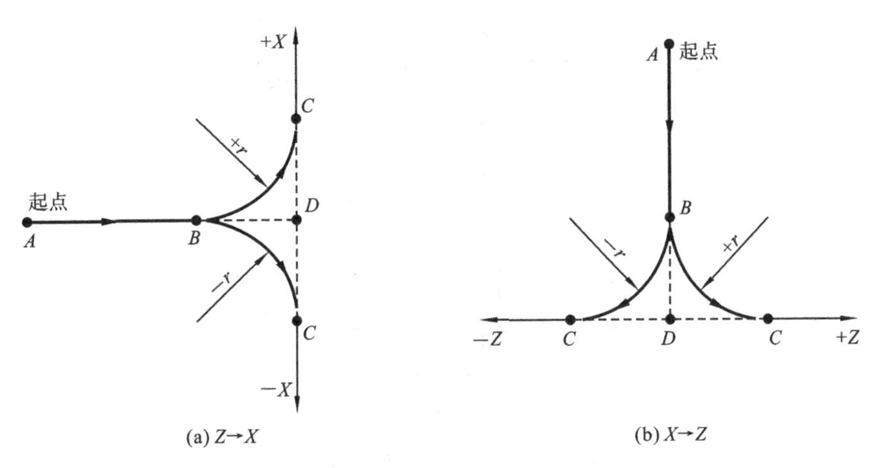

图 5-29 插入圆角

取正值;反之,取负值。

(2) X→Z 倒圆角 倒圆角前一段程序中刀具运动的方向平行于 X 轴,如图 5-29(b)所示,刀具运动的编程格式为:

G01 X(U)__ R $\pm r$

其中,X(U)坐标为图中 D 点的 X 坐标;R 为圆角值,如果下一运动是向 Z 轴正向运动,R 取正值;反之,取负值。

3. 插入倒角和圆角注意事项

(1) 插入倒角或圆角时,刀具在前一段程序中的运动必须是以 G01 方式沿 Z 轴或 X 轴的单个移动;下一个程序段必须是沿 X 轴或 Z 轴的垂直于前一个程序段的单个移动。

(2) 倒角值或圆角值以半径编程方式给出。

(3) 在倒角或倒圆角程序段中,指令终点是 D 点,而不是 B 点或 C 点;采用增量编程时,下一段程序的坐标增量应从 D 点开始计算。

(4) 倒角或倒圆角的单段程序段的停止点是 C 点,而不是 B 点。

(5) 倒角或倒圆角编程不能用于螺纹切削程序段中。

(6) 在一个不使用 C 作为轴名字的系统中,C 可以用来代替 I 或 J 作为倒角或圆角的地址。

(7) 如果用 G01 在相同程序段中指定了 C 和 R,最后指定的那个地址有效。

(8) 如 X、Z 轴指定的移动量比指定的 R 或 C 小,系统将报警。

例 5-12 编制如图 5-30 所示零件的加工程序,要求应用倒角或倒圆角功能。

解 主要程序如下。

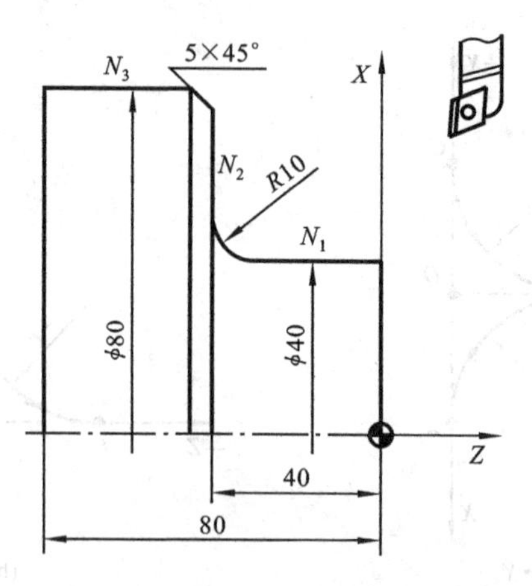

图 5-30　倒角和倒圆角编程实例

```
⋮
N0450 G00 X40.0 Z2.0              ;快进到接近 N1 圆柱面
N0460 G01 Z-40.0 R10.0 F30        ;车削 N1 圆柱面和倒圆角 R10
N0470     X80.0 K-5.0             ;车削 N2 端面和倒角 5×45°
N0480     Z-80.0                  ;车削 N3 圆柱面
⋮
```

5.4　数控车床加工编程实例

5.4.1　轴类零件编程实例

例 5-13　在 FANUC Series 0i 系统数控车床上加工如图 5-31 所示的轴类零件，毛坯为 45 钢棒料，试编制数控加工程序。

解　(1) 加工工艺分析。

查阅国标 GB/T 702—2008，毛坯采用 ϕ53 mm 热轧圆钢。由于直径较大，不宜采用切断(槽)刀切断，故备料时可由锯床锯成 152 mm 长的段料，两端面各留 1 mm 加工余量。

轴类零件需按其(毛坯)长度确定装夹方法，对于 $L/D<4$ 的短轴类零件，可以采用液压卡盘装夹一端来进行车削加工；对于 $4\leqslant L/D<10$ 的长轴类零件，必须在工件的一端用卡盘夹持，在尾端用活顶尖顶紧工件的安装方法才能保证数控车削加工的正常进行。本零件 $L/D=3.04$(L 为 152 mm)，故采用液压卡盘装夹一端来进行车削加工。加工工序如下。

01 工序　以棒料毛坯外圆作定位基准，用三爪自定心卡盘夹紧，加工零件左端面、ϕ20 mm 外圆及 ϕ50 mm 外圆、$R20$ 圆弧。

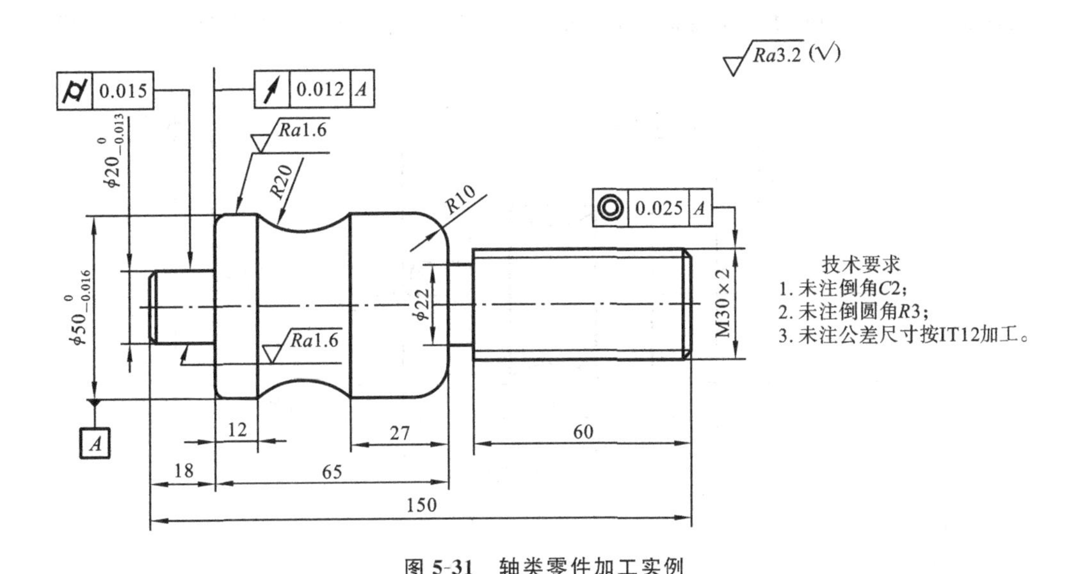

图 5-31 轴类零件加工实例

02 工序　以工件 ϕ50 mm 外圆及左端面作定位基准，用三爪自定心卡盘夹紧，加工零件右端面、M30 螺纹大径圆柱面及 R10 圆弧、退刀槽、M30 螺纹。

(2) 选择刀具及确定切削参数。

除切槽车刀和螺纹车刀以外，其余刀具的刀片均为涂层硬质合金刀片。

01 工序　T01——外圆左偏粗车刀，n =800 r/min，f=0.15 mm/r；

T02——外圆左偏精车刀，n=1 000 r/min，f=0.08 mm/r。

02 工序　T01——外圆左偏粗车刀，n=800 r/min，f=0.15 mm/r；

T02——外圆左偏精车刀，n=1 000 r/min，f=0.08 mm/r；

T03——粗切槽刀，刃宽 4 mm，n=400 r/min，f=0.05 mm/r；

T04——精切槽刀，硬质合金机夹刀片，刃宽 3 mm，n=450 r/min，f=0.03 mm/r；

T05——螺纹车刀，硬质合金机夹刀片，n=400 r/min。

(3) 数值计算。

① 计算零件各基点位置坐标值。如条件允许，也可在 Auto CAD 或 CAXA 等电子图样中量取。具体过程此处省略。

② 查表或计算螺纹结构尺寸。推荐查阅 GB/T 196—2003，确认 M30×2 螺纹大径为 30 mm、小径为 27.835 mm。也可通过公式(见第 4 章)来近似计算。

(4) 编制加工程序。

① 01 工序　加工工件左端部分，工序图如图 5-32 所示，三爪自定心卡盘右端面距毛坯右端面为 94(20+73+1) mm，其中 20 mm 为机床加工安全距离，73 mm 为本工序工件

轴向加工长度。1 mm 为工件端面加工余量。以毛坯右端面圆心为原点建立工件坐标系如图 5-32 所示。

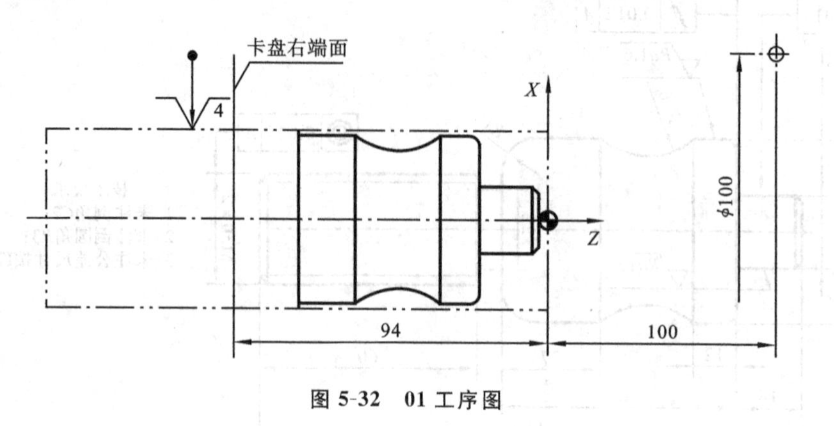

图 5-32　01 工序图

加工程序如下。

```
O0660                                   ;程序名
N0010 G50 X100.0 Z100.0                 ;设定工件坐标系
N0020 G00 X80.0 Z50.0 S800 T0101 M04    ;选 01 号刀具和 01 号刀具补偿值,
                                          预启动
N0030 G50 S1800                         ;限制主轴最高转速
N0040 G96 S125                          ;设定粗车主轴恒线速度加工 125 m/min
N0050 G94 F120                          ;设定进给速度 120 mm/min
N0060 G41 G00 X55.0 Z2.0 M08            ;刀具半径左补偿
N0070 G94 X0.0 Z-1.0 F120               ;车工件左端面循环
N0080 G40 G00 X70.0 Z10.0               ;取消刀补
N0090 G42 G95 G00 X60.0 Z0.0            ;刀具半径右补偿,快进至粗车循环起始
                                         点
N0100 G71 U2.0 R0.5                     ;G71 外径粗车复合循环
N0110 G71 P0110 Q0180 U0.5 W0.25 F0.15
N0120 G00 X14.0                         ;开始定义精车轨迹,Z 轴不移动
N0130 G01 X20 Z-3.0 F0.08               ;倒角 C2
N0140     W-16.0                        ;车 ϕ20 mm 外圆
N0150 G01 X50.0 R-3.0                   ;车端面、倒 R3 圆角
N0160     W-12.0                        ;车 ϕ50 mm 外圆
N0170 G02 X50.0 Z-57.0 R20.0            ;车 R20 mm 圆弧面
N0180 G01 Z-74.0                        ;车 ϕ50 mm 外圆
```

N0190　　X54.0　　　　　　　　　　;径向退刀,完成精车程序段
N0200 G00 G40 X100.0 Z100.0 T0100 M05 M09 ;快速返回换刀点,取消刀补
N0210 G96 S157　　　　　　　　　　;设定精车恒线速度 157 m/min
N0220 X60.0 T0202 M04　　　　　　;选用 02 号刀具和 02 号刀具补偿值
N0230 G42 G00 Z0.0 M08　　　　　;快进至循环起点,刀具半径右补偿
N0240 G70 P0110 Q0180　　　　　;精车循环
N0250 G00 G40 X100.0 Z100.0 T0200 ;快速返回换刀点,取消刀补
N0260 M30　　　　　　　　　　　　;程序结束

② 02 工序　加工工件右端部分,工序图如图 5-33 所示,三爪自定心卡盘右端面距毛坯右端面为 133(132+1)mm,其中 132 mm 为卡盘右端面距加工后零件右端面距离,1 mm 为右端面加工余量。以毛坯右端面圆心为原点建立工件坐标系如图 5-33 所示。

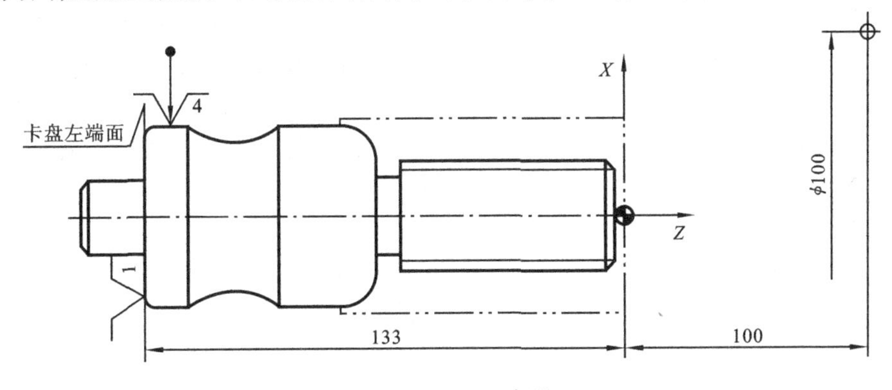

图 5-33　02 工序图

加工程序如下。

O0670　　　　　　　　　　　　;程序名
N0010 G50 X100.0 Z100.0　　　　;设定工件坐标系
N0020 G00 X80.0 Z50.0 S800 T0101 M04　;选 01 号刀具和 01 号刀具补偿值,预启动
N0030 G50 S1800　　　　　　　　;限制主轴最高转速
N0040 G96 S125　　　　　　　　;设定粗车主轴恒线速度加工 125 m/min
N0050 G94 F120　　　　　　　　;设定进给速度 120 mm/min
N0060 G41 G00 X55.0 Z2.0 M08　;刀尖圆弧半径右偏置补偿
N0070 G94 X0.0 Z−1.0 F120　　　;车工件左端面循环
N0080 G40 G00 X70.0 Z10.0　　　;取消刀补
N0090 G42 G95 G00 X60.0 Z0.0　;刀具半径右补偿,快进至粗车循环起始点
N0100 G71 U2.0 R0.5　　　　　　;G71 外径粗车复合循环

```
N0110 G71 P0110 Q0150 U0.5 W0.25 F0.15
N0120 G00 X24.0                          ;开始定义精车轨迹,Z轴不移动
N0130 G01 X30 Z-3.0 F0.08                ;倒角C2
N0140     Z-68.0                         ;车螺纹外径φ30 mm圆
N0150 G03 X50.0 Z-78 R10.0               ;车R10圆弧
N0160 G01 U2.0                           ;径向退刀,完成精车程序段
N0170 G00 G40 X100.0 Z100.0 T0100 M05 M09 ;快速返回换刀点,取消刀补
N0180 G96 S157                           ;设定精车恒线速度157 m/min
N0190 X60.0 T0202 M04                    ;选用02号刀具和02号刀具补偿值
N0200 G42 G00 Z0.0 M08                   ;快进至循环起点,刀具半径右补偿
N0210 G70 P0110 Q0150                    ;精车循环
N0220 G00 G40 X100.0 Z100.0 T0200 M05 M09 ;快速返回换刀点,取消刀补
N0230 G96 S62.8                          ;设定粗车槽恒线速度62.8 m/min
N0240 X54.0 T0303 M04                    ;选用03号刀具和03号刀具补偿值
N0250 G42 G00 Z-68.0 M08                 ;快进至切断起点,刀具半径右补偿
N0260 G94 G01 X22.1 F20                  ;粗车槽第一刀
N0270           X54.0 F100
N0280 G00 W3.0                           ;沿Z轴方向移动刀具
N0290 G01 X22.1 F20                      ;粗车槽第二刀
N0300           X54.0 F100
N0310 G00 G40 X100.0 Z100.0 T0300 M05 M09 ;快速返回换刀点,取消刀补
N0320 G96 S70.7                          ;设定粗车槽恒线速度70.7 m/min
N0330 X54.0 T0404 M04                    ;选用04号刀具和04号刀具补偿值
N0340 G42 G00 Z-68.0 M08                 ;快进至精切槽起点,刀具半径右补偿
N0350 G94 G01 X22.0 F13.5                ;精车槽第一刀
N0360           X54.0 F30
N0370 G00 Z-64.0                         ;沿Z轴方向移动刀具
N0380 G01 X22.0  F13.5                   ;精车槽第二刀
N0390           Z-68.0                   ;槽底光刀
N0400 X54.0
N0410 G00 G40 X100.0 Z100.0 T0400 M05 M09 ;快速返回换刀点,取消刀补
N0420 G97 S400                           ;设定主轴恒转速400 r/min
N0430 X53.0 T0505 M04                    ;选用05号刀具和05号刀具补偿值
N0440 G42 G00 Z3.0 M08                   ;快进至螺纹循环起点,刀具半径右补偿
```

```
N0450 G76 P010060 Q100 R0.02          ;螺纹切削循环
N0460 G76 X27.835 Z-64.5 R0 P1083 Q300 F2.0
N0470 G40 G00 X100.0 Z100.0           ;快回起刀点
N0480 M30                             ;程序结束
```

5.4.2 套类零件编程实例

例 5-14 在 FANUC Series 0i 系统数控车床上加工如图 5-34 所示套类零件，毛坯为不锈钢铸件，试编制数控加工程序。

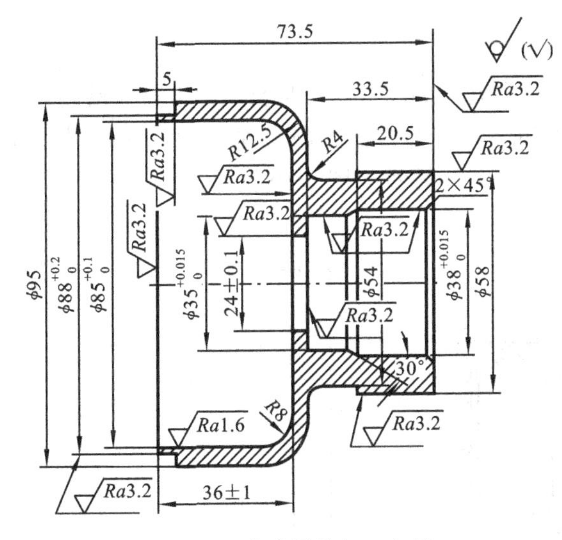

图 5-34 套类零件加工实例

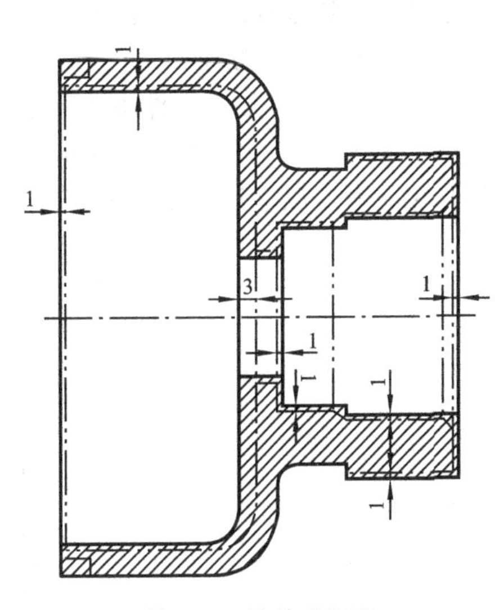

图 5-35 铸件毛坯图

解 (1) 确定毛坯形状及加工余量。

毛坯形状及加工余量如图 5-35 所示。

(2) 加工工艺分析。

01 工序 以毛坯大端的 ϕ95 mm 外圆作定位基准，用三爪自定心卡盘夹紧，粗车小端端面、小端外轮廓和内轮廓；精车小端端面、小端外轮廓和内轮廓。

02 工序 以小端的 ϕ58 mm 外圆作定位基准，用三爪自定心卡盘夹紧，粗车大端面、ϕ88 mm 止口和内轮廓；精车 ϕ88 mm 止口和内轮廓。

(3) 选择刀具及确定切削参数。

所选刀具的刀片均为涂层硬质合金刀片。

01 工序 T01——外圆左偏粗车刀，n=800 r/min，f=0.15 mm/r；

T02——外圆左偏精车刀，n=1 000 r/min，f=0.08 mm/r；

T03——内孔粗车刀，n=800 r/min，f=0.15 mm/r；

T04——内孔精车刀，n=1 000 r/min，f=0.08 mm/r。

02 工序　T01—外圆左偏粗车刀，n=800 r/min，f=0.15 mm/r；

T02——外圆左偏精车刀，n=1 000 r/min，f=0.08 mm/r；

T03——内孔粗车刀，n=800 r/min，f=0.15 mm/r；

T04——内孔精车刀，n=1 000 r/min，f=0.08 mm/r；

T05——小内孔车刀，n=600 r/min，f=0.12 mm/r。

(4) 数值计算。

计算零件各基点位置坐标值。如条件允许，也可在 Auto CAD 或 CAXA 等电子图纸中量取。具体过程此处省略。

(5) 编制加工程序。

① 01 工序　加工工件小端部分，工序图如图 5-36 所示，三爪自定心卡盘左端面距毛坯右端面为 75.5(1+73.5+1) mm，其中 73.5 mm 为零件轴向尺寸，两个 1 mm 为两端面加工余量。以毛坯小端面圆心为原点建立工件坐标系如图 5-36 所示。

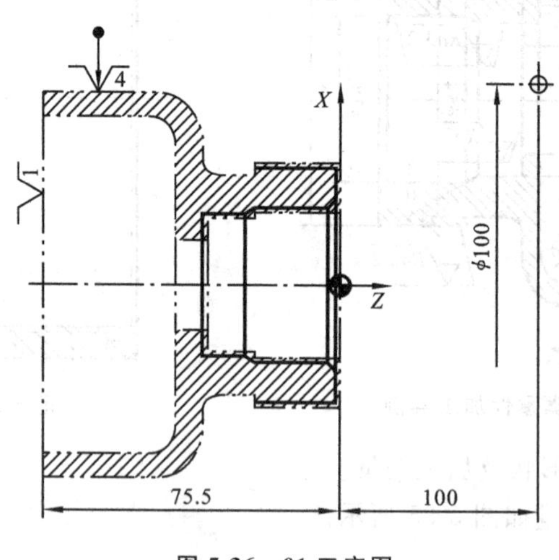

图 5-36　01 工序图

加工程序如下。

```
O0680                                   ;程序名
N0010 G50 X100.0 Z100.0                 ;设定工件坐标系
N0020 G00 X80.0 Z50.0 S800 T0101 M04    ;选 01 号刀具和 01 号刀具补偿
                                         值，预启动
N0030 G50 S1800                         ;限制主轴最高转速
N0040 G96 S146                          ;设定粗车主轴恒线速度加工 146 m/min
N0050 G94 F120                          ;设定进给速度 120 mm/min
```

```
N0060 G41 G00 X63.0 Z2.0 M08          ;刀具半径左补偿
N0070 G94 X36.0 Z-0.5 F120            ;粗车小端端面循环
N0080             Z-1.0 F80           ;第二次走刀
N0090 G40 G00 X80.0 Z10.0             ;取消刀补
N0100 G42 G95 G00 X70.0 Z0.0          ;刀具半径右补偿,快进至粗车循环起始点
N0110 G90 X58.5 Z-22.0 F0.15          ;粗车φ58 mm 外圆循环
N0120 G00 G40 X100.0 Z100.0 T0100 M05 M09 ;快速返回换刀点,取消刀补
N0130 G97 S1000                       ;设定主轴恒转速 1 000 r/min
N0140 G00 X70.0 T0202 M04             ;选用 02 号刀具和 02 号刀具补偿值
N0150 G42 X58.0 Z2.0 M08              ;快进至精加工起点,刀具半径右补偿
N0160 G01 Z-22.0 F0.08                ;精车φ58 mm 外圆
N0170 G00 G40 X100.0 Z100.0 T0200 M05 M09 ;快速返回换刀点,取消刀补
N0180 G97 S800                        ;设定主轴恒转速 800 r/min
N0190 G00 X70.0 T0303 M04             ;选用 02 号刀具和 02 号刀具补偿值
N0200 G41 X36.0 Z2.0                  ;快进至粗车φ38 mm 内孔起点,刀具半径
                                       左补偿
N0210 G90 X37.0 Z-21.5 F0.15          ;粗车φ38 mm 内孔
N0220 X37.9
N0230 G00 X37.0 Z-20.5
N0240 G01 Z-21.05 F0.15
N0250 X34.0 Z-24.1                    ;粗车 30°锥面
N0260 Z-34.0                          ;粗车φ35 mm 内孔
N0270 X20.0                           ;粗靠车φ24 mm 端面
N0280 G00 Z100.0
N0290 G40 X100.0 T0300 M05 M09        ;快速返回换刀点,取消刀补
N0300 G97 S1000                       ;设定主轴恒转速 1 000 r/min
N0310 G00 X50.0 Z10.0 T0404 M04       ;选用 02 号刀具和 02 号刀具补偿值
N0320 G41 G00 X42.0 Z1.0              ;刀具半径左补偿
N0330 G01 Z-1.0 F0.08                 ;定位至倒角起点
N0340 X38.0 Z-3.0                     ;倒角 C2
N0350 Z-21.5                          ;精车φ38 mm 内孔
N0360 X35.0 Z-24.1                    ;精车 30°锥面
N0370 Z-34.5                          ;精车φ35 mm 内孔
N0380 X20.0                           ;精靠车φ24 mm 端面
```

```
N0390 G00 Z100.0                            ;退刀
N0400 G40 X100.0 T0400                      ;快速返回换刀点,取消刀补
N0410 M30                                   ;程序结束
```

② 02 工序　加工工件大端部分,工序图如图 5-37 所示,三爪自定心卡盘左端面距毛坯大端面为 74.5(73.5+1) mm,其中 73.5 mm 为零件轴向尺寸,1 mm 为大端面加工余量。以毛坯大端面圆心为原点建立工件坐标系如图 5-37 所示。

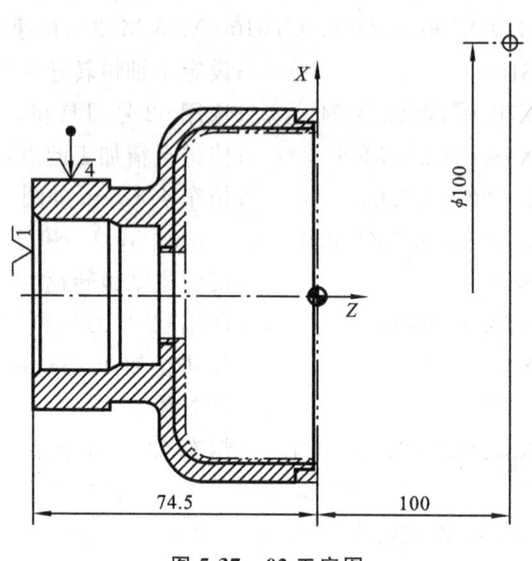

图 5-37　02 工序图

加工程序如下。

```
O0690                                       ;程序名
N0010 G50 X150.0 Z100.0                     ;设定工件坐标系
N0020 G00 X120.0 Z50.0 S800 T0101 M04       ;选 01 号刀具和 01 号刀具补偿
                                             值,预启动
N0030 G50 S1800                             ;限制主轴最高转速
N0040 G96 S146                              ;设定粗车主轴恒线速度加工 146
                                             m/min
N0050 G94 F120                              ;设定进给速度 120 mm/min
N0060 G41 G00 X150.0 Z2.0 M08               ;刀具半径左补偿
N0070 G94 X83.0 Z-0.5 F120                  ;粗车大端端面循环
N0080           Z-1.0 F80                   ;精车大端端面循环
N0090 G00 G40 X150.0 Z100.0 T0100 M05 M09   ;快速返回换刀点,取消刀补
N0100 G97 S600                              ;设定主轴恒转速 600 r/min
```

```
N0110 G00 X20.0 T0505 M04                ;选用05号刀具和05号刀具补偿值
N0120 G41 G95 X20.0 Z-34.0 M08           ;快进至小孔循环起点,刀具半径左补偿
N0130 G90 X23.5 Z-42.0 F0.12             ;粗车φ24 mm孔循环
N0140 X24.0                              ;精车φ24 mm孔循环
N0150 G00 Z80.0 M05 M09
N0160 G40 X150.0 Z100.0 T0500            ;快速返回换刀点,取消刀补
N0170 G96 S213                           ;设定粗车主轴恒线速度加工213 m/min
N0180 G00 X22.0 T0303 M04                ;选用03号刀具和03号刀具补偿值
N0190 G41 Z-34                           ;快进至粗车φ85 mm孔内端面循环起点,刀具半径左补偿
N0200 G94 X69.0 Z-35.5 F0.15             ;粗车φ85 mm孔内端面循环
N0210 Z-36.5                             ;端面循环第二次走刀
N0220 Z-37.0                             ;端面循环第三次走刀
N0230 G00 Z2.0                           ;退刀
N0240 X84.0                              ;快进到粗车φ85 mm内孔起点
N0250 G01 Z-29.0 F0.15                   ;粗车φ85 mm内孔
N0260 G03 X69.0 Z-36.5 R7.5              ;粗车R8圆弧
N0270 G00 Z2.0                           ;退刀
N0280 X84.9                              ;快进到半精车φ85 mm内孔起点
N0290 G01 Z-29.0 F0.15                   ;半精车φ85 mm内孔
N0300 G03 X69.0 Z-36.95 R7.95            ;半精车R8圆弧
N0310 G00 Z2.0                           ;退刀
N0320 G40 X150.0 Z100.0 T0300 M05 M09    ;快速返回换刀点,取消刀补
N0330 G97 S1000                          ;设定主轴恒转速1 000 r/min
N0340 G00 X150.0 Z2.0 T0404 M04          ;选用04号刀具和04号刀具补偿值
N0350 G41 G00 X85.0                      ;刀具半径左补偿
N0360 G01 Z-37.0 R8.0 F0.08              ;精车φ85 mm内孔,并精车R8圆弧
N0370 X23.0                              ;精车φ85 mm孔内端面
N0380 G00 Z2.0                           ;退刀
N0390 G40 X150.0 Z100.0 T0400 M05 M09    ;快速返回换刀点,取消刀补
N0400 G97 S800                           ;设定主轴恒转速800 r/min
N0410 G00 X150.0 Z2.0 T0101 M04          ;选用01号刀具和01号刀具补偿值
```

```
N0420 G42 G00 X97.0                        ;刀具半径右补偿
N0430 G90 X93.0 Z－6.0 F0.12               ;粗车ϕ88 mm止口循环第一次走刀
N0440 X91.0                                ;粗车ϕ88 mm止口循环第二次走刀
N0450 X89.5                                ;粗车ϕ88 mm止口循环第三次走刀
N0460 G40 X150.0 Z100.0 T0100 M05 M09      ;快速返回换刀点,取消刀补
N0470 G97 S1000                            ;设定主轴恒转速1 000 r/min
N0480 G00 X150.0 Z2.0 T0202 M04            ;选用02号刀具和02号刀具补偿值
N0490 G42 G00 X88.1                        ;刀具半径右补偿
N0500 G01 Z－6.0                           ;精车ϕ88 mm止口
N0510 X97.0                                ;退刀
N0520 G40 G00 X150.0 Z100.0                ;快速返回换刀点
N0530 M30                                  ;程序结束
```

5.4.3 盘类零件编程实例

例 5-15 在FANUC Series 0i系统数控车床上加工如图5-38所示盘类零件,毛坯为铝合金铸件,试编制数控加工程序。

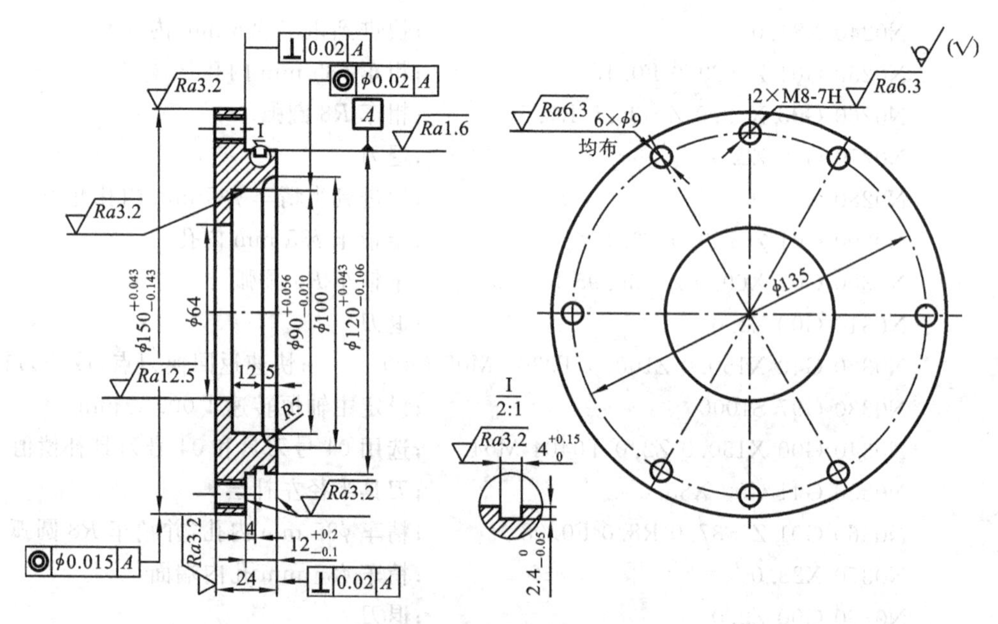

图 5-38 盘类零件加工实例

解 (1) 确定毛坯形状及加工余量。

毛坯形状及加工余量如图5-39所示。

(2) 加工工艺分析。

01 工序　以毛坯的 ϕ150 mm 外圆作定位基准，用三爪自定心卡盘夹紧，粗车小端外轮廓和零件内轮廓。

02 工序　以零件 ϕ90 mm 内孔作定位基准，用三爪自定心卡盘反夹，车削大端端面及外圆至尺寸要求。

03 工序　以零件 ϕ150 mm 外圆作定位基准，用三爪自定心卡盘夹紧，精车小端外轮廓，切密封槽，精车零件内轮廓。

04 工序　以 ϕ64 mm 内孔和大端面定位在加工中心上加工 6×ϕ9 mm 和 2×M8-7H 螺纹孔。本工序编程略。

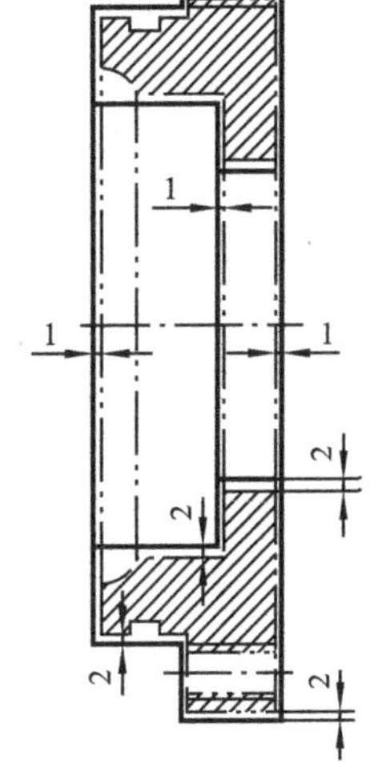

图 5-39　铸件毛坯图

(3) 选择刀具及确定切削参数。

所选刀具刀片均为涂层硬质合金刀片。

01 工序　T01——外圆左偏粗车刀，n=800 r/min，f=0.1 mm/r；

T02——内圆粗车刀，n=600 r/min，f=0.1 mm/r。

02 工序　T01——外圆左偏粗车刀，n=800 r/min，f=0.1 mm/r。

03 工序　T03——内圆精车刀，n=600 r/min，半精车 f=0.1 mm/r，精车 f=0.05 mm/r；

T04——外圆左偏精车刀，n=800 r/min，f=0.05 mm/r；

T05——切槽刀，槽宽 3.5 mm，n=350 r/min，f=0.03 mm/r。

(4) 数值计算。

计算零件各基点位置坐标值。如条件允许，也可在 Auto CAD 或 CAXA 等电子图样中量取。具体过程此处省略。

(5) 编制加工程序。

① 01 工序　加工工件小端部分，工序图如图 5-40 所示，三爪自定心卡盘左端面距毛坯右端面为 26(1+24+1) mm，其中 24 mm 为零件轴向尺寸，两个 1 mm 为两端面加工余量。以毛坯小端面圆心为原点建立工件坐标系如图 5-40 所示。

加工程序如下。

```
O0700                                  ;程序名
N0010 G50 X200.0 Z100.0                ;设定工件坐标系
N0020 G00 X150.0 Z50.0 S800 T0101 M04  ;选 01 号刀具和 01 号刀具补偿值，预启动
N0030 G50 S2000                        ;限制主轴最高转速
N0040 G96 S301                         ;设定粗车主轴恒线速度加工 301
```

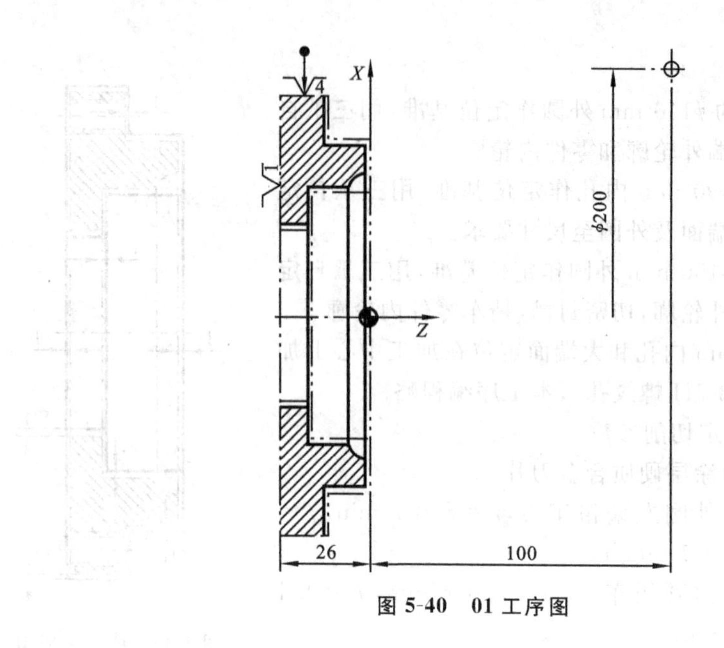

图 5-40　01 工序图

m/min

```
N0050 G94 F80                              ;设定进给速度 80 mm/min
N0060 G41 G00 X124.0 Z2.0 M08              ;刀具半径左补偿
N0070 G01 Z-0.7                            ;进刀
N0080     X85.0                            ;粗车 ϕ120 mm 右端面
N0090 G00 Z2.0                             ;退刀
N0100     X154.0;
N0110 G00 Z-13.05                          ;进刀
N0120 G01 X123.5 F80                       ;粗车 ϕ150 mm 右端面
N0130 G40 G00 X140.0 Z2.0                  ;退刀
N0140 G42 X124.0
N0150 G97 S800                             ;设定主轴恒转速 800 r/min
N0160 G90 X121.3 Z-13.05 F80               ;粗车 ϕ120 mm 外圆循环
N0170 G00 G40 X200.0 Z100.0 T0100 M05 M09 ;快速返回换刀点,取消刀补
N0180 G97 S600                             ;设定主轴恒转速 600 r/min
N0190 G00 X58.0 Z2.0 T0202 M04             ;选用 02 号刀具和 02 号刀具补偿值
N0200 G41 X58.0 Z-17.0                     ;至粗车 ϕ64 mm 内孔循环起点,刀具
                                            半径左补偿
N0210 G90 X61.0 Z-27.0 F0.1                ;粗车 ϕ64 mm 内孔循环
N0220 X62.7                                ;粗车 ϕ64 mm 内孔循环第二次走刀
```

```
N0230 G40 G00 X60 Z-10.0
N0240 G42 G01 Z-18.0 F0.3             ;进刀
N0250 X85.8 F0.1                      ;粗车φ90 mm孔左端面
N0260 G40 X84.0 Z-10.0                ;退刀
N0270 G41 G00 X84.0 Z2.0
N0280 G90 X88.3 Z-18.0 F0.1           ;粗车φ90 mm内孔循环
N0290 G00 X88.0
N0300 G71 U1.5 R1.0                   ;粗车R5 mm圆弧复合循环
N0310 G71 P0310 Q0340 U1.3 W0.05 F0.1
N0320 G00 X100.0                      ;开始定义精车轨迹,Z轴不移动
N0330 G01 Z-1.0 F0.2
N0340 G03 X90.0 Z-6.0 R5.0 F0.1
N0350 G01 X88.0                       ;精车轨迹定义结束
N0360 G00 Z2.0                        ;退刀
N0370 G40 G00 X200.0 Z100.0           ;回参考点
N0380 M30                             ;程序结束
```

② 02 工序　车削大端端面及外圆，工序图如图 5-41 所示，三爪自定心卡盘右端面距毛坯大端面为 8(7+1) mm，其中 7 mm 为零件 ϕ64 mm 孔轴向尺寸，1 mm 为大端面加工余量。以毛坯大端面圆心为原点建立工件坐标系如图 5-41 所示。

加工程序如下。

```
O0710                                 ;程序名
N0010 G50 X200.0 Z100.0               ;设定工件坐标系
N0020 G00 X150.0 Z50.0 S800 T0101 M04 ;选01号刀具和01号刀具补偿
                                        值,预启动
N0030 G50 S2000                       ;限制主轴最高转速
N0040 G96 S377                        ;设定粗车主轴恒线速度加工377
                                       m/min
N0050 G94 F80                         ;设定进给速度80 mm/min
N0060 G41 G00 X154.0 Z2.0 M08         ;刀具半径左补偿
N0070 G01 Z-1.0                       ;进刀
N0080     X60.0                       ;车大端端面
N0090 G40 G00 Z2.0                    ;退刀,取消刀具半径补偿
N0100 G42 X154.0                      ;刀具半径右补偿
N0110 G90 X151.5 Z-15.0 F80           ;粗车φ150 mm外圆循环
```

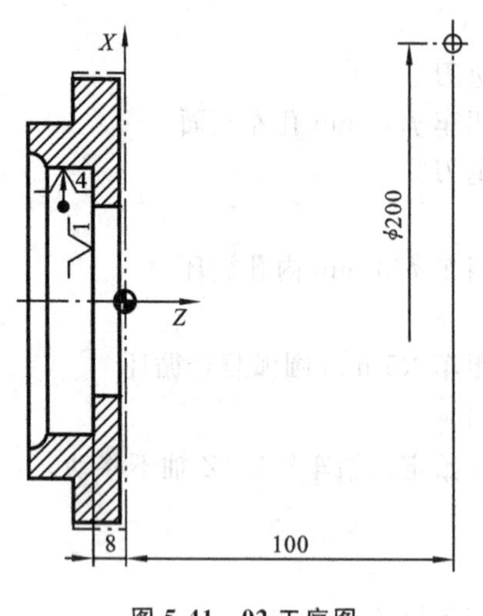

图 5-41　02 工序图

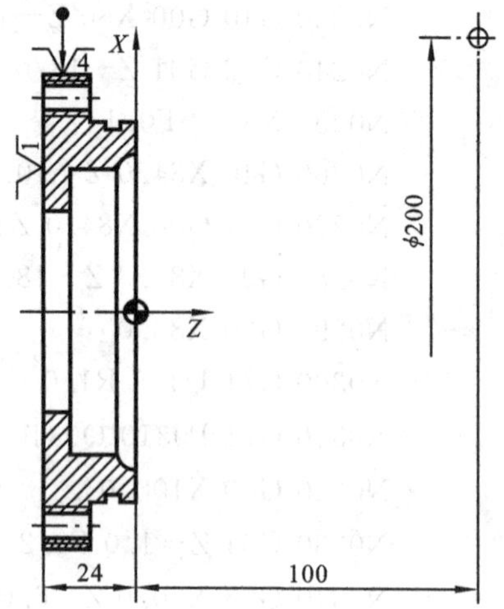

图 5-42　03 工序图

N0120　　X149.95　　　　　　　　　;精车 φ150 mm 外圆循环
N0130 G00 G40 X200.0 Z100.0 T0100　;快速返回换刀点,取消刀补
N0140 M30　　　　　　　　　　　　;程序结束

③ 03 工序　加工工件小端部分,工序图如图 5-42 所示,三爪自定心卡盘左端面距毛坯右端面为 24 mm。以毛坯小端面圆心为原点建立工件坐标系如图 5-42 所示。

加工程序如下。

O0720　　　　　　　　　　　　　　　;程序名
N0010 G50 X200.0 Z100.0　　　　　　;设定工件坐标系
N0020 G00 X122.0 Z100.0 S800 T0404 M04　;选 04 号刀具和 04 号刀具补偿值,预启动
N0030 G50 S2000　　　　　　　　　　;限制主轴最高转速
N0040 G96 S301　　　　　　　　　　;设定粗车主轴恒线速度加工 301 m/min
N0050 G94 F40　　　　　　　　　　;设定进给速度 40 mm/min
N0060 G41 G00 X122.0 Z2.0 M08　　　;刀具半径左补偿
N0070 G01 Z0.0　　　　　　　　　　;进刀
N0080　　X95.0　　　　　　　　　　;精车 φ120 mm 右端面
N0090 G00 Z2.0　　　　　　　　　　;退刀
N0100　　X151.0
N0110 G00 Z−12.1　　　　　　　　　;进刀
N0120 G01 X121.5 F80　　　　　　　;半精车 φ150 mm 右端面

```
N0130 G40 G00 X140.0 Z2.0                  ;退刀
N0140 G42 X124.0
N0150 G90 X120.5 Z-12.1 F80                ;车φ120 mm 外圆循环
N0160 G01 X119.94 F40                      ;进刀
N0170 Z-12.15                              ;精车φ120 mm 外圆
N0180 X151.0                               ;精车φ150 mm 右端面
N0190 G00 G40 X200.0 Z100.0 T0400 M05 M09  ;快速返回换刀点,取消刀补
N0200 G97 S350                             ;设定主轴恒转速 350 r/min
N0210 G00 X121.0 Z50.0 T0505 M04           ;选用 05 号刀具和 05 号刀具补偿值
N0220 G42 X121.0 Z2.0                      ;刀具半径右补偿
N0230 G01 Z-8.15 F150
N0240 X115.2 F10                           ;车槽第一次走刀
N0250 G04 X1.0                             ;在槽底停 1 s
N0260 G01 X121.0 F100                      ;返回
N0270 W0.51
N0280 X115.2 F10                           ;车槽第二次走刀
N0290 G04 X1.0                             ;在槽底停 1 s
N0300 G01 X121.0 F100                      ;返回
N0310 G00 G40 X200.0 Z100.0 T0500 M05 M09  ;快速返回换刀点,取消刀补
N0330 G97 S600                             ;设定主轴恒转速 600 r/min
N0340 G00 X62.0 T0303 M04                  ;选用 03 号刀具和 03 号刀具补偿值
N0350 G41 G00 X62.0 Z-16.0                 ;刀具半径左补偿
N0360 G90 X63.5 Z-25.0 F60                 ;半精车φ64 mm 内孔循环
N0370 G40 G00 X60.0 Z-15.0                 ;取消刀具半径补偿
N0380 G42 G00 Z-16.96 X31.0                ;刀具半径右补偿
N0390 G01 X88.0 F60                        ;半精车φ90 mm 孔左端面
N0400 G40 G01 X80.0 Z-10.0 F300            ;快进至φ90 mm 孔加工循环起点
N0410 G41 G00 X88.0 Z-3.0                  ;快进至φ90 mm 孔加工循环起点
N0420 G90 X89.5 Z-16.96 F60                ;半精车φ90 mm 内孔循环
N0430 G00 Z2.0                             ;退刀
N0440 X99.5                                ;半精车 R5 圆弧
N0450 G01 Z0 F120
N0460 G03 X90 Z-4.75 R4.75 F30             ;半精车 R5 圆弧
N0470 G01 X89.0
```

```
N0480 G00 Z2.0
N0490 X100.0
N0500 G01 Z0 F120
N0510 G03 X90 Z-5.0 R5.0 F30          ;精车R5圆弧
N0520 G01 Z-17.0                      ;精车φ90 mm内孔
N0530 X64.0                           ;精车φ90 mm孔左端面
N0540 Z-25.0                          ;精车φ64 mm内孔
N0550 G00 X62.0
N0560 Z2.0
N0570 G40 G00 X200.0 Z100.0 T0300     ;回参考点
N0580 M30                             ;程序结束
```

本章重点、难点及知识拓展

本章重点:简化编程功能指令;数控车床加工编程实例。

本章难点:数控车床的刀具补偿;简化编程功能指令。

知识拓展:数控车床编程可以采用本章介绍的手工编程方法,这种方法适用于几何形状较简单、数值计算较简单、程序段不多的由直线与圆弧组成的轮廓加工。由于数控系统大多提供了丰富的简化编程功能指令,故程序段较短,逻辑性及可读性强。数控车床编程还可以利用计算机进行自动编程,这种方法编程工作效率高,可解决复杂形状零件的编程难题。但自动编程需要建模、设计刀具轨迹、后置处理等烦琐步骤,程序段较长,故往往应用在复杂零件编程方面。

现代数控车床工艺范围不断扩展,出现了集车、钻、镗、铣、铰、攻螺纹于一体的车削中心,工件一次安装,几乎能完成所有表面的加工,如内外圆表面、端面、沟槽、内外圆及端面上的螺旋槽、非回转轴心线上的轴向孔和径向孔等。这要求数控编程紧密结合具体数控系统,将数控加工工艺融入并体现于数控编程工作之中。

思考与练习题

5-1　简述数控车削编程的特点。

5-2　简述刀具位置补偿的原理，说明其补偿值的设定及实现方法。

5-3　简述刀尖圆弧半径补偿的原理，说明其补偿值的设定及实现方法。

5-4　图示说明 G90、G94 与 G92 循环指令走刀路径及其加工对象。

5-5　图示说明 G71、G72 与 G73 循环指令走刀路径及其加工对象。

5-6　图示说明 G01、G32、G92 与 G76 循环指令走刀路径及其加工对象。

5-7　编写图 5-43 所示轴类零件的加工程序。

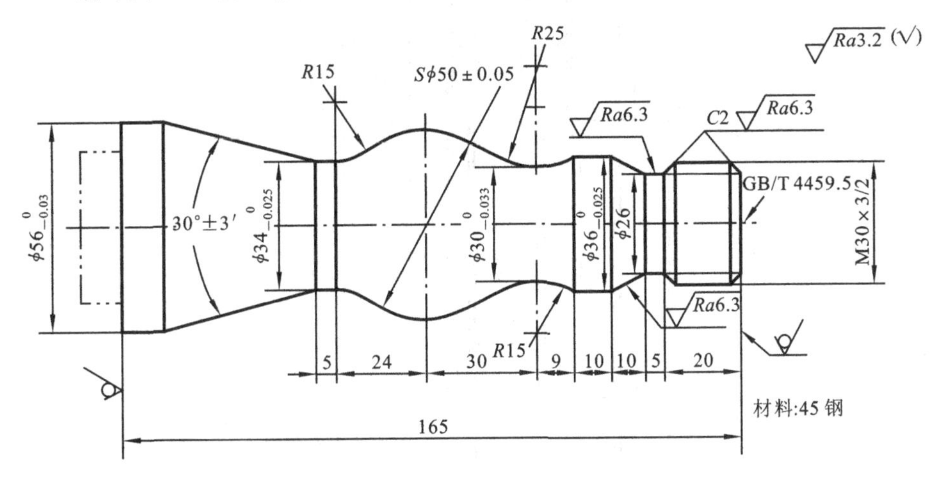

图 5-43　轴类零件数控编程

5-8　编写如图 5-44 所示套类零件的加工程序。

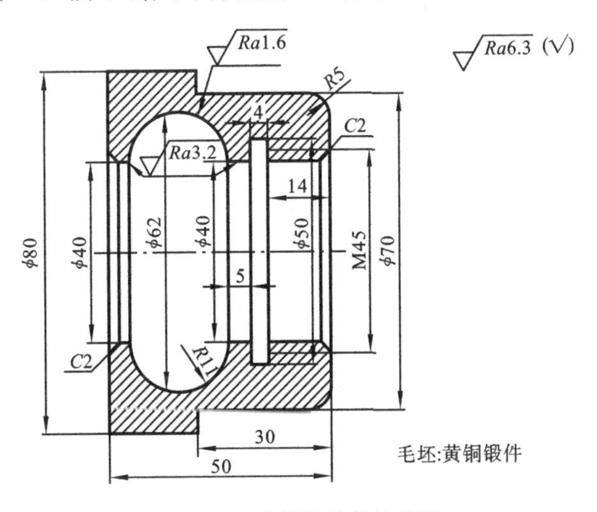

图 5-44　套类零件数控编程

5-9　编写图 5-45 所示盘类零件的加工程序。

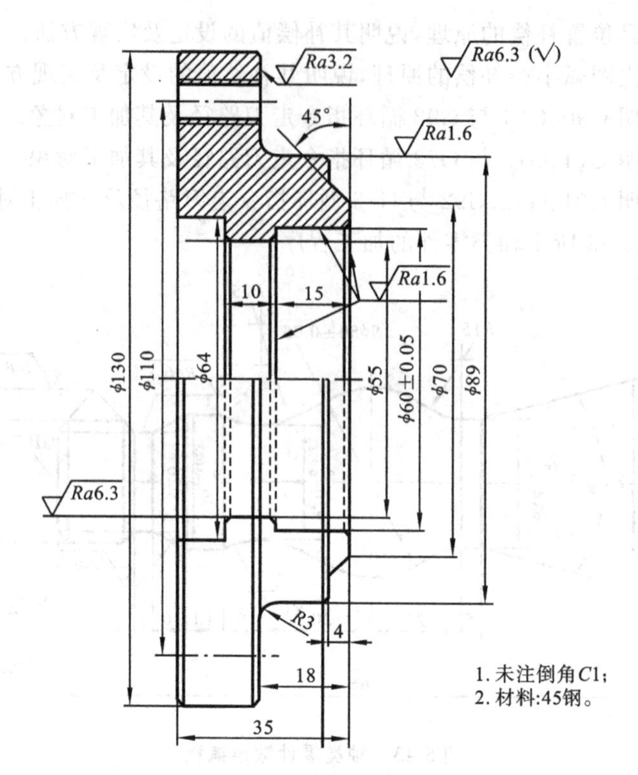

图 5-45　盘类零件数控编程

第 6 章　数控铣床编程

6.1　数控铣床编程基础

6.1.1　数控铣床的坐标系统

1. 机床坐标系

数控铣床的机床坐标系统同样遵循右手笛卡尔直角坐标系原则。由于数控铣床有立式和卧式之分，所以机床坐标轴的方向也因其布局的不同而不同，如图 6-1 所示。

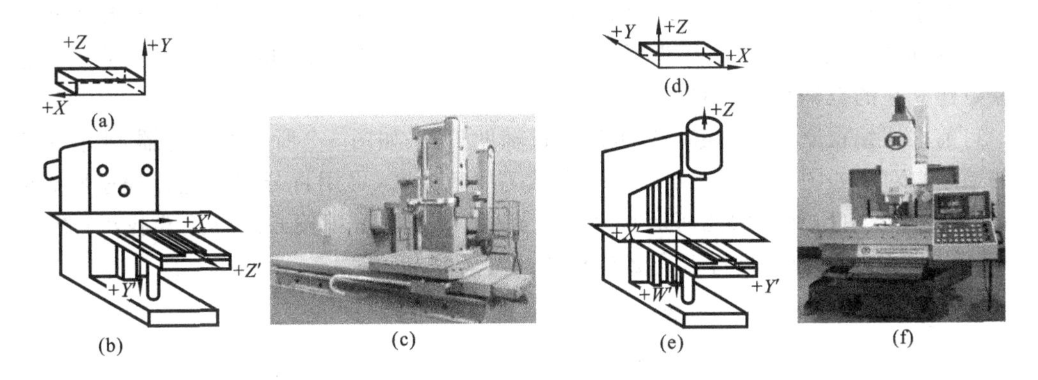

图 6-1　数控铣床的坐标系统

图 6-1(a)所示为卧式升降台铣床的坐标方向。其 Z 轴水平，且向里为正方向（面对工作台的平行移动方向）；工作台的平行向左移动方向为 X 轴正方向；Y 轴垂直向上。

图 6-1(d)所示为立式升降台铣床的坐标方向。其 Z 轴垂直（与主轴轴线重合），且向上为正方向；面对机床立柱的左右移动方向为 X 轴，且将刀具向右移动（工作台向左移动）定义为正方向；则根据右手笛卡尔坐标系的原则，Y 轴应同时与 Z 轴和 X 轴垂直，且正方向指向床身立柱。

以上所述的坐标轴方向均是刀具相对于工件的运动方向，即一律假定工件固定不动，刀具运动的坐标系来进行编程。在图 6-1 中以 $+X$、$+Y$、$+Z$ 表示。$+X'$、$+Y'$、$+Z'$ 指的是工件相对于刀具运动的坐标轴方向。$+X'$、$+Y'$、$+Z'$ 的方向与 $+X$、$+Y$、$+Z$ 的方向相反。

2. 机床原点与机床坐标系的建立

机床坐标系是机床固有的坐标系，机床坐标系的原点也称机床原点或机床零点。在机床经过设计制造和调整后这个原点便被确定下来，它是固定的点。数控装置通电后通常要进行回参考点操作，以建立机床坐标系。参考点可以与机床原点重合，也可以不重合，通过参数来指定机床参考点到机床原点的距离。机床回到了参考点位置也就知道该坐标轴的零点位置，找到所有坐标轴的参考点，CNC 就建立起了机床坐标系。

3. 工件坐标系与加工坐标系

工件坐标系是指编程人员在编程时相对工件建立的坐标系，它只与工件有关，而与机床坐标系无关。但考虑到编程的方便性，工件坐标系中各轴的方向应该与所使用的数控机床的坐标轴方向一致。通常编程人员会选择某一满足编程要求，且使编程简单、尺寸换算少和引起的加工误差小的已知点为原点，即编程原点。编程原点应尽量选择在零件的设计基准或工艺基准上。

在程序开头就要设置工件坐标系，一般对于数控铣床用 G54～G59 来设置编程原点。工件坐标系一旦建立便一直有效，直到被新的工件坐标系所取代。当零件在机床上被装卡好后，相应的编程原点在机床坐标系中的位置就成为加工原点，也称为程序原点。由程序原点建立起的坐标系就是加工坐标系。

目前根据编程原点的确定方法可以通过辅助工具(如图 6-2 所示的寻边器)来找出工件的原点。对于如图 6-3(a)所示的几何形状为回转体时，可用百分表来进行程序原点的找正；对于图 6-3(b)所示的几何形状为矩形或回转体时，可用偏心式寻边器找正；图 6-3(c)所示为采用对刀块来进行刀具 Z 坐标值的测量。

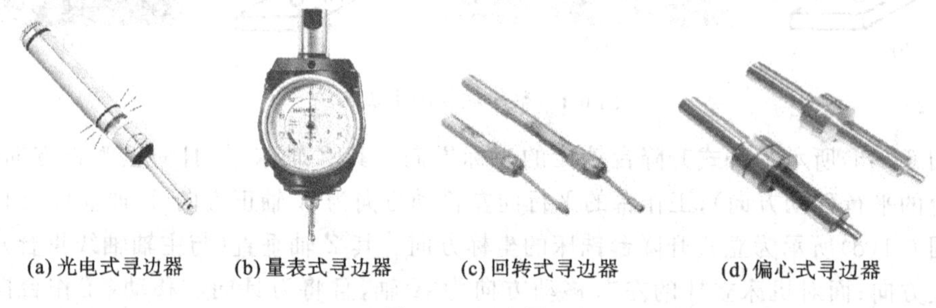

(a) 光电式寻边器　(b) 量表式寻边器　(c) 回转式寻边器　(d) 偏心式寻边器

图 6-2　寻边器

1) XY 平面内几何形状为回转体的零件找正

几何形状为回转体的零件，使用百分表寻找程序原点，如图 6-2(a)所示。通过百分表找正使得主轴轴心线与工件轴心线同轴。找正方法如下。

(1) 在找正之前，先用手动方式把主轴降到工件上表面附近，使主轴轴心线与工件轴心线大致同轴，再抬起主轴到一定的高度，把磁力表座吸附在主轴端面，安装好百分表头，使表头与工件圆柱表面垂直，如图 6-3(a)所示。

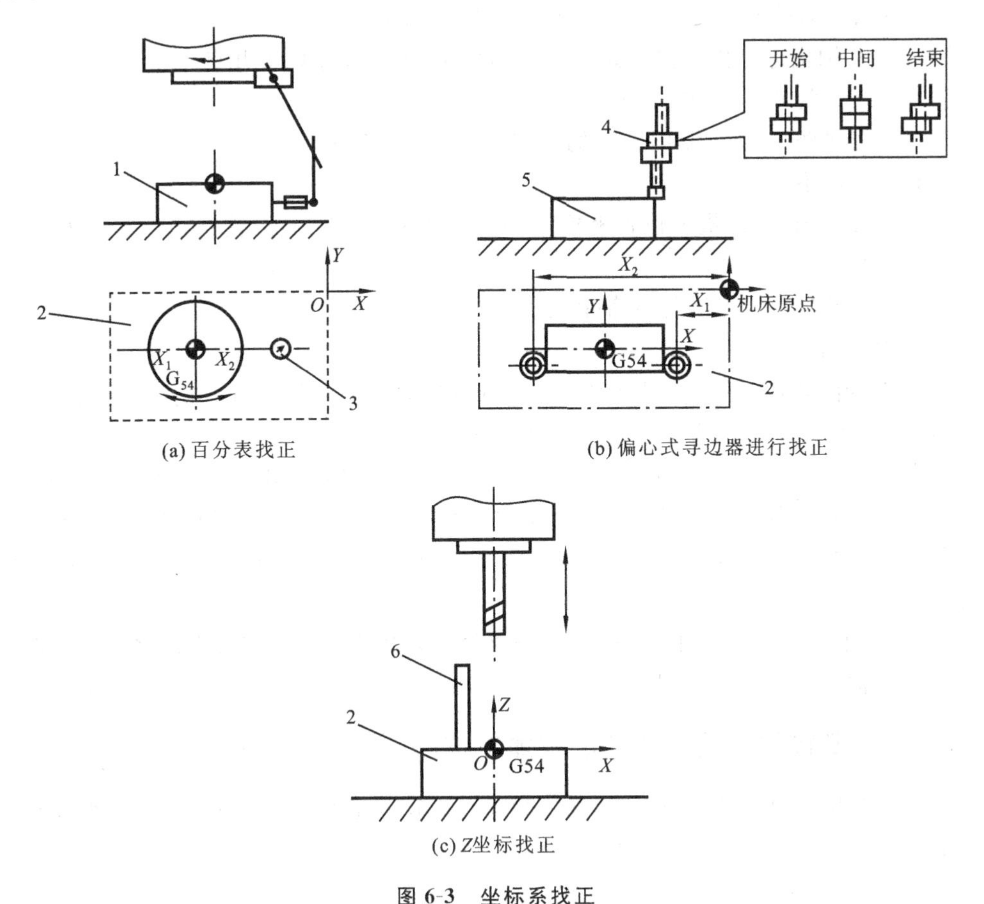

(a) 百分表找正

(b) 偏心式寻边器进行找正

(c) Z坐标找正

图 6-3　坐标系找正

1—回转体零件；2—工作台；3—百分表；4—寻边器；5—工件；6—块规

(2) 找正时，可先对 X 轴或 Y 轴进行单独找正。若先对 X 轴找正，则规定 Y 轴不动，调整工件在 X 方向的坐标。通过旋转主轴使得百分表绕着工件在 X_1 与 X_2 点之间作旋转运动，通过反复调整工作台 X 方向的运动，使得百分表指针在 X_1 点的位置与 X_2 点相同，说明 X 轴的找正完毕。同理，进行 Y 轴的找正。

(3) 记录"POS"屏幕中的机械坐标值中 X、Y 坐标值，即为工件坐标系(G54)X、Y 坐标值。输入相应的工作偏置坐标系。

2) *XY* 平面内使用偏心式寻边器进行找正

当零件的几何形状为矩形(也适用回转体)，可采用偏心式寻边器来进行程序原点的找正。找正方法如下。

(1) 在 MDI 模式下输入 S600 M03 程序。

(2) 运行该程序,使寻边器旋转起来(寻边器转数一般为 600～660 r/min)。

(3) 进入手动模式,把屏幕切换到机械坐标显示状态。

(4) 找 X 轴坐标　找正方法如图 6-3(b)所示,但应注意以下几点:

①主轴转速为 600 ～660 r/min;

②寻边器接触工件时机床的手动进给倍率应由快到慢;

③此寻边器不能找正 Z 坐标原点。

(5) 记录 X_1 和 X_2 的机械位置坐标,并求出 $X=(X_1+X_2)/2$,输入相应的工作偏置坐标系。

(6) 找 Y 轴坐标　方法与 X 轴找正一致。

3) Z 坐标找正

对于 Z 轴的找正,一般采用对刀块来进行刀具 Z 坐标值的测量。找正方法如下。

(1) 进入手动模式,把屏幕切换到机械坐标显示状态。

(2) 在工件上放置一块 50 mm 或 100 mm 对刀块,然后使用对刀块去与刀具底端面或刀尖进行试塞。通过主轴 Z 向的反复调整,使得对刀块与刀具底端面或刀尖接触,即 Z 方向程序原点找正完毕(在主轴 Z 向移动时,应避免对刀块在刀具的正下方,以免刀具与对刀块发生碰撞)。

(3) 记录机械坐标系中的 Z 坐标值,把该值输入相应的工作偏置中的 Z 坐标,如 G54 中的 Z 坐标值。

6.1.2　数控铣床的主要功能与加工范围

数控铣床从结构上可分为立式、卧式和立卧两用式数控铣床,配置不同的数控系统,其功能也有差别。除各自特点之外,一般具有的主要功能有以下几方面。

1. 点位控制功能

利用这一功能,数控铣床可以进行只需进行点位控制的钻孔、扩孔、铰孔和镗孔等加工。

2. 连续轮廓控制功能

数控铣床通过直线插补和圆弧插补,可以实现对刀具运动轨迹的连续轮廓控制,加工出由直线和圆弧两种几何要素构成的平面轮廓工件。对非圆曲线构成的平面轮廓,在经过直线和圆弧逼近后也可以加工。除此之外,还可以加工一些空间曲面。

3. 刀具半径自动补偿功能

各数控铣床大都具有刀具半径补偿功能,为程序的编制提供了方便。总的来说,该功能有以下几方面的用途。

(1) 利用这一功能,在编程时可以很方便地按工件实际轮廓形状和尺寸进行编程计算,而加工中使刀具中心自动偏离工件轮廓一个刀具半径,加工出符合要求的轮廓表面。

(2) 利用该功能,通过改变刀具半径补偿量的方法来弥补铣刀制造的尺寸精度误差,扩大刀具直径选用范围和刀具返修刃磨的允许误差。

(3) 利用改变刀具半径补偿值的方法,以同一加工程序实现分层铣削和粗、精加工,或者用于提高加工精度。

(4) 通过改变刀具半径补偿值的正负号,还可以用同一加工程序加工某些需要相互配合的工件,如相互配合的凹、凸模等。

4. 镜像加工功能

镜像加工也称轴对称加工。对于一个轴对称形状的工件来说,利用这一功能,只要编出一半形状的加工程序就可完成全部加工。

5. 固定循环功能

利用数控铣床对孔进行钻、扩、铰及镗加工时,加工的基本动作是相同的,即刀具快速到达孔位→慢速切削进给→快速退回。对于这种典型化动作,可以专门设计一段程序,在需要的时候进行调用来实现上述加工循环。特别是在加工许多相同的孔时,应用固定循环功能可以大大简化程序。在利用数控铣床的连续轮廓控制功能时,也常常遇到一些典型化的动作,如铣整圆、方槽等,也可以实现循环加工。

固定循环功能是一种子程序,可采用参数方式进行编制。在加工中根据不同的需要对子程序中设定的参数赋值并调用,以此加工出尺寸和形状不同的工件轮廓,以及孔径、孔深不同的孔。目前,已有不少数控铣床的数控系统附带有各种已编好的子程序,并可以进行多重嵌套,用户可以直接加以调用,编程就更加方便。

6.1.3 数控铣床的加工工艺范围

铣削是机械加工中最常用的加工方法之一,主要包括平面铣削和轮廓铣削,也可以对零件进行钻、扩、铰和镗孔加工与攻螺纹等。适于采用数控铣削的零件有箱体类零件、变斜角类零件和曲面类零件。

1. 平面类零件

平面类零件的特点是各个加工表面是平面,或可以展开为平面。目前在数控铣床上加工的绝大多数零件属于平面类零件。平面类零件是数控铣削加工对象中最简单的一类,一般只需用三坐标数控铣床的两坐标联动就可以加工。

2. 变斜角类零件

加工面与水平面的夹角成连续变化的零件称为变斜角类零件。加工变斜角类零件最好采用四坐标或五坐标数控铣床摆角加工,若没有上述机床,也可在三坐标数控铣床上采用两轴半控制的行切法进行近似加工。

3. 曲面类零件

加工面为空间曲面的零件称为曲面类零件。曲面类零件的加工面与铣刀始终为点接触，一般采用三坐标数控铣床加工，常用的加工方法主要有下列两种。

(1) 采用两轴半坐标行切法加工　行切法是在加工时只有两个坐标联动，另一个坐标按一定行距周期行进给。这种方法常用于不太复杂的空间曲面的加工。

(2) 采用三轴联动方法加工　所用的铣床必须具有 X、Y、Z 三坐标联动加工功能，可进行空间直线插补。这种方法常用于发动机及模具等较复杂空间曲面的加工。

6.1.4　数控铣床的工艺装备

数控铣床的工艺装备主要包括夹具和刀具两类。

1. 夹具

在数控铣削加工中使用的夹具有通用夹具、专用夹具、组合夹具以及较先进的工件统一基准定位装夹系统等，主要根据零件的特点和经济性选择使用。

(1) 通用夹具　它具有较大的灵活性和经济性，在数控铣削中应用广泛。常用的有各种机械虎钳或液压虎钳。如图 6-4 所示，为内藏式液压角度虎钳、平口虎钳。

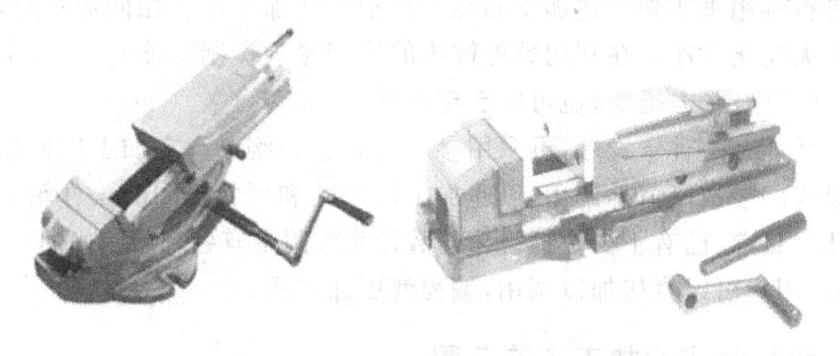

图 6-4　内藏式液压角度虎钳、平口虎钳

(2) 组合夹具　它是机床夹具中一种标准化、系列化、通用化程度很高的新型工艺装备。它可以根据工件的工艺要求，采用搭积木的方式组装成各种专用夹具，如图 6-5 所示。

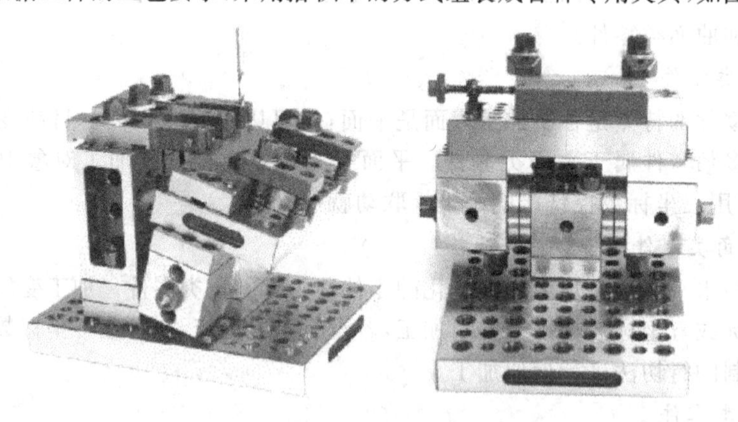

图 6-5　组合夹具的使用(钻孔、铣削)

组合夹具的优点：灵活多变，为生产迅速提供夹具，缩短生产准备周期；保证加工质量，提高生产效率；节约人力、物力和财力；减少夹具存放面积，改善管理工作。

组合夹具的不足之处：比较笨重，刚度也不如专用夹具的好，组装成套的组合夹具，必须有大量元件储备，开始投资的费用较大。

2. 刀具

与普通铣床的刀具相比较，数控铣床刀具具有制造精度更高，要求高速、高效率加工，刀具使用寿命更长。刀具的材质选用高强高速钢、硬质合金、立方氮化硼、人造金刚石等，高速钢、硬质合金采用 TiC 和 TiN 涂层及 TiC-TiN 复合涂层来提高刀具使用寿命。在结构形式上，采用整体硬质合金或使用可转位刀具技术。主要的数控铣削刀具种类，如图 6-6 所示。

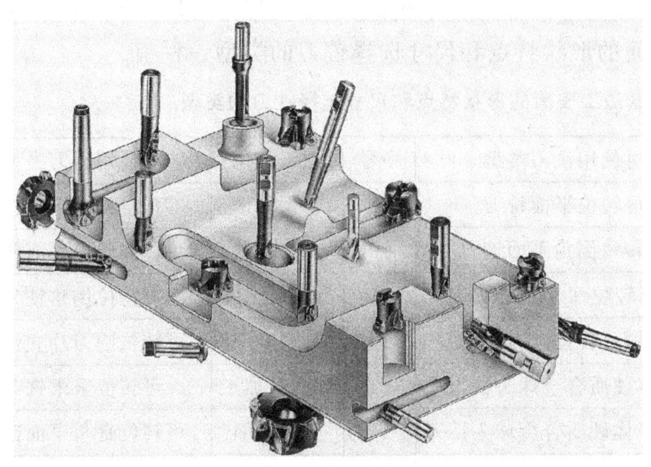

(a) 各种铣刀铣削状态位置

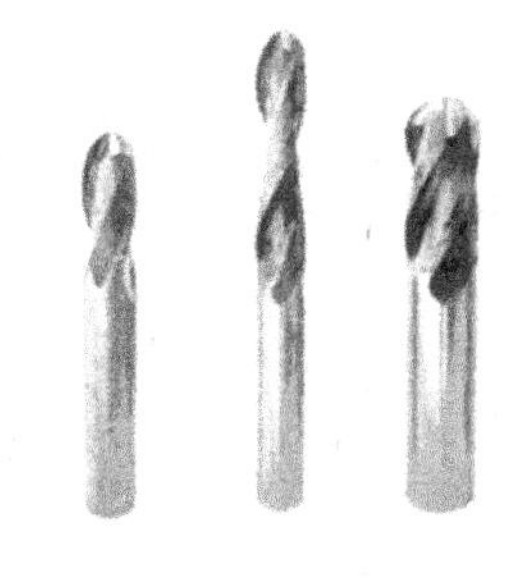

(b) 整体硬质合金球头刀

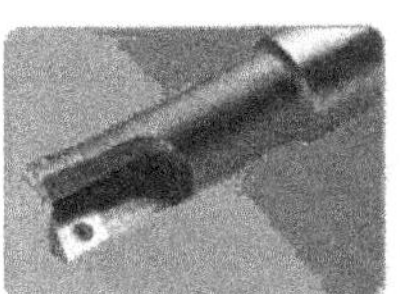

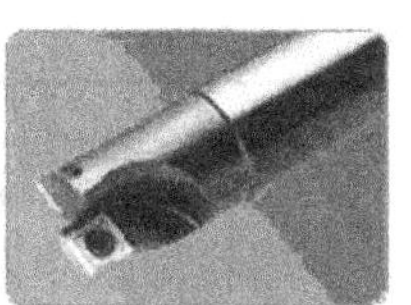

(c) 硬质合金可转位立铣刀

(d) 硬质合金可转位三面刃铣刀

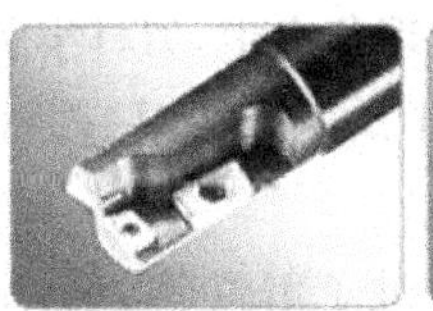

(e) 硬质合金可转位螺旋立铣刀

(f) 硬质合金锯片铣刀

图 6-6　数控铣削刀具

以下为在铣削不同表面时选择刀具所要注意几个方面问题。

(1) 平面铣削应选用不重磨硬质合金端铣刀或立铣刀。一般采用二次走刀,第一次走刀最好用端铣刀粗铣,沿工件表面连续走刀。

注意选好每次走刀宽度和铣刀直径,使接刀痕不影响精切走刀精度。因此加工余量大又不均匀时,铣刀直径要选小些。精加工时铣刀直径要选大些,最好能包容加工面的整个宽度。

(2) 立铣刀和镶硬质合金刀片的端铣刀主要用于加工凸台、凹槽和箱口面。为了提高槽宽的加工精度,减少铣刀的种类,加工时可采用直径比槽宽小的铣刀,先铣槽的中间部分,然后用刀具半径补偿功能铣槽的两边。

(3) 铣削平面零件的周边轮廓一般采用立铣刀。

(4) 加工型面零件和变斜角轮廓外形时常采用球头刀、环形刀、鼓形刀和锥形刀等铣刀,表 6-1 所示为根据加工表面的形状特点和尺寸选择铣刀的类型一栏表。

表 6-1 根据加工表面的形状特点和尺寸选择铣刀的类型

序号	加工部位	可使用铣刀类型	序号	加工部位	可使用铣刀类型
1	平面	可转位平面铣刀	9	较大曲面	多刀片可转位球头铣刀
2	带倒角的开敞槽	可转位倒角平面铣刀	10	大曲面	可转位圆刀片面铣刀
3	T 形槽	可转位 T 形槽铣刀	11	倒角	可转位倒角铣刀
4	带圆角开敞深槽	加长柄可转位圆刀片铣刀	12	型腔	可转位圆刀片立铣刀
5	一般曲面	整体硬质合金球头铣刀	13	外形粗加工	可转位玉米铣刀
6	较深曲面	加长整体硬质合金球头铣刀	14	台阶平面	可转位直角平面铣刀
7	曲面	多刀片可转位球头铣刀	15	直角腔槽	可转位立铣刀
8	曲面	单刀片可转位球头铣刀			

(5) 刀具直径的选取　粗加工时,根据工件特点尽量选取较大直径刀具,能加大铣削用量,提高粗加工效率;精加工时,应根据轮廓最小圆角,选用小于圆角的刀具,从而提高加工表面的质量,刀具直径如图 6-7(a)所示。刀角半径的选取:球刀或圆角刀的刀尖圆角,应根据零件内腔槽圆角的大小圆角设定,以避免过切现象发生,刀具半径如图 6-7(b)所示。

如在铣削零件内槽时,由于内槽圆角的大小决定着刀具直径的大小,因而内槽圆角半径不应过小。

(6) 常用的立铣刀特性与刃数的选择　通过了解立铣刀各部分角度组成及名称、刃数分布、容屑槽截面积比分布及立铣刀的种类与形状的特点,可以更好地利用刀具进行编程,避免刀具选择不当而造成过切或撞刀等现象的发生。

①立铣刀各部分的特性及名称。立铣刀各部分的角度组成及名称,如图 6-8 所示。

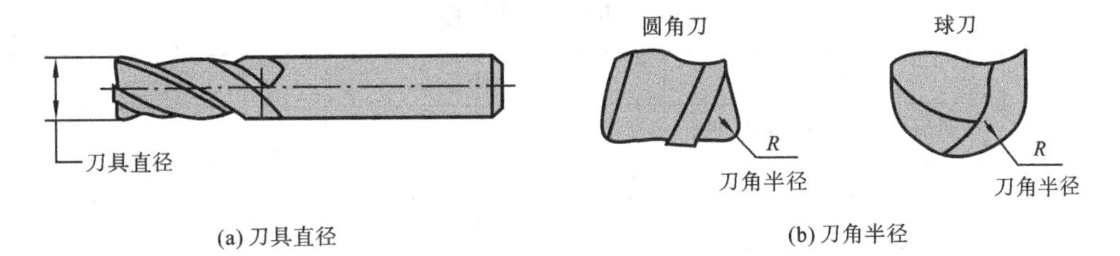

图 6-7　刀具直径与刀角半径

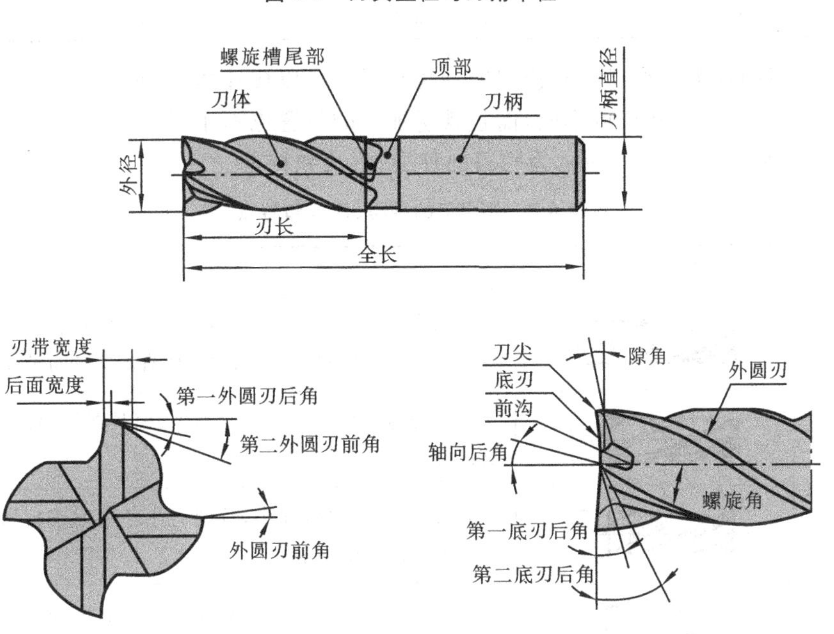

图 6-8　立铣刀各部分角度组成及名称

②立铣刀的齿数与容屑槽截面积比对比分布，如图 6-9 所示。齿数与容屑槽的特点如表 6-2 所示。

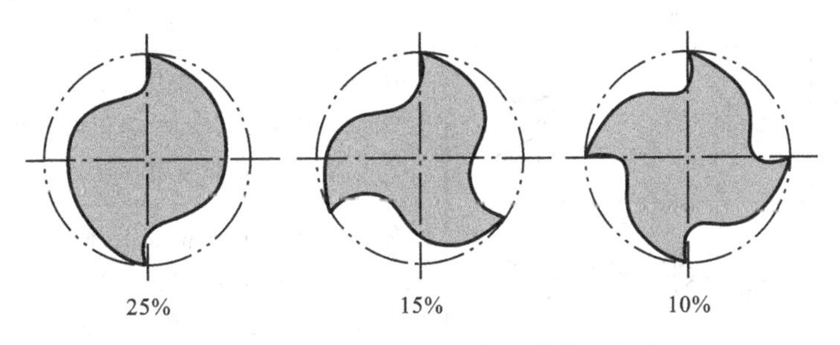

图 6-9　立铣刀的齿数与容屑槽截面积比

表 6-2　齿数与容屑槽特点

	2 刃	3 刃	4 刃
优点	切屑排出顺畅,纵向进给加工容易	切屑排出顺畅,纵向进给加工容易	刚度高
缺点	刚度低	外径测定困难	切屑排出不顺畅
用途	用于切槽、侧面加工及孔加工等用途广泛	用于槽、侧面加工、重铣削、精加工	用于浅槽、侧面加工及精加工

③立铣刀的种类与形状。立铣刀的种类与形状可以按外圆刃、底刃、手柄和颈部进行分类,不同的类型其形状特点不同,而且其所加工的位置也不相同。表 6-3 所示为外周刃的种类、形状和特点,表 6-4 所示为底刃的种类、形状和特点。

表 6-3　外周刃的种类、形状和特点

种　　类	形　　状	特　　点
普通刃		使用广泛,应用在槽加工、侧面加工及台阶面加工等。另外在粗加工、半精加工及精加工所有场合均可使用
锥形刃		用于普通刃加工后的锥面加工、模具起模斜度加工和凹窝部分加工
粗加工刃		刃刃成波形,切屑细小,铣削力小。适用于粗加工,不宜精加工。需要磨削前面
成形刃	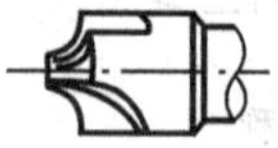	作为特别订货产品。左图为加工圆角 R 的刀具,该类刀具可根据加工零件的形状而改变刃形。多为特殊订货产品

表 6-4　底刃的种类、形状和特点

种　　类	形　　状	特　　点
带有中心孔的直角头刃		使用广泛,可用于槽加工、侧面加工及台阶面加工等。不能纵向切入加工,但由于磨削时有 2 个中心孔支撑,故重磨精度高
可中心铣削的直角头刃		使用广泛,可用于槽加工、侧面加工及台阶面加工等。虽能进行纵向切入加工,但刃数越少,纵向切深性能越好。可夹持一头重磨

续表

种　　类	形　　状	特　　点
球头刀		它是曲面加工不可缺的刀具，尖端部由于容屑槽小，故切屑排出性能差
圆弧头刀		用于转角部 R 的加工与周期进给加工。在周期进给加工时，即使 R 再小，也能用于直径大的立铣刀，进行高效加工

3. 数控刀具系统

(1) 刀柄　数控铣床使用的刀具通过刀柄(见图 6-10)与主轴相连，刀柄通过拉钉和主轴内的拉刀装置固定在轴上，由刀柄夹持传递速度、扭矩。

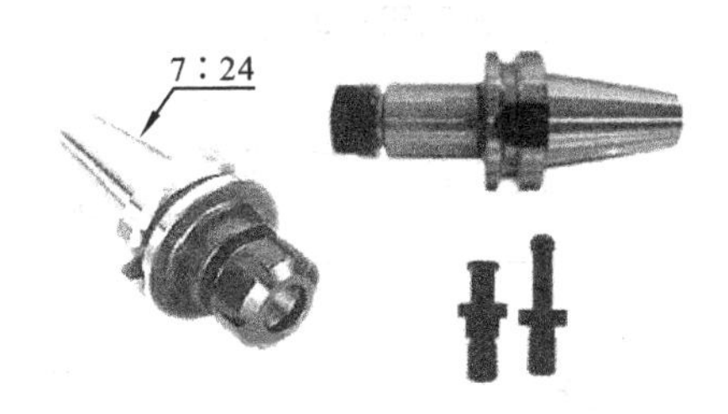

图 6-10　数控铣床刀柄

数控铣床刀柄一般采用 7∶24 锥面与主轴锥孔配合定位，这种锥柄不自锁，换刀方便，与直柄相比有较高的定心精度和刚度。数控铣床的通用刀柄分为整体式和组合式两种。为了保证刀柄与主轴的配合与连接，刀柄与拉钉的结构和尺寸均已标准化和系列化，在我国应用最为广泛的是 BT40 和 BT50 系列刀柄和拉钉，如图 6-11 所示。

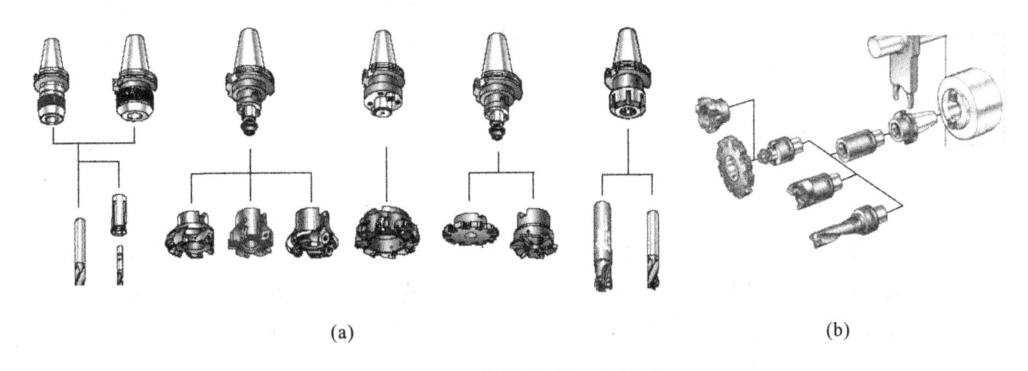
(a)　(b)

图 6-11　钻铣常用刀具构成

相同标准及规格的加工中心所用刀柄也可以在数控铣床上使用，其主要区别是数控铣床所用的刀柄上没有供换刀机械手夹持的环形槽，如表 6-5 所示为数控铣床上用的刀柄及颈部的种类、形状和特点。

表 6-5　刀柄及颈部的种类、形状和特点

种　　类	形　　状	特　　点
直柄		使用广泛
长柄		深部雕刻加工用，由于刀柄长，按使用目的悬伸一定长度即可使用
复合柄		带平面的刀柄，用于立铣刀在加工中心中也能卸脱。也可用于直径超过 30 mm 的立铣刀
长颈		可用于小直径立铣刀深部雕刻加工，也可用于镗削
锥颈		能对模具斜角的壁面深雕刻发挥较大的作用，能在具有倾斜壁面模具的深部进行雕刻加工

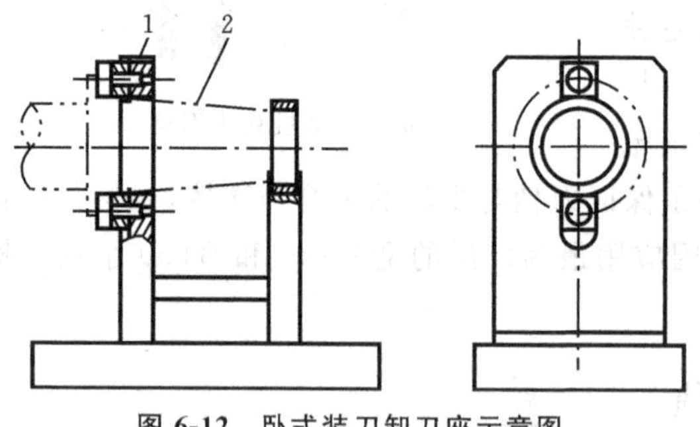

图 6-12　卧式装刀卸刀座示意图

1—卡刀座；2—刀柄

(2) 刀具的装卸　数控铣床采用中、小尺寸的数控刀具进行加工时，经常采用整体式或可转位式立铣刀进行铣削加工，一般使用 7∶24 莫氏转换变径夹头和弹簧夹头刀柄来装夹铣刀。不允许直接在数控机床的主轴上装卸刀具，以免损坏数控机床的主轴，影响机床的精度。铣刀的装卸应在专用卸刀座上进行，如图 6-12 所示。

6.1.5　数控铣床的加工工艺性分析

数控铣削加工的工艺性分析是编程前的重要工艺准备工作之一，关系到机械加工的效果和成败，不容忽视。由于数控机床是按照程序来工作的，因此对零件加工中所有的要求都要体现在加工中，如加工顺序、加工路线、切削用量、加工余量、刀具的尺寸及是否需要切削液等都要预先确定并编入程序中。根据加工实践，数控铣削加工工艺分析所要解决的主要问题大致可归纳为以下几个方面。

1. 选择并确定数控铣削加工部位及工序内容

该内容在数控铣削加工工艺规程设计中已介绍，由于数控铣削加工有着自己的特点和适用对象，若要充分发挥数控铣床的优势和关键作用，就必须正确选择数控铣床类型、数控加工对象与工序内容。此外，立式数控铣床适于加工箱体、箱盖、平面凸轮、样板、形

状复杂的平面或立体零件，以及模具的内、外型腔等；卧式数控铣床适于加工复杂的箱体类零件，如泵体、阀体、壳体等。

2. 加工工序的划分

在数控机床上特别是在加工中心上加工零件，工序十分集中，许多零件只需在一次装夹中就能完成全部工序。但是零件的粗加工，特别是铸、锻毛坯零件的基准平面、定位面等的加工应在普通机床上完成之后，再装夹到数控机床上进行加工。这样可以发挥数控机床的特点，保持数控机床的精度，延长数控机床的使用寿命，降低数控机床的使用成本。在数控机床上加工零件其工序划分的方法如下。

1) **刀具集中分序法**

该法按所用刀具划分工序，用同一把刀加工完零件上所有可以完成的部位，在用第二把刀、第三把刀完成它们可以完成的其他部位。这种分序法可以减少换刀次数，压缩空程时间，减少不必要的定位误差。

2) **粗、精加工分序法**

这种分序法是根据零件的形状、尺寸精度等因素，按照粗、精加工分开的原则进行分序。对单个零件或一批零件先进行粗加工、半精加工，而后精加工。粗、精加工之间，最好隔一段时间，以使粗加工后零件的变形得到充分恢复，再进行精加工，以提高零件的加工精度。

3) **按加工部位分序法**

该法先加工平面、定位面，再加工孔；先加工简单的几何形状，再加工复杂的几何形状；先加工精度要求比较低的部位，再加工精度要求较高的部位。

总之，在数控机床上加工零件，其加工工序的划分要视加工零件的具体情况具体分析。许多工序的安排是综合了上述各分序方法的。

3. 确定对刀点与换刀点

(1) 对刀点　在数控铣床或加工中心机床上，确定对刀点在机床坐标系中位置的操作称为对刀。它是使数控铣床(或加工中心)主轴中心与对刀点重合，利用机床坐标显示确定对刀点在机床坐标系中的位置，从而确定工件坐标系在机床坐标系中的位置。简单地说，对刀就是确定数控机床工件装夹在机床工作台的什么地方。因此，“对刀点”是指通过对刀确定刀具与工件相对位置的基准点。对刀点往往也是零件的加工原点。如图 6-13 所示，对刀点相对于机床原点为(X_0,Y_0)，相对于工件原点为(X_1,Y_1)，据此便可明确地表示出机床坐标系、

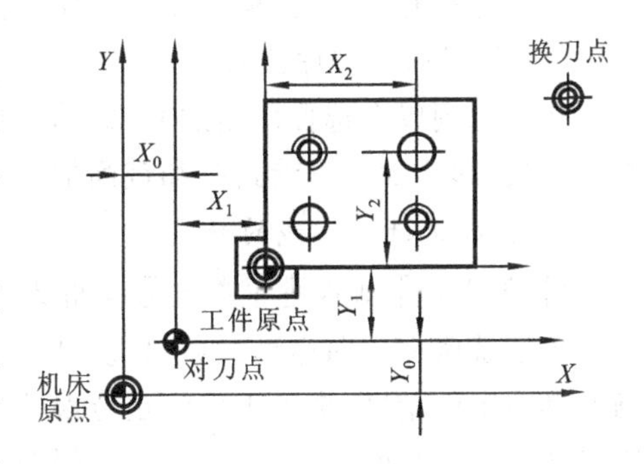

图 6-13　对刀点与换刀点

工件坐标系和对刀点之间的位置关系。

对刀点位置的选择原则如下：

①尽量使加工程序的编制工作简单和方便；

②便于用常规量具在机床上进行测量，便于工件装夹；

③该点的对刀误差较小，或可能引起加工的误差为最小；

④尽量使加工程序中的引入(或返回)路线短，并便于换(转)刀；

⑤应选择在与机床约定机械间隙状态(消除或保持最大间隙方向)相适应的位置上，避免在执行其自动补偿时造成“反补偿”。

对刀点可以设在零件上、夹具上或机床上，但必须与零件的定位基准有已知的准确关系。当对刀精度要求较高时，对刀点应尽量选在零件的设计基准或工艺基准上。对于以孔定位的零件，可以取孔的中心作为对刀点。

对刀时应使对刀点与刀位点重合。所谓刀位点，是指确定刀具位置的基准点，常用刀具的刀位点规定：立铣刀、端铣刀的刀位点是刀具轴线与刀具底面的交点；球头铣刀刀位点为球心；镗刀、车刀刀位点为刀尖或刀尖圆弧中心；钻头是钻尖或钻头底面中心；线切割的刀位点则是线电极的轴心与零件面的交点。

(2) 换刀点　换刀点应根据工序内容来安排，为了防止换刀时刀具碰伤工件，换刀点往往设在距离零件较远的地方。

6.1.6 数控铣进给路线的确定

进给路线是数控加工过程中刀具相对于被加工件的运动轨迹和方向。进给路线的确定非常重要，因为它与零件的加工精度和表面质量密切相关。确定进给刀路线的一般原则如下。

(1) 保证零件的加工精度和表面粗糙度。

(2) 方便数值计算，减少编程工作量。

(3) 缩短走刀路线，减少进退刀时间和其他辅助时间。

(4) 尽量减少程序段数。

在考虑到以上选择原则的基础上，根据数控铣床或加工中心上刀具的进给路线常用两种方式，即孔加工进给路线和铣削加工进给路线来确定。

1. 孔加工进给路线的确定

1) 在 *XY* 平面内进给路线避免引入反向间隙误差

数控铣床在反向运动时会出现反向间隙，如果在走刀路线中将反向间隙带入，就会影响刀具的定位精度，增加工件的定位误差。例如，精镗图 6-14 中所示的四个孔，当孔的位置精度要求较高时，安排镗孔路线的问题就显得比较重要，安排不当就有可能把坐标轴的反向间隙带入，直接影响孔的位置精度。这里给出两个方案，方案 1 如图 6-14(a)所示，方案 2 如图 6-14(b)所示。

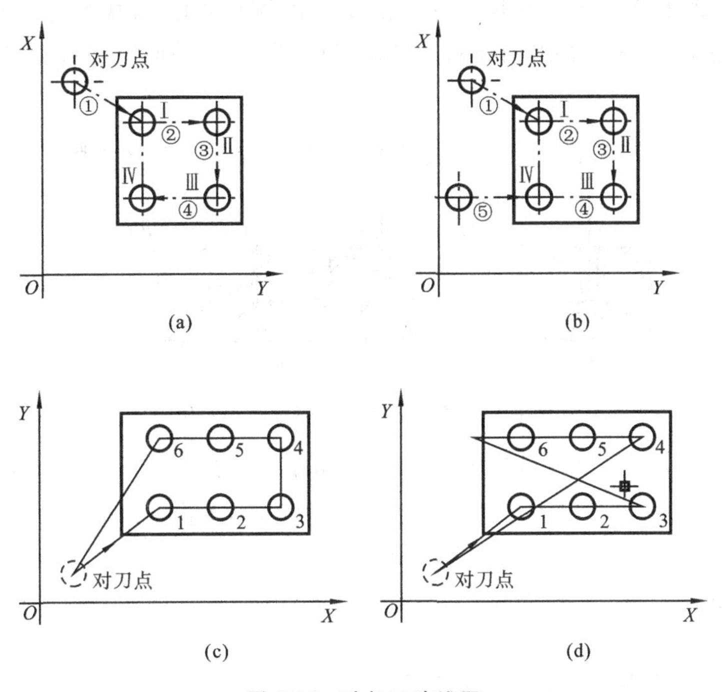

图 6-14 孔加工路线图

从图中不难看出,方案 1 中由于Ⅳ孔与Ⅰ、Ⅱ、Ⅲ孔的定位方向相反,X 向的反向间隙会使定位误差增加,而影响Ⅳ孔的位置精度。

在方案 2 中,当加工完Ⅲ孔后并没有直接在Ⅳ孔处定位,而是多运动了一段距离,然后折回来在Ⅳ孔处定位。这样Ⅰ、Ⅱ、Ⅲ孔与Ⅳ孔的定位方向是一致的,就可以避免引入反向间隙的误差,从而提高了Ⅳ孔与各孔之间的孔距精度。

同样,如图 6-14(c)、(d)所示,将两种走刀路线方案进行比较。在该零件上钻六个相同尺寸的孔,如果按图 6-14(c)所示路线加工,由于 5、6 孔与 1、2、3、4 孔定位方向相反,X 方向的反向间隙会使定位误差增加,而影响 5、6 孔与其他孔的位置精度;反之,如果按图 6-14(d)所示路线,加工完 3 孔后沿 X 轴反方向多移动一段距离,越过孔 4、5、6,然后再折回来加工 4、5、6 孔,这样确保定位方向一致,可避免反向间隙的引入,提高 4、5、6 孔与其他孔的位置精度。

2) 在 Z 轴向方向进给路线

刀具轴向的运动尺寸,其大小主要由被加工零件的孔深决定,但也应考虑一些辅助尺寸,如刀具引入长度和超越长度等。

在执行固定循环指令时,刀具先从初始平面快速运动到距工件加工表面一定距离的

R 平面(距工件加工表面一切入距离的平面)上,然后按工作进给速度运动进行加工。图6-15(a)所示为加工单个孔时刀具的进给路线。对多孔加工,为减少刀具空行程进给时间,加工中间孔时,刀具不必退回到初始平面,只要退到 R 平面上即可,其进给路线如图6-15(b)所示。

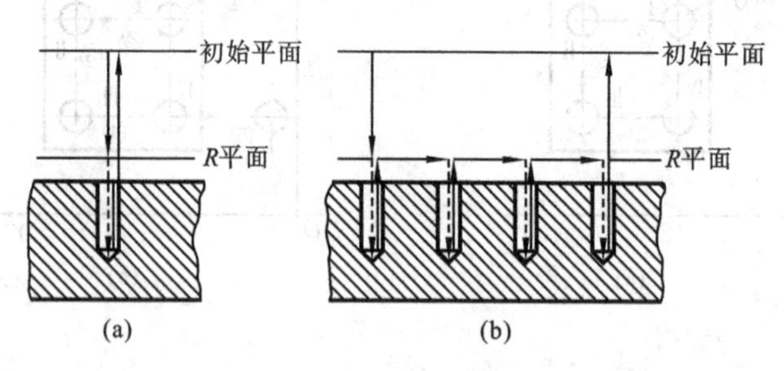

图 6-15　刀具 Z 向进给路线设计示例

在工作进给路线中,工作进给距离 Z_F 包括被加工孔的深度 H、刀具的切入距离 Z_a、切出距离 Z_0(加工通孔)和刀尖长度 T_t。加工不通孔时,工作进给距离为

$$Z_F = Z_a + H + T_t \tag{6-1}$$

加工通孔时,工作进给距离为

$$Z_F = Z_a + H + Z_0 + T_t \tag{6-2}$$

式中,刀具切入、切出距离的经验数据如表 6-6 所示。

表 6-6　刀具切入、切出距离的经验数据　　单位:mm

加工方式(切入)	表面状态		加工方式(切出)	表面状态	
	已加工表面	毛坯表面		已加工表面	毛坯表面
钻孔	2～3	5～8	钻孔	3～5	5～8
扩孔	3～5	5～8	扩孔	3～5	5～10
镗孔	3～5	5～8	镗孔	5～10	5～10

2. 铣削加工时进给路线的确定

铣削加工进给路线比孔加工进给路线要复杂些,因为铣削加工的表面有平面、平面轮廓、各种槽及空间曲面等,表面形状不同,进给路线也就不一样。但总可以分为切削进给和 Z 向快速移动进给两种路线。

1) 铣削内、外轮廓时刀具的切入、切出路径

在铣削轮廓表面时一般采用立铣刀侧面刃口进行切削,由于主轴系统和刀具的刚度变化,当沿法向切入工件时,会在切入处产生刀痕,所以应尽量避免沿法向切入工件。当铣切外表面轮廓形状时,应安排刀具沿零件轮廓的切向切入工件,并且在其延长线上加入

一段外延距离，以保证零件轮廓的光滑过渡。同样，在切出零件轮廓时也应从工件曲线的切向延长线上切出。如图 6-16(a)所示。

当铣切内表面轮廓形状时，也应该尽量遵循从切向切入的方法，但此时切入无法外延，最好安排从圆弧过渡到圆弧的加工路线。切出时也应多安排一段过渡圆弧再退刀，如图 6-16(b)所示。当实在无法沿零件曲线的切向切入、切出时，铣刀只有沿法线方向切入和切出，在这种情况下，切入、切出点应选在零件轮廓两几何要素的交点上，而且进给过程中要避免停顿。

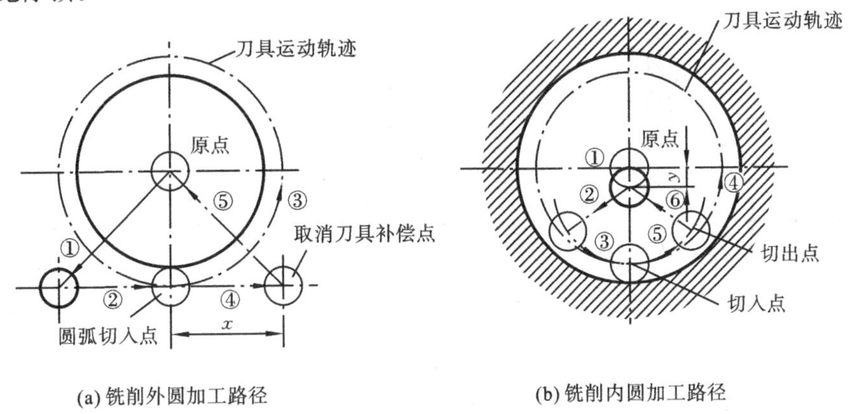

(a) 铣削外圆加工路径　　(b) 铣削内圆加工路径

图 6-16　铣削圆的切入、切出路径

为了消除由于系统刚度变化引起进、退刀时的痕迹，可采用多次走刀的方法，减小最后精铣时的余量，以减小切削力。也可以利用刀具半径补偿来实现同一程序、同一尺寸的刀具进行粗、精加工。如图 6-17 所示，当刀具磨损或换新刀等情况时，只改变输入半径值即可。图 6-17(a)所示为粗、精加工的半径值输入方法：设精加工余量为 Δ，先输入$(r+\Delta)$半精加工至虚线位置；图 6-17(b)所示为精加工时只输入刀具半径 r。同理，利用 r 输入值的大小可控制工件的精度。

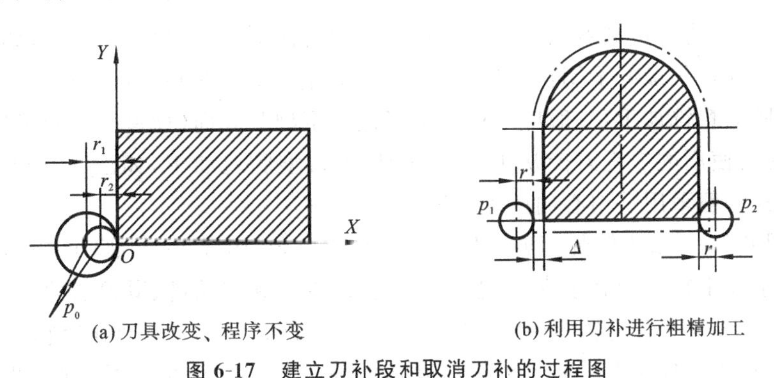

(a) 刀具改变、程序不变　　(b) 利用刀补进行粗精加工

图 6-17　建立刀补段和取消刀补的过程图

p_0—刀具起刀点；p_1—粗加工刀心位置；p_2—精加工刀心位置

2) 对于 Z 向快速移动进给路线

(1) 铣削开口不通槽时,铣刀在 Z 向可直接快速移动到位,不需工作进给,如图 6-18(a)所示。

(2) 铣削封闭槽(如键槽)时,铣刀需有一定的切入、切出距离,先快速移动到距工件表面一切入距离的位置上,然后以工作进给速度进给至铣削深度,如图 6-18(b)所示。

(3) 铣削轮廓及通槽时,铣刀需有一切出距离,可直接快速移动到距工件加工表面一切出距离的位置上,如图 6-18(c)所示。

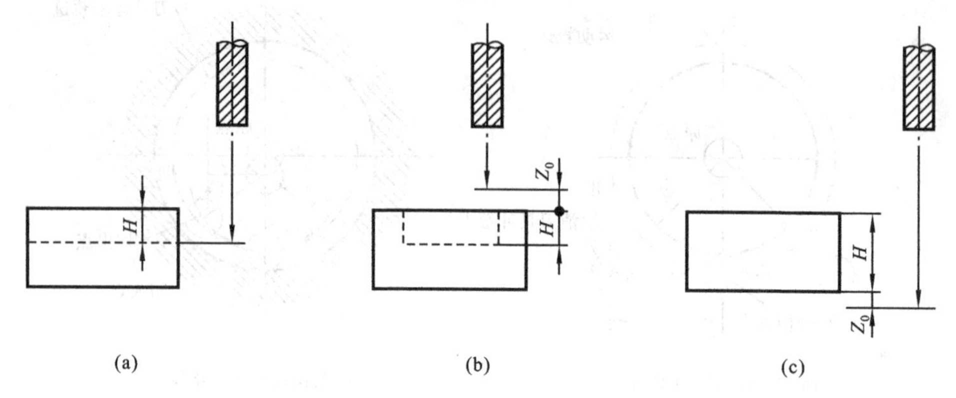

图 6-18 铣刀在 Z 向的进给路线

图 6-18 所示即为上述三种情况的进给路线。有关铣削加工切入、切出距离的经验数据如表 6-6 所示。

3. 铣削加工时进刀、退刀方式的确定

对于铣削加工,刀具切入工件的方式,不仅影响加工质量,而且直接关系到加工安全。对于二维轮廓加工,一般要求从侧向进刀或沿切向进刀,尽量避免垂直进刀。退刀方式也应从侧向或切向退刀。刀具从安全面高度下降到切削高度时,应在工件轮廓边缘的法向离开一个距离,不能直接贴着加工零件的理论轮廓直接下刀,以免发生危险,如图 6-19(a)所示。下刀运动过程最好不用快速(G00)运动,而用直线插补(G01)运动。

对于型腔的粗铣加工,一般应先钻一个工艺孔至型腔底面(预留一定的精加工余量),并扩孔,以便所使用的立铣刀能从工艺孔进刀,进行型腔粗加工,如图 6-19(b)所示。型腔粗加工方式一般采用从中心向四周扩展。

同理,图 6-20 所示为铣削矩形零件的切入切出路径,图 6-20(a)、(b)、(c)分别对应二维轮廓的铣削加工常见的有垂直进、退刀,侧向进、退刀和圆弧进、退刀三种进、退刀方式。

如图 6-21 所示平面轮廓零件的铣削加工,图 6-21(a)所示为平面外轮廓零件工序图,图(b)所示为该工序经工艺分析及处理后确定的外轮廓走刀路线及下刀点、进退刀方式,其中:

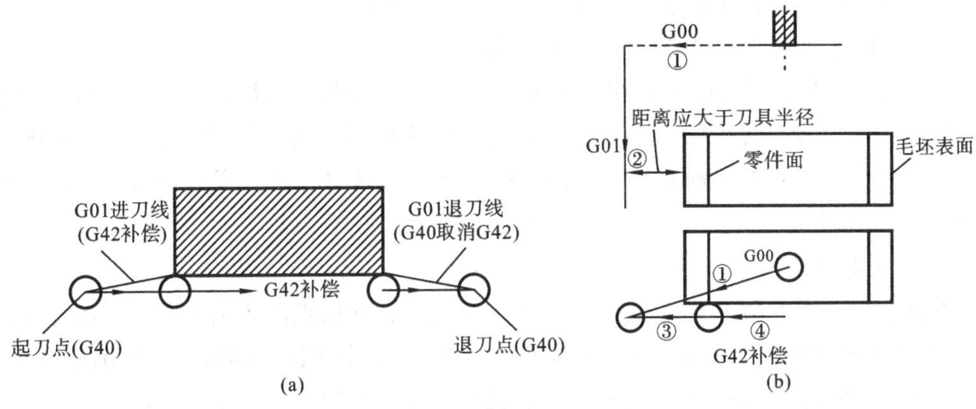

图 6-19 铣削加工的进刀、退刀及下刀

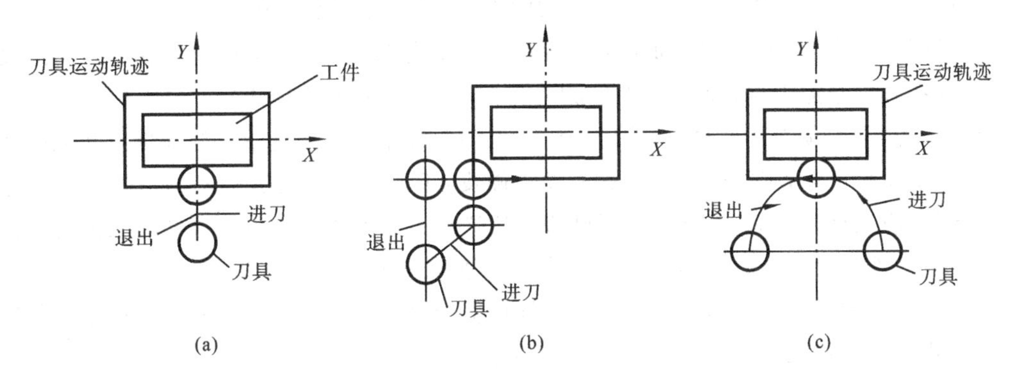

图 6-20 铣削矩形的切入切出路线

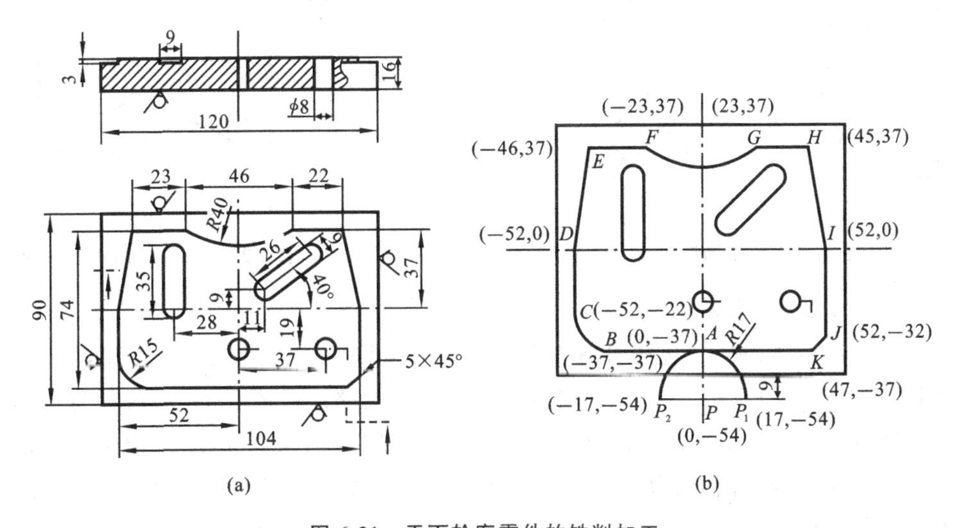

图 6-21 平面轮廓零件的铣削加工

(1) 走刀路线为 P-A-K-J-I-H-G-F-E-D-C-B-A-P；

(2) 列出各节点坐标，如图 6-21(b)所示；

(3) 根据工艺分析选择刀具 $\phi14$ 并确定下刀点 P，刀具中心距离毛坯 9 mm，刀具距离工件 2 mm，P 点坐标为(0，－54)。在粗加工时使用垂直进退刀的方法，采用逆铣，加工余量为 3 mm；在精加工时，使用圆弧进退刀方法，刀具中心轨迹圆弧为 $R10$，编程圆弧半径为 $R17$，加工余量为 0。

4. 顺铣和逆铣的选择

在铣削加工中的加工方式，若铣刀的走刀方向与在切削点的切削速度方向相反，称为逆铣，其铣削厚度是由零开始增大，如图 6-22(a)所示；反之则称为顺铣，其铣削厚度由最大减到零，如图 6-22(b)所示。由于采用顺铣方式时，零件的表面精度和加工精度较高，并且可以减少机床的“颤振”，所以在铣削加工零件轮廓时应尽量采用顺铣加工方式。

顺铣与逆铣的比较：顺铣加工可以提高铣刀耐用度 2～3 倍，工件表面粗糙度值较小，尤其在铣削难加工材料时，效果更加明显。铣床工作台的纵向进给运动一般由丝杠和螺母来实现，采用顺铣加工时，对普通铣床首先要求铣床有消除进给丝杠螺母副间隙的装置，避免工作台窜动，其次要求毛坯表面没有硬皮，工艺系统有足够的刚度。如果具备这样的条件，应当优先考虑采用顺铣，否则应采用逆铣。目前生产中采用逆铣加工方式的比较多。数控铣床采用无间隙的滚珠丝杠传动，因此数控铣床均可采用顺铣加工。

若要铣削如图 6-23 所示内沟槽的两侧面，就应来回走刀两次，保证两侧面都是顺铣加工方式，以使两侧面具有相同的表面加工精度。

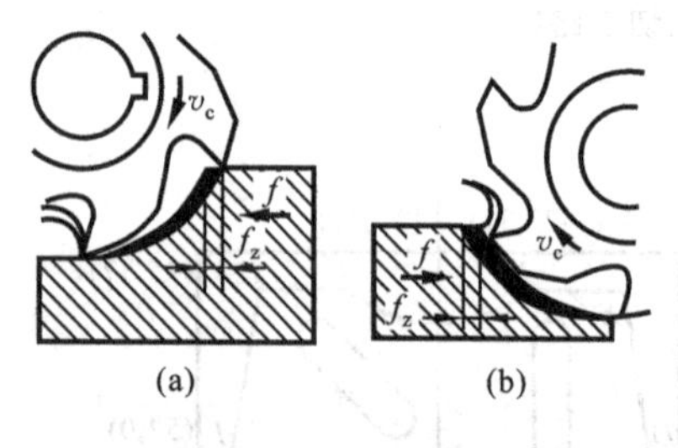

图 6-22 顺铣和逆铣

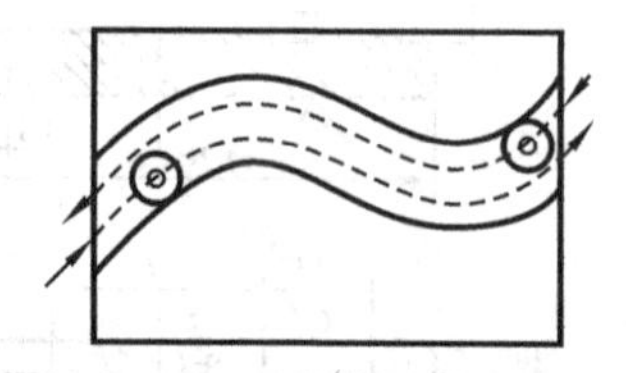

图 6-23 铣削内沟槽的侧面

5. 铣削内槽的进给路线

内槽是指以封闭曲线为边界的平底凹槽，一般用平底立铣刀加工，刀具圆角半径应同内槽圆角相对应。图 6-24 所示为铣削内槽的三种进给路线。图 6-24(a)所示为行切法，其进给路线最短，但由于将在两次进给的起点和终点间留下残留高度，表面粗糙度最高；图 6-24(b)所示为环切法，铣刀沿与零件轮廓相切的过渡圆弧切入和切出，表面粗糙度较低，但进给路线最长；图 6-24(c)所示为先用行切法切去中间部分余量，最后环切一刀光整轮廓表面，既能使总的进给路线较短，又能获得较低的表面粗糙度，进给路线方案最佳。从走刀路线的长短比较，行切法要略优于环切法。但在加工小面积内槽时，环切法的程序量要比行切法的小。

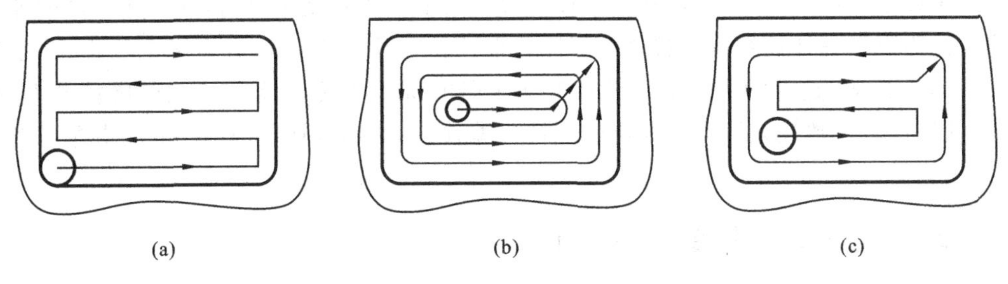

图 6-24 铣削内槽的三种进给路线

6. 立体轮廓的加工

加工一个曲面时可能采取的三种走刀路线，如图 6-25 所示。即沿参数曲面的 X 向行切、沿 Y 向行切和环切。对于直母线类表面，采用如图 6-25(b)所示的方案显然更有利，每次沿直线走刀，刀位点计算简单，程序段少，而且加工过程符合直纹面的形成规律，可以准确保证母线的直线度。如图 6-25(a)所示方案的优点是便于在加工后检验型面的准确度。因此实际生产中最好将以上两种方案结合起来。如图 6-25(c)所示的环切方案一般应用在内槽加工中，在型面加工中由于编程麻烦，一般不用。但在加工螺旋桨桨叶一类零件时，由于工件刚度低，采用从里到外的环切，有利于减少工件在加工过程中的变形。

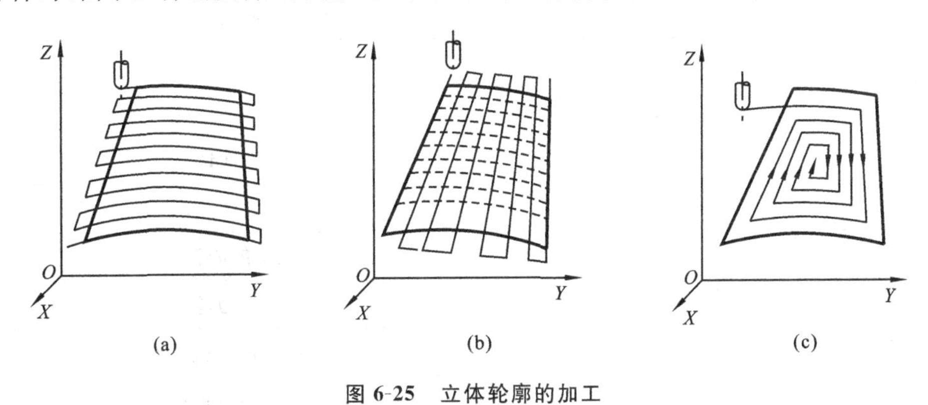

图 6-25 立体轮廓的加工

6.2 数控铣床编程指令

数控铣削程序编制中所用的各种代码已在第 5 章数控编程基础详细介绍，已有一系列的国际标准。我国也参照相关国际标准制定了相应的国家标准。但是,不同厂家的数控系统其指令代码、功能和格式是不完全相同的,就是同一厂家,在不同时期开发的数控系统也有差别。

由于以上原因,编程时就应按照具体数控系统的编程规定来进行,这样所编写的加工程序才能为机床的数控系统所接受。我国目前广泛应用的数控系统有华中数控、北京数控和广州数控等,这几种数控系统都是在 FANUC 系统的基础上结合我国国情开发的,因此,这里以华中数控系统为例介绍数控铣床编程指令的应用(FANUC 系统指令可参见附录)。

6.2.1 准备功能指令(G 指令)

准备功能 G 指令是建立坐标平面、坐标系偏置、刀具与工件相对运动轨迹(插补功能),以及刀具补偿等多种加工操作方式的指令。范围为:G0(等效于 G00)~G99。G 指令的有关规定和含义见表 6-7。

表 6-7 常用 G 指令及功能

G 指令	组别	功能
G00	01	快速定位(快速进给)
G01		直线插补(切削进给)
G02		圆弧插补(顺时针)
G03		圆弧插补(逆时针)
G04	00	暂停
G17	02	*XY* 平面选择
G18		*ZX* 平面选择
G19		*YZ* 平面选择
G20	06	寸制单位输入
G21		米制单位输入
G28	00	经参考点返回机床原点
G29		由参考点返回
G40	07	刀具半径补偿取消
G41		刀具半径左补偿
G42		刀具半径右补偿

续表

G 指令	组　别	功　能
G43	08	刀具长度正偏置(刀具延长)
G44		刀具长度负偏置(刀具缩短)
G49		取消刀具长度补偿
G52	00	局部坐标系设定
G54～G59	14	第 1～6 工作坐标系
G73	09	分级进给钻削循环
G74		反攻螺纹循环
G80		固定循环取消
G81～G89		钻、攻螺纹、镗孔固定循环
G90	03	绝对坐标编程方式
G91		相对坐标编程方式
G92	00	工件坐标系设定
G98	10	固定循环退回起始点
G99		固定循环退回 R 点

注:① 黑体字指令为系统上电时的默认设置；
② 00 组指令是一次性指令,仅在所在的程序行内有效；
③ 其他组别的 G 指令为模态指令(或续效指令),此类指令一经设定一直有效,直到被同组 G 指令取代。

6.2.2 辅助功能指令(M 指令)

辅助功能指令由字母 M 和其后的两位数字组成,主要用于完成加工操作时的辅助动作。常用的 M 指令见表 6-8。

表 6-8 M 指令功能表

M 指令	功　能	M 指令	功　能
M00	程序停止	M06	刀具交换
M01	程序选择停止	M08	切削液开
M02	程序结束	M09	切削液关
M03	主轴正转	M30	程序结束并返回
M04	主轴反转	M98	调用子程序
M05	主轴停止	M99	子程序取消

1. 暂停指令 M00

当 CNC 执行到 M00 指令时，将暂停执行当前程序，以方便操作者进行刀具更换、工件的尺寸测量、工件调头或手动变速等操作。暂停时机床的主轴进给及切削液停止，而全部现存的模态信息保持不变。若欲继续执行后续程序重按操作面板上的“启动键”即可。

2. 程序结束指令 M02

M02 用在主程序的最后一个程序段中，表示程序结束。当 CNC 执行到 M02 指令时机床的主轴进给及切削液全部停止。使用 M02 的程序结束后，若要重新执行该程序就必须重新调用该程序。

3. 程序结束并返回到零件程序头指令 M30

M30 和 M02 功能基本相同，只是 M30 指令还兼有控制返回到零件程序头(%)的作用。

使用 M30 的程序结束后，若要重新执行该程序，只需再次按操作面板上的“启动键”即可。

4. 子程序调用及返回指令 M98、M99

M98 用来调用子程序；M99 表示子程序结束，执行 M99 使控制返回到主程序。

在子程序开头必须规定子程序号，以作为调用入口地址。在子程序的结尾用 M99，以控制执行完该子程序后返回主程序。

5. 主轴控制指令 M03、M04 和 M05

M03 启动主轴，主轴以顺时针方向(从 Z 轴正向朝 Z 轴负向看)旋转；M04 启动主轴，主轴以逆时针方向旋转；M05 主轴停止旋转。

6. 换刀指令 M06

M06 用于具有刀库的数控铣床或加工中心，用以换刀。通常与刀具功能字 T 指令一起使用。如 T0303 M06 是更换调用 03 号刀具，数控系统收到指令后，将原刀具换走，而将 03 号刀具自动地安装在主轴上。

7. 切削液开、停指令 M07、M09

M07 指令将打开切削液管道；M09 指令将关闭切削液管道。其中 M09 为缺省功能。

6.2.3 固定循环指令

1. 孔加工方式

对于孔深与孔径比不大于 5 的孔类加工，可参照表 6-9 来安排加工方法。

表 6-9 孔深与孔径比不大于 5 的孔类加工方式的选择

孔的精度	孔的毛坯性质	
	在实体材料上加工孔	预先铸出或热冲出的孔
H13,H12	一次钻孔	用扩孔钻钻孔或镗刀镗孔
H11	孔径≤10:一次钻孔。 孔径>10～30:钻孔及扩孔。 孔径>30～80:钻、扩或钻、扩、镗	孔径≤80:粗扩、精扩, 或用镗刀粗镗、精镗, 或根据余量一次镗孔或扩孔
H10 H9	孔径≤10:钻孔及铰孔。 孔径>10～30:钻孔、扩孔及铰孔。 孔径>30～80:钻、扩或钻、镗、铰(或镗)	孔径≤80:用镗刀粗镗(一次或二次,根据余量而定),铰孔(或精镗)
H8 H7	孔径≤10:钻孔、扩孔、铰孔。 孔径>10～30:钻孔及扩孔及一、二次铰孔。 孔径>30～80:钻、扩或钻、扩、镗	孔径≤80:用镗刀粗镗(一次或二次,根据余量而定)及半精镗,精镗或精铰

对于孔深与孔径比不小于 5 的孔类加工,属于深孔,钻孔时应考虑排屑而采用间歇进给。当孔位置精度要求较高时,最好先用中心钻预点孔。

2. 固定循环指令

孔加工是数控加工中最常见的加工工序,数控铣床和加工中心通常都能完成钻孔、镗孔、铰孔和攻螺纹等的加工。这些孔加工的基本动作相似,如果事先将这些基本动作编制成子程序,用一个 G 指令来调用,就可以大大方便编程,这个 G 指令就称为固定循环指令。

FANUC 0M 系统专门指定了一组固定循环指令来完成各种孔型的加工。该类指令的特点是针对各种孔型的专用指令,用一个 G 指令即可完成,为模态指令。使用它编制孔加工程序时,只需给出第一个孔加工的所有参数,后续孔加工的程序如与第一个孔有相同的参数,则可省略。这样不仅可以极大地提高编程效率,而且还可以使程序变得简单易读。表 6-10 列出了这些指令的基本含义。

表 6-10 固定循环指令一览表

G 指令	动作 3 -Z 方向之进刀	动作 4 孔底位置的动作	动作 5 +Z 方向之退回动作	用 途
G73	间歇进给	—	快速移动	高速钻深孔循环

续表

G 指令	动作 3 $-Z$ 方向之进刀	动作 4 孔底位置的动作	动作 5 $+Z$ 方向之退回动作	用　途
G74	切削进给(主轴反转)	主轴停止→主轴正转	切削进给	攻左螺纹循环
G76	切削进给	主轴定向停止	快速移动	精镗孔循环
G80	—	—	—	取消固定循环
G81	切削进给	—	快速移动	钻孔循环
G82	切削进给	暂停	快速移动	沉孔钻孔循环
G83	间歇进给	—	快速移动	深孔啄式钻孔循环
G84	切削进给(主轴正转)	主轴停止→主轴反转	切削进给	攻右螺纹循环
G85	切削进给	—	切削进给	铰孔循环
G86	切削进给	主轴停止	快速移动	镗孔循环
G87	切削进给	主轴停止	手动或快速	反镗孔循环
G88	切削进给	暂停→主轴停止	手动或快速	镗孔循环
G89	切削进给	暂停	切削进给	镗孔循环

(1) 固定循环的基本动作　如图 6-26 所示(图中虚线表示快速进给,实线表示切削进给),孔加工循环一般由下述 6 个动作组成。

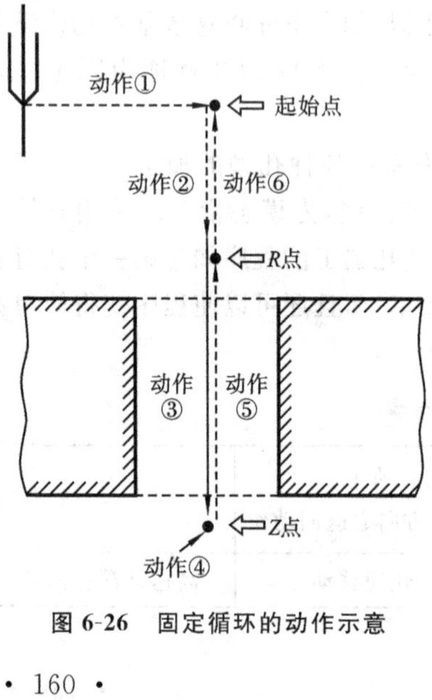

动作①——在 XY 平面定位:使刀具快速定位到孔加工位置。

动作②——快进到 R 点:刀具自起始点快进到 R 点(referance point)。

动作③——孔加工:以切削进给的方式执行孔加工的动作。

动作④——孔底动作:包括暂停、主轴准停、刀具位移等动作。

动作⑤——返回到 R 点:继续加工其他孔。

动作⑥——返回到起始点。

说明:固定循环指令中地址 R、Z 的数据指定与编程方式 G90 或 G91 有关。选择 G90 方式时,R、Z 一律取其绝对坐标值。选择 G91 方式时,R 是指自

图 6-26　固定循环的动作示意

起始点到 R 点的距离；Z 是指自 R 点到 Z 点的距离，如图 6-27 所示。

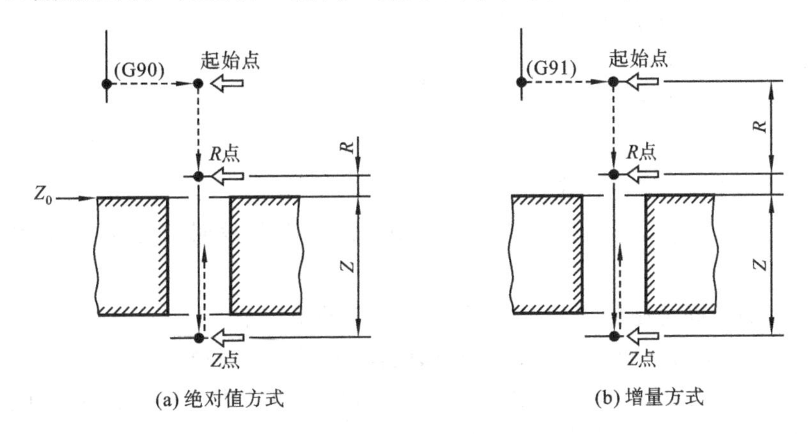

图 6-27　R 点与 Z 点指令

(2) 起始点是为安全下刀而规定的点　该点到零件表面的距离可以任意设定在一个安全高度上。当使用同一把刀具加工若干孔时，只有孔间存在障碍需要跳跃或全部孔加工完毕时，才使用 G98 功能使刀具返回到起始点，如图 6-28(a)所示。

(3) R 点又称参考点，是刀具下刀时自快进转为工进的转换点。R 点距工件表面的距离，要根据工件表面尺寸变化情况而设定。如工件表面为平面时，一般可取 2～5 mm，使用 G99 时，刀具将返回到该点，如图 6-28(b)所示。

(4) Z 点又称孔底点，表示孔底平面的所在位置。加工盲孔时孔底平面就是孔底的 Z 轴高度；加工通孔时一般刀具还要伸出工件底平面一段距离，这主要是保证全部孔深都加工到规定尺寸。钻孔时还应考虑钻尖对孔深的影响。

(5) 孔加工循环与平面选择指令(G17、G18、G19)无关，即不管选择了哪个平面，孔加工都是在 XY 平面上定位，并在 Z 轴方向上加工孔。

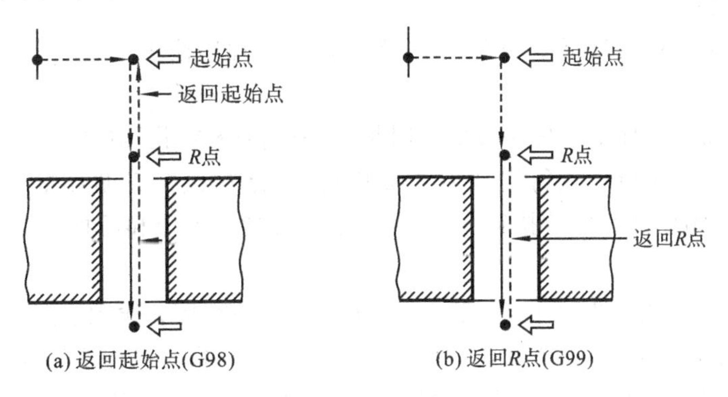

图 6-28　刀具返回指令

3. 固定循环指令的格式

孔加工固定循环指令的一般格式为：

$$G90/G91\begin{Bmatrix}G98\\G99\end{Bmatrix}G\_\ X\_Y\_Z\_R\_Q\_P\_F\_K\_$$

说明如下。

(1) G90/G91——编程方式。

(2) G98/G99——刀具返回方式。当采用 G98 时刀具返回初始点；当采用 G99 时刀具返回 *R* 点。

(3) G_孔加工固定循环指令，是 G73～G89 中的某一个。

(4) X,Y——指定孔在 *XY* 平面的坐标位置(增量或绝对值)。

(5) Z——指定孔底坐标值。用 G91 增量方式编程时，是 *R* 点到孔底的距离；用 G90 绝对值方式编程时，是孔底的绝对坐标值。

(6) R——在 G91 增量方式编程时，是指起始点到 *R* 点的距离；而在 G90 绝对值方式编程时，是指 *R* 点的绝对坐标值。

(7) Q——在 G73、G83 中，是用来指定每次进给的深度；在 G76、G87 中指定刀具的位移量。

(8) P——用来指定暂停的时间，单位为 ms。

(9) F——用来指定刀具的切削进给速度。

(10) L——用来指定固定循环的重复次数。只循环一次时 L 可不指定。

(11) G73～G89——模态指令。一旦指定，一直有效，直到出现其他孔加工的固定循环指令，或固定循环取消指令(G80)，或 G00、G01、G02、G03 等插补指令时才失效。因此，多孔加工时该指令只需指定一次。以后的程序段只需给出孔的位置即可。

(12) 固定循环中的参数(Z、R、Q、P、F)是模态的，当变更固定循环方式时，被使用的参数可以继续使用，不需重设。

(13) 在使用固定循环指令编程时，一定要在前面程序段中指定 M03(或 M04)，使主轴启动。

(14) 若在固定循环指令程序段中同时指定一后指令 M 代码(如 M05、M09 等)，则该 M 代码并不是在循环指令执行完成后才被执行，而是在执行完循环指令的第一个动作(如 *X*、*Y* 向平面定位)后，即被执行。因此，固定循环指令不能和后指令 M 代码同时出现在同一个程序段。

(15) 当用 G80 指令取消孔加工固定循环后，那些在固定循环之前的插补模态(如 G00、G01、G02、G03 等)恢复，M05 指令也自动生效(G80 指令可使主轴停转)。

(16) 在固定循环中，刀具半径补偿指令(G41、G42)无效。刀具长度补偿指令(G43、G44)有效。

4. 固定循环指令介绍

1) 钻孔加工循环指令

该指令主要有G81、G82、G85循环指令。

(1) 钻孔循环(中心钻)指令G81

指令格式：$\left\{\begin{matrix}G98\\G99\end{matrix}\right\}$ G81 X_Y_Z_R_F_

该指令是一般孔钻削加工的固定循环指令，孔加工的动作如图6-29所示。主要用于点钻、钻孔。

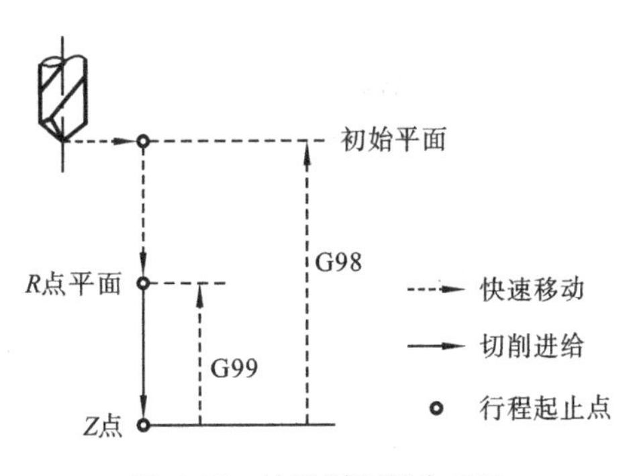

图6-29　钻孔循环指令G81

(2) 沉孔钻孔循环G82

指令格式：$\left\{\begin{matrix}G98\\G99\end{matrix}\right\}$ G82 X_Y_Z_R_P_F_

该指令与G81动作轨迹一样，如图6-31所示。仅在孔底增加了“暂停”时间，即使刀具进给暂停一段时间。因而可以得到准确的孔深尺寸，使表面更光滑。主要用于有孔深要求的钻孔加工。如加工盲孔，镗阶梯孔等。

例6-1　如图6-30所示，要求用G81加工所有孔，沉孔钻孔循环G82如图6-31所示。

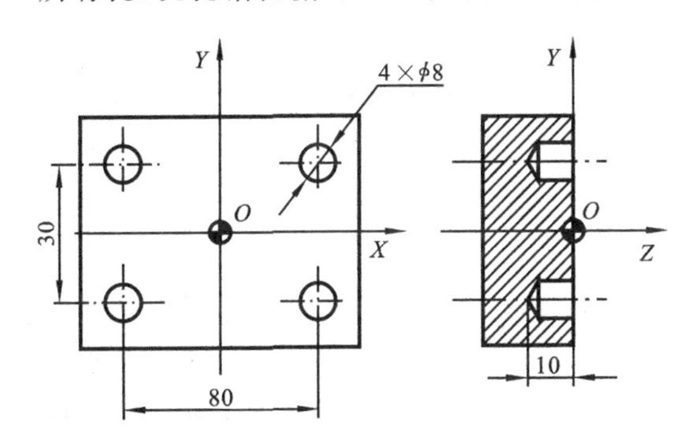

图6-30　G81加工所有孔

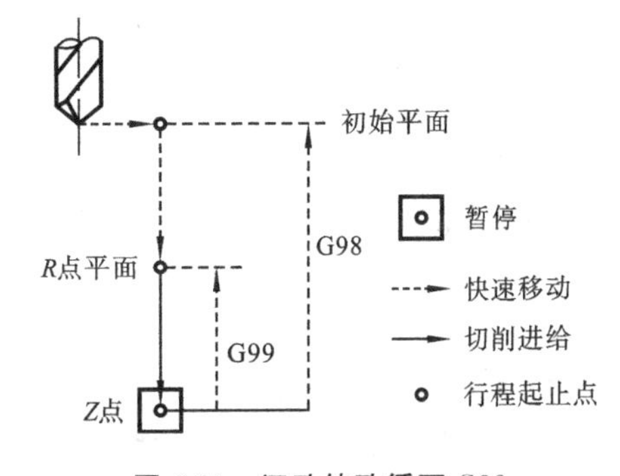

图6-31　沉孔钻孔循环G82

解　螺纹的加工程序如下。

```
O6053                               ;程序名
N10 G90 G54 G00 Z100 S1000 M03      ;设置坐标，主轴正转，转速1 000 r/min
N20 X0. Y0.                         ;设置刀具的起点
N30 M08                             ;切削液开
N40 G98 G81 X40.0 Y－15.0 R5.0 Z－10.0 F30
```

```
                                    ;钻孔,钻孔后返回R点与工件表面5 mm,
                                     钻孔深10 mm,返回初始平面
N50 Y15.0                           ;孔坐标
N60 X-40.0                          ;孔坐标
N70 Y-15.0                          ;孔坐标
N80 G80                             ;固定循环取消
N90 X0. Y0.                         ;返回到起点
N100 M09                            ;
N110 M05                            ;
N120 M30                            ;程序结束
```


```
N70 Y-15.0                          ;孔坐标
N80 G80                             ;固定循环取消
N90 X0. Y0.                         ;返回到起点
N100 M09                            ;
N110 M05                            ;
N120 M30                            ;程序结束
```


(3) 铰孔循环指令 G85

指令格式：$\left\{\begin{matrix}G98\\G99\end{matrix}\right\}$G85 X_Y_Z_R_F_

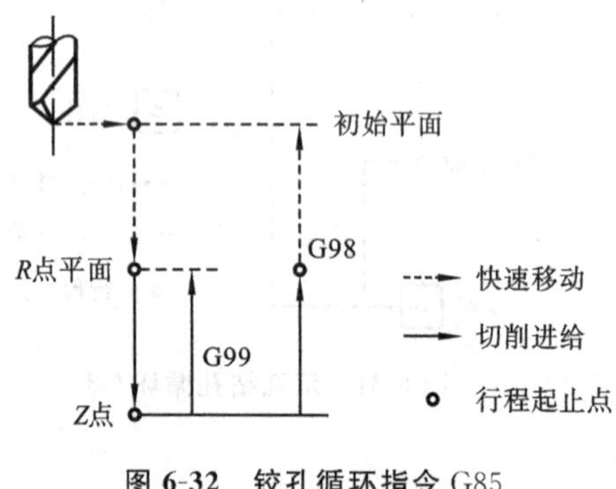

图 6-32　铰孔循环指令 G85

该指令的孔加工动作也与 G81 动作轨迹一样，如图 6-32 所示。但在返回行程中，即从 $Z\rightarrow R$ 段为切削进给，以保证孔壁光滑，主要用于铰孔。

G81、G82、G85 这三个指令都属于基本钻孔循环指令，动作轨迹基本一样。主要区别是 G81 没有孔底动作；G82 有孔底动作，在孔底需要暂停，以保证孔深尺寸；G85 也没有孔底动作，在返回途中 $Z\rightarrow R$，仍保持切削，以保证孔壁光滑。

2) 深孔加工循环指令(主要有 G73、G83 循环指令)

(1) 高速深孔啄式钻孔循环 G73

指令格式：$\left\{\begin{matrix}G98\\G99\end{matrix}\right\}$G73 X_Y_Z_R_Q_F_

该指令孔加工动作如图 6-33 所示。分多次工作进给，每次进给的深度由 Q 指定（一般为 2～3 mm），且每次工作进给都快速退回一段距离 d，d 值由参数设定（通常为 0.1 mm）。这种加工方法的优点是通过 Z 轴的间断进给，可以比较容易地实现断屑与排屑。

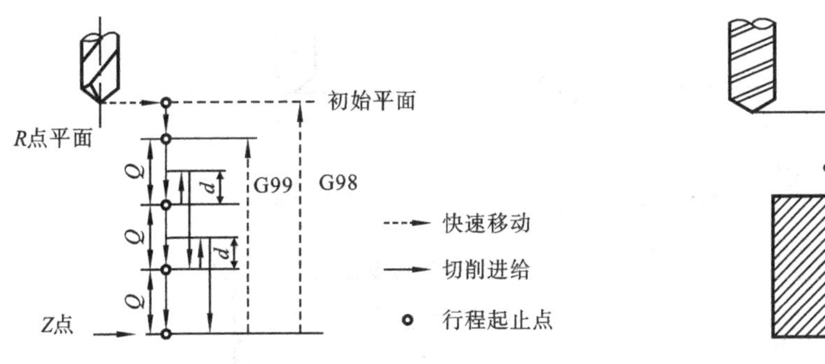

图 6-33 高速深孔啄式钻孔循环 G73

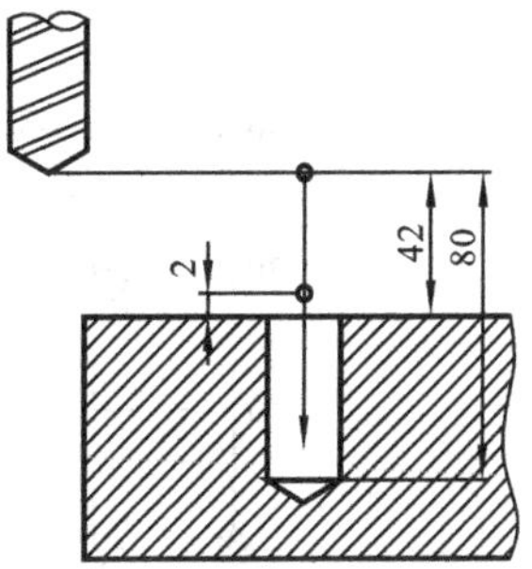

图 6-34 深孔的加工实例

例 6-2 如图 6-34 所示，使用 G73 指令编制深孔加工程序，设刀具起点距工件上表面 42 mm，距孔底 80 mm，在距工件上表面 2 mm 处（R 点）由快进转换为工进，每次进给深度为 5 mm，每次退刀距离为 3 mm。

解 深孔的加工程序如下。

```
O6054                                      ;程序名
N10 G92 X0 Y0 Z80                          ;设置刀具起点
N20 G00 G90 M03 S600                       ;主轴正转
N30 G98 G73 X100 R40 Q−5 d3 P2 Z0 F200;深孔加工，返回初始平面
N40 G00 X0 Y0 Z80                          ;返回起点
N60 M05                                    ;
N70 M30                                    ;程序结束
```

(2) 深孔啄式钻孔循环 G83

指令格式：$\begin{Bmatrix} G98 \\ G99 \end{Bmatrix}$G83 X_Y_Z_R_Q_F_

深孔啄式钻孔循环 G83 如图 6-35 所示，该指令适用于加工较深的孔。与 G73 不同的是每次刀具间歇进给后都要退至 R 点，其好处是可以将切屑带出孔外。以免切屑将钻槽塞满而增加切削阻力及切削液无法到达切削区。图中的 d 值由参数设定（FANUC 0 M 由参数 0532 设定，一般设定

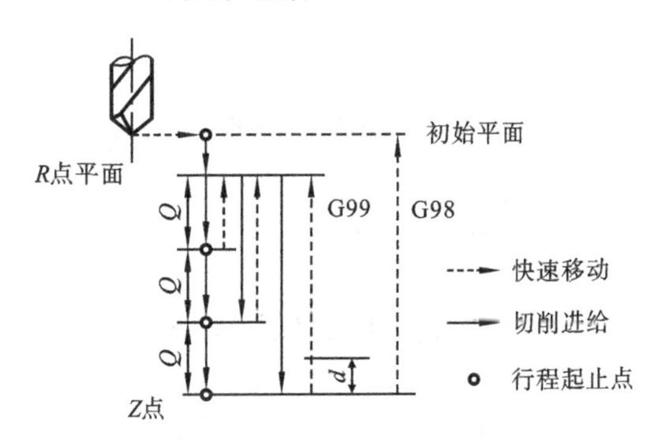

图 6-35 深孔啄式钻孔循环 G83

为 1000,表示 1.0 mm)。当重复进给时,刀具快速下降,到 d 值规定的距离时转为切削进给,Q 为每次进给的深度,由机床参数设定。

例 6-3 如图 6-36 所示加工五个孔,分别用 G81 和 G83 编程。

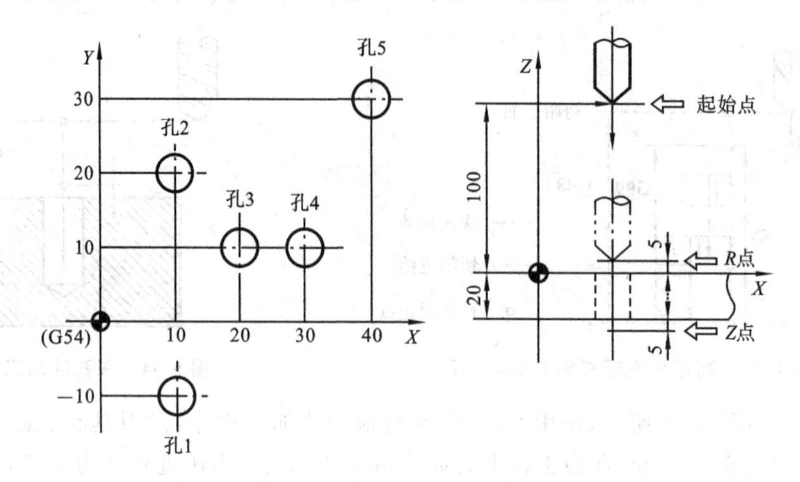

图 6-36　加工五个孔实例 G83

解　按 G81 编程(增量方式)如下。

```
O6055                                            ;程序名
N001 G91 S200 M03                                ;增量方式,主轴正)
N002 G99 G81 X10.0 Y-10.0 Z-30.0 R-95.0 F150
                                                 ;G81 钻孔循环加工孔 1,返回R点
N003 Y30.0                                       ;加工孔 2
N004 X10.0 Y-10.0                                ;加工孔 3
N005 X10.0                                       ;加工孔 4
N006 G98 X10.0 Y20.0                             ;加工孔 5,返回起始点
N007 G80 X-40.0 Y-30.0                           ;取消固定循环,快速返回刀具起刀点
N008 M05                                         ;主轴停止
N009 M30                                         ;程序结束
```

按 G83 编程(增量方式)如下。

```
O6056                                            ;程序名
N001 G90 G54 G00 S200 M03                        ;绝对值方式,建立工件坐标系,主轴正转
N002 G99 G83 X10.0 Y-10.0 Z-25.0 R5.0 Q5.0 F150
```

```
                                    ;G83 循环加工孔 1,返回 R 点
N003 Y20.0                          ;加工孔 2
N004 X20.0 Y10.0                    ;加工孔 3
N005 X30.0                          ;加工孔 4
N006 G98 X40.0 Y30.0                ;加工孔 5,返回起始点
N007 G80 X0.0 Y0.0                  ;取消固定循环,快速返回刀具起刀点
N008 M05                            ;主轴停止
N009 M30                            ;程序结束
```

3) **螺纹孔加工指令**

该指令主要有 G74、G84 循环指令。

(1) 攻左螺纹循环 G74

指令格式：$\left\{\begin{matrix} G98 \\ G99 \end{matrix}\right\}$ G74 X_Y_Z_R_F_

该指令用于攻左螺纹,孔加工动作如图 6-37 所示。刀具先快速定位至 X、Y 所指定的坐标位置,再快速定位到 R 点,主轴反转,接着以 F 指令所指定的进给速度攻螺纹至 Z 所指定的坐标位置后,主轴由反转转换为正转,并且同时向 Z 轴正方向退回至 R 点。退回至 R 点后,主轴恢复原来的反转。

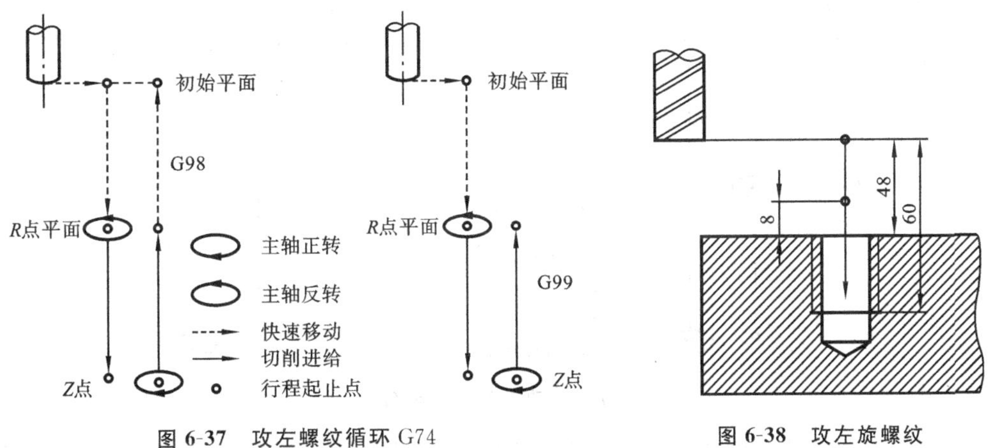

图 6-37　攻左螺纹循环 G74　　　　**图 6-38　攻左旋螺纹**

注意:①攻螺纹时速度倍率、进给保持均不起作用;②R 应选在距工件表面 7 mm 以上的地方;③如果 Z 的移动量为零,则该指令不执行。

例 6-4　使用 G74 指令编制如图 6-38 所示的左旋螺纹攻螺纹加工程序,设刀具起点距工件上表面 48 mm,距孔底 60 mm,在距工件上表面 8 mm 处(R 点)由快进转换为工进。

解 螺纹的加工程序如下。

```
O6057                                   ;程序名
N10 G92 X0 Y0 Z60                       ;设置刀具的起点
N20 G91 G00 M04 S500                    ;主轴反转,转速为 500 r/min
N30 G98 G74 X100 R-40 P4 F200           ;攻螺纹,孔底停留 4 个单位时间,
                                         返回初始平面
N35 G90 Z0                              ;
N40 G0 X0 Y0 Z60                        ;返回到起点
N50 M05                                 ;
N60 M30                                 ;程序结束
```

(2) 攻右螺纹循环 G84

指令格式:$\begin{Bmatrix} \text{G98} \\ \text{G99} \end{Bmatrix}$G84 X_Y_Z_R_ P_F_

该指令与 G74 类似,但主轴的旋转方向与 G74 刚好相反,用于攻右螺纹。其孔加工循环动作如图 6-39 所示。

在 G74、G84 攻螺纹循环指令执行过程中,操作面板上的进给倍率调整旋钮无效。另外,进给暂停键也无效。

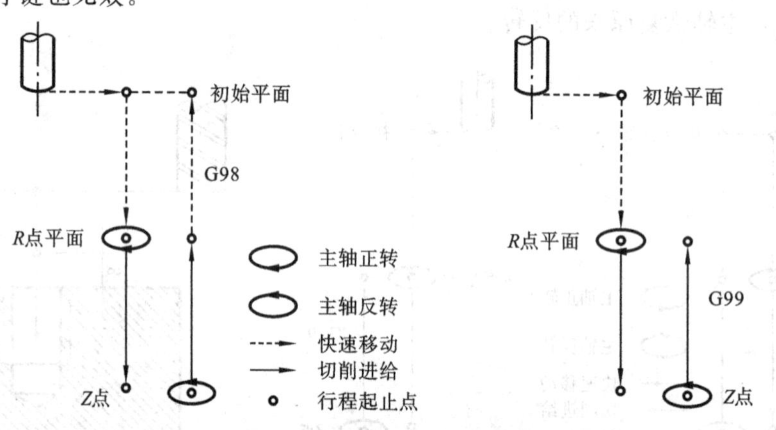

图 6-39 攻右螺纹循环 G84

例 6-5 对如图 6-39 所示中的孔攻右旋螺,深度为 6 mm,导程为 1.25 mm,编制数控程序。

解 螺纹的加工程序如下。

```
O6058                                   ;程序名
N10 G90 G54 G00 Z100.0 S200 M03         ;
N20 X0 Y0                               ;设置刀具的起点
```

```
N25 M08                                   ;
N30 G84 X40.0 Y-15.0 Z-6.0 R5.0 P5 F250   ;攻螺纹,孔底停留5个单位时间,返回初始平面
N40 Y15.0                                 ;
N50 X-40.0                                ;
N60 Y-15.0                                ;
N70 X0 Y0                                 ;返回到起点
N75 M09                                   ;
N80 M05                                   ;
N85 M30                                   ;程序结束
```

例 6-6 编制如图 6-40 所示的螺纹加工程序,设刀具起点距工作表面 100 mm 处,螺纹切削深度为 10 mm。

解 在工件上加工孔螺纹,应先在工件上钻孔,钻孔的深度应大于螺纹深(定为 12 mm),钻孔的直径应略小于内径(定为 ϕ8 mm)。螺纹的加工程序如下。

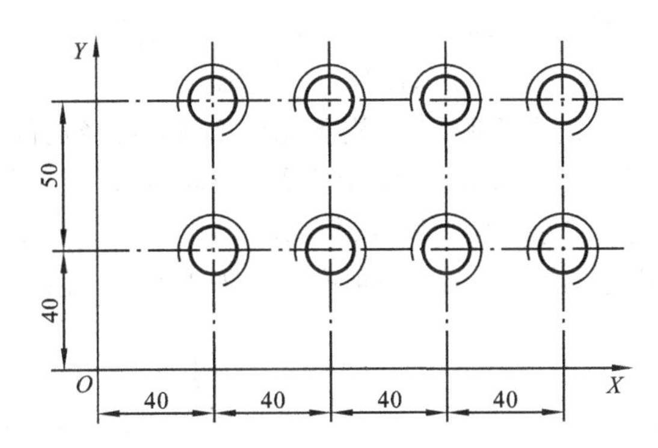

图 6-40 固定循环综合编程

```
O6059                                      ;先用G81钻孔的主程序
N10 G92 X0 Y0 Z100                         ;
N20 G91 G00 M03 S600                       ;
N30 G99 G81 X40 Y40 G90 R-98 Z-112 F200    ;
N50 G91 X40 L3                             ;循环3次(L3)
N60 Y50                                    ;
N70 X-40 L3                                ;
N80 G90 G80 X0 Y0 Z100 M05                 ;
N90 M30                                    ;
O8092                                      ;用G84攻螺纹的程序
```

```
N210 G92 X0 Y0 Z0                          ;
N220 G91 G00 M03 S300                      ;
N230 G99 G84 X40 Y40 G90 R－93 Z－110 F100  ;攻右螺纹循环
N240 G91 X40 L3                            ;
N250 Y50                                   ;
N260 X－40 L3                               ;
N270 G90 G80 X0 Y0 Z100 M05                ;
N280 M30                                   ;
```

4) **镗孔循环指令**

该指令主要有G86、G87、G88、G89、G76循环指令。

(1) 镗孔循环G86

指令格式：$\left\{\begin{matrix} G98 \\ G99 \end{matrix}\right\}$ G86 X_Y_Z_R_F_

该指令与G81基本类似。所不同的是刀具进给到孔底之后，主轴自动停止转动而退刀(即退刀动作是在主轴停止转动的情况下进行的)。当返回到 R 点(G99)或起始点(G98)后，主轴重新转动，其循环动作如图6-41所示。值得注意的是：采用该方式加工时，如果连续加工的几个孔的孔间距较小，则可能出现刀具已经定位到下一个孔的加工位置，而主轴的转速尚未达到所规定的转速的情况。为此，可以在各孔之间加入暂停指令G04，以使主轴达到规定的转速。使用固定循环指令G74和G84时，也有类似的情况，应采用同样的方法加以避免。本指令属于一般孔镗削加工的固定循环。

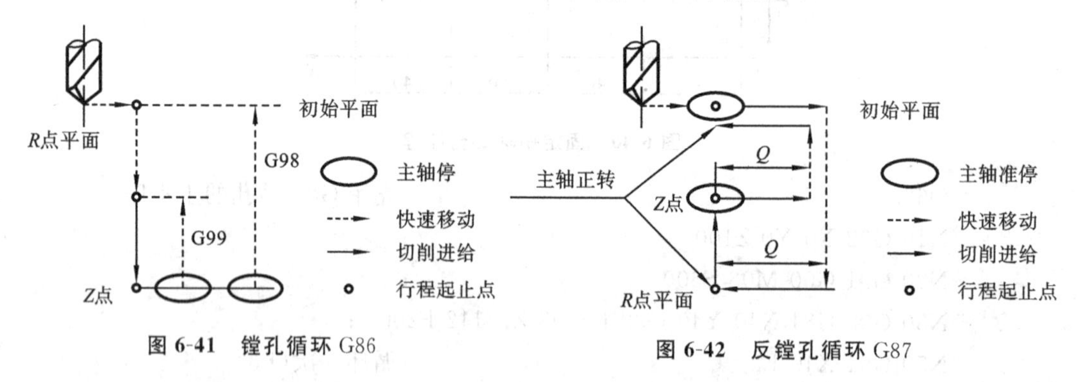

图6-41　镗孔循环 G86　　**图6-42　反镗孔循环** G87

(2) 反(背)镗孔循环G87

指令格式：$\left\{\begin{matrix} G98 \\ G99 \end{matrix}\right\}$ G87 X_Y_Z_R_Q_F_

该指令用于精密镗孔加工，其循环动作如图6-42所示。执行该指令时，刀具在 X、Y 轴完成定位后，主轴定向停止，然后向刀尖反方向移动 Q 值，再快速移动到孔底(该位置

是 R 点平面）定位，停止后，刀具向刀尖方向移动 Q 值，主轴正转，并沿 Z 轴正方向加工到 Z 点。这时主轴又定向停止，向刀尖反方向移动，然后从孔中退出刀具。返回到初始平面（只能使用 G98）后，退回一个位移量，主轴再次正转，进行下一个程序段动作。指令格式中的地址 Q 用来指定退刀位移量，Q 值必须是正值，即使用负值，符号也不起作用。位移方向是 $\pm X$、$\pm Y$，它可以事先在操作面板上进行设定。

（3）镗孔循环 G88

指令格式：$\left\{\begin{matrix}\mathrm{G98}\\ \mathrm{G99}\end{matrix}\right\}$G88 X_Y_Z_R_P_F_

该指令用于镗孔循环，其动作循环如图 6-43 所示。执行该指令时，循环加工到孔底后，主轴停止转动，变成停机状态。此时转换为手动状态，可用手动将刀具从孔中退出，返回到 R 点平面或初始平面，主轴自动回复正转，再转入下一个程序段进行自动加工。

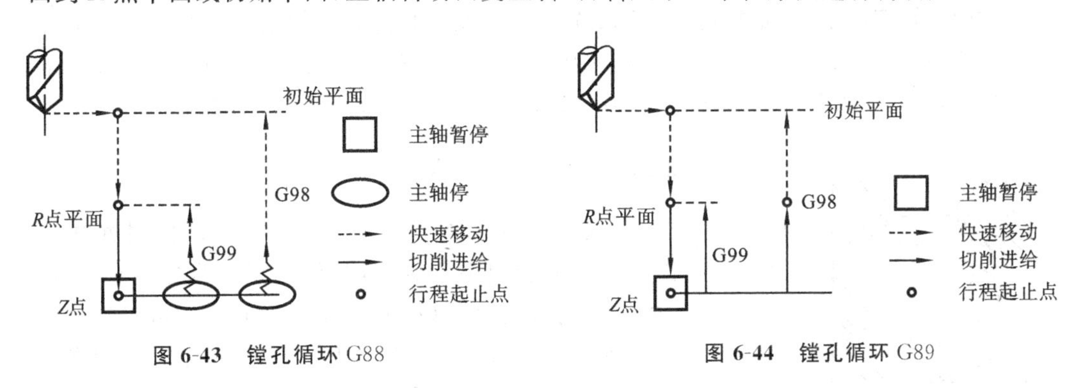

图 6-43 镗孔循环 G88　　图 6-44 镗孔循环 G89

（4）镗孔循环 G89

指令格式：$\left\{\begin{matrix}\mathrm{G98}\\ \mathrm{G99}\end{matrix}\right\}$G89 X_Y_Z_R_P_F_

该指令与 G85 指令基本相同，其动作循环如图 6-44 所示。但刀具在孔底有暂停，退刀动作也是以进给速度退出。

G85、G86、G87、G88、G89 镗孔循环比较如下。

这些指令都是镗孔循环指令，都是连续进给。其主要区别在于孔底动作和逃离方式不同。即：G85 没有孔底动作，逃离方式为切削进给，用于铰孔循环；G86 孔底动作为主轴停止，逃离方式为快速移动，用于镗孔循环；G87 孔底动作为主轴停止，作径向移动，逃离方式为快速移动，用于反镗孔循环；G88 孔底动作为进给暂停→主轴停止，逃离方式为手动操作；G89 孔底动作为进给暂停，逃离方式为切削进给。

（5）精镗孔循环 G76

该指令用于精密镗孔加工，它可以通过主轴定向准停动作进行让刀，从而消除退刀痕迹。其动作循环如图 6-45 所示。

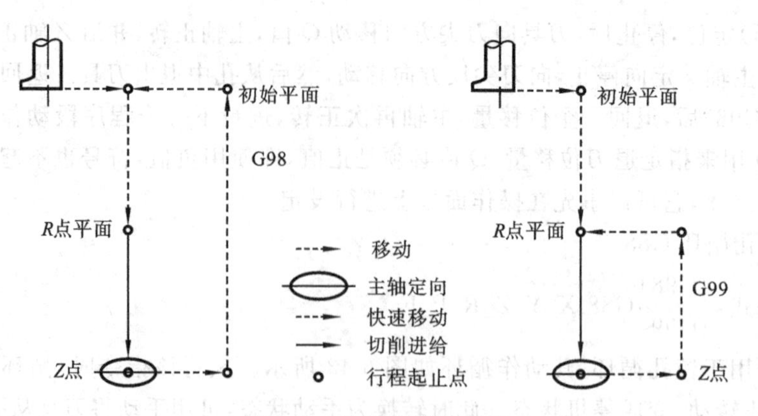

图 6-45　精镗孔循环 G76

所谓主轴定向准停，是指通过主轴的定位控制功能使主轴在规定的角度上准确停止，并保持这一位置，从而使镗刀的刀尖对准某一方向。刀具定向停止后，控制刀尖向相反的方向少量移动，使刀尖脱离工件表面，以保证退刀时不擦伤加工表面，如图 6-46 所示。

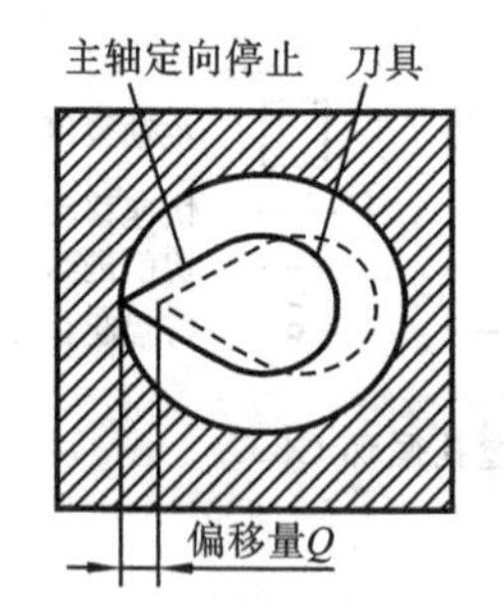

图 6-46　主轴定向停止与偏移

指令格式：$\begin{Bmatrix} \text{G98} \\ \text{G99} \end{Bmatrix}$G76 X_Y_Z_R_Q_P_F_

格式中，地址 Q 是镗刀偏移量。该值一定为正值，即使用负值，符号也不起作用。也不能用小数表示，只能用最小设定单位表示。如：欲偏 1.0 mm，则可表示为 Q1000。Q 的偏移方向可以是 $+X$、$-X$、$+Y$、$-Y$ 中任何一个，一般设定为 $+X$ 方向，它可以在操作面板上进行设定。指定的 Q 值不宜过大，以免碰撞工件。P 为在孔底的暂停时间，单位为：ms。

注意：镗刀装到主轴上后，要检查主轴定向的方向，方向不对时要重新装刀。

5) **取消固定循环指令** G80

指令格式：G80

该指令能取消固定循环，同时 R 点和 Z 点也被取消。使用固定循环时应注意以下几点。

(1) 在固定循环指令前应使用 M03 或 M04 指令使主轴回转。

(2) 在固定循环程序段中，X、Y、Z、R 数据应至少指定其中一个才能进行孔加工。

(3) 在使用控制主轴回转的固定循环(如 G74、G84、G86 等)中，如果连续加工一些孔间距比较小，或者初始平面到 R 点平面的距离比较短的孔时，会出现在进入孔的切削动作前，主轴还没有达到正常转速的情况。遇到这种情况时，应在各孔的加工动作之间插入 G04 指令，以获得时间。

(4) 当固定循环指令不再使用时，应用G80指令取消固定循环，而回复到一般的指令状态(如G00、G01、G02、G03等)，此时，固定循环指令中的孔加工数据(如Z点、R点值等)也被取消。

(5) 在固定循环程序段中，如果指定了M，则在最初定位时送出M信号，等待M信号完成后，才能进行孔加工循环。

(6) 固定循环的重复使用。

在固定循环的指令的最后，用L地址指定重复次数。在增量方式G91时，如果有间距相同的若干个相同的孔，采用重复次数来编程是很方便的。注意：采用重复次数编程时，要采用G91、G99方式。

例6-7　加工如图6-47所示的四个孔，用G82编程。

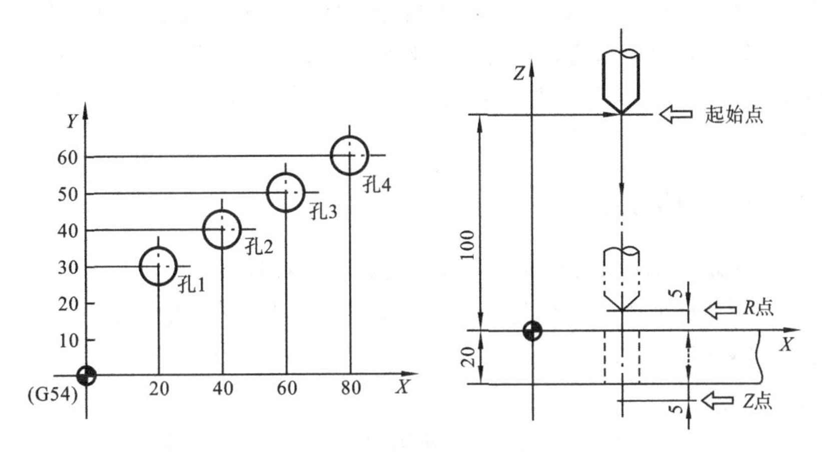

图6-47　固定循环的重复使用G82编程实例

解　程序如下。

```
O6000                                        ;程序名
N001 G91 G00 S200 M03                        ;增量方式，主轴正转
N002 G99 G82 X20.0 Y30.0 Z—30.0 R—95 P1000 F120
                                             ;G82固定循环钻孔1
N003 X20.0 Y10.0 L3                          ;G82固定循环钻孔2、3、4
N004 G80 Z95.0                               ;取消固定循环，刀具快速返回起始点
```
N004 G80 Z95.0　;取消固定循环，刀具快速返回起始点
```
N005 X—80.0 Y—60.0                           ;刀具返回工件原点
N006 M05                                     ;主轴停止
N007 M30                                     ;程序结束
```

注意:如果使用G74或G84时,因为主轴回到R点或起始点时要反转,因此需要一定时间,如果用L来进行多孔操作,要估计主轴的启动时间。如果时间不足,不应使用L地址,而对应于每一个孔给出一个程序段,并且每段中增加G04指令来保证主轴的启动时间。

6.3 数控铣削加工程序的实例

6.3.1 铣削程序的特点

铣削是最常用的数控加工方法之一,包括平面铣削、沟槽铣削、轮廓铣削等。数控铣削可以在数控卧铣、数控立铣和加工中心等机床去实现。平面铣削一般是在一个平面上进行的加工,所以编程时应指定程序所在的平面。下面通过部分零件的加工程序,由简到繁分别介绍各种铣削指令的使用并说明铣削零件中涉及的工艺过程及工序、工步及加工参数的选择,以及程序结构和指令格式的应用。

6.3.2 铣削加工实例

1. 典型的平面外形轮廓的铣削加工程序实例与上机调试

例6-8 外形轮廓的铣削。如图6-48所示的零件,以ϕ30的孔定位加工外形轮廓(在不考虑刀具尺寸补偿的情况下)。

解 (1) 加工工序。

外形轮廓的铣削以ϕ30的孔定位加工外形轮廓(在不考虑刀具尺寸补偿的情况下),点孔和扩孔加工完成中心孔的加工。

(2) 加工步骤及工艺参数选择,如表6-11所示。

表6-11 平面外形轮廓加工步骤及工艺参数选择

序号	加工面	刀具号	刀具规格		主轴转速 n/(r/min)	进给速度 v/(mm/min)
			类型	材料		
1	平面	T01	ϕ10三刃立铣刀	蜡模	1000	500
2	外轮廓	T01	ϕ10三刃立铣刀		500	250
3	点孔加工	T02	ϕ5直柄麻花钻		500	100
4	扩孔加工	T01	ϕ10三刃立铣刀		1000	250

①面铣。采用直径10 mm立铣刀,材料为蜡模,进给速度为500,主轴转速为1000,

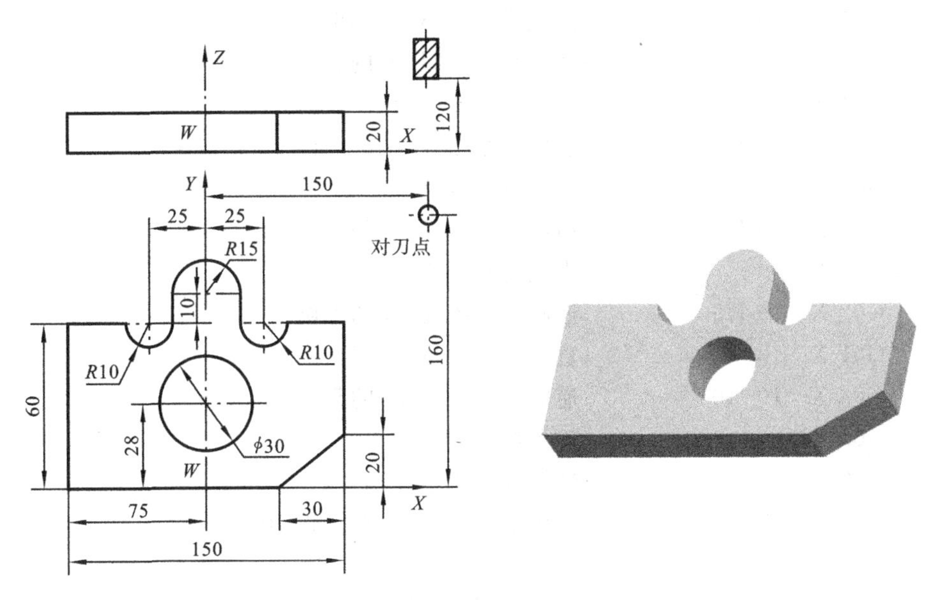

图 6-48 零件的外形轮廓

一次加工 3 mm，以蜡模中心为工件原点，采用刀具半径补偿对工件进行面铣。加工中采用逆时针走刀。

②铣外轮廓。从工件的右上角开始切入，整体采用逆向走刀，一次加工成形。

③铣中心孔。加工 $\phi30$ 的定位中心孔，首先采用 $\phi5$ 直柄麻花钻点孔加工，采用 G82 深孔加工指令，重新对刀，然后采用 $\phi10$ 三刃立铣刀，两次铣削来完成加工。

(3) 加工程序如下。

```
O6001                  ;程序名
O0001                  ;铣面
G90 G54 M03 S1000      ;采用绝对编程，主轴正转 1 000 r/min
G00 Z30                ;快速进给至 Z=30
X0 Y0                  ;快速进给至工件原点
G01 Z5 F250            ;直线进给至 Z=5，进给速度为 500 mm/min
Z-3                    ;直线进给至 Z=-3
X-73                   ;直线进给至 X=-73
G03 X-73 I73           ;逆圆铣削半径 73 的整圆
G01 X-64               ;直线进给至 X=-64
G03 X-64 I64           ;逆圆铣削半径 64 的整圆
G01 X-55               ;直线进给至 X=-55
G03 X-55 I55           ;逆圆铣削半径 55 的整圆
```

```
G01 X-46                ;直线进给至X=-46
G03 X-46 I46            ;逆圆铣削半径46的整圆
G01 X-37                ;直线进给至X=-37
G03 X-37 I37            ;逆圆铣削半径37的整圆
G01 X-28                ;直线进给至X=-28
G03 X-28 I28            ;逆圆铣削半径28的整圆
G01 X-19                ;直线进给至X=-19
G03 X-19 I19            ;逆圆铣削半径19的整圆
G01 X-10                ;直线进给至X=-10
G03 X-10 I10            ;逆圆铣削半径10的整圆
G00 Z20                 ;抬到至Z=20
O0002                   ;外轮廓加工
G90 G54 M03 S500        ;采用绝对编程,主轴正转500 r/min
G01 X100 Y60            ;直线进给至X=100,Y=60
Z-3                     ;下刀至Z=-3
X75 F350                ;直线进给至X=75,进给速度为350 mm/min
X35                     ;直线进给至X=75
G02 X15 R10             ;顺铣圆弧至X=15,Y=60
G01 Y70                 ;直线进给Y=70
G03 X-15 R15            ;逆铣圆弧至X=-15,Y=70
G01 Y60                 ;直线插补至X=-15,Y=60
G02 X-35 R10            ;顺铣圆弧至X=-35,Y=60
G01 X-75                ;直线插补至X=-75
X45                     ;直线插补至X=45
X75 Y20                 ;直线插补至X=75,Y=20
Y65                     ;直线插补至Y=60
G00 X100 Y60 Z20        ;快速退刀至起刀点X=100,Y=60,Z=20
O0003                   ;中心孔加工
G90 G54 M03 S500        ;采用绝对编程,主轴正转500 r/min
G00 X0 Y0 Z20           ;快速定位到工件原点上方Z=20
G01 Z5 F350             ;下刀至Z=5 mm
G98 G82 X0 Y0 Z-10 R5 P1000 F350
                        ;深孔加工孔深10 mm,孔底暂停1000 ms,进给速度为
                        350 mm/min
```

```
X7 Y0                 ;二次走刀,完成孔的加工
G80                   ;取消孔加工固定循环
G00 Z20               ;抬刀至Z=30处
X0 Y0                 ;快速进给至X=0,Y=0处
M05                   ;程序结束
M30                   ;主轴停止转动
```

例6-9　铣槽与钻孔。如图6-49所示零件,以外形定位,加工内槽和钻凸耳处的四个圆孔。

解　(1)确定加工工序。

以零件外形定位,加工内槽和钻凸耳处的四个圆孔。工艺过程安排为先铣内槽后钻孔的顺序。内槽铣削采用ϕ10三刃立铣刀,再采用行切方法去除大部分材料,整个周边留单边0.5 mm的余量;最后,采用环切的方法加工整个内槽周边。

(2)加工步骤及工艺参数选择如表6-12所示。

表6-12　铣槽与钻孔加工步骤及工艺参数选择

序号	加　工　面	刀具号	刀具规格		主轴转速 n/(r/min)	进给速度 v/(mm/min)
			类型	材料		
1	平面	T01	ϕ10三刃立铣刀	蜡模	1000	500
2	内槽	T01	ϕ10三刃立铣刀		500	250
3	对称孔	T02	ϕ8直柄麻花钻		500	150

①面铣　采用直径10 mm立铣刀,材料为蜡模,进给速度为500 mm/min,转速为1000 r/min,一次加工3 mm,以蜡模中心为工件原点,对工件进行面铣。

②以零件底面来定位,加工内槽,内槽铣削采用ϕ10三刃立铣刀,再采用行切方法去除大部分材料,整个周边留单边0.5 mm的余量;最后,采用环切的方法加工整个内槽周边。

③钻凸耳处的四个圆孔,选择ϕ8直柄麻花钻,重新对刀,以工件的原点为圆心,采用G81固定孔循环指令,一次完成孔加工。

(3)加工程序如下。

```
O6002                 ;程序名
O1101                 ;加工平面
G90 G54 M03 S500      ;采用绝对编程,主轴正转1 000 r/min
G00 Z30               ;快速进给至Z=30
```

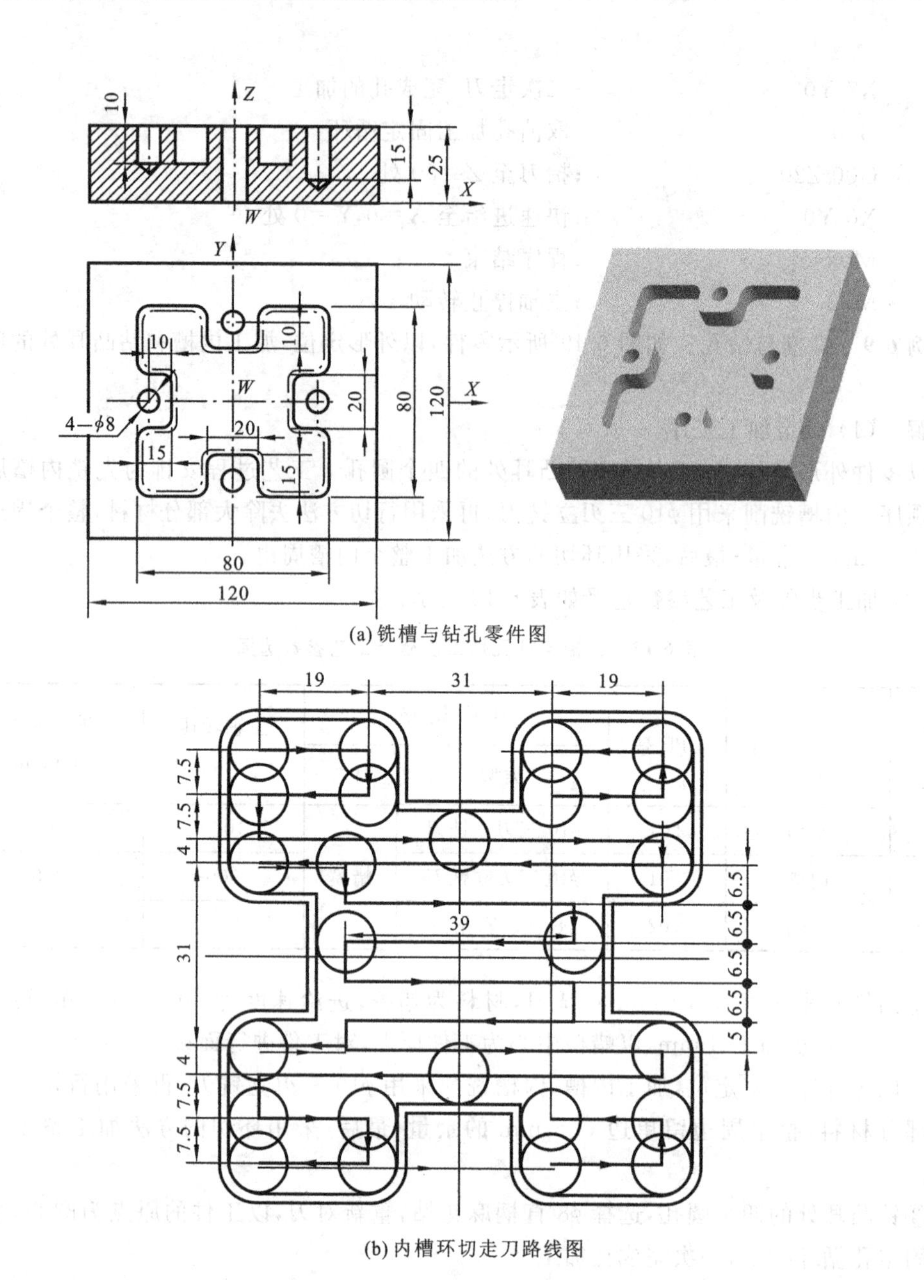

(a) 铣槽与钻孔零件图

(b) 内槽环切走刀路线图

图 6-49　铣槽与钻孔零件图

```
X0 Y0                ;快速进给至工件原点
G01 Z5 F500          ;直线进给至Z=5,进给速度为500 mm/min
Z-3                  ;直线进给至Z=-3
```

```
X－73                 ;直线进给至 X=－73
G03 X－73 I73         ;逆圆铣削半径 73 的整圆
G01 X－64             ;直线进给至 X=－64
G03 X－64 I64         ;逆圆铣削半径 64 的整圆
G01 X－55             ;直线进给至 X=－55
G03 X－55 I55         ;逆圆铣削半径 55 的整圆
G01 X－46             ;直线进给至 X=－46
G03 X－46 I46         ;逆圆铣削半径 46 的整圆
G01 X－37             ;直线进给至 X=－37
G03 X－37I 37         ;逆圆铣削半径 37 的整圆
G01 X－28             ;直线进给至 X=－28
G03 X－28 I28         ;逆圆铣削半径 28 的整圆
G01 X－19             ;直线进给至 X=－19
G03 X－19 I19         ;逆圆铣削半径 19 的整圆
G01 X－10             ;直线进给至 X=－10
G03 X－10 I10         ;逆圆铣削半径 10 的整圆
G00 Z20               ;抬刀至 Z=20 处
O0002                 ;铣内槽
G90 G54 M03 S500      ;采用绝对编程,主轴正转 500 r/min
G01 Z5 F250           ;下刀至 Z=5,进给速度为 250 mm/min
G00 X－34.5 Y34.5     ;快速定位到 X=－34.5,Y=34.5
G01 Z－5              ;下刀深度 Z=－5 mm
G91 G01 X19           ;采用相对编程 直线进给到 X=19
Y－7.5                ;直线进给到 Y=－7.5
X－19                 ;直线进给到 X=－19
Y－7.5                ;直线进给到 Y=－7.5
X69                   ;直线进给到 X=69
Y－4                  ;直线进给到 Y=－4
X－69                 ;直线进给到 X=－69
G90 X－19.5           ;采用绝对编程 直线进给至 X=－19.5
G91 Y－6.5            ;采用相对编程 直线进给至 Y=－6.5
X39                   ;直线进给至 X=39
Y－6.5                ;直线进给至 Y=－6.5
X－39                 ;直线进给至 X=－39
```

```
Y－6.5                   ;直线进给至 Y=－6.5
X39                      ;直线进给至 X=39
Y－6.5                   ;直线进给至 Y=－6.5
X－39                    ;直线进给至 X=－39
Y－5                     ;直线进给至 Y=－5
X－19                    ;直线进给至 X=－19
Y－4                     ;直线进给至 Y=－4
X69                      ;直线进给至 X=69
X－69                    ;直线进给至 X=－69
Y－7.5                   ;直线进给至 Y=－7.5
X19                      ;直线进给至 X=19
Y－7.5                   ;直线进给至 Y=－7.5
X－19                    ;直线进给至 X=－19
Y19                      ;直线进给至 Y=19
X69                      ;直线进给至 X=69
Y－11.5                  ;直线进给至 Y=－11.5
X－19                    ;直线进给至 X=－19
Y－7.5                   ;直线进给至 Y=－7.5
X19                      ;直线进给至 X=19
X－19                    ;直线进给至 X=－19
Y69                      ;直线进给至 Y=69
X19                      ;直线进给至 X=19
X－7.5                   ;直线进给至 X=－7.5
X－19                    ;直线进给至 X=－19
Y－11.5                  ;直线进给至 Y=－11.5
X19                      ;直线进给至 X=19
X－19                    ;直线进给至 X=－19
G00 Z20                  ;抬刀至 Z=20 处
O0003                    ;对称孔加工
G90 G54 M03 S500         ;采用绝对编程，主轴正转 500 r/min
G98 G81 X36 Y0 Z－15 R5 F350
                         ;固定孔循环，孔深 15 mm，进给速度为 350 mm/min
X－36 Y0                 ;加工孔 2
X0 Y36                   ;加工孔 3
```

```
Y－36                    ;加工孔4
G80 X0 Y－36             ;取消孔加工固定循环
G00 Z20                  ;抬到Z＝20
M05                      ;主轴停止
M30                      ;程序结束
```

例 6-10 图 6-50 所示为四个独立的二线凸台轮廓曲线，每个轮廓均有各自的尺寸基准，而整个图形的坐标原点为 O。为了避免尺寸换算，在编制四个局部轮廓的数控加工程序时，分别将工件原点偏置到 $O1$、$O2$、$O3$、$O4$ 点。

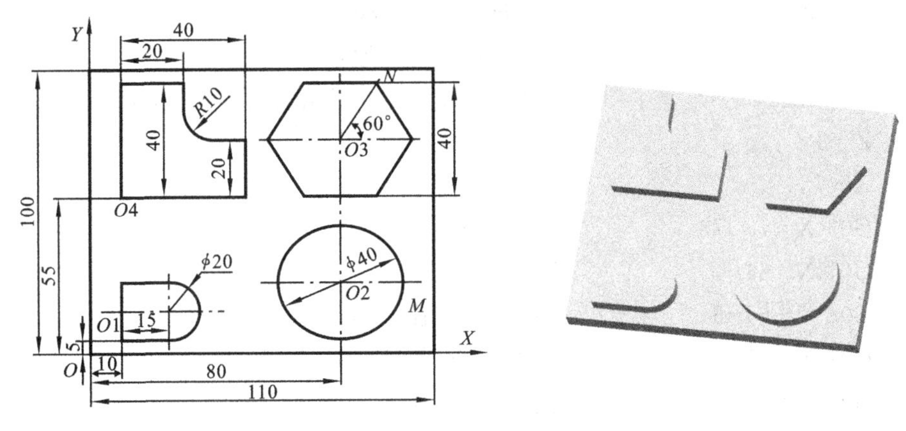

图 6-50　二线凸台轮廓

解　(1) 加工工序及编程数据如表 6-13 所示。

表 6-13　二线凸台的加工工序及编程数据

序号	加　工　面	刀具号	刀具规格		主轴转速 n/(r/min)	进给速度 v/(mm/min)
			类型	材料		
1	平面	T01	ϕ10 三刃立铣刀	蜡模	1000	500
2	凸台	T01	ϕ10 三刃立铣刀		500	250

(2) 编程加工步骤及工艺参数选择。

图 6-50 所示为四个独立的二线凸台轮廓曲线，凸台的高度约为 3 mm，每个轮廓均有各自的尺寸，而整个图形的坐标原点为 O。为了避免尺寸换算，在编制四个局部轮廓的数控加工程序时，采用坐标原点偏置的计算方法，分别设置坐标系为 G54 至 G57。具体工艺如下。

①毛坯为蜡模 ϕ164 * 30 mm，要求铣削四个独立的二维凸台轮廓(凸台高度为 3

mm)。根据零件图要求,选用数控铣床进行加工。

②以底面作为定位基准,用平口钳夹紧,固定于铣床工作台面。

③面铣。采用直径为 10 mm 立铣刀,材料为蜡模,进给速度为 500,主轴转速为 1000,一次加工 3 mm,以蜡模中心为工件原点,对工件进行面铣。

④选用刀具为 $\phi10$ 的立铣刀,分别加工四个凸台。

(3) 加工程序如下。

```
O6003                 ;程序名
G90 G54 M03 S1000     ;采用绝对编程,主轴正转 1000 r/min
G00 Z30               ;快速进给至 Z=30
X0 Y0                 ;快速进给至工件原点
G01 Z5 F250           ;直线进给至 Z=5,进给速度为 500 mm/min
Z-3                   ;直线进给至 Z=-3
X-73                  ;直线进给至 X=-73
G03 X-73 I73          ;逆圆铣削半径 73 的整圆
G01 X-64              ;直线进给至 X=-64
G03 X-64 I64          ;逆圆铣削半径 64 的整圆
G01 X-55              ;直线进给至 X=-55
G03 X-55 I55          ;逆圆铣削半径 55 的整圆
G01 X-46              ;直线进给至 X=-46
G03 X-46 I46          ;逆圆铣削半径 46 的整圆
G01 X-37              ;直线进给至 X=-37
G03 X-37 I37          ;逆圆铣削半径 37 的整圆
G01 X-28              ;直线进给至 X=-28
G03 X-28 I28          ;逆圆铣削半径 28 的整圆
G01 X-19              ;直线进给至 X=-19
G03 X-19 I19          ;逆圆铣削半径 19 的整圆
G01 X-10              ;直线进给至 X=-10
G03 X-10 I10          ;逆圆铣削半径 10 的整圆
G01 Z20               ;抬刀至 Z=20
G90 G54 M03 S500      ;采用绝对编程,主轴正转 500 r/min
G01 Z5 F250           ;下刀至 Z=5,进给速度 250 mm/min
X10 Y5                ;快速定位至 X=10,Y=5
Z-3                   ;切入工件 Z=-3
```

```
G91 G01 X－15              ;采用相对编程,直线插补至 X＝－15
G03 X25 Y25 R10            ;逆铣圆弧 R＝10 圆弧终点 X＝25,Y＝25
G01 X－15                  ;直线插补至 X＝－15
Y－20                      ;直线插补至 Y＝－20
G01 Z20                    ;抬刀至 Z＝20 处
G90 G55 M03 S500           ;绝对编程,第二坐标系,主轴正转 500 r/min
G01 Z5 F250                ;下刀至 Z＝5,进给速度为 250 mm/min
X80 Y25                    ;快速定位至 X＝80,Y＝25
G00 X50 Y25                ;直线移动至 Y＝25
Z－3                       ;下刀至工件 Z＝－3
G02 X50 Y25 I20 J0         ;顺铣整圆至 X＝60,Y＝25
G01 Z20                    ;抬刀至 Z＝20 处
G90 G56 M03 S500           ;绝对编程,第三坐标系,主轴正转 500 r/min
G01 Z5 F250                ;下刀至 Z＝5,进给速度为 250 mm/min
X80 Y75                    ;快速定位至 X＝80,Y＝75
G00 X60 Y75                ;直线移动至 X＝60,Y＝75
Z－3                       ;下刀至工件 Z＝－3
G91 G01 X14.14 Y20         ;采用相对编程直线插补至 X＝14.14,Y＝20
X28.28                     ;直线插补至 X＝28.28
X14.14 Y－20               ;直线插补至 X＝14.14,Y＝－20
X－14.14 Y－20             ;直线插补至 X＝－14.14,Y＝－20
X－28.28                   ;直线插补至 X＝－28.28
X－14.14 Y20               ;直线插补至 X＝－14.14,Y＝20
G01 Z20                    ;抬刀至 Z＝20 处
G90 G57 M03 S500           ;绝对编程,第四坐标系,主轴正转 500 r/min
G01 Z5 F250                ;下刀至 Z＝5,进给速度为 250 mm/min
X10 Y55                    ;快速定位至 X＝10,Y＝55
Z－3                       ;下刀至 Z＝－3
G91 G01 Y40                ;相对编程直线插补至 Y－40
X20                        ;直线插补至 X＝20
Y－10                      ;直线插补至 Y＝－10
G90 G03 X40 Y75 R10        ;逆铣圆弧 R＝10,圆弧终点 X＝40,Y＝75
G91 G01 X10                ;相对编程直线插补至 X＝10
```

```
Y-20          ;直线插补至Y=-20
X-40          ;直线插补至X=-40
G01 Z20       ;抬刀至Z=20处
M30           ;主轴停止
M05           ;程序结束
```

2. 综合零件加工程序实例与上机调试

例6-11 如图6-51所示的槽形零件,该零件是对称的封闭槽、开放槽组成,其几何形状为平面二维图形,零件的外轮廓为方形,型腔尺寸精度为未注公差取公差中等级±0.1,表面粗糙度为3.2 μm,需采用粗、精加工,注意位置度要求。

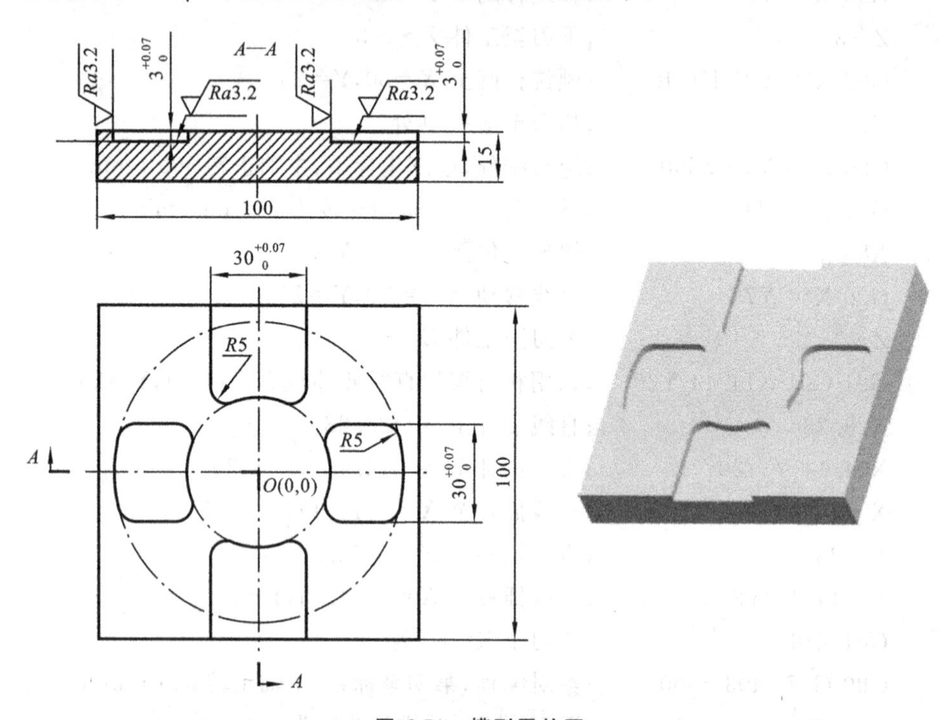

图6-51 槽型零件图

解 (1)加工工序。

①毛坯为ϕ164＊30 mm蜡模,要求铣削四个槽。根据零件图要求,选用数控铣床进行加工。

②以底面为定位基准,用精密三角卡盘夹紧,夹紧前应校正平口钳与机床平行,固定于铣床工作台面。

③选用ϕ8的立铣刀,用刀柄夹紧刀具安装在机床主轴上。

④建立刀补,按零件图样外形采用逆铣,下刀点选择在工件外,沿切线方向切入铣削

曲面；精加工采用顺铣方式，加工余量为 0.6 mm。

(2) 加工步骤及工艺参数选择如表 6-14 所示。

表 6-14 槽形零件的加工步骤及工艺参数选择

序号	加 工 面	刀具号	刀具规格		主轴转速 n/(r/min)	进给速度 v/(mm/min)
			类型	材料		
1	粗加工开口槽	T01	ϕ8 三刃立铣刀	蜡模	1 000	350
2	粗加工封闭槽	T01	ϕ8 三刃立铣刀		1 000	200

(3) 加工程序如下。

```
O6004                  ;程序名
O0001
G90 G01 M03 S1000 Z20 F350
                       ;绝对编程，主轴正转 1 000 r/min，进给速度为 350
                        mm/min
X－10 Y－75            ;直线进给至(X－10，Y－75)
Z－3 F100              ;直线进给至 Z－3，速度为 100 m/min
Y－29                  ;直线进给至 Y－29
X－5                   ;直线进给至 X－5
Y－50                  ;直线进给至 Y－50
X0                     ;直线进给至 X0
Y－29                  ;直线进给至 Y－29
X5                     ;直线进给至 X5
Y－50                  ;直线进给至 Y－50
X10                    ;直线进给至 X10
Y－29                  ;直线进给至 Y－29
Y－75                  ;直线进给至 Y－75
G41 X15 Y－60 D01      ;建立刀具左半径补偿(X15，Y－60)
Y－25.617              ;直线进给至 Y－25.617
G03 X8.182 Y－20.96 R5
                       ;逆时针圆弧加工至(X8.182，Y－20.96)，半径 5
G02 X－8.812 Y－20.96 R22.5
                       ;顺时针圆弧加工至(X－8.812，Y－20.96)，半径 22.5
G03 X－15 Y－25.617 R5
                       ;逆时针圆弧加工至(X－15，Y－25.617)，半径 5
```

```
G01 Y－60                ;直线进给至 Y－60
Z20                      ;直线进给至 Z20
G40Y70                   ;取消刀具半径补偿,直线进给至 Y70
M05                      ;主轴停转
M30                      ;程序结束
O0002
G90 G01 M03 S1000 Z20 F200
                         ;绝对编程,主轴正转 1000 r/min,进给速度为 200
                         mm/min
X35 Y10                  ;直线进给至(X35,Y10)
G01 Z0.5 F80             ;直线进给至 Z0.5,进给速度为 80 mm/min
Y－10 Z0                 ;直线进给至(Y－10,Z0)
Y10 Z－0.5               ;直线进给至(Y－10,Z－0.5)
Y－10 Z－1               ;直线进给至(Y－10,Z－1)
Y10 Z－1.5               ;直线进给至(Y－10,Z－1.5)
Y－10 Z－2               ;直线进给至(Y－10,Z－2)
Y10 Z－2.5               ;直线进给至(Y－10,Z－2.5)
Y－10 Z－3               ;直线进给至(Y－10,Z－3)
Y10                      ;直线进给至 Y10
Y－10 X30                ;直线进给至(Y－10,Z－30)
Y10                      ;直线进给至 Y10
X40                      ;直线进给至 X40
Y－10                    ;直线进给至 Y－10
G41 X43.571 Y11.250      ;建立刀具半径左补偿
G03 X38.730 Y15 R5       ;逆时针圆弧加工至(X38.730,Y15),半径 5
G01 X25.617 Y15          ;直线进给至(X25.617,Y15)
G03 X20.96 Y8.812 R5     ;逆时针圆弧加工至(X20.96,Y8.812),半径 5
G02 Y－8.812 R22.5       ;顺时针圆弧加工至(X20.96,Y－8.812),半径 22.5
G03 X25.617 Y15 R5       ;逆时针圆弧加工至(X25.617,Y15),半径 5
G01 X38.730              ;直线进给至 X38.730
G03 X43.571 Y－11.250 R5
                         ;逆时针圆弧加工至(X43.571,Y－11.250),半径 5
G03 Y11.25 R45           ;逆时针圆弧加工至(X43.571,Y11.25),半径 45
G03 X43.571 Y11.250      ;逆时针圆弧加工至(X43.571,Y11.25),半径 45
G01 X40                  ;直线进给至 X40
```

```
G03 X35 Y6.25 R5        ;逆时针圆弧加工至(X35,Y6.25),半径5
Z20                     ;直线进给至Z20
X-35 Y10                ;快速走刀至(X-35,Y10)
M05                     ;主轴停转
M30                     ;程序结束
```

例 6-12 如图6-52带有平面、槽、孔型的零件。该零件由左右对称的型腔、孔组成，其几何形状为平面二维图形，零件的外轮廓为方形，型腔尺寸精度为未注公差取公差中等级±0.1，表面粗糙度为3.2 μm，需采用粗、精加工。孔的为均匀分布，表面粗糙度为3.2 μm，注意位置度要求。

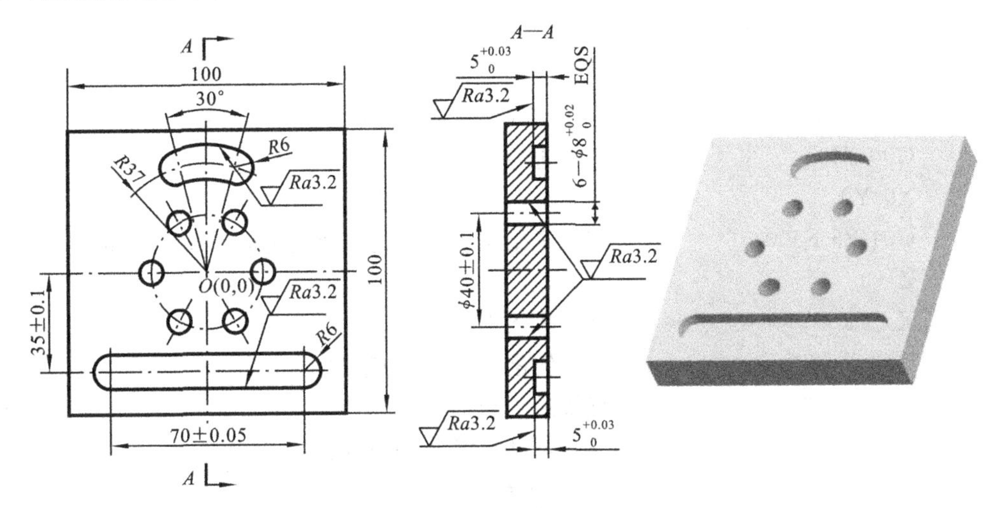

图 6-52 带有平面、槽、孔型的零件

解 (1) 加工工序及工艺参数选择如表6-15所示。

表 6-15 带有平面、槽、孔型零件的加工工序及工艺参数选择

序号	加工面	刀具号	刀具规格		主轴转速 n/(r/min)	进给速度 V/(mm/min)
			类型	材料		
1	平面	T01	ϕ10三刃立铣刀	蜡模	1000	500
2	直凹槽	T01	ϕ10三刃立铣刀		500	250
3	弯凹槽	T01	ϕ10三刃立铣刀		500	250
4	点孔	T02	ϕ3直柄麻花钻		350	150
5	扩孔	T03	ϕ8直柄麻花钻		300	100

①毛坯为板材，工件材料为蜡模，根据零件图样要求进行加工。

②面铣　采用直径 10 mm 三刃立铣刀，材料为蜡模，进给速度为 500 mm/min，主轴转速为 1000 r/mim，一次加工 3 mm，以蜡模中心为工件原点，采用刀具半径补偿对工件进行面铣。

③粗加工两个凹形槽，选用 $\phi 10$ 三刃立铣刀，其切入和切出安排在型腔两端。

④钻孔　重新 Z 轴对刀，换到 T02，首先用 $\phi 3$ 直柄麻花转进行点孔加工，然后换刀 T03，重新对刀，以蜡模中心为工件原点，采用 $\phi 8$ 直柄麻花钻进行深孔循环孔加工，采用 G82。

(2) 加工程序如下。

```
O6005               ;程序名
O0001
G90 G54 M03 S1000   ;采用绝对编程，主轴正转 1 000 r/min
G00 Z30             ;快速进给至 Z=30
X0 Y0               ;快速进给至工件原点
G01 Z5 F500         ;直线进给至 Z=5，进给速度为 500 mm/min
Z-3                 ;直线进给至 Z=-3
X-73                ;直线进给至 X=-73
G03 X-73 I73        ;逆圆铣削半径 73 的整圆
G01 X-64            ;直线进给至 X=-64
G03 X-64 I64        ;逆圆铣削半径 64 的整圆
G01 X-55            ;直线进给至 X=-55
G03 X-55 I55        ;逆圆铣削半径 55 的整圆
G01 X-46            ;直线进给至 X=-46
G03 X-46 I46        ;逆圆铣削半径 46 的整圆
G01 X-37            ;直线进给至 X=-37
G03 X-37 I37        ;逆圆铣削半径 37 的整圆
G01 X-28            ;直线进给至 X=-28
G03 X-28 I28        ;逆圆铣削半径 28 的整圆
G01 X-19            ;直线进给至 X=-19
G03 X-19 I19        ;逆圆铣削半径 19 的整圆
G01 X-10            ;直线进给至 X=-10
G03 X-10 I10        ;逆圆铣削半径 10 的整圆
G01 Z20 F250        ;抬刀至 Z=20 处，进给速度为 250 mm/min
G90 G54 M03 S500    ;采用绝对编程，主轴正转 500 r/min
```

```
G00 X0 Y0 Z20            ;快速定位到工件原点上方 20 mm 处
G01 Z5 F250              ;下刀至 Z=5,进给速度为 250 mm/min
X35 Y-34                 ;直线进给到 X=35,Y=-34 处
Z-3                      ;直线进给至 Z=-3
G01 X-35                 ;直线进给到 X-35
G03 X-35 Y-36 R1         ;逆铣圆弧 R=1
G01 X0 Y-35              ;直线进给 X=0,Y=-35
G00 Z20                  ;抬刀至 Z=20
G00 X0 Y0 Z20            ;快速定位到原件中心上方 20 mm 处
G01 Z5 F250              ;下刀至 Z=5,进给速度为 250 mm/min
Z-3                      ;下刀至 Z=-3
X9.835 Y36.705           ;直线进给到 X=9.835,Y=36.705 处
G03 X-9.317 Y34.773 R1
                         ;逆铣圆弧至 X=-9.317,Y=34.773
G02 X9.317 Y34.773 R36
                         ;顺铣圆弧至 X=9.317,Y=34.773
G03 X9.835 Y36.705 R1;逆铣圆弧至 X=9.835,Y=36.705
G01 X0 Y37               ;直线进给到 X=9.835,Y=36.705 处
G00 Z20                  ;抬到至 Z=20
O0004                    ;点孔
G90 G54 G00 M03 S350 ;采用绝对编程,主轴正转 350 r/min
X0 Y0                    ;快速定位到工件原点上方 Z=20
G99 G82 X10 Y17.32 R5Z-10 F150
                         ;钻孔固定循环 孔深 10 mm,返回到 R 点 5 mm 处,进
                          给速度 150 mm/min
Y-17.32                  ;钻孔固定循环,完成孔 2 的加工
X-10 Y-17.32             ;钻孔固定循环,完成孔 3 的加工
X-10 Y17.32              ;钻孔固定循环,完成孔 4 的加工
X-20 Y0                  ;钻孔固定循环,完成孔 5 的加工
X20 Y0                   ;钻孔固定循环,完成孔 6 的加工
G80                      ;取消钻孔固定循环
G01 Z20
O0005                    ;扩孔加工
G90 G54 G00 M03 S300 ;采用绝对编程,主轴正转 300 r/min
```

```
X0 Y0                        ;快速定位到工件原点上方Z=20
G99 G82 X10 Y17.32 R5 Z-10 F100
                             ;钻孔固定循环 孔深10 mm,返回到R点5 mm处,进
                              给速度100 mm/min
Y-17.32                      ;钻孔固定循环,完成孔2的加工
X-10 Y-17.32                 ;钻孔固定循环,完成孔3的加工
X-10 Y17.32                  ;钻孔固定循环,完成孔4的加工
X-20 Y0                      ;钻孔固定循环,完成孔5的加工
X20 Y0                       ;钻孔固定循环,完成孔6的加工
G80                          ;取消钻孔固定循环
M05                          ;主轴停止
M30                          ;程序结束
```

例 6-13 如图 6-53 所示的槽形零件,其毛坯为四周已加工的铝锭(厚为 20 mm),槽深 2 mm。编写该槽形零件加工程序。

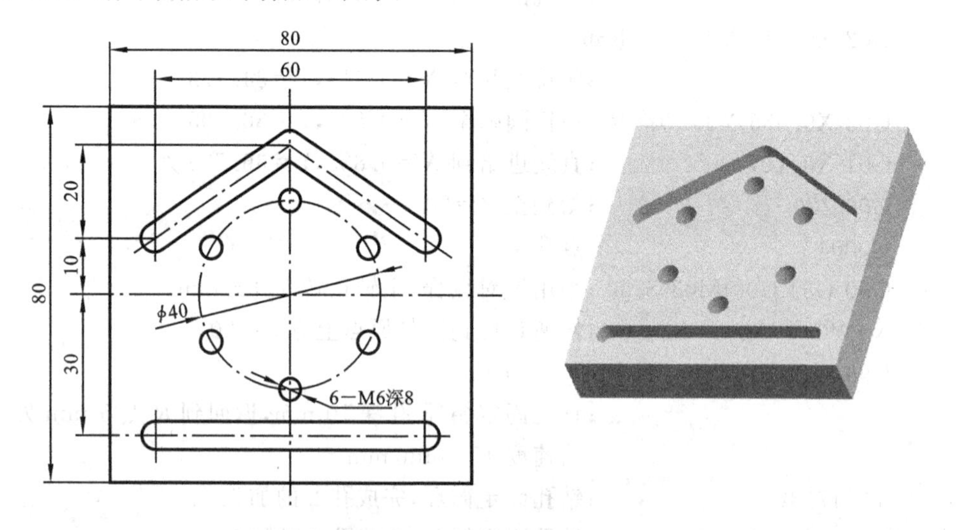

图 6-53 槽形零件图

解 (1) 加工工序及工艺参数选择如表 6-16 所示。

①毛坯为板材,加工材料为 ϕ164 * 30 mm 蜡模,根据零件图的规格要求进行加工。

②工序:面铣→铣槽→钻对称孔,首先采用 ϕ10 三刃立铣刀进行面铣,一次粗加工完成槽类零件的加工。

③钻孔 采用深孔循环加工指令 G82,两次完成对称孔加工,先采用 ϕ3 直柄麻花钻进行点孔加工,然后用 ϕ8 直柄麻花钻进行扩孔。

表 6-16 槽形零件的加工工序及工艺参数选择

序号	加 工 面	刀具号	刀具规格		主轴转速 n/(r/min)	进给速度 v/(mm/min)
			类型	材料		
1	平面	T01	ϕ10 三刃立铣刀	蜡模	1000	500
2	三角槽	T01	ϕ10 三刃立铣刀		500	250
3	人凹槽	T01	ϕ10 三刃立铣刀		500	250
4	点孔	T02	ϕ3 直柄麻花钻		350	150
5	扩孔	T03	ϕ8 直柄麻花钻		300	100

(2) 加工程序如下。

```
O6006                ;程序名
O0001                ;加工平面
G90 G54 M03 S1000    ;采用绝对编程,主轴正转 1 000 r/min
G00 Z30              ;快速进给至 Z=30
X0 Y0                ;快速进给至工件原点
G01 Z5 F500          ;直线进给至 Z=5,进给速度为 500 mm/min
Z-3                  ;直线进给至 Z=-3
X-73                 ;直线进给至 X=-73
G03 X-73 I73         ;逆圆铣削半径 73 的整圆
G01 X-64             ;直线进给至 X=-64
G03 X-64 I64         ;逆圆铣削半径 64 的整圆
G01 X-55             ;直线进给至 X=-55
G03 X-55 I55         ;逆圆铣削半径 55 的整圆
G01 X-46             ;直线进给至 X=-46
G03 X-46 I46         ;逆圆铣削半径 46 的整圆
G01 X-37             ;直线进给至 X=-37
G03 X-37 I37         ;逆圆铣削半径 37 的整圆
G01 X-28             ;直线进给至 X=-28
G03 X-28 I28         ;逆圆铣削半径 28 的整圆
G01 X-19             ;直线进给至 X=-19
G03 X-19 I19         ;逆圆铣削半径 19 的整圆
G01 X-10             ;直线进给至 X=-10
G03 X-10 I10         ;逆圆铣削半径 10 的整圆
```

```
G01 Z20 F250            ;抬刀至 Z=20 处,进给速度为 250 mm/min
O0002
G90 G54 M03 S500        ;采用绝对编程,主轴正转 500 r/min
G00 X0 Y0 Z20           ;快速定位到工件原点上方 20 mm 处
G01 Z5 F250             ;下刀至 Z=5,进给速度为 250 mm/min
X35 Y-34                ;直线进给到 X=35,Y=-34 处
Z-3                     ;直线进给至 Z=-3
G01 X-35                ;直线进给到 X-35
G03 X-35 Y-36 R1        ;逆铣圆弧 R=1
G01 X0 Y-35             ;直线进给 X=0,Y=-35
G00 Z20                 ;抬刀至 Z=20
O0003
G90 G54 M03 S500        ;采用绝对编程,主轴正转 500 r/min
G00 X0 Y0 Z20           ;快速定位到原件中心上方 20 mm 处
G01 Z5 F250             ;下刀至 Z=5,进给速度为 250 mm/min
X-30 Y10 Z-3            ;下刀至 X=-30,Y=10,Z=-3
X0 Y30                  ;直线插补至 X=0,Y=30
X30 Y10                 ;直线插补至 X=30,Y=10
G00 Z20                 ;抬到至 Z=20
O0004                   ;点孔
G90 G54 G00 M03 S350    ;采用绝对编程,主轴正转 350 r/min
X0Y0                    ;快速定位到工件原点上方 Z=20
G99 G82 X10 Y17.32 R5Z-10 F150
                        ;钻孔固定循环 孔深 10 mm,返回到 R 点 5 mm 处,进
                         给速度为 150 mm/min
Y-17.32                 ;钻孔固定循环,完成孔 2 的加工
X-10 Y-17.32            ;钻孔固定循环,完成孔 3 的加工
X-10 Y17.32             ;钻孔固定循环,完成孔 4 的加工
X-20 Y0                 ;钻孔固定循环,完成孔 5 的加工
X20 Y0                  ;钻孔固定循环,完成孔 6 的加工
G80                     ;取消钻孔固定循环
G01 Z20                 ;抬刀至 Z=20
O0005                   ;扩孔加工
G90 G54 G00 M03 S300    ;采用绝对编程,主轴正转 300 r/min
```

```
X0 Y0                       ;快速定位到工件原点上方 Z=20
O0005                       ;扩孔
G99 G82 X10 Y17.32 R5Z-10 F100
                            ;钻孔固定循环 孔深 10 mm,返回到 R 点 5 mm 处,进
                             给速度为 100 mm/min
Y-17.32                     ;钻孔固定循环,完成孔 2 的加工
X-10 Y-17.32                ;钻孔固定循环,完成孔 3 的加工
X-10 Y17.32                 ;钻孔固定循环,完成孔 4 的加工
X-20 Y0                     ;钻孔固定循环,完成孔 5 的加工
X20 Y0                      ;钻孔固定循环,完成孔 6 的加工
G80                         ;取消钻孔固定循环
M05                         ;主轴停止
M30                         ;程序结束
```

例 6-14 图 6-54 所示为腰形通孔零件,其毛坯为四周已加工的铝锭(厚为 20 mm),槽深 2 mm。编写该槽形零件加工程序。

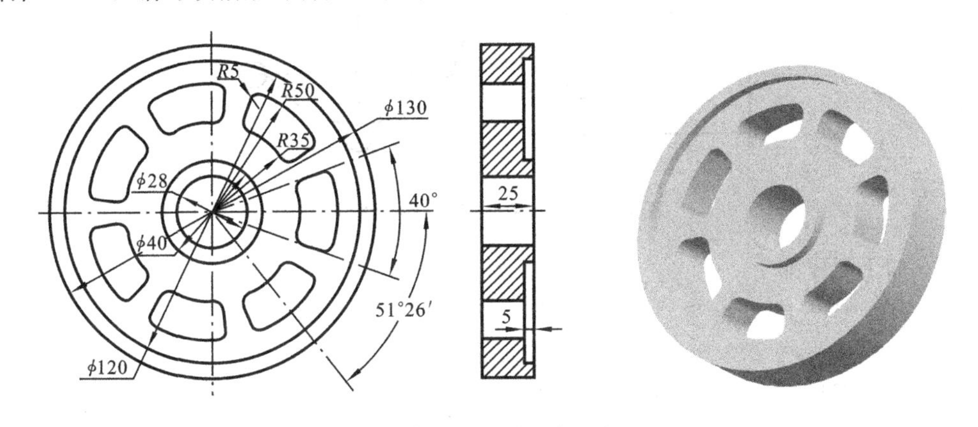

图 6-54 腰形通孔零件

解 (1) 加工工艺及工艺参数选择如表 6-17 所示。

表 6-17 腰形通孔零件的加工工艺及工艺参数选择

序号	加工面	刀具号	刀具规格		主轴转速 n/(r/min)	进给速度 v/(mm/min)
			类型	材料		
1	铣圆环槽	T01	ϕ20 三刃立铣刀	蜡模	1000	350
2	铣腰形通孔	T02	ϕ10 三刃立铣刀		1000	200

如图 6-54 所示的腰形通孔零件，设中间 $\phi28$ 的圆孔与外圆 $\phi130$ 已经加工完成，现需要在数控机床上铣出直径 $\phi40$～$\phi120$、深 5 mm 的圆环槽和七个腰形通孔。

根据工件的形状尺寸特点，确定以中心内孔和外形装夹定位，先加工圆环槽，再铣七个腰形通孔，采用 G68 旋转指令完成腰形槽的加工。

①铣圆环槽方法。采用 $\phi20$ 左右的铣刀，按 $\phi120$ 的圆形轨迹编程，采用逐步加大刀具补偿半径的方法，一直到铣出 $\phi40$ 的圆为止。

②铣腰形通孔方法。采用 $\phi10$ 三刃立铣刀，以正右方的腰形槽为基本图形编程，并且在深度方向上分三次进刀切削，其余七个个槽孔则通过旋转变换功能铣出。由于腰形槽孔宽度与刀具尺寸的关系，只需沿槽形周围切削一周即可全部完成，不需要再改变径向刀补重复进行。如图 6-55 所示，现已计算出正右方槽孔的主要节点的坐标分别为：A(34.128,7.766)、B(37.293,3.574)、C(42.024,15.296)、D(48.594,11.775)。

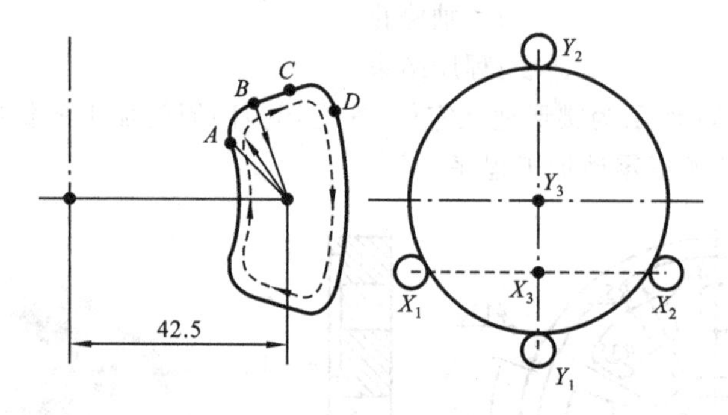

图 6-55　方槽孔的节点坐标计算

(2) 加工程序如下。

```
O0001                    ;主程序
G92 X0 Y0 Z25.0          ;建立加工坐标系
G90 G17 G43 G00 Z5.0 H01 M03 S1000
                         ;建立刀具正长度，主轴正转，快速接近工件至 Z=5.0
G00 X25.0                ;快速接近工件至 X=25.0
G01 Z-5.0 F350           ;以 350 mm/min 速度，直线进给 Z=-5.0
G41 G01 X60.0 D01        ;设置 D01=10，建立刀具左补偿，直线进给 X=60.0
G03 I-60                 ;圆心相对于当前刀具位置(-60,0)，逆时针完成整圆
                         加工
G01 G40 X25.0            ;取消刀具半径补偿，直线进给 X=25.0
G41 G01 X60.0 D02        ;设置 D02=20，建立刀具半径左补偿，直线进给 X=
                         60.0
```

```
G03 I-60                    ;圆心相对于当前刀具位置(-60,0),逆时针完成整圆
                             加工
G01 G40 X25.0               ;取消刀具半径补偿,直线进给 X=25.0
G41 G01 X60.0 D03           ;设置 D03=30,建立刀具半径左补偿,直线进给 X=
                             60.0
G03 I-60                    ;圆心相对于当前刀具位置(-60,0),逆时针完成整圆
                             加工
G01 G40 X25.0               ;取消刀具半径补偿,直线进给 X=25.0
G49 G00 Z5.0                ;取消刀具长度补偿,快速走刀至 Z=5.0
G28 Z25.0 M05               ;经过 Z=25.0,返回参考点,主轴停转
G28 X0 Y0                   ;经过点(X0,Y0),返回参考点
M00                         ;暂停、换刀
G29 X0 Y0                   ;返回点(X0,Y0)
G00 G43 Z5.0 H02 M03;建立刀具正长度,主轴正转,快速接近工件至 Z=5.0
M98 P100                    ;调用 100 号子程序
G68 X0 Y0 P51.43            ;以点(X0,Y0)为中心,将子程序加工轨迹逆时针旋转
                             51.43°
M98 P100                    ;调用 100 号子程序
G69                         ;取消旋转
G68 X0 Y0 P102.86           ;以点(X0,Y0)为中心,将子程序加工轨迹逆时针旋转
                             102.86°
M98 P100                    ;调用 100 号子程序
G69                         ;取消旋转
G68 X0 Y0 P154.29           ;以点(X0,Y0)为中心,将子程序加工轨迹逆时针旋转
                             154.29°
M98 P100                    ;调用 100 号子程序
G69                         ;取消旋转
G68 X0 Y0 P205.72           ;以点(X0,Y0)为中心,将子程序加工轨迹逆时针旋转
                             205.72°
M98 P100                    ;调用 100 号子程序
G69                         ;取消旋转
G68 X0 Y0 P257.15           ;以点(X0,Y0)为中心,将子程序加工轨迹逆时针旋转
                             257.15°
M98 P100                    ;调用 100 号子程序
```

```
G03 X34.128 Y7.766 R35.0
                      ;逆时针圆弧加工至终点(X34.128,Y7.766),半径
                      35.0
G02 X37.293 Y13.574 R5.0
                      ;顺时针圆弧加工至终点(X37.293,Y13.574),半径
                      5.0
G40 G01 X42.5 Y0      ;取消刀具长度补偿,直线进给至(X42.5,Y0)
G69                   ;以点(X0,Y0)为中心,将子程序加工轨迹逆时针旋转
                      308.57°
G68 X0 Y0 P308.57     ;调用100号子程序
M98 P100              ;取消旋转
G69                   ;快速走刀至Z=25.0
G00 Z25.0             ;主轴停转,程序结束
M05 M30               ;子程序结束
O100                  ;子程序
G90 G54 M03 S1000 T02    ;主轴正转,选择第二把刀
G01 G42 X34.128 Y7.766 D04 F200
                      ;建立刀具右半径补偿,直线进给至(X34.128,
                      Y7.766)
G02 X37.293 Y13.574 R5.0
                      ;顺时针圆弧加工至终点(X37.293,Y13.574),半径
                      5.0
G01 X42.024 Y15.296   ;直线进给至(X42.024,Y15.296)
G02 X48.594 Y11.775 R5.0
                      ;顺时针圆弧加工至终点(X48.594,Y11.775),半径
                      5.0
G02 Y-11.775 R50.0    ;顺时针圆弧加工至终点(X48.594,Y-11.775),半径
                      5.0
G02 X42.024 Y-15.296 R5.0
                      ;顺时针圆弧加工至终点(X42.024,Y-15.296),半径
                      5.0
G01 X37.293 Y-3.574   ;直线进给至(X37.293,Y-3.574)
```

本章重点、难点及知识拓展

本章重点:数控铣削程序的手工编程。

本章难点:数控铣床各坐标轴的确定、刀具补偿的选定和固定循环的使用。

知识拓展:到实验室去了解数控铣床的数控程序。

思考与练习题

6-1 数控铣床加工有何工艺特点?

6-2 数控铣床工件坐标系的找正主要分哪几步?

6-3 工作原点偏置有何现实意义?

6-4 字—地址程序段可包含哪些内容?应如何书写?

6-5 为什么数控机床必须找正(或对刀)?对方法有哪几种?

6-6 数控铣刀有何特点?选择数控铣刀时应注意哪些问题?

6-7 数控铣削的切削用量应如何选择?

6-8 如何理解"数控工具系统"?

6-9 刀具补偿包括哪些补偿?编程中如何处理?

6-10 如何根据不同几何轮廓、加工精度要求合理选择不同的找正方式?

6-11 上机操作找出如图6-56所示工件坐标系,并输入相应数控系统偏置中。

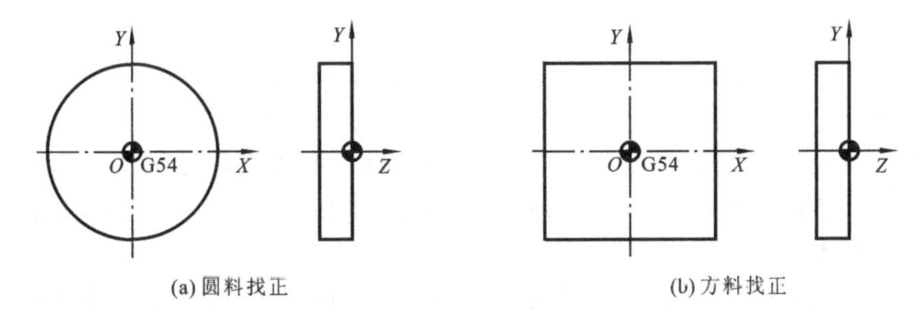

图6-56 工件坐标系找正

6-12 用MDI功能控制机床运行(程序指令,G90 G54 G00 X0 Y0 Z50),校验找正是否正确。

6-13　如图6-57所示，刀心起点为工件零点 O，按"$O \to A \to B \to C \to D \to E$"顺序运动，写出 A、B、C、D、E 各点的绝对、增量坐标值（所有的点均在 XOY 平面内）。

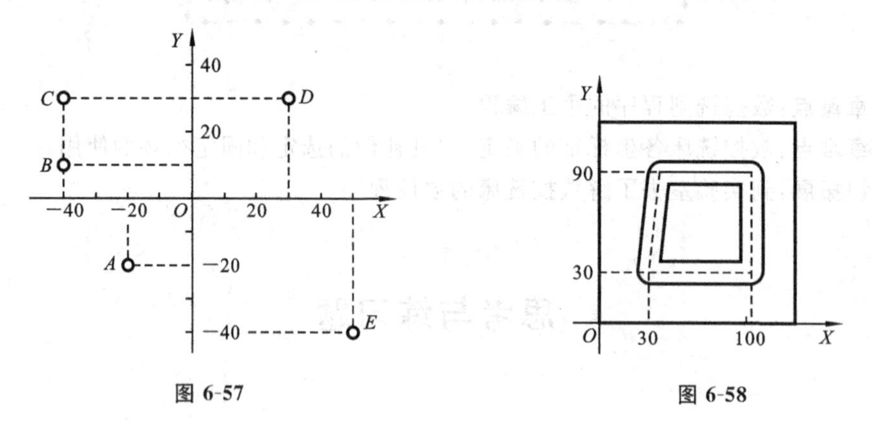

图 6-57　　图 6-58

6-14　用 $\phi10$ mm 的刀具铣图6-58所示的槽，刀心轨迹为虚线，槽深2 mm，试编程。

6-15　某螺旋面的形腔如图6-59所示，槽宽8 mm，刀心轨迹为"$O \to 1 \to 2 \to 3 \to O \to 4 \to 5 \to 6 \to O$"，其中 O、5、2 的深度为4 mm，点1、3、4、6的深度为1 mm，试编程。

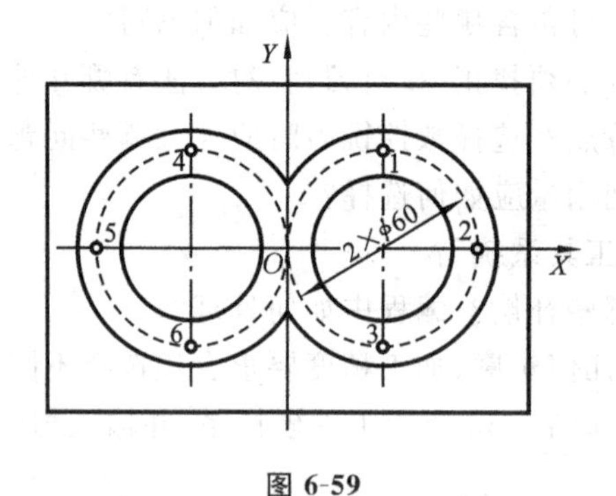

图 6-59

6-16　精铣如图6-60(a)、(b)所示的外、内表面，刀具直径为10 mm，采用刀具半径补偿指令编程。

6-17　被加工零件如图6-61所示，本工序为精加工，铣刀直径为16 mm，进给速度为100 mm/min，主轴转速为400 r/min，不考虑 Z 轴运动，编程单位为mm，试编制该零件的加工程序。要求：

(1) 从 A 点开始进入切削，刀具绕零件顺时针方向加工，加工完成后刀具回到起刀点；

(2) 采用绝对坐标编程，指出零件上各段所对应的程序段号；

(3) 程序中有相应的M指令、S指令和刀补指令。

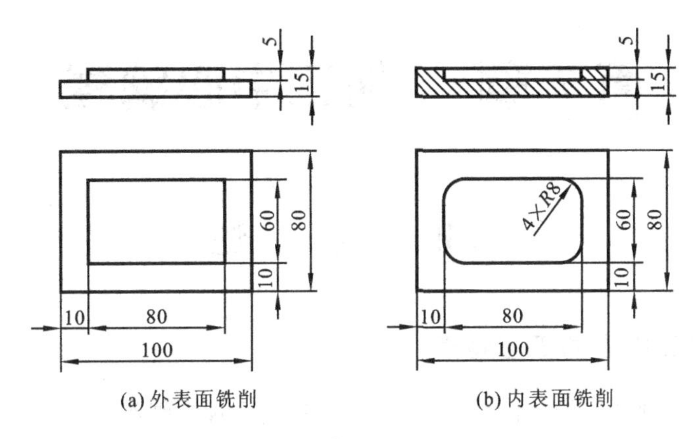
5
15
60
80
10
10
80
100
4×R8
(a) 外表面铣削
(b) 内表面铣削

图 6-60

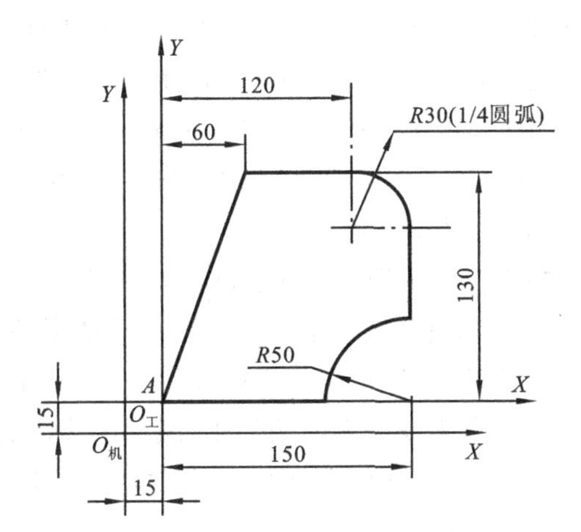
Y
120
60
R30(1/4圆弧)
130
R50
A
X
15
O工
O机
150
X
15

图 6-61

第7章　加工中心编程

7.1　概　述

7.1.1　加工中心的工艺特点

加工中心是一种功能较全的数控机床，它集铣、钻、镗及螺纹加工于一身，使其具有多种工艺手段，与普通机床相比，加工中心具有许多显著的工艺特点。

(1) 加工精度高　在加工中心上加工，其工序高度集中，工件一次装夹即可加工出零件上大部分甚至全部表面，避免了工件多次装夹所产生的装夹误差，因此，加工表面之间能获得较高的相互位置精度。同时，加工中心多采用半闭环，甚至全闭环的位置补偿功能，有较高的定位精度和重复定位精度，在加工过程中产生的尺寸误差能及时得到补偿，与普通机床相比，能获得较高的尺寸精度。

(2) 精度稳定　整个加工过程由程序自动控制，不受操作者人为因素的影响。同时，没有凸轮、靠模等硬件，省去了制造和使用中磨损等所造成的误差，加上机床的位置补偿功能和较高的定位精度和重复定位精度，加工出的零件尺寸一致性好。

(3) 效率高　一次装夹能完成较多表面的加工，减少了多次装夹工件所需的辅助时间。同时，减少了工件在机床与机床之间、车间与车间之间的周转次数和运输工作量。

(4) 表面质量好　加工中心主轴转速和各轴进给量均是无级调速，有的甚至具有自适应控制功能，能随刀具和工件材质及刀具参数的变化，把切削参数调整到最佳数值，从而提高了各加工表面的质量。

(5) 软件适应性大　零件每个工序的加工内容、切削用量、工艺参数都可以编入程序，可以随时修改，这给新产品试制，实行新的工艺流程和试验提供了方便。

加工中心上加工零件与在普通机床上加工相比，还有一些不足之处。例如，刀具应具有更高的强度、硬度和耐磨性；悬臂切削孔时，由于无辅助支承，所以刀具还应具备很高的刚度；在加工过程中，切屑易堆积，会缠绕在工件和刀具上，影响加工顺利进行，需要采取断屑措施和及时清理切屑；工件一次装夹可以完成从毛坯到成品的加工，无时效工序，工件的内应力难以消除；使用、维修管理要求较高，要求操作者应具有较高的技术水平；加工中心的价格昂贵，一般都在几十万元到几百万元，一次性投入较大，零件的加工成本较高，等等。

7.1.2　加工中心的主要加工对象

针对加工中心的工艺特点，加工中心适宜于加工形状复杂、加工内容多、技术要求较高、需用多种类型的普通机床和众多的工艺装备且经多次装夹和调整才能完成加工的零件。其主要加工对象有下列几种。

1. 既有平面又有孔系的零件

加工中心具有自动换刀装置，工件在一次装夹中，可以完成零件上平面的铣削、孔系的钻削、镗削、铣削及攻螺纹等多工步加工。加工的部位可以在一个平面上，也可以在不同的平面上。五面体加工中心在工件一次装夹后，可以完成除装夹面以外的五个面的加工。因此，既有平面又有孔系的零件是加工中心的首选加工对象，这类零件常见的有箱体类零件和盘、套、板类零件。

（1）箱体类零件　箱体类零件很多，如图 7-1 所示，一般都要进行多工位孔系及平面加工，精度要求较高，特别是形状精度和位置精度要求较严格，通常要经过铣、钻、扩、铰、锪、镗、攻螺纹等工步，需要刀具较多，在普通机床上加工难度大，工装套数多，需多次装夹找正，手工测量次数多，精度不易保证。在加工中心上工件一次安装，可以完成用普通机床加工的 60%～95%的工序内容，零件各项精度一致性好，质量稳定，生产周期短。

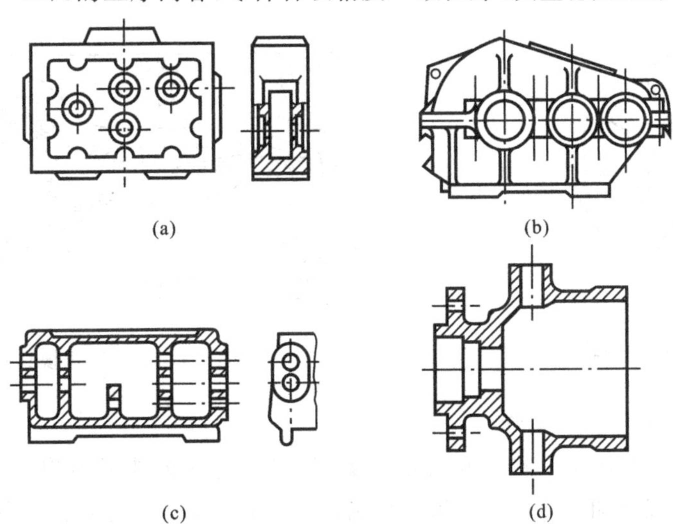

图 7-1　几种常见的箱体零件简图

（2）盘、套、板类零件　这类零件端面上有平面、曲面和孔系，径向也常分布一些径向孔，如图 7-2 所示的十字盘。加工部位集中在单一端面上的盘、套、板类零件宜选择立式加工中心，加工部位不是位于同一方向表面上的零件宜选择卧式加工中心。

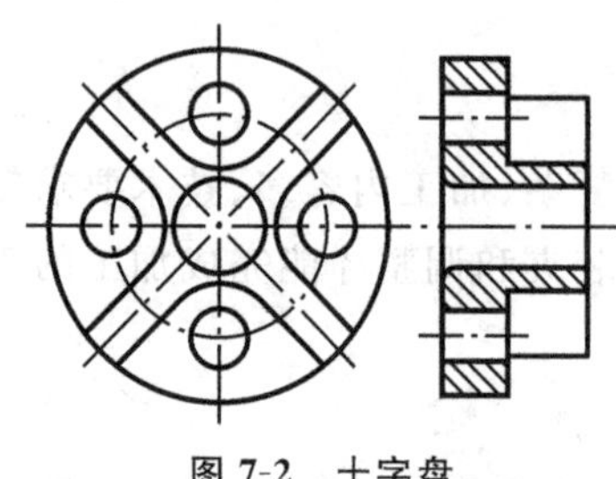

图 7-2 十字盘

2. 结构形状复杂、普通机床难加工的零件

主要表面是由复杂曲线、曲面组成的零件，加工时，需要多坐标联动加工，这在普通机床上是难以甚至无法完成的，加工中心是加工这类零件最有效的设备。常见的典型零件有以下几类。

(1) 凸轮类　这类零件有各种曲线的盘形凸轮、圆柱凸轮、圆锥凸轮和端面凸轮等，加工时，可根据凸轮表面的复杂程度，选用三轴、四轴或五轴联动的加工中心。

(2) 整体叶轮类　整体叶轮常见于航空发动机的压气机、空气压缩机、船舶水下推进器等，它除具有一般曲面加工的特点外，还存在许多特殊的加工难点，如通道狭窄、刀具很容易与加工表面和临近曲面产生干涉。图 7-3 所示为轴向压缩机涡轮，它的叶面是一个典型的三维空间曲面，加工这样的型面，可采用四轴以上联动的加工中心。

(3) 模具类　常见的模具有锻压模具、铸造模具、注塑模具及橡胶模具等。图 7-4 所示为连杆锻压模具。采用加工中心加工模具，由于工序高度集中，动模、静模等关键件的精加工基本上是在一次安装中完成全部机加工内容，尺寸累积误差及修配工作量小。同时，模具的可复制性强，互换性好。

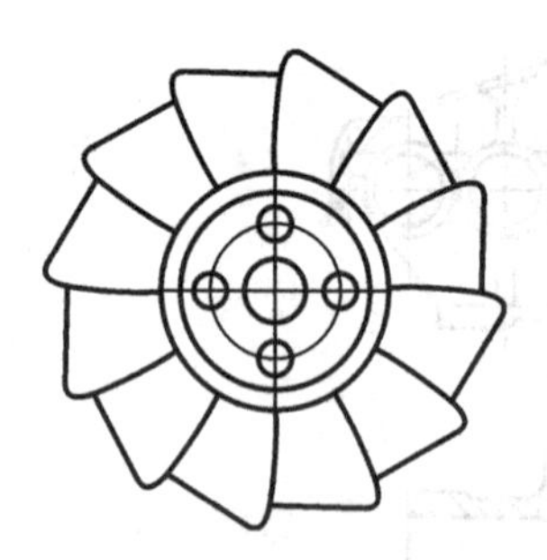

图 7-3 轴向压缩机涡轮

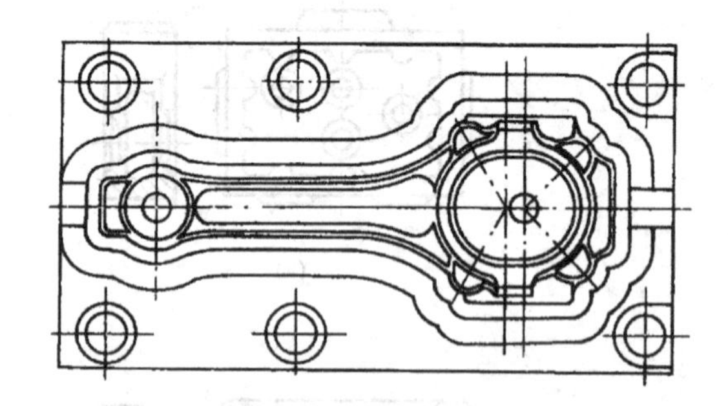

图 7-4 连杆锻压模具简图

3. 外形不规则的异形零件

异形零件是指如图 7-5、图 7-6 所示的支架、拨叉这一类外形不规则的零件，大多要点、线、面多工位混合加工。由于外形不规则，在普通机床上只能采取工序分散的原则加工，需用工装较多，周期较长。利用加工中心多工位点线面混合加工的特点，可以完成大部分甚至全部工序的内容。

上述是根据零件特征选择的适合加工中心加工的几种零件，此外，还有以下一些适合加工中心加工的零件。

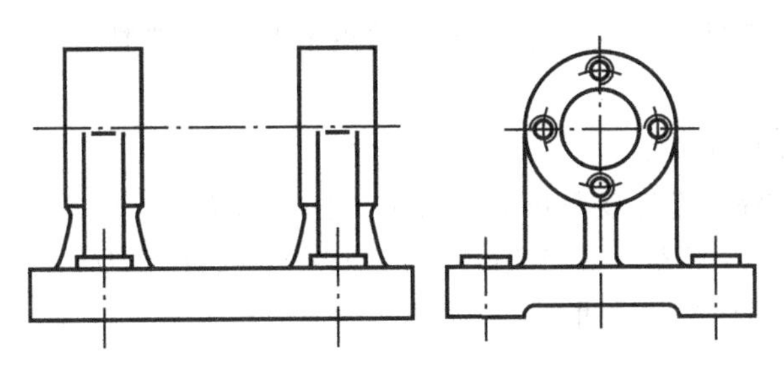

图 7-5 支架

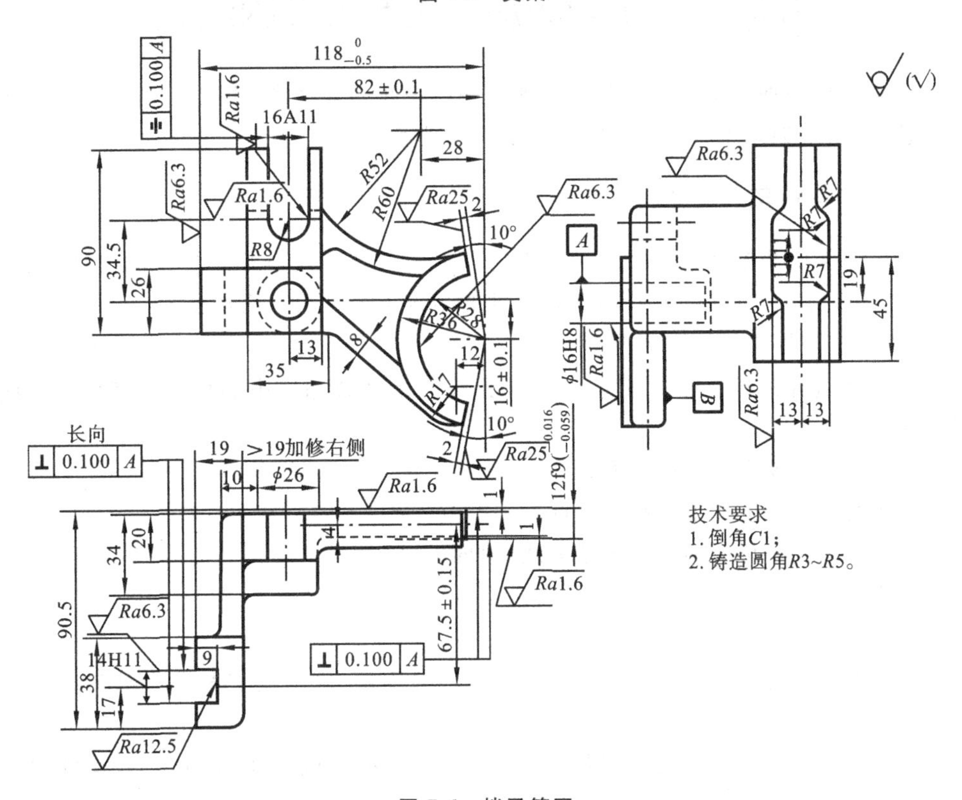

图 7-6 拨叉简图

4. 周期性投产的零件

用加工中心加工零件时，所需工时主要包括基本时间和准备时间，其中，准备时间占很大比例，如工艺准备、程序编制、零件首件试切等。这些时间往往是单件基本时间的几十倍。采用加工中心要以将这些准备时间的内容存储起来，供以后反复使用。这样，对周期性投产的零件，生产周期就可以大大缩短。

5. 加工精度要求较高的中小批量零件

针对加工中心加工精度高、尺寸稳定的特点，对加工精度要求较高的中小批量零件，选择加工中心加工,容易获得所要求的尺寸精度和形状位置精度,并可以得到很好的互换性。

6. 新产品试制中的零件

在新产品定型之前,需经反复试验和改进。选择加工中心试制,可省去许多通用机床加工所需的试制工装。当零件被修改时,只需修改相应的程序及适当地调整夹具、刀具即可,节省了费用,缩短了试制周期。

7.2 加工中心加工工艺方案的制订

制订加工中心加工工艺方案是数控加工中的一项重要工作,其主要内容包括分析零件的工艺性、选择加工中心及设计零件的加工工艺等。

7.2.1 零件的工艺分析

零件的工艺分析是制订加工工艺方案的基础。其任务是分析零件图的完整性、正确性,分析技术要求并选择加工内容,分析零件的结构工艺性和定位基准等。

1. 加工中心加工内容的选择

加工内容选择是指在零件选定之后,选择零件上适合加工中心加工的表面。这些表面通常是:

(1) 尺寸精度要求较高的表面;

(2) 相互位置精度要求较高的表面;

(3) 不便于普通机床加工的复杂曲线、曲面;

(4) 能够集中加工的表面。

2. 零件结构的工艺性分析

从机械加工的角度考虑,在加工中心上加工的零件,其结构工艺性应具备以下几点要求:

(1) 零件的切削加工量要小,以便减少加工中心的切削加工时间,降低零件的加工成本;

(2) 零件上光孔和螺纹的尺寸规格尽可能少,以减少加工时钻头、铰刀及丝锥等刀具的数量,以防刀库容量不够;

(3) 零件尺寸规格尽量标准化,以便采用标准刀具;

(4) 零件加工表面应具有加工的方便性和可能性;

(5) 零件结构应具有足够高的刚度,以减少夹紧变形和切削变形。

3. 定位基准分析

零件上应有一个或几个共同的定位基准。该定位基准一方面要能保证零件经多次装夹后其加工表面之间相互位置的正确性，如多棱体、复杂箱体等在卧式加工中心上完成四周加工后，要重新装夹加工剩余的加工表面，用同一基准定位可以避免由基准转换引起的误差；另一方面，要满足加工中心工序集中的特点，即一次安装尽可能完成零件上较多表面的加工。定位基准最好是选用零件上已有的面或孔，若没有合适的面或孔，也可专门设置工艺孔或工艺凸台等作定位基准。

图 7-6 所示为机床变速机构中的拨叉。选择在卧式加工中心上加工的有 ϕ16H8 孔、16A11 槽、14H11 槽及 8 处 R7 圆弧。其中 8 处 R7 圆弧位置精度要求较低。为在一次安装中能加工出上述表面，并保证 16A11 槽对 ϕ16H8 孔的对称度要求和 14H11 槽对 ϕ16H8 孔的垂直度要求，可用 R28 圆弧中心线及 B 面作主要定位基准。因为 R28 圆弧中心线是 ϕ16H8 孔及 16A11 槽的设计基准，符合“基准重合”原则。B 面尽管不是 14H11 槽的设计基准(14H11 槽的设计基准是尺寸 $12_{-0.059}^{-0.016}$ mm 的对称中心面)，但它能限制三个自由度，定位稳定，基准不重合误差只有 0.021 5 mm，比设计尺寸(67.5±0.15) mm 的允差小得多，加工中心精度完全能保证。因此，在前道工序中先加工好 R28 圆弧(加工至 ϕ56H7)和 B 面。

图 7-7 所示为铣头体，其中 ϕ80H7、ϕ80K6、ϕ90K6、ϕ95H7、ϕ140H7 孔及 ϕ80K6 和

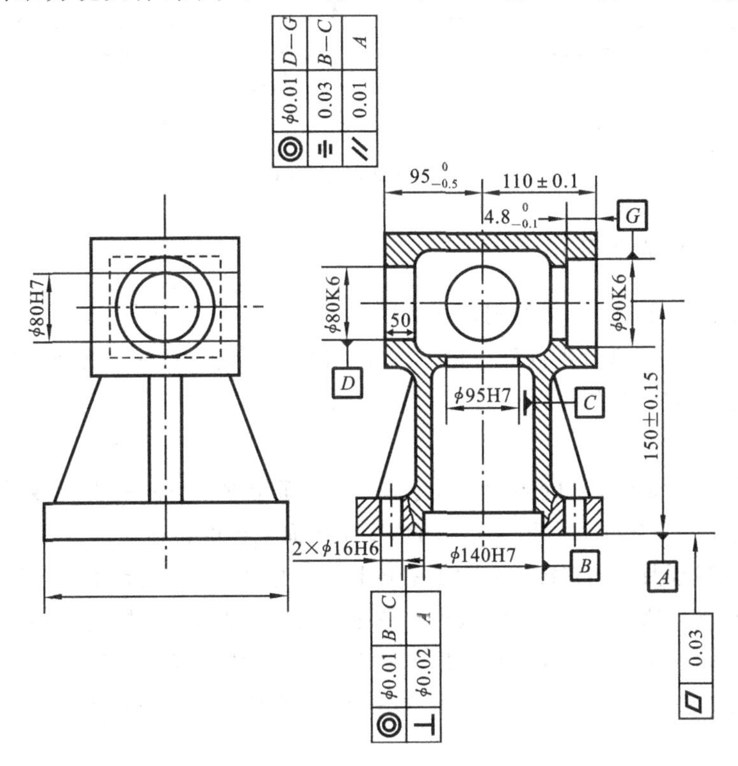

图 7-7 铣头体简图

ϕ90K6 孔两端面要在加工中心上加工。在卧式加工中心上需经过两次装夹才能完成上述孔和面的加工。第一次装夹加工 ϕ80K6、ϕ90K6、ϕ80H7 孔及 ϕ80K6 和 ϕ90K6 孔两端面；第二次装夹加工 ϕ95H7 及 ϕ140H7 孔。为保证孔与孔之间、孔与面之间的相互位置精度，应有同一定位基准。为此，在前面工序中加工出 A 面，另外再专门设置两个定位用的工艺孔 2×ϕ16H6。这样，两次装夹都以 A 面和 2×ϕ16H6 孔定位，可减少因定位基准转换而引起的定位误差。

又如图 7-8(a)所示的电动机端盖，在加工中心上一次安装可完成所有加工端面及孔的加工，但其表面上无合适的定位基准。因此，在分析零件图时，可向设计部门提出，改成图 7-8(b)所示的结构，增加三个工艺凸台，以此作为定位基准。

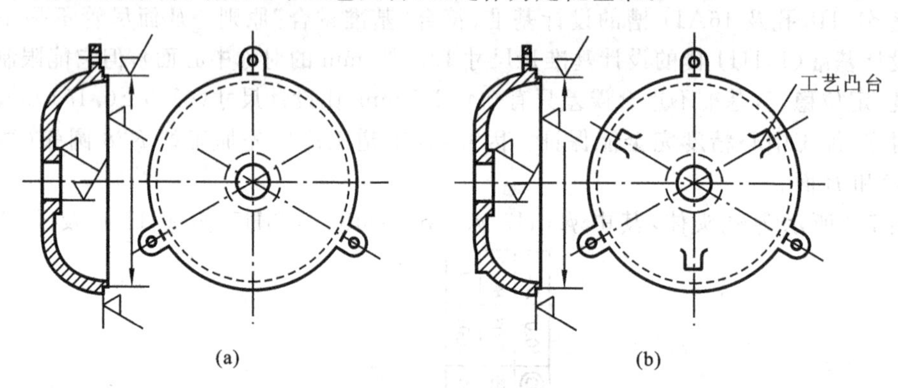

图 7-8　电动机端盖简图

7.2.2　零件的工艺设计

加工零件工艺设计的总体原则是在保证零件加工质量的前提下，充分发挥机床的加工效率，在加工中心上进行零件加工也不例外。因此，工艺设计应充分考虑精度和效率两个方面，其内容主要包括以下几个方面。

1. 加工方法的选择

在加工中心上加工零件的表面不外乎平面、平面轮廓、曲面、孔和螺纹等。所选加工方法要与零件的表面特征、所要求达到的精度及表面粗糙度相适应。

平面、平面轮廓及曲面在镗铣类加工中心上唯一的加工方法是铣削。一般来讲，经粗铣的平面，尺寸精度可达 IT12～IT14 级(指两平面之间的尺寸)，表面粗糙度 Ra 可达12.5～50 μm。经粗、精铣的平面，尺寸精度可达 IT7～IT9 级，表面粗糙度 Ra 可达 1.6～3.2 μm。

孔的加工方法比较多，有钻削、扩削、铰削和镗削等。大直径孔还可以采用圆弧插补方式进行铣削加工。

对于直径大于 ϕ30 的已铸出或锻出毛坯孔的孔加工，一般采用粗镗→半精镗→孔口倒角→精镗加工方案;孔径较大的可采用立铣刀粗铣→精铣加工方案。有退刀槽时可用锯片铣刀在半精镗之后、精镗之前铣削完成,也可用镗刀进行单刀镗削,但单刀镗削效率低。

对于直径小于 $\phi30$ 的无毛坯孔的加工,通常采用锪平端面→钻中心孔→钻→扩→孔口倒角→铰加工方案;有同轴度要求的小孔,须采用锪平端面→钻中心孔→钻→半精镗→孔口倒角→精镗(或铰)加工方案。为提高孔的位置精度,在钻孔工步前须安排锪平端面和打中心孔工步。孔口倒角安排在半精加工之后精加工之前,以防孔内产生毛刺。

螺纹的加工根据孔径大小,一般情况下,直径在 M6～M20 之间的螺纹,通常采用攻螺纹方法加工。直径在 M6 以下的螺纹,在加工中心上完成底孔加工,通过其他手段攻螺纹。因为在加工中心上攻螺纹不能随机控制加工状态,小直径丝锥容易折断。直径在 M20 以上的螺纹,可采用镗刀片镗削加工。

2. 加工阶段的划分

在加工中心上加工的零件,其加工阶段的划分主要根据零件是否已经过粗加工、加工质量要求的高低、毛坯质量的高低及零件批量的大小等因素确定。

若零件已在其他机床上经过粗加工,加工中心只是完成最后的精加工,则不必划分加工阶段。对加工质量要求较高的零件,若其主要表面在加工中心加工之前没有经过粗加工,则应尽量将粗、精加工分开进行,使零件粗加工后有一段自然时效过程,以消除残余应力和恢复切削力、夹紧力引起的弹性变形,切削热引起的热变形,必要时还可以安排人工时效处理,最后通过精加工消除各种变形。对加工精度要求不高,而毛坯质量较高,加工余量不大,生产批量很小的零件或新产品试制中的零件,利用加工中心的良好的冷却系统,可把粗、精加工合并进行,但粗、精加工应划分成两道工序分别完成。粗加工用较大的夹紧力,精加工用较小的夹紧力。

3. 加工顺序安排

在加工中心上加工零件,一般都有多个工步,使用多把刀具。因此,加工顺序安排得是否合理将直接影响到加工精度、加工效率、刀具数量和经济效益。在安排加工顺序时同样要遵循"基准先行""先粗后精""先主后次"及"先面后孔"的一般工艺原则,同时还应考虑以下两个方面。

(1) 减少换刀次数,节省辅助时间。一般情况下,每换一把新的刀具后,应通过移动坐标、回转工作台等将由该刀具切削的所有表面全部完成。

(2) 每道工序尽量减少刀具的空行程移动量,按最短路线安排加工表面的加工顺序。安排加工顺序时,可参照采用粗铣大平面→粗镗孔、半精镗孔→立铣刀加工→加工中心孔→钻孔→攻螺纹→平面和孔精加工(如精铣、铰、镗等)的加工顺序。

4. 装夹方案确定和夹具选择

在零件的工艺分析中,已确定了零件在加工中心上加工的部位和加工时用的定位基准,因此,在确定装夹方案时,只需根据已选定的加工表面和定位基准确定工件的定位夹紧方式,并选择合适的夹具。此时,主要考虑以下几点。

(1) 夹紧机构或其他元件不得影响进给,加工部位要敞开。要求夹持工件后,夹具上一些组成件(如定位块、压块和螺栓等)不能与刀具运动轨迹发生干涉。图 7-9 所示为用立铣刀铣削零件的六边形,若用压板机构压住工件的 A 面,则压板易与铣刀发生干涉;若夹压 B 面,就不影响刀具进给。对有些箱体零件加工可以利用内部空间来安排夹紧机构,将其加工表面敞开,如图 7-10 所示。当在卧式加工中心上对工件的四周进行加工时,若很难安排夹具的定位和夹紧装置,则可以通过减少加工表面来留出定位夹紧元件的空间。

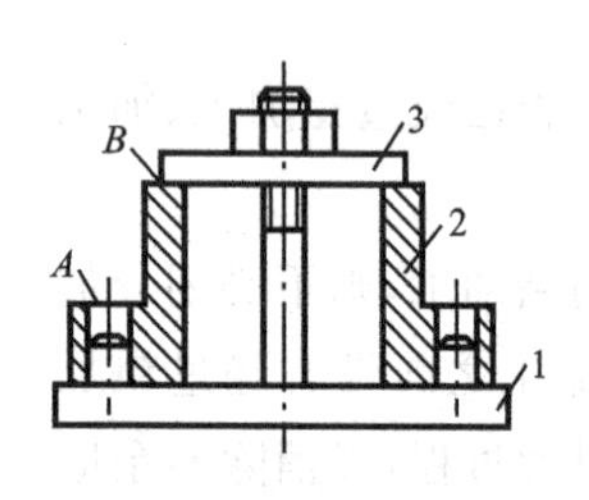

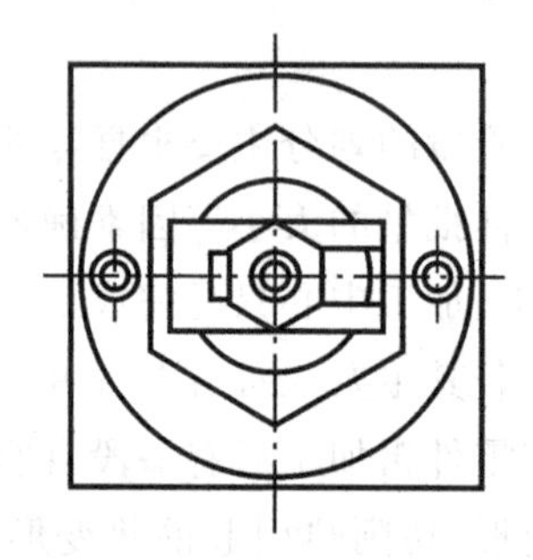

图 7-9 不影响进给的装夹示例

1—定位装置;2—工件;3—夹紧装置

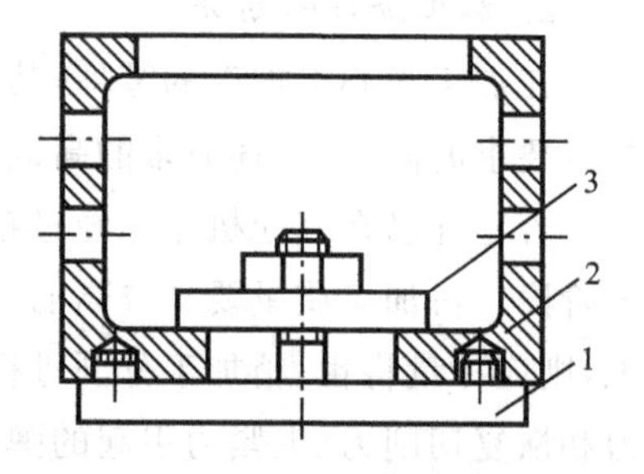

图 7-10 敞开加工表面的装夹示例

1—定位装置;2—工件;3—夹紧装置

(2) 必须保证最小的夹紧变形 工件在粗加工时,切削力大,需要夹紧力大,但又不能把工件夹压变形,否则,松开夹具后,零件发生变形。因此,必须慎重选择夹具的支承点、定位点和夹紧点。如果采用了相应措施仍不能控制工件变形,只能将粗、精加工分开,或者粗、精加工使用不同的夹紧力。

(3) 装卸方便,辅助时间尽量短 由于加工中心效率高,装夹工件的辅助时间对加工效率影响较大,所以,要求配套夹具在使用中也要装卸快而方便。

(4) 对小型零件或工序不长的零件,可以考虑在工作台上同时装夹几件进行加工,以提高加工效率。例如,在加工中心工作台上安装一块与工作台大小一样的平板,如图 7-11(a)所示。该平板既可作为大工件的基础板,也可作为多个小工件的公共基础板。又如,在卧式加工中心分度工作台上安装一块如图 7-11(b)所示的四周都可装夹一件或多件工件的立方基础板,可依次加工装夹在各面上的工件。当一面在加工位置进行加工的同时,另三面都可装卸工件,因此能显著减少换刀次数和停机时间。

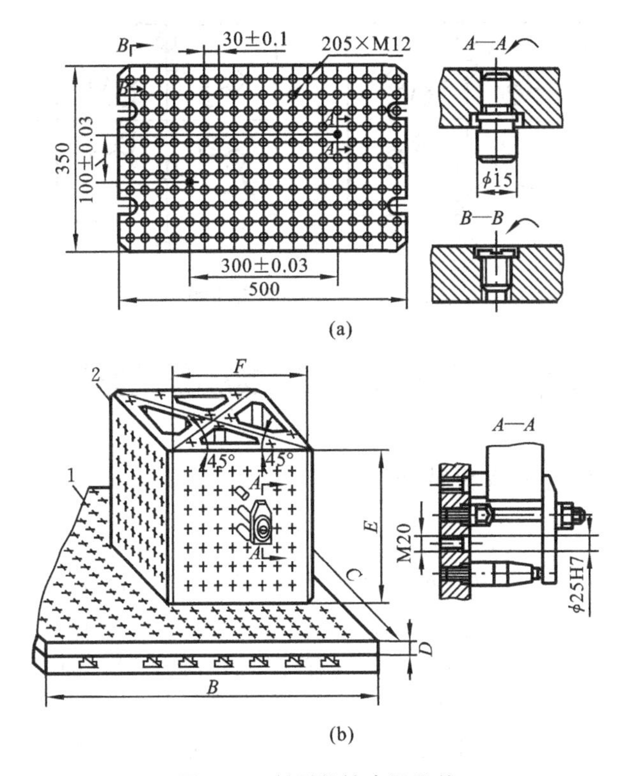

(a)

(b)

图 7-11　新型数控夹具元件

1—基础板；2—立方基础板

(5) 夹具结构应力求简单　由于零件在加工中心上加工大都采用工序集中原则，加工的部位较多，同时批量较小，零件更换周期短，夹具的标准化、通用化和自动化对加工效率的提高及加工费用的降低有很大影响。因此，对批量小的零件应优先选用组合夹具。对形状简单的单件小批量生产的零件，可选用通用夹具，如三爪自定心卡盘、台虎钳等。只有对批量较大且周期性投产、加工精度要求较高的关键工序才设计专用夹具，以保证加工精度和提高装夹效率。

(6) 夹具应便于与机床工作台面及工件定位面间的定位连接　加工中心工作台面上一般都有基准 T 形槽，转台中心有定位圆、台面侧面有基准挡板等定位元件。固定方式一般用 T 形槽螺钉或工作台面上的紧固螺孔，用螺栓或压板压紧。夹具上用于紧固的孔和槽的位置必须与工作台上的 T 形槽和孔的位置相对应。

5. 进给路线的确定

加工中心上刀具的进给路线可分为孔加工进给路线和铣削加工进给路线，如图 7-12 所示。相关内容已在第 6 章介绍，这里就不赘述了。

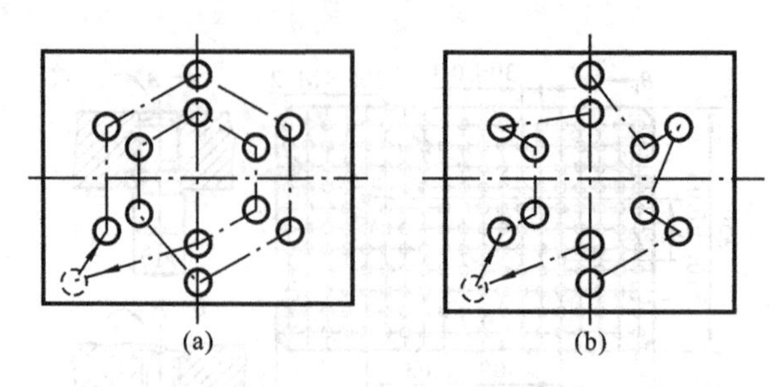

图 7-12　孔系的加工路线

7.3　加工中心的程序编制基础

7.3.1　加工中心的编程特点

1. 数控装置初始化状态的设定

当打开机床电源时,数控装置处于初始状态,补表中标有"★"的 G 代码被启动。由于开机后数控装置的状态可通过 MDI 方式更改,并且会因为程序的运行而发生变化,为了保证程序的安全运行,建议在程序开始应有程序初始状态设定的程序段,如下所示:

G90 G80 G40 G17 G49 G21

该程序段中,G90 为绝对坐标方式,G80 为取消固定循环,G40 为取消刀具半径补偿,G17 为选择 XY 平面,G49 为取消刀具长度补偿,G21 为米制。

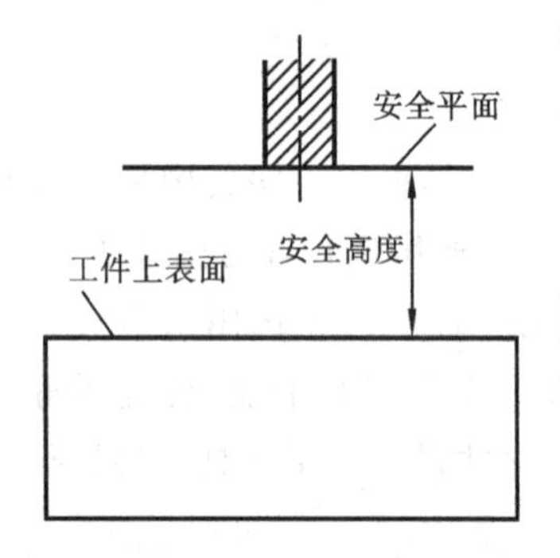

图 7-13　安全高度

2. 安全高度的确定

对于铣削加工,起刀点和退刀点必须离开加工零件上表面有一个安全高度,以保证刀具在停止状态时,不与加工零件和夹具发生碰撞。在安全高度位置时,刀具中心(或刀尖)所在平面称为安全平面,如图 7-13 所示。

3. 进刀、退刀方式的确定

对于铣削加工的刀具切入工件的方式,已在第 6 章中详细介绍,同样适合加工中心的应用。

7.3.2　加工中心的换刀方式及换刀程序

根据刀库有无机械手可将加工中心的换刀方式分为无机械手换刀方式和机械手换刀方式。

1. 无机械手换刀方式

采用该方式换刀时,先是刀库沿主轴径向靠近主轴并抓住主轴上的刀具,待主轴的拉刀装置松刀后，通过主轴相对刀库的轴向运动将主轴上的刀具拔出；刀库旋转将待更换的新刀旋转到换刀位置，刀库再沿主轴轴向靠近主轴并将欲交换的新刀装到主轴上，待主轴的拉刀装置将刀具拉紧后，刀库再沿主轴径向远离主轴返回原位。无机械手换刀方式的特点是刀具在刀库中的位置是固定的，即刀具从刀库中哪个刀位取出，刀具用完后必须返还原来的刀位。换刀指令的书写方式如下：

M06 T02

执行该指令时，先将主轴上的刀具还给刀库，刀库再旋转至2号刀，将2号刀装到主轴上。

2. 机械手换刀方式

机械手换刀方式大多采用随机换刀，其特点是换刀过程由PLC软件控制，刀具在刀库中的位置是不固定的，即1号刀不一定插回1号刀的刀套内，其刀库上的刀号与设定的刀号由控制器的PLC管理。在这种换刀方式中，T代码后面的数字表示欲调用刀库中刀具的号码。当T代码被执行时，被调用的刀具会转至准备换刀位置（该过程称为选刀），但没有换刀动作。因此，T代码可在换刀指令M06之前设定，以节省换刀时等待刀具的时间。故换刀程序指令常按以下方式书写：

```
T01              ;将1号刀转至换刀位置
M06 T03          ;将1号刀换到主轴上，再将3号刀转至换刀位置
M06 T04          ;将3号刀换到主轴上，再将4号刀转至换刀位置
M06              ;将4号刀换到主轴上
```

在这里必须引起注意的是，加工中心执行刀具交换时，并非刀具在任何Z坐标的位置都可以交换，而是在一个固定的位置进行换刀，这个用来换刀的固定位置就称为换刀点。目前，制造厂家生产的加工中心，虽然机床结构不尽相同，但都有相同之处，就是设置换刀点来实施刀具的交换，以避免刀具与工件、夹具或机床及其附件发生碰撞。由于Z轴机床零点的位置是远离工件最远的安全位置，换刀点一般设置在Z轴零点的附近。换刀时，刀具一般以Z轴先返回机床零点后，才能执行换刀指令。但有些制造厂商生产的加工中心（如卧式加工中心），除了Z轴先返回机床零点外，还必须用G30指令返回第二参考点。加工中心实现换刀的程序通常书写如下。

(1) 对于无机械手换刀方式，只需Z轴回机床零点，有

```
G91 G28 Z0.0          ;Z轴返回机床零点
M06 T03               ;将3号刀更换到主轴上
⋮
G91 G28 Z0.0          ;Z轴返回机床零点
M06 T04               ;将3号刀更换到主轴上
⋮
G91 G28 Z0.0          ;Z轴返回机床零点
```

```
M06 T05              ;将 3 号刀更换到主轴上
```

(2) 对于机械手方式换刀,Z 轴先返回机床零点,且必须返回第二参考点,有

```
T01                  ;选择 1 号刀,即将 1 号刀转至换刀位置
G91 G28 Z0.0         ;Z 轴返回机床零点
G30 Y0.0             ;Y 轴返回第二参考点
M06 T03              ;将 1 号刀换到主轴上,再将 3 号刀转至换刀位置
⋮
G91 G28 Z0.0         ;Z 轴返回机床零点
G30 Y0.0             ;Y 轴返回第二参考点
M06 T04              ;将 3 号刀换到主轴上,再将 4 号刀转至换刀位置
⋮
G91 G28 Z0.0         ;Z 轴返回机床零点
G30 Y0.0             ;Y 轴返回第二参考点
M06 T05              ;将 4 号刀换到主轴上,再将 5 号刀转至换刀位置
```

7.4 加工中心综合编程实例

以下为加工中心的固定循环功能指令、辅助功能指令和 T 代码等在具体零件加工中的综合编程实例。

例 7-1 如图 7-14 所示,加工 2×M10×1.5 螺纹通孔,在立式加工中心上加工顺序为:ϕ8.5 麻花钻钻孔,ϕ25 锪钻倒角,M10 丝锥攻螺纹。切削用量如表 7-1 所示,试编制其加工程序。

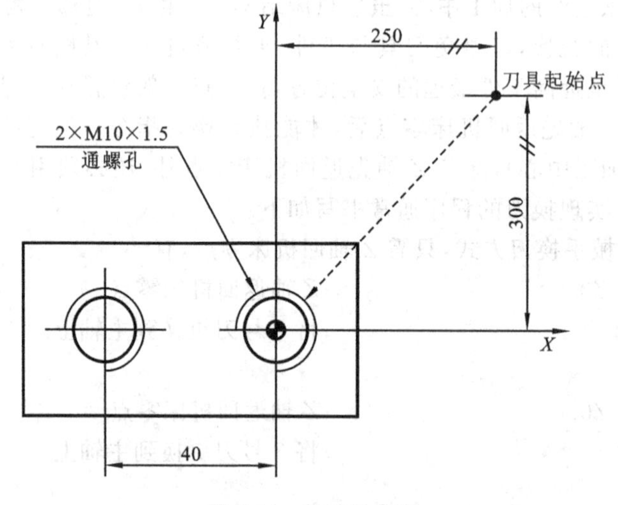

图 7-14 加工示意图

表 7-1　切削用量

刀 具 号	长度补偿号	刀 具 名 称	切削速度/(m/min)	进给量/(mm/s)
T01	H01	ϕ8.5 麻花钻	20	0.2
T02	H02	ϕ25 倒角刀	12	0.2
T03	H03	M10 丝锥	8	1.5

解　(1) 工艺分析。

绘制加工刀具走刀路线如图 7-15 所示，各刀具的 R 点和 Z 点位置如图 7-16 所示，这里有两点需要特别说明。

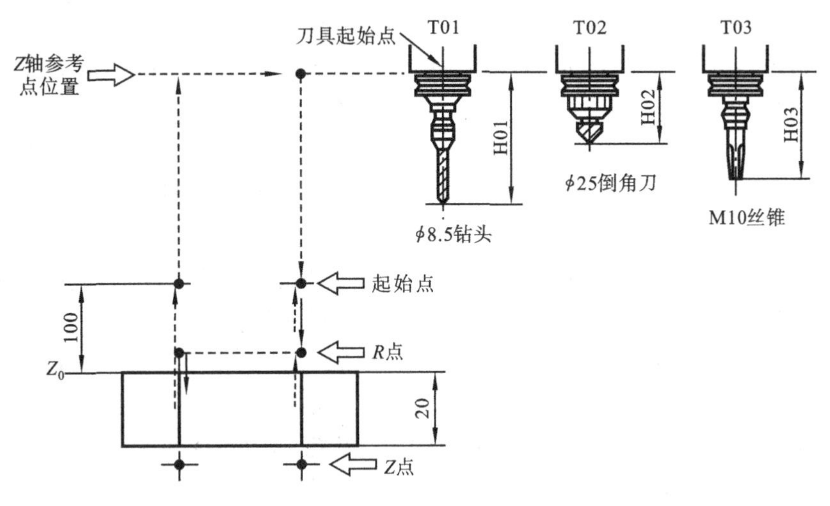

图 7-15　Z 轴方向走刀路线

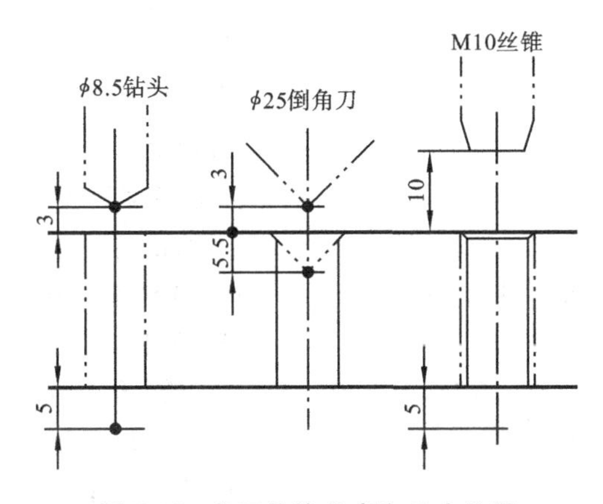

图 7-16　各刀具的 R 点和 Z 点位置

① 计算　应如何计算 $\phi 25$ 锪钻倒角时的 Z 点坐标呢？这里假设倒角孔口直径为 D，锪钻小端直径为 d，锥角为 α，锪钻与孔口接触时锪钻小端与孔口的距离为 L，则

$$L=\frac{D-d}{2}\cdot\tan\left(\frac{\alpha}{2}\right)$$

根据 L 值和倒角量的大小就可以算出 Z 点坐标值。本例 $\alpha=90^{\circ}$，$D=8.5$ mm，$d=0$，则 $L=4.25$ mm，若倒角深为 1.25 mm，则 Z 值为 5.5 mm。

② 确定 R 点的 Z 坐标距离　攻螺纹时的 R 点的 Z 坐标为 10 mm，这是为了保证螺距准确，因为主轴在由快进转入工进时其间有一个加减速运动的过程，应避免在这一过程中攻螺纹。

(2) 编制加工程序如下。

```
O7001                              ;程序号
N010 G17 G90 G40 G80 G49 G21       ;初始设定G代码的初始状态
N020 G91 G28 Z0.0 T01              ;Z轴回零,选T01号刀
N030 M06                           ;将T01号刀具换到主轴上,钻孔
N040 T02                           ;选T02号刀,即将该刀具置于刀库的换
                                    刀位置
N050 G00 X0.0 Y0.0                 ;主轴快速到达工件坐标系原点位置
N060 S750 M03                      ;主轴正转
N070 G43 Z100.0 H01 M08            ;刀具长度补偿,至固定循环起始点,切
                                    削液开
N080 G99 G81 Z-25.0 R3.0 F150      ;钻孔1,刀具返回R点
N090 G98 X-40.0 M09                ;钻孔2,刀具返回起始点,切削液关
N100 G80 G91 G28 Z0.0              ;取消钻孔循环,Z轴回参考点
N110 M06                           ;将T02号刀具换到主轴上,倒角
N120 T03                           ;选T03号刀,即将该刀具置于刀库的换
                                    刀位置
N130 G00 X0.0 Y0.0                 ;主轴快速到达工件坐标系原点位置
N140 S150 M03                      ;主轴正转
N150 G43 Z100.0 H02 M08            ;刀具长度补偿,至固定循环起始点,切
                                    削液开
N160 G99 G81 Z-5.5 R3.0 F30        ;孔1倒角,刀具返回R点
N170 G98 X-40.0 M09                ;孔2倒角,刀具返回起始点,切削液关
N180 G91 G80 G28 Z0.0              ;取消钻孔循环,Z轴回参考点
N190 M06                           ;将T03号刀具换到主轴上,攻螺纹
```

```
N200 G00 X0.0 Y0.0                ;主轴快速到达工件坐标系原点位置
N210 S150 M03                     ;主轴正转
N220 G43 Z100.0 H03 M08           ;刀具长度补偿,至固定循环起始点,切
                                   削液开
N230 G99 G84 Z-25.0 R10.0 F500    ;孔 1 攻螺纹,刀具返回 R 点
N240 G98 X-40.0 M09               ;孔 2 攻螺纹,刀具返回起始点,切削
                                   液关
N250 G80 G00 X250.0 Y300.0        ;取消钻孔循环,快速返回起始位置
N260 G91 G28 Z0.0                 ;Z 轴返回参考点
N270 M30                          ;程序结束
%                                 ;程序结束符号
```

例 7-2 在立式加工中心上加工如图 7-17 所示工件,要求先在中心钻点孔、钻孔,然后攻螺纹。建立工件坐标系如图示,工艺方案如表 7-2 所示。

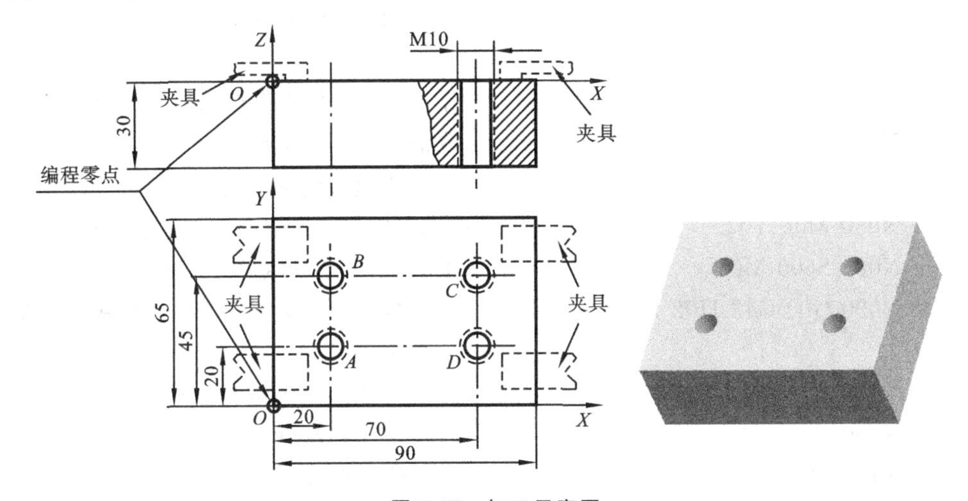

图 7-17 加工示意图

表 7-2 加工工序及参数表

工　　序	刀号	补偿号	刀具名称	主轴转速/(r/min)	进给速度/(mm/min)
ϕ3 中心钻点钻所有孔	T01	H01	ϕ3 中心钻	1 000	50
ϕ8.5 钻头钻所有孔	T02	H02	ϕ8.5 钻头	600	40
M10 丝锥对所有孔攻螺纹	T03	H03	M10 丝锥	150	30

程序如下。

```
O7002                                ;程序号
N005 G90 G21 G40 G49 G80 G17
N010 G54                             ;选择工件坐标系
N015 M06 T01                         ;换 1 号刀,为 φ3 mm 中心钻点钻所有孔
N020 S1000 M03                       ;主轴正转,转速为 1 000 r/min
N025 G00 G43 H01 Z128.0              ;对 1 号刀进行刀具长度补偿,并将刀尖移
                                      动至 Z=128 处
N030 X0.0 Y0.0 M08                   ;刀具快速移动到编程原点 O
N035 X20.0 Y20.0                     ;刀具快速移动到 A 点
N040 Z20.0                           ;刀具快速移动到 Z=20 处
N045 G01 Z3.0 F100                   ;刀具直线进给到 Z=3 处
N050 G81 R3.0 Z-3.0 F50              ;对 A 孔加工循环,中心钻钻深为 3,每次钻
                                      孔结束返回参考平面 R=3 处
N055 Y45.0                           ;钻 B 孔,钻孔结束返回参考平面 R=3 处
N060 X70.0                           ;钻 C 孔,钻孔结束返回参考平面 R=3 处
N065 Y20.0                           ;钻 D 孔,钻孔结束返回参考平面 R=3 处
N070 G80                             ;取消固定循环 G81
N075 G00 Z100.0                      ;刀具快返回到 Z=100 处
N080 M06 T02                         ;换 2 号刀,为 φ8.5 mm 钻头钻所有孔
N085 S600 M03                        ;主轴正转,转速为 600 r/min
N090 G00 G43 H02 Z128.0              ;对 2 号刀进行刀具长度补偿,并将刀尖移
                                      动至 Z=128 处
N095 X0.0 Y0.0 M08                   ;刀具快速移动到编程原点 O
N100 X20.0 Y20.0                     ;刀具快速移动到 A 点
N105 Z20.0                           ;刀具快速移动到 Z=20 处
N110 G01 Z3.0 F100                   ;刀具直线进给到 Z=3 处
N115 G83 R3.0 Z-35.0 Q5.0 F40        ;对 A 孔进行孔加工循环,钻深为 Z=
                                      -35,每钻深 5 mm 刀具返回参考平面
                                      R=3 处退屑
N120 Y45.0                           ;钻 B 孔,加工后返回参考平面 R=3 处
N125 X70.0                           ;钻 C 孔,加工后返回参考平面 R=3 处
N130 Y20.0                           ;钻 D 孔,加工后返回参考平面 R=3 处
N135 G80                             ;取消固定循环 G83
N140 G00 Z100.0                      ;刀具快返回到 Z=100 处
```

N220 M09　　　　　　　　　　;冷却液关闭

N230 M30　　　　　　　　　　;程序结束并返回

%

例 7-3　如图 7-18 所示的铣削加工典型零件三。工件材料为 45 钢,毛坯尺寸为 175 mm×130 mm×6.35 mm。工件坐标系原点(X_0,Y_0)定在距毛坯左边和底边均 65 mm 处,其 Z_0 定在毛坯上,采用 ϕ10 mm 柄铣刀,主轴转速 n=1 250 r/min,v_f=150 mm/min。轮廓加工轨迹如图 7-19 所示。编写该零件的加工程序。

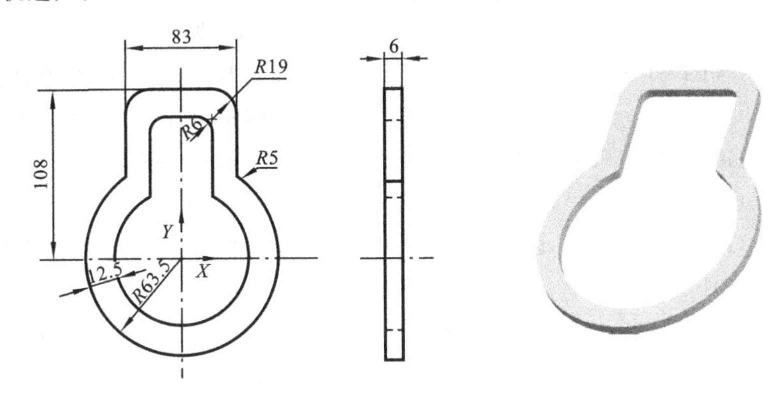

图 7-18　铣削加工典型零件三

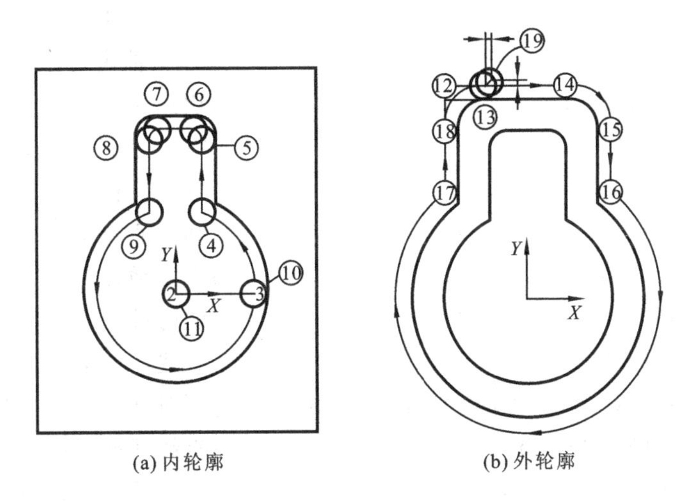

图 7-19　轮廓加工的刀位点轨迹

解　加工程序如下。

O7008　　　　　　　　　　;程序号

N010 G90 G21 G40 G80　　　　　;G 代码初始化

```
N020 G91 G28 X0.0 Y0.0 Z0.0                  ;刀具回参考点
N030 G92 X-200.0 Y200.0 Z0.0                 ;设定工件坐标系原点坐标
N040 G00 G90 X0.0 Y0.0 Z0.0 S1200 M03        ;刀具快速移至点 2,主轴正转
N050 G43 Z50.0 H01                           ;建立刀具长度补偿,并且刀具快速移至 Z50 mm 处
N060 M08                                     ;切削液开
N070 G01 Z-10.0 F150                         ;刀具沿 Z 轴直线插补至 Z-10 mm 处
N080 G41 D01 X51.0                           ;刀具半径左补偿,刀具沿 X 轴直线插补至 X51 mm 处
N090 G03 X29.0 Y42.0 I-51.0 J0.0             ;逆时针圆弧插补至点 4
N100 G01 Y89.5                               ;直线插补至点 5
N110 G03 X23.0 Y95.5 I-6.0 J0.0              ;逆时针圆弧插补至点 6
N120 G01 X-23.0                              ;直线插补至点 7
N130 G03 X-29.0 Y89.5 I0.0 J-6.0             ;逆时针圆弧插补至点 8
N140 G01 Y42.0                               ;直线插补至点 9
N150 G03 X51.0 Y0.0 I29.0 J-42.0             ;逆时针圆弧插补至点 10
N160 G01 X0.0                                ;直线插补至点 11
N170 G00 Z5.0                                ;沿 Z 轴快速移动至 Z5 mm 处
N180 X-41.5 Y108.0                           ;快速移动至点 12
N190 G01 Z-10.0                              ;沿 Z 轴直线插补至 Z-10 mm 处
N200 X22.5                                   ;直线插补至点 14
N210 G02 X41.5 Y89.0 I0.0 J-9.0              ;圆弧插补至点 15
N220 G01 Y48.0                               ;直线插补至点 16
N230 G02 X41.5 Y48.0 I-41.5 J48.0            ;顺时针圆弧插补至点 17
N240 G01 Y89.0                               ;直线插补至点 18
N250 G02 X-22.5 Y108.0 I19.0 J0.0            ;顺时针圆弧插补至点 13
N260 G01X-20.0 Y110.5                        ;直线插补至点 19
N270 G00 Z20.0 M05                           ;刀具沿 Z 轴快速定位至 Z20 mm 处,主轴停止
N280 M09                                     ;切削液关
N290 G91 G28 X0.0 Y0.0 Z0.0                  ;刀具返回参考点
N300 M06                                     ;换刀
```

N310 M30　　　　　　　　　　　　;程序结束

例 7-4　如图 7-20 所示的零件，毛坯为 80 mm×80 mm×30 mm 的铝合金，要求采用粗、精加工各表面。以 $\phi40$ 圆心 O 为坐标系原点，以工件的上加工表面为 Z 坐标零点。加工工序及编程数据如表 7-3 所示，试编写该零件的加工程序。

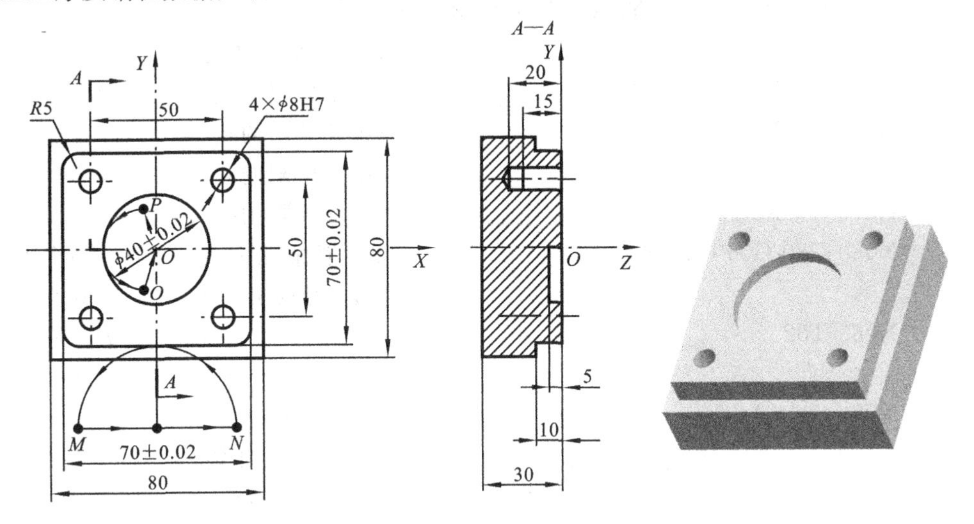

图 7-20　加工中心综合编程实例

表 7-3　加工工序及编程数据

加工工序	刀号	刀具名称	主轴速度 n/(r/min)	进给速度 v/(mm/min)	刀具长度补偿	刀具半径补偿
打中心孔	T01	$\phi3$ 中心钻	849	85	H01	—
粗铣外方框	T02	$\phi16$ 立铣刀	597	119	H02	D02
粗铣内圆槽	T02	$\phi16$ 立铣刀	597	119	H02	D07
精铣外方框	T03	$\phi10$ 立铣刀	955	76	H03	D03
精铣内圆槽	T03	$\phi10$ 立铣刀	955	76	H03	D03
钻孔	T04	$\phi7.8$ 立铣刀	612	85	H04	—
铰孔	T05	$\phi8$H7 立铣刀	199	24	H05	—

解　编程如下。

O7010　　　　　　　　　　　　;程序号

N005 T01　　　　　　　　　　　;调用 1 号刀，$\phi3$ 中心钻，确定中心孔和 4 个小孔的位置

```
N010 G90 G54 G00 X0.0 Y0.0 S849 M03   ;绝对编程,设定工件坐标系,主轴正转
N020 G43 H01 Z50.0                    ;刀具长度补偿,补偿号 H01,刀具快速移动至 Z50 处
N030 G99 G81 X0.0 Y0.0 R5.0 Z-3.0 F85
                                      ;钻孔循环,中心孔
N040      X25.0 Y25.0                 ;第Ⅰ象限的孔
N050      X-25.0                      ;第Ⅱ象限的孔
N060      Y-25.0                      ;第Ⅲ象限的孔
N070      X25.0                       ;第Ⅳ象限的孔
N080 G80 G00 G40 Z200.0               ;取消钻孔循环,取消刀具长度补偿,刀具快速移动至 Z200.0 处
N085 T02                              ;调用 2 号刀,φ16 立铣刀。粗铣 70 mm×70 mm×10 mm 的外方框
N090 S600 M03                         ;主轴正转
N100 G43 H02 Z50.0                    ;刀具长度补偿,补偿号 H02,刀具移至 Z50 处
N110 G00 Y-65.0 M08                   ;刀具快移至点(25,65)处
N115 Z2.0                             ;刀具快移至 Z2 处
N120 G01 Z-9.8 F40                    ;刀具工进至 Z-9.8 处
N125 D02 M98 P0100 F120               ;调用子程序 P0100,粗铣外方框
N130 G00 Z10.0                        ;刀具快移至 Z10 处
N135 X0.0 Y0.0                        ;刀具快移至工件坐标系原点
N140 Z2.0                             ;刀具快移至 Z2 处
N145 G01 Z-4.8                        ;刀具工进至 Z-4.8 处
N150 D07 M98 P0300 F120               ;调用刀具补偿号 D07,调用子程序 P0300,粗铣内圆槽
N155 G49 G00 Z150.0 M09               ;刀具快移至 Z150 处,取消刀具长度补偿,冷却关闭
N160 T03                              ;调用 3 号刀,φ10 立铣刀。精铣 70 mm×70 mm×10 mm 的外方框
N165 S965 M03                         ;主轴正转
N170 G43 H03 Z100.0                   ;刀具长度补偿,补偿号 H03,刀具快移至 Z100 处
N175 G00 Y-65.0 M08                   ;刀具快移至点(0,65)处
```

N180 Z2.0 ;刀具快移至 Z2 处

N185 G01 Z-10.0 F64 M08 ;刀具工进至 Z-10.0 处

N190 D03 M98 P0100 F76 ;调用刀具补偿号 D03,调用子程序 P0100,精铣外方框

N195 G00 Z50.0 ;刀具快移至 Z50 处

N200 X0.0 Y0.0 ;刀具快移至工件坐标系原点

N205 Z2.0 ;刀具快移至 Z2 处

N210 G01 Z-5.0 F64 ;刀具工进至 Z2 处

N215 D03 M98 P0300 F76 ;调用 D03 刀具补偿号,调用子程序 P0300,精铣内圆槽

N220 G49 G00 Z150.0 M09 ;刀具快移至 Z150 处,取消刀具长度补偿,冷却关闭

N225 T04 ;调用 4 号刀,ϕ7.8 mm 的钻头

N230 G43 Z50.0 H04 ;刀具长度补偿,补偿号 H04,刀具快移至 Z50.0 处

N235 S612 M03 ;主轴正转

N240 M08 ;冷却液开

N245 G99 G83 X25.0 Y25.0 R5.0 Z-22.0 Q3.0 F61 ;深孔加工循环,钻第Ⅰ象限的 ϕ7.8 mm孔

N250 X-25.0 ;钻第Ⅱ象限的孔

N255 Y-25.0 ;钻第Ⅲ象限的孔

N260 X25.0 ;钻第Ⅳ象限的孔

N265 G80 G49 M09 ;取消钻孔循环,取消刀具长度补偿,冷却关闭

N270 T05 ;调用 5 号刀,ϕ8H7 立铣刀

N275 S199 M03 ;主轴正转

N280 G43 Z100.0 H05 ;刀具长度补偿,补偿号 H05,刀具快移至 Z100.0 处

N290 M08

N295 G99 G85 X25.0 Y25.0 R5.0 Z-15.0 F24 ;铰孔循环,钻第Ⅰ象限的 ϕ8.0 mm 孔

```
N300 X-25.0                              ;钻第Ⅱ象限的孔
N305 Y-25.0                              ;钻第Ⅲ象限的孔
N310 X25.0                               ;钻第Ⅳ象限的孔
N315 G80 G49 M09                         ;取消铰孔循环,取消刀具长度补
                                          偿,冷却关闭
N320 G00 Z100.0                          ;刀具快移至Z100处
N325 M05                                 ;主轴停止
N330 M02                                 ;程序结束
P0100                                    ;子程序号,铣外方框
N500 G41 G01 X30.0                       ;刀具左偏置,并快移至点(30,-65)
                                          处
N501 G03 X0.0 Y-35.0 R30.0 F120          ;刀具切向切入,切入点为(0,-35)
N502 G01 X-30.0                          ;直线插补
N503 G02 X-35.0 Y-30.0 R5.0              ;圆弧插补
N504 G01 Y30.0                           ;直线插补
N505 G02 X-30.0 Y35.0 R5.0               ;圆弧插补
N506 G01 X30.0                           ;直线插补
N507 G02 X35.0 Y30.0 R5.0                ;圆弧插补
N508 G01 Y-30.0                          ;直线插补
N509 G02 X-30.0 Y-35.0 R5.0              ;圆弧插补
N510 G01 X0.0                            ;直线插补
N512 G03 X-30.0 Y-65.0 R30.0             ;刀具切向切出,切出点为(0,-35)
N513 G40 G01 X0.0                        ;取消左偏置
N514 M99                                 ;返回主程序
P0300                                    ;子程序号,铣内圆槽子
N600 G41 G01 X-5.0 Y15.0 F100            ;刀具左偏置,直线插补至切入点
                                          (-5,15)处
N601 G03 X-20.0 Y0.0 R15.0               ;以圆弧插补方式切向切入内圆槽
N602     X-20.0 Y0.0 I20.0 J0.0          ;圆弧插补切削整圆
N603     X-5.0 Y-15.0 R15.0              ;以圆弧插补方式切向切出内圆槽,
                                          切出点(-5,-15)
N604 G40 G01 X0.0 Y0.0                   ;取消左偏置,刀具直线插补至坐标
```

系原点(0,0)处

N605 M99 ;返回主程序

本章重点、难点及知识拓展

本章重点:加工中心的主要加工对象、加工中心工艺规程的制定和加工中心的换刀程序及加工中心的编程方法。

本章难点:加工中心的换刀程序及加工中心主要指令的使用。

知识拓展:数控加工因其高精度、高效率等一系列优点而得到迅速发展和普及。而加工中心作为数控机床的一种典型产品,由于工件经过一次装夹就可以自动完成铣、镗、钻、扩、铰和攻螺纹等多种工序,更加提高了工件的加工效率。但是要充分发挥加工中心的功能,必须针对不同种类零件的特点,编制合理、高效的加工程序。学习本章后,应掌握加工中心换刀程序的特点及加工中心主要指令的使用。结合加工中心的编程实例,掌握加工中心的编程方法。

思考与练习题

7-1　加工中心的主要加工对象有哪几种?

7-2　加工中心需要考虑哪些基本的工艺问题?

7-3　针对加工中心有无机械手的结构,分别指出它们换刀程序的特点是什么?

7-4　加工中心和数控车床都有固定循环指令,这两种固定循环指令的区别是什么?

7-5　加工中心固定循环指令在执行过程中,有哪些特定的动作?

7-6　G76、G86、G87、G88、G89 都是镗孔循环指令,它们的区别是什么?

7-7　G81、G82、G85 都是钻孔循环指令,它们的区别是什么? 各使用在什么场合?

7-8　G73、G83 都是深孔加工循环指令,它们的区别是什么?

7-9　如图 7-21、图 7-22、图 7-23 所示的平面曲线零件,零件厚度为 10 mm,加工过程为先铣削轮廓外形,然后进行孔加工,试分别编写其数控加工程序。

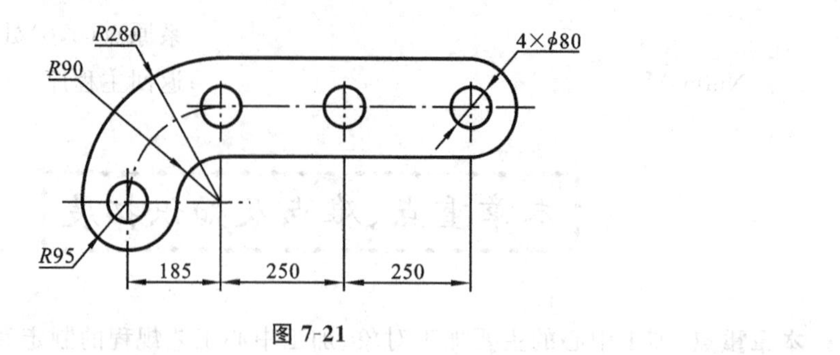

图 7-21

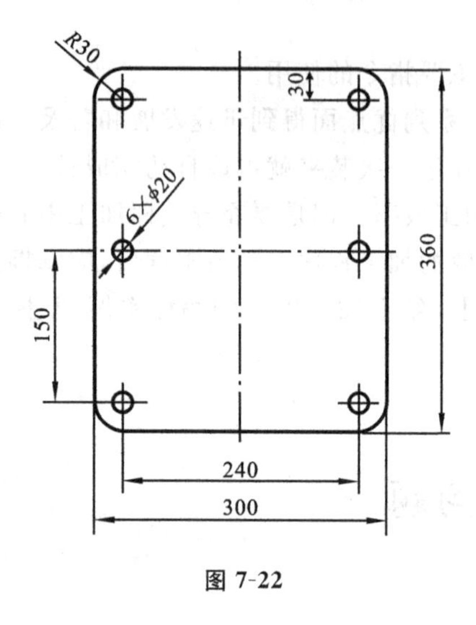

图 7-22

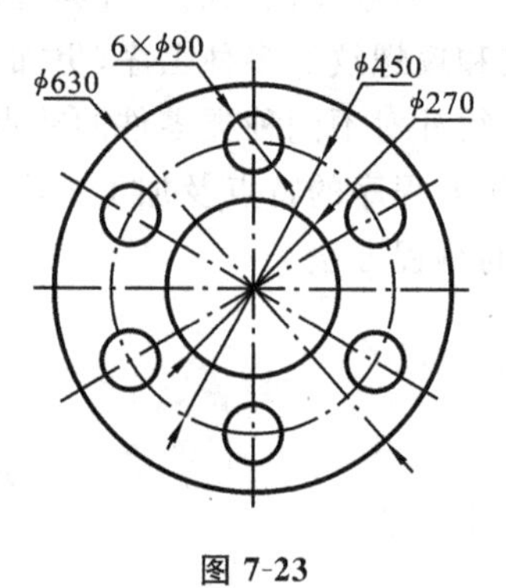

图 7-23

第8章 数控加工自动编程

如何进行数控加工程序的编制是进行数控加工的关键，传统的手工编程方法复杂、繁琐，易于出错，难于检查，不能充分发挥数控加工的优势。尤其对某些形状复杂的零件，如自由曲面零件的编程问题，手工编程是根本无法实现的。所以，手工编程一般只用在形状简单的零件加工中，而对于形状复杂的零件，则需要用计算机进行辅助处理和计算，即使用 CAD/CAM 软件进行自动编程。

当前国内外先进的 CAD/CAM 软件普遍采用图形交互式数控自动编程方法，如我国北航海尔软件公司的 CAXA 制造工程师、CAXA 数控车及美国 CNC 公司的 Master-CAM、PTC 公司的 Pro/E、EDC 公司的 UG、以色列的 Cimatron 系统等。这些 CAD/CAM 集成软件均可以采用人机交互方式先对零件的几何模型进行绘制、编辑和修改，产生零件的数据模型；然后对机床和刀具进行定义和选择，确定刀具相对于零件表面的运动方式、切削加工参数，便能自动生成刀具轨迹；还能利用加工轨迹的仿真功能对生产加工过程进行动态图像模拟，以检验走刀轨迹和加工程序的正确性；最后经过后置处理，即按照特定机床规定的文件格式生成加工程序，就可输出到数控机床上进行加工。

8.1 CAXA 制造工程师数控加工自动编程

8.1.1 CAXA 制造工程师 2006 软件简介

CAXA 是我国制造业信息化 CAD/CAM 和 PLM 领域自主知识产权软件的优秀代表和知名品牌，CAXA 制造工程师是在 Windows 环境下运行的 CAD/CAM 集成数控加工编程软件，也称为 CAXA－ME(Manufacturing Engineering，ME)。该软件集成了几何造型、加工轨迹生成、加工过程仿真检验、数控加工代码生成、加工工艺清单生成、数据接口等一整套面向复杂零件的数控编程功能。目前，CAXA 制造工程师已广泛应用于注塑模、锻模、汽车覆盖件拉伸模、压铸模等复杂模具的生产及汽车、电子、武器、航空航天等行业的精密零件加工。由于篇幅限制，本节仅对目前使用量较大的 CAXA 制造工程师 2006 软件的基本功能及操作等进行简要的说明，其他相关知识请参阅 CAXA 产品的说明手册或其他软件使用参考书籍。

1. CAXA 制造工程师 2006 软件的主要特点

CAXA 制造工程师 2006 软件主要用于数控铣床与加工中心的自动编程，其主要功能如下。

1) 方便的特征实体造型

采用精确的特征实体造型技术,可将设计信息用特征术语来描述,简便而准确。常用的特征包括:孔、槽、型腔、凸台、圆柱体、圆锥体、球体、管子等。CAXA 制造工程师 2006 可以方便地建立和管理这些特征信息,使整个设计过程直观、简单。

2) 强大的 NURBS 自由曲面造型

提供了从线框到曲面丰富的建模手段,可通过列表数据、数学模型、字体文件及各种测量数据生成样条曲线;通过扫描、放样、拉伸、导动、等距、边界网格等多种形式生成复杂曲面;并可对曲面进行任意裁剪、过渡、拉伸、缝合、拼接、相交、变形等,最终建立任意复杂的模型。

3) 灵活的曲面实体复合造型

基于实体的"精确特征造型"技术,使曲面融合到实体中,形成统一的曲面实体复合造型模式。利用这一模式,可实现曲面裁剪实体、曲面生成实体、曲面约束实体等混合操作,是用户设计产品和模具的有力工具。

4) 具有 2~5 轴的数控加工功能

可直接利用零件的轮廓曲线生成加工轨迹指令,而无须建立其三维模型;提供轮廓加工和区域加工功能,加工区域内允许有任意形状和数量的岛;可分别指定加工轮廓和岛的拔模斜度,自动进行分层加工。多样化的加工方式可以安排从粗加工、半精加工到精加工的加工工艺路线。

5) 支持高速加工

支持高速切削工艺,提高产品加工精度,减少代码数量,使加工质量和效率大大提高。

6) 参数化轨迹编程和轨迹批处理

CAXA 制造工程师的"轨迹再生成"功能可实现参数化轨迹编辑。用户只需要选中已有的数控加工轨迹,修改原定义的加工参数表,即可重新生成加工轨迹。

CAXA 制造工程师可以先定义加工轨迹参数,而不是立即生成轨迹。工艺设计人员可先将大批加工轨迹参数事先定义而在某一集中时间批量生成。这样,合理地优化了工作时间。

7) 加工工艺控制

提供了丰富的工艺控制参数,可以方便地控制加工过程,使编程人员的经验得到充分的利用。CAXA 制造工程师 2006 加工功能具有多种加工方法和加工参数选项,并且支持更强大的下刀方式,支持加工边界控制,在各功能页面的排列上进行了统一。

8) 加工轨迹仿真

提供了轨迹仿真手段以检验数控代码的正确性。可以通过实体真实感仿真如实地模拟加工过程,展示加工零件的任意截面,显示加工轨迹。

9) **通用的后置处理**

CAXA 制造工程师提供的后置处理器,无须生成中间文件就可以直接输出 G 代码控制指令。系统不仅可以提供常见的数控系统的后置格式,用户还可以定义专用数控系统的后置处理格式等。

2. CAXA 制造工程师 2006 用户界面简介

CAXA 制造工程师 2006 的用户界面,是全中文界面。运行 CAXA 制造工程师 2006 后,就能看到如图 8-1 所示的用户界面。和其他 Windows 风格的软件一样,各种应用功能通过菜单和工具条驱动;状态栏指导用户进行操作并提示当前状态和所处位置;特征树记录了历史操作和相互关系;绘图区显示各种功能操作的结果;同时,绘图区和特征树为用户提供了数据的交互功能。CAXA 制造工程师 2006 的用户界面上不同区域的基本操作如下。

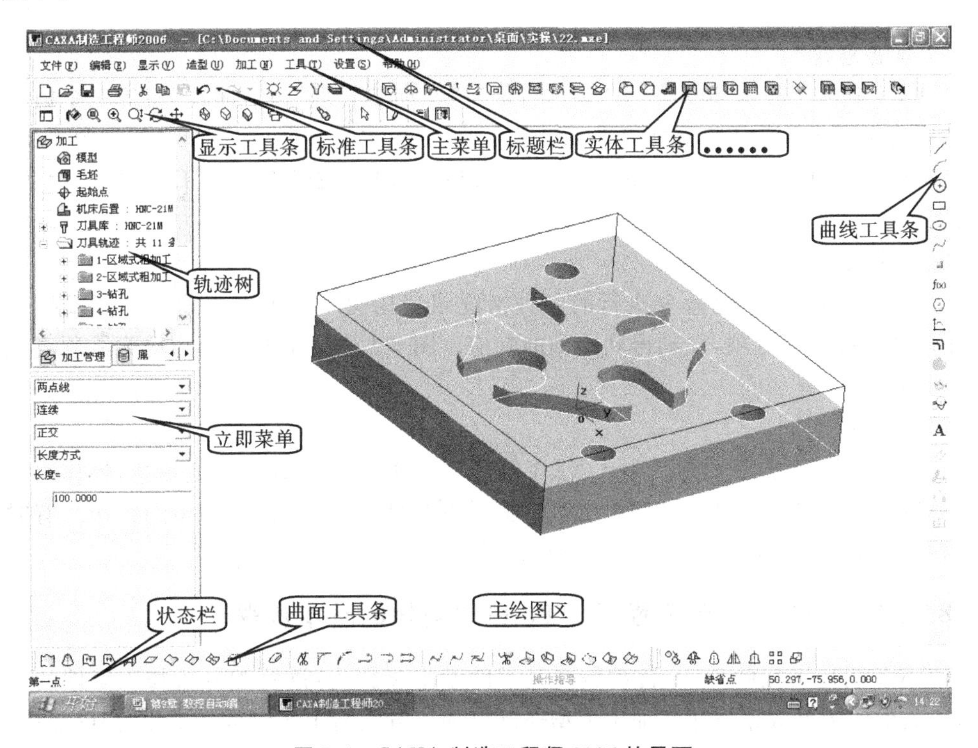

图 8-1 CAXA 制造工程师 2006 的界面

1) **标题栏**

没有绘图时,显示程序名称,打开编辑文件时,显示文件的路径和名称。

2) **工具条**

此区域将 CAXA 制造工程师 2006 常用的命令以图标的方式显示在绘图区的周围。

工具条包括标准工具条、显示工具条、实体工具条、曲线工具条等等。工具条中的每一个图标代表一条命令，用户可用鼠标直接点击图标，以激活该命令。

3）主菜单

主菜单区域提供了 CAXA 制造工程师 2006 所有的操作命令。CAXA 制造工程师 2006 的命令结构为树枝状结构。例如：当用鼠标选择"造型"命令后，将会出现"造型"命令的子菜单；再选择"曲线生成"命令，又会出现绘制曲线的下一级子菜单。

4）绘图区

绘图区为最常使用的区域，是显示设计图形的区域。用户从外部导入的图形或用 CAXA 制造工程师 2006 绘制的图形都会在此区域内显示。绘图区位于屏幕的中心，并占据了屏幕的大部分面积，为显示全图提供充分的视区。绘图区的中央设置了一个三维直角坐标系，该坐标系为世界坐标系，其坐标原点为(0.000,0.000,0.000)，是用户操作过程中的基准。

5）树管理器

CAXA 制造工程师 2006 具有"零件特征"树、"加工管理"树、"属性"树等三个树管理器，主要用于记录操作历史和相互关系。树管理器又称轨迹树，它支持 Tab 键的切换：当鼠标在树管理器中聚焦时，用户按 Tab 键，可以在"零件特征"树、"加工管理"树、"属性"树之间切换。

6）立即菜单

立即菜单描述了某项命令执行的各种情况或使用提示。根据当前的作图或操作要求，正确地选择某一选项，立刻得到准确的响应。图 8-1 中显示的立即菜单为绘制直线时的立即菜单。

7）状态栏

在屏幕的最下方，提供了一些 CAXA 制造工程师 2006 的命令响应信息，操作时应随时注意该区域的提示。操作过程中应按其提示的步骤要求，进行下一步的操作。有时还需要根据提示，利用键盘输入一些相关的数据。

8.1.2 CAXA 制造工程师 2006 自动编程的基本步骤

CAXA 制造工程师 2006 自动编程过程的基本步骤为：读解和分析加工零件的二维图纸或其他的模型数据→建立加工模型→确定加工方法与工艺参数→生成刀具轨迹→加工仿真校核→产生后置代码→输出加工代码。现在分别说明如下。

1. 加工模型建立

被加工零件一般用工程图的形式表达在图纸上，用户可根据图样，利用系统提供的图形生成和编辑功能，通过人机交互方式，将零件的被加工部位绘制在计算机屏幕上，建立二维或三维的加工模型，作为计算机自动生成刀具轨迹的依据。

被加工零件的模型数据也可以由其他的CAD/CAM系统传入，因此CAXA制造工程师针对此类需求提供了丰富的标准数据接口，如DXF、IGES、STEP等。

2. 加工工艺的确定

加工工艺的确定目前主要依靠人工进行，其主要内容有：核准加工零件的尺寸、公差和精度要求，确定装卡位置，选择刀具，确定加工路线，选定工艺参数等。

3. 刀具轨迹生成

建立了加工模型后，即可利用CAXA制造工程师系统提供的多种形式的刀具轨迹生成功能进行数控编程。用户可以根据所要加工工件的形状特点、不同的工艺要求和精度要求，灵活地选用系统中提供的各种加工方式和加工参数等，方便快速地生成所需要的刀具轨迹即刀具的切削路径。

为满足特殊的工艺需要，CAXA制造工程师还能够对已生成的刀具轨迹进行编辑、修改等。

4. 加工仿真校核

CAXA制造工程师可通过模拟仿真，检验所生成的刀具轨迹的正确性和是否有过切产生。并可通过反读已有的G代码，用图形方法检验加工代码的正确性与合理性。

5. 后置代码生成

在屏幕上用图形形式显示的刀具轨迹要变成可以控制机床的加工代码，需进行所谓后置处理。后置处理的目的是形成数控指令文件，也就是我们经常说的G代码程序或NC程序。CAXA制造工程师提供的后置处理功能是非常灵活的，它可以通过用户自己修改某些设置而适用各自的机床要求。用户按机床规定的格式进行定制，即可方便地生成和特定机床相匹配的加工代码。

8.1.3 CAXA制造工程师2006自动编程实例

1. 零件三维实体模型设计

某零件的二维工程图如图8-2所示。

1) 零件外形各台阶面实体模型设计

(1) 在零件特征管理树中用鼠标点击平面XY，单击工具条中的按钮，进入草图模式。单击工具条中的□按钮，弹出【矩形】立即菜单，在立即菜单中选择矩形方式为“中心_长_宽”，然后输入长度和宽度分别为80、60，再选择坐标原点为矩形中心，按Enter键确定。按鼠标右键或Esc键退出操作。

(2) 再次单击工具条中的按钮，退出草图编辑状态。单击工具条中的按钮，系统弹出【拉伸增料】对话框，类型选用【固定深度】，输入深度为7.5，单击【确定】按钮，则生成如图8-3所示长方体零件形状。

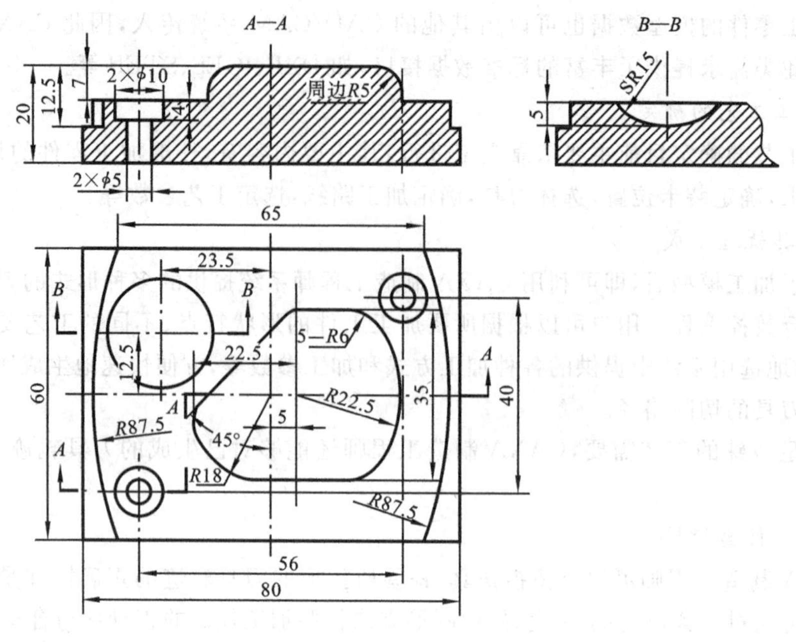

图 8-2　加工零件图

(3) 鼠标点击长方体实体的上表面,单击工具条中的 按钮,进入草图模式。单击工具条中的 按钮,弹出【圆弧】对话框,选取"两点半径",依次输入圆弧的两点坐标(32.5,30,0)、(32.5,−30,0)和半径 87.5,单击【确定】按钮,绘出右边的圆弧线。然后以两点坐标(−32.5,30,0)、(−32.5,−30,0)和半径 87.5 绘出左边的圆弧线。单击工具条中的 按钮,选择【两点直线】,分别将两圆弧的对应顶点连接,绘出完整的轮廓草图,如图 8-3 所示的草图曲线。

所绘制的草图曲线必须是由完全封闭的曲线组成,也不得有重复线条。草图绘制完成后,一般应点击工具条中的 按钮进行草图闭合性检查。

(4) 退出草图编辑状态后单击 按钮,系统弹出【拉伸增料】对话框,类型选用【固定深度】,输入深度为 5.5,单击【确定】按钮,则生成如图 8-4 所示零件形状。

(5) 鼠标点击实体的上表面,选择工具条中的 按钮,进入草图模式。分别选择【直线】、【圆弧】、【倒圆角】等绘图功能,按图纸尺寸绘制出凸台的轮廓形状草图,如图 8-5 所示。

(6) 退出草图编辑状态后单击 按钮,系统弹出【拉伸增料】对话框,类型选用【固定深度】,输入深度为 7,单击【确定】按钮,生成如图 8-6 所示凸台形状。

(7) 然后选择工具条中的 按钮,系统弹出【过渡】对话框,设置半径为 5,选取所需

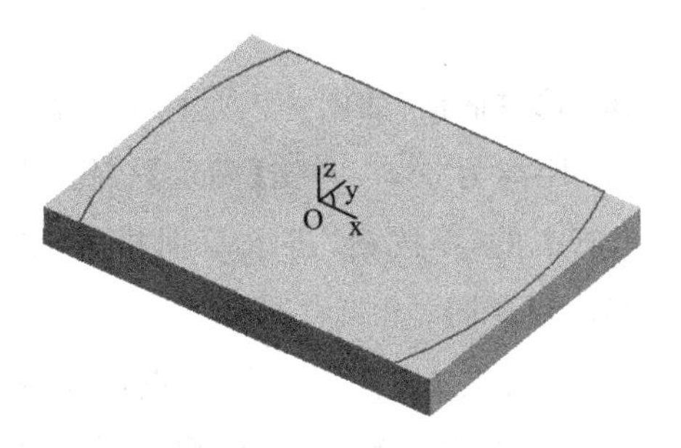

图 8-3 拉伸 60×80 长方体

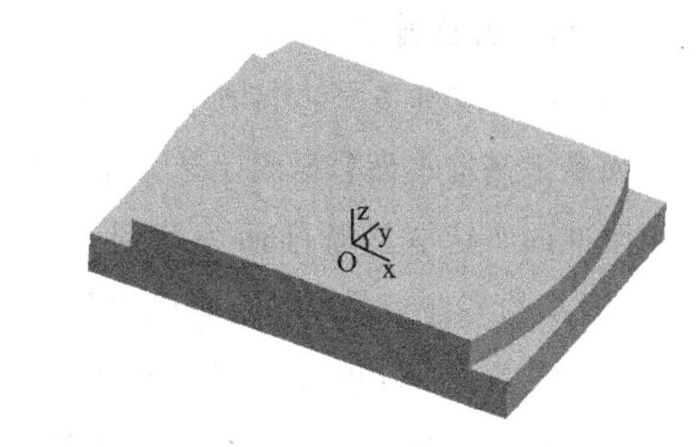

图 8-4 拉伸两侧圆弧面

图 8-5 绘制异型凸台草图

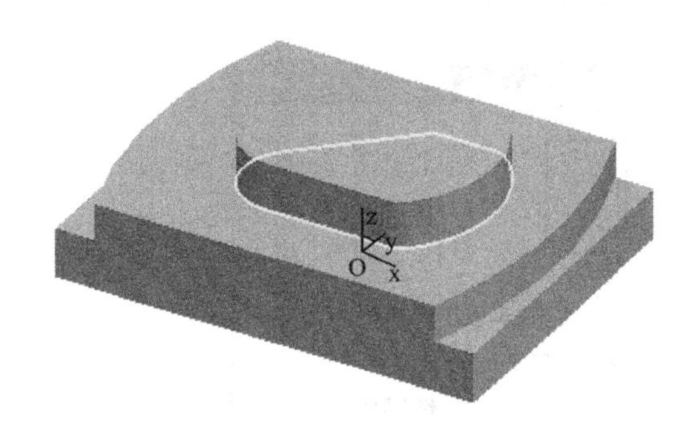

图 8-6 拉伸异型凸台

过渡的上表面各条棱边，单击【确定】按钮，则生成如图 8-7 所示带圆角形状凸台。

2) **螺栓沉头孔设计**

(1) 选择工具条中的 按钮，系统弹出【打孔】对话框，拾取图 8-7 所示零件的上表面为打孔平面，再选取所需孔的类型，输入孔的定位点(28,20,13)，设置直径为 5，通孔，沉孔大径为 10，沉孔深度为 4，单击【完成】，生成所需沉孔。

(2) 再次按螺栓沉孔设计步骤(1)中的操作方法，输入孔的定位点(－28,－20,13)，生成另外一个沉孔，如图 8-8 所示。

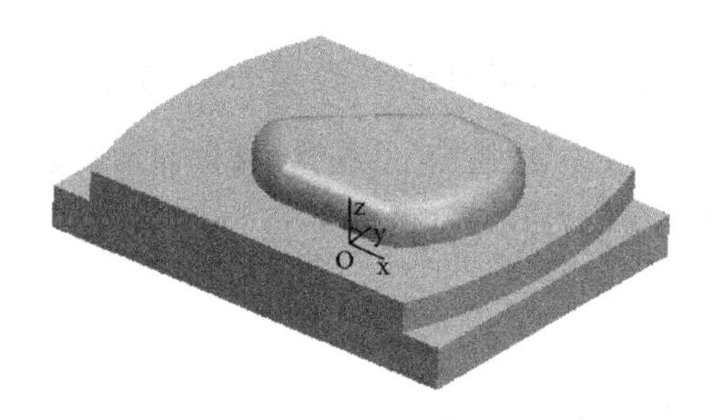

图 8-7 异型凸台圆角过渡

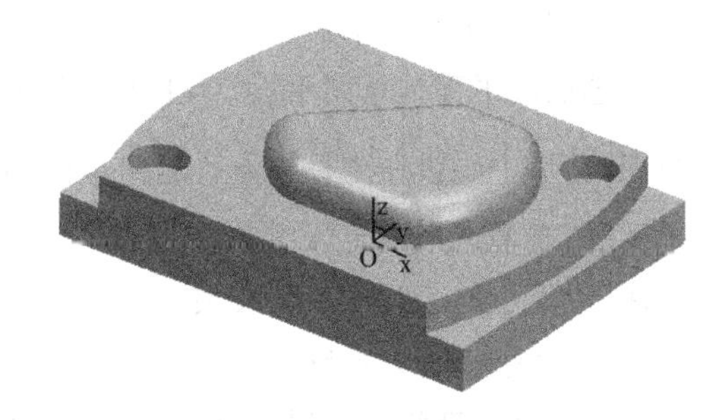

图 8-8 生成沉头孔

3）球形凹曲面设计

(1) 选取工具条中的按钮，系统弹出【构造基准面】对话框，如图 8-9 所示，选择【等距平面确定基准平面】，拾取 Y-Z 平面为等距参考平面，距离为 23.5，单击【确定】按钮，则生成基准面。选取该基准面为草图平面，单击工具条中的按钮，进入草图模式，按图 8-2所示的零件相关尺寸绘制成如图 8-10 所示的半圆形草图。

(2) 退出草图，单击工具条中的按钮，选择正交、点方式，输入第一点的坐标(−23.5,12.5,0)，沿 Z 轴正方向往上拖动鼠标至任意点，单击左键确定，绘出旋转轴线如图 8-10所示。

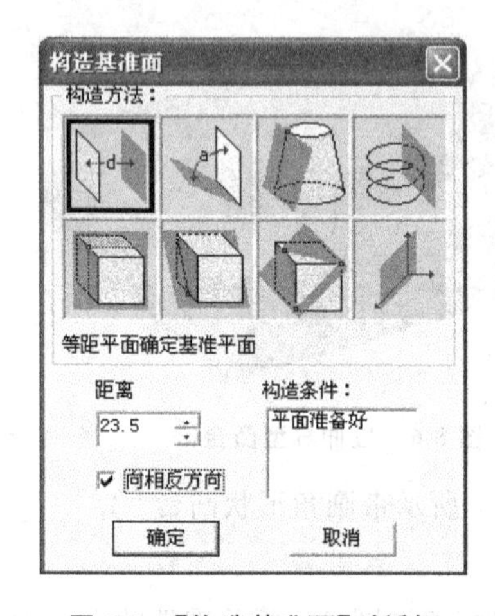

图 8-9 【构造基准面】对话框

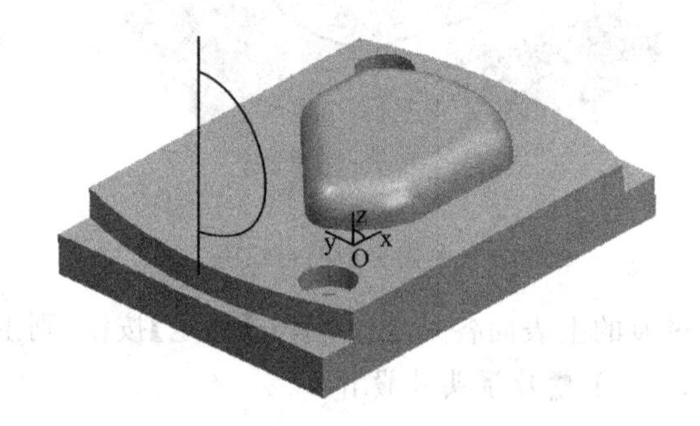

图 8-10 球形凹曲面草图绘制

(3) 单击工具条中的，系统弹出【旋转除料】对话框，设置单向旋转，角度为 360°，分别拾取草图和旋转轴线，单击【确定】按钮，则生成如图 8-11 所示的球形凹曲面。

到此，零件的三维实体模型设计就全部完成。

4）毛坯底座设计

选取底平面为草图平面，单击工具条中的按钮，进入草图模式，绘制 85×65 矩形草图，矩形中心设在坐标原点。退出草图编辑状态后单击按钮，系统弹出【拉伸增料】对话框，类型选用固定深度，输入深度为 10，单击【确定】按钮，生成如图 8-12 所示的毛坯底座，以便于加工时的工件装夹。

2. 零件结构及其加工工艺方案分析

该产品复杂程度一般，主要加工表面为产品上表面带圆角凸台，各表面的上平面及侧平面，球形凹曲面与螺栓沉头孔。具体加工工艺过程安排如下：

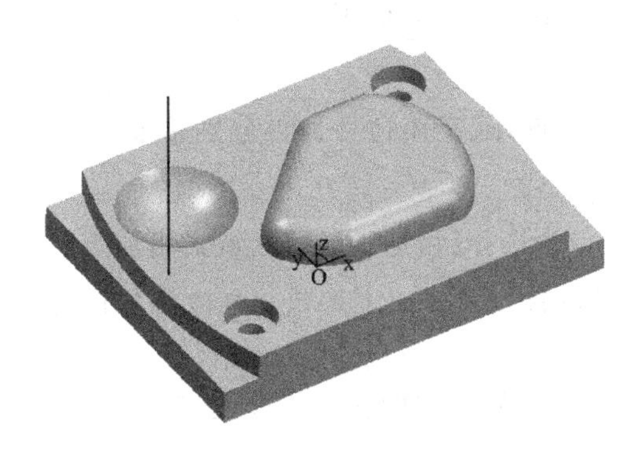

图 8-11 零件三维实体模型图

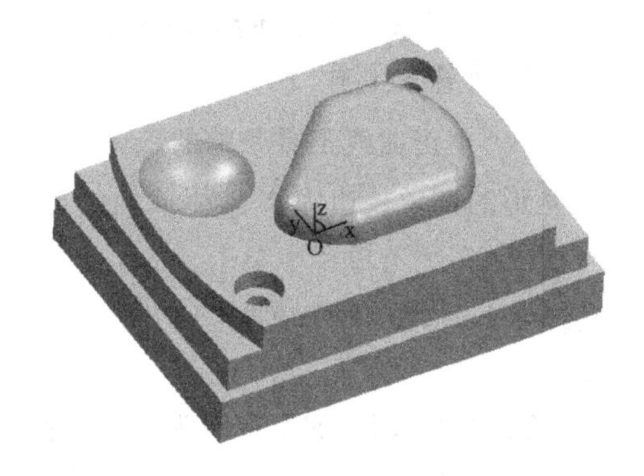

图 8-12 带毛坯底座的零件图

(1) 粗铣顶平面；

(2) 粗铣异形凸台外轮廓面；

(3) 铣 80×60 矩形外轮廓面和两侧圆弧轮廓面；

(4) 钻、铣两个螺栓沉头孔；

(5) 粗、精铣球形凹曲面；

(6) 精铣异形凸台圆角面。

3. 零件的数控加工轨迹生成

1) 建立零件毛坯

在主菜单栏中单击 加工(N) 按钮，在下拉式菜单中选择【定义毛坯(M)】项，系统弹出【定义毛坯】对话框，选择参照模型，单击【参照模型】按钮，自动出现设置参数如图 8-13 所示，单击【确定】按钮，即得出如图 8-14 所示的毛坯形状(如图中的矩形立方线框所示)。

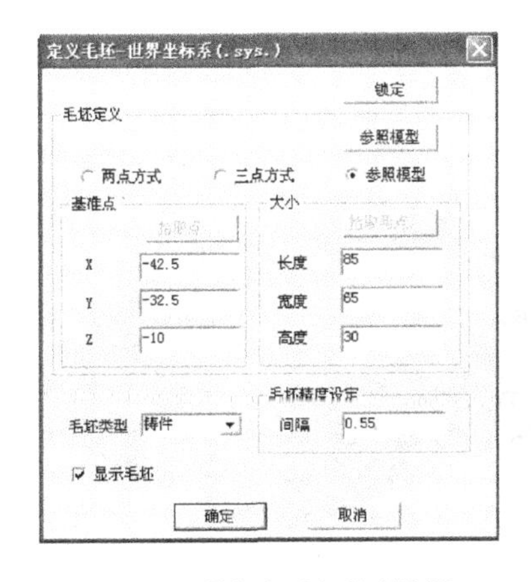

图 8-13 【定义毛坯】对话框

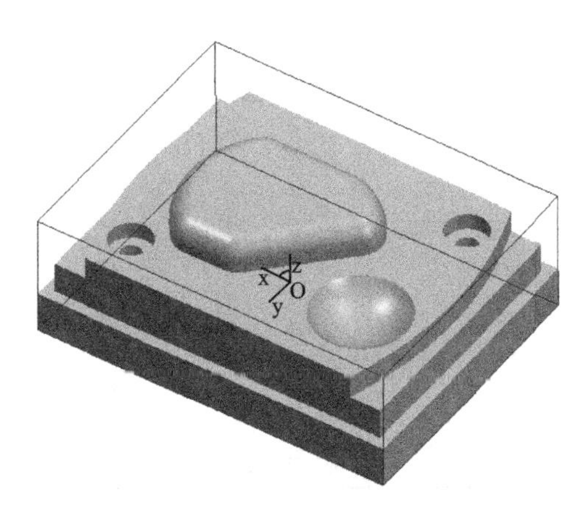

图 8-14 毛坯线框图

点击勾选【定义毛坯】对话框中的显示毛坯，可控制其毛坯线框图在模型中显示与否。

2）**粗铣顶平面**

（1）单击曲线工具条中的按钮，在立即菜单中选择【实体边界】，再分别拾取 85×65 矩形的四条棱边为 X-Y 平面内的加工轮廓边界线。

（2）在主菜单栏中单击 加工(N) 按钮，在下拉菜单中选择【粗加工】→【区域式粗加工】，系统弹出图 8-15 所示的【区域式粗加工】对话框，可设置相关的加工参数。具体参数设置如下。

【加工参数】→加工方向为顺铣；行距为 8，行进角度为 0，切削模式为往复，层高为 2；加工精度为 0.01，加工余量为 0，起始点为 X=0、Y=0、Z=50。

【下刀方式】→安全高度为 40，慢速下刀距离为 10，退刀距离为 10。

【切削用量】→主轴转速为 1 000，慢速下刀速度为 100，切入切出连接速度为 200 mm/min，切削速度为 150 mm/min，退刀速度为 200。

【加工边界】→Z 设定：(使用有效的 Z 范围)最大为 20，最小为 20；相对于边界刀具的位置：边界上。

【刀具参数】→立铣刀 D12：刀具半径为 6，刀角半径为 0。也可通过【新增刀具】或【编辑刀具】来增加刀具栏里没有的刀具或修改相关刀具的尺寸参数。

（3）全部设置完成后，单击【确定】按钮。然后选择 85×65 矩形的四条棱边为加工轮廓边界线，鼠标右键单击确认后生成如图 8-16 所示的加工轨迹。

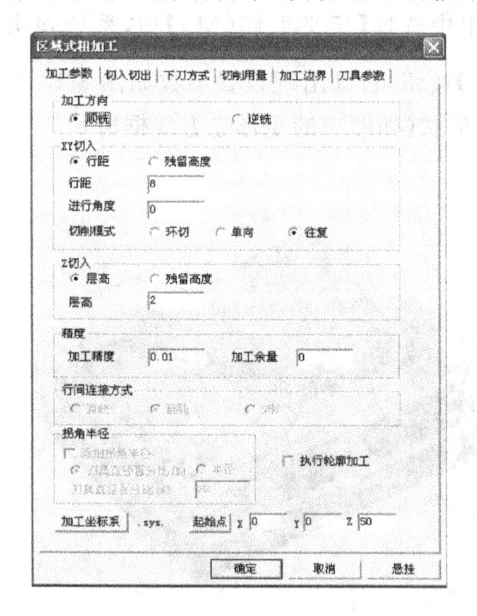

图 8-15 【区域式粗加工】对话框

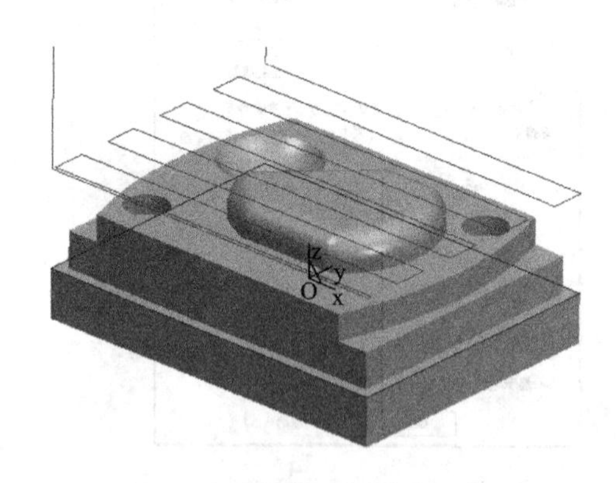

图 8-16 粗铣顶平面加工轨迹

（4）在主菜单栏中单击 加工(N) 按钮，在下拉菜单中选择【轨迹仿真】，拾取已生成的刀具轨迹，按右键确认，系统自动转换到如图 8-17 所示的【CAXA 轨迹仿真】窗口。点击仿真加工按钮，在弹出的【仿真加工】对话框中点击 ▶ 按钮，可播放整个加工过程的实时动态仿真。图 8-17 中就显示出本次加工完成后的仿真结果。在仿真加工的设置中，还具有可以变换动态仿真加工的速度，仿真加工的显示状态，判断加工过程的干涉状况，检测加工精度等多种功能。

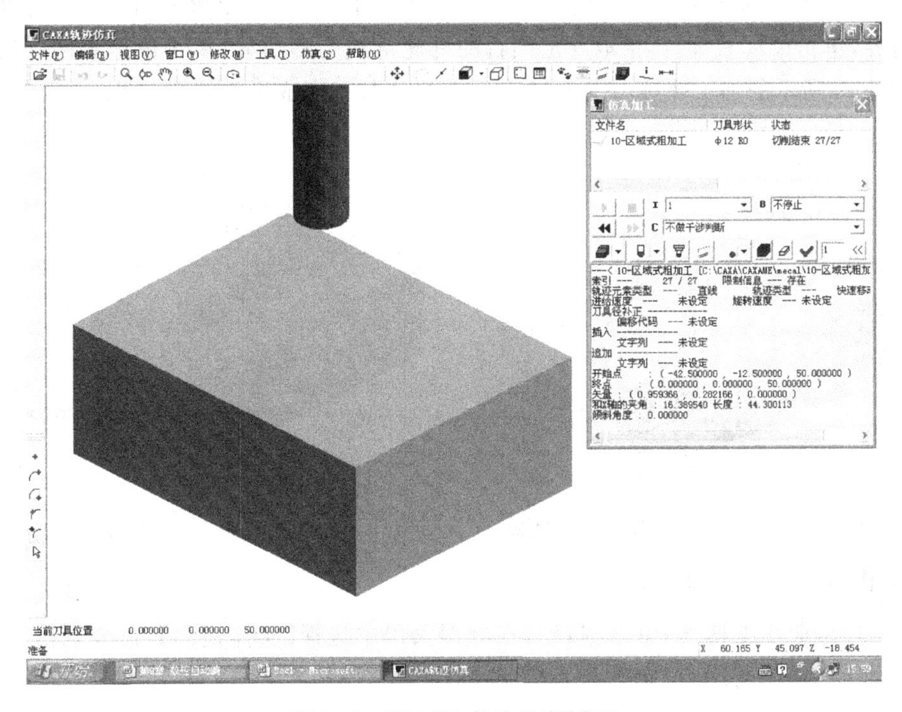

图 8-17 【CAXA 轨迹仿真】窗口

3）**粗铣异形凸台外轮廓面**

（1）单击曲线工具条中的按钮，在立即菜单中选择【实体边界】，再分别拾取异形凸台的外轮廓线为 *X-Y* 平面内的岛边界轮廓线。

（2）在主菜单栏中单击 加工(N) 按钮，在下拉菜单中选择【粗加工】→【平面区域粗加工】，系统弹出【平面区域粗加工】对话框。具体参数设置如下。

【加工参数】→走刀方式为环切加工，拐角过渡方式为圆弧，加工参数为顶层高度为 18，底层高度为 13，加工精度为 0.01，每层下降高度为 2，行距为 8，余量为 0，斜度为 0，补偿为 To；起始点为 X＝0、Y＝0、Z＝50。

【清根参数】→轮廓清根：轮廓清根余量为 0；清根进刀方式为垂直。

【下刀方式】→安全高度为40,慢速下刀距离为10,退刀距离=10。

【切削用量】→主轴转速为1 000,慢速下刀速度为100,切入切出连接速度为200 mm/min,切削速度为150 mm/min,退刀速度为200。

【加工边界】→Z设定:(使用有效的Z范围)最大值为20,最小值为20;相对于边界刀具的位置为边界上。

【刀具参数】→立铣刀D12:刀具半径为6,刀角半径为0。

(3) 全部设置完成后,单击【确定】按钮。然后选择85×65矩形的四条棱边为外轮廓加工边界,单击鼠标右键,再拾取异形凸台的外轮廓线为岛边界,单击鼠标右键确认后生成如图8-18所示的加工轨迹。图8-19所示为本次加工完成后的仿真结果。

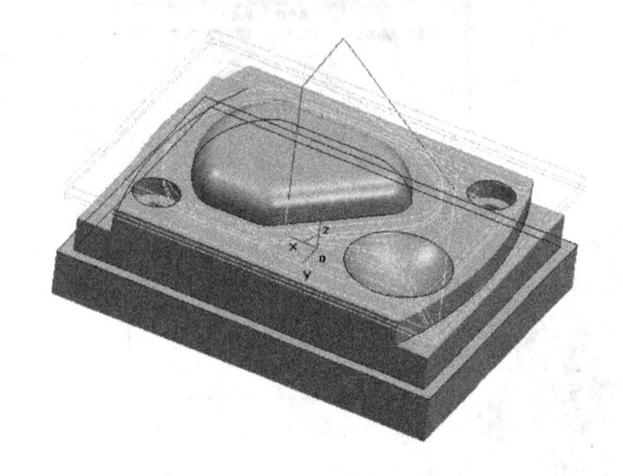

图8-18　粗铣异形凸台外轮廓面加工轨迹

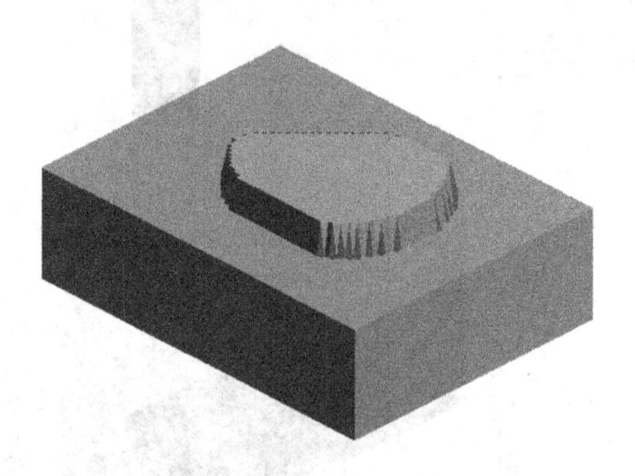

图8-19　粗铣异形凸台外轮廓面仿真结果

4) 铣80×60矩形外轮廓面

(1) 单击曲线工具条中的按钮,在立即菜单中选择【实体边界】,再分别拾取80×60矩形的四条棱边为X-Y平面内的加工轮廓线。

(2) 在主菜单栏中单击 加工(N) 按钮,在下拉菜单中选择【精加工】→【轮廓线精加工】,系统弹出【轮廓线精加工】对话框。具体参数设置如下。

【加工参数】→偏移类型为偏移,偏移方向为右,行距为5,刀次为1,加工顺序为Z优先,生成刀具补偿轨迹,层高为4,加工精度为0.01,X、Y、Z向余量为0,开始部分的延长量为0,偏移插补方法为圆弧插补,起始点为X=0、Y=0,Z=50。

【下刀方式】→安全高度为40,慢速下刀距离为10,退刀距离为10,切入方式为垂直,距离为0。

【切削用量】→主轴转速为1 000,慢速下刀速度为100,切入切出连接速度为200 mm/min,切削速度为150 mm/min,退刀速度为200。

【加工边界】→Z设定:(使用有效的Z范围)最大值为12,最小值为0。

【刀具参数】→立铣刀 D12:刀具半径为 6,刀角半径为 0。

(3) 全部设置完成后,单击【确定】按钮。然后拾取 80×60 的矩形加工轮廓线,单击鼠标右键确认后生成如图 8-20 所示的加工轨迹。图 8-21 所示为本次加工完成后的仿真结果。

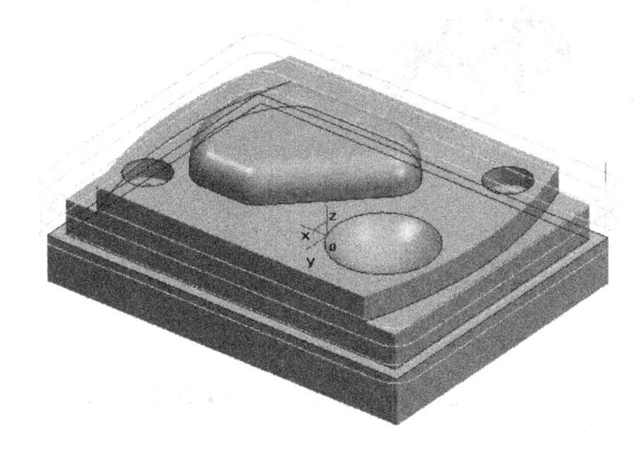

图 8-20 铣 80×60 矩形外轮廓面加工轨迹

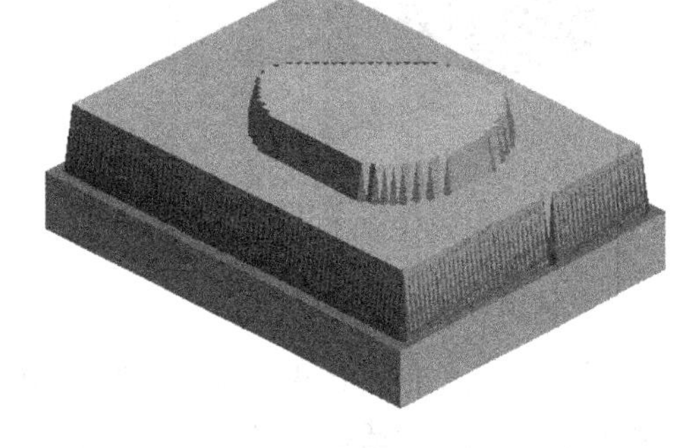

图 8-21 铣 80×60 矩形外轮廓面仿真结果

5) 铣两侧圆弧轮廓面

(1) 单击曲线工具条中的按钮,在立即菜单中选择【实体边界】,再分别拾取两侧圆弧形面的两条圆弧形棱边生成出 X-Y 平面内的加工轮廓线。

(2) 在主菜单栏中单击 加工(N) 按钮,在下拉菜单中选择【精加工】→【轮廓线精加工】,系统弹出【轮廓线精加工】对话框。具体参数设置如下。

【加工参数】→偏移类型为偏移,偏移方向为右,行距为 5,刀次为 1,加工顺序为 Z 优先,生成刀具补偿轨迹,层高为 3,加工精度为 0.01,X、Y、Z 向余量为 0,开始部分的延长量为 2,偏移插补方法为圆弧插补,起始点为 X=0、Y=0、Z=50。

【下刀方式】→安全高度为 40,慢速下刀距离为 10,退刀距离为 10,切入方式为垂直,距离为 0。

【切削用量】→主轴转速为 1 000,慢速下刀速度为 100,切入切出连接速度为 200 mm/min,切削速度为 150 mm/min,退刀速度为 200。

【加工边界】→Z 设定:(使用有效的 Z 范围)最大值为 10.5,最小值为 7.5。

【刀具参数】→立铣刀 D12:刀具半径为 6,刀角半径为 0。

(3) 全部设置完成后,单击【确定】按钮。然后分别拾取两条圆弧形加工轮廓线,单击鼠标右键确认后生成如图 8-22 所示的加工轨迹。图 8-23 所示为本次加工完成后的仿真结果。

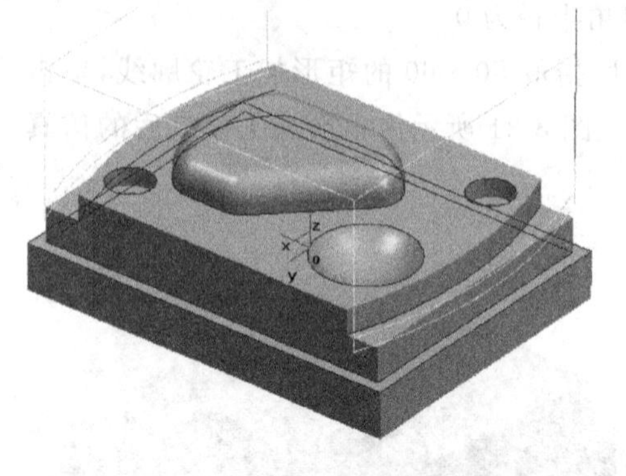
图 8-22 铣两侧圆弧轮廓面加工轨迹

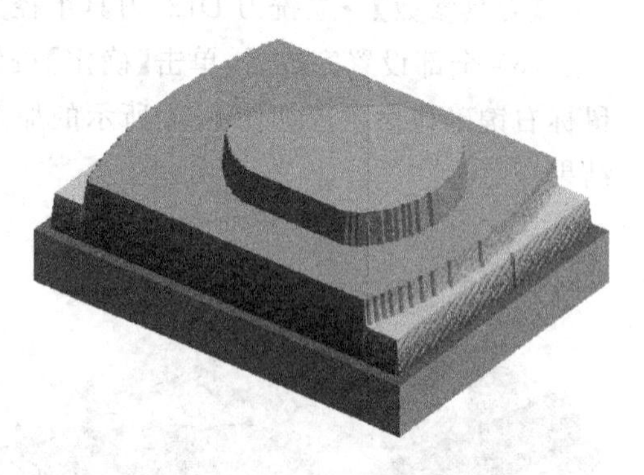
图 8-23 铣两侧圆弧轮廓面仿真结果

6) **钻两个 $\phi5$ 的孔**

(1) 在主菜单栏中单击 加工(N) 按钮，在下拉式菜单中选择【其他加工】→【孔加工】，系统弹出【孔加工】对话框。具体参数设置如下。

【加工参数】→选择钻孔，安全高度为 35，起止高度为 40，钻孔深度为 15，暂停时间为 1，主轴转速为 800，钻孔速度为 80，下刀余量为 0.5mm，下刀增量为 1，钻孔位置定义为输入点位置，起始点为 X=0、Y=0、Z=50。

【刀具参数】→$\phi5$ 的钻头。

(2) 全部设置完成后，单击【确定】按钮。然后分别拾取两个 $\phi5$ 孔的圆心，或输入两个 $\phi5$ 孔的圆心坐标(28，20，13)和(−28，−20，13)，单击鼠标右键确认后生成如图 8-24 所示的加工轨迹。图 8-25 所示为本次加工完成后的仿真结果。

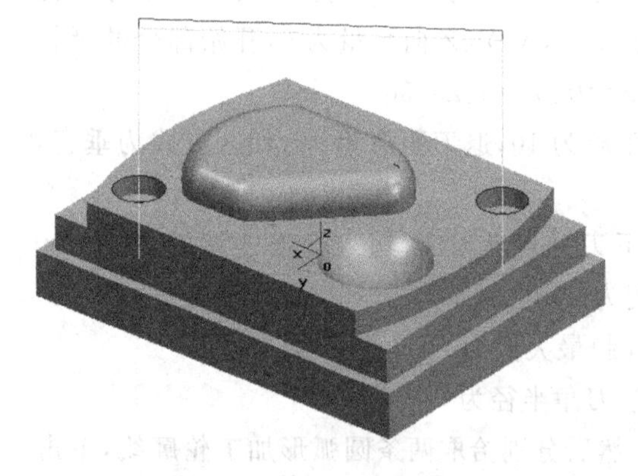
图 8-24 钻 $\phi5$ 孔加工轨迹

图 8-25 钻 $\phi5$ 孔仿真结果

7) **铣两个 $\phi10$ 沉头孔**

(1) 单击曲线工具条中的 按钮，在立即菜单中选择【实体边界】，再分别拾取两个

ϕ10 圆弧棱边生成出 X-Y 平面内的加工边界线。

(2) 在主菜单栏中单击 加工(N) 按钮,在下拉式菜单中选择【粗加工】→【区域式粗加工】,系统弹出【区域式粗加工】对话框。具体参数设置如下。

【加工参数】→加工方向为顺铣,行距为 3,切削模式为环切,层高为 2,加工精度为 0.01,加工余量为 0,行间连接方式为圆弧,起始点为 X=0、Y=0、Z=50。

【下刀方式】→安全高度为 40,慢速下刀距离为 10,退刀距离为 10。

【切削用量】→主轴转速为 1 000,慢速下刀速度为 100,切入切出连接速度为 100 mm/min,切削速度为 100 mm/min,退刀速度为 200。

【加工边界】→Z 设定:(使用有效的 Z 范围)最大为 11,最小为 9;相对于边界的刀具位置为边界内侧。

【刀具参数】→立铣刀 D6:刀具半径为 3,刀角半径为 0。

(3) 全部设置完成后,单击【确定】按钮。然后分别拾取两个 ϕ10 圆弧轮廓线为加工边界线,单击鼠标右键确认后生成如图 8-26 所示的加工轨迹。图 8-27 所示为本次加工完成后的仿真结果。

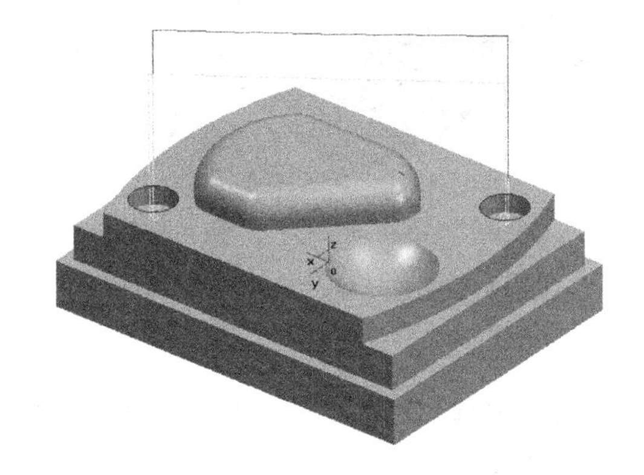

图 8-26 铣 ϕ10 沉头孔加工轨迹

图 8-27 铣 ϕ10 沉头孔仿真结果

8) 粗铣球形凹曲面

(1) 单击曲线工具条中的 按钮,在立即菜单中选择【实体边界】,拾取球形凹曲面与上平面的截交线圆弧棱边,生成出 X-Y 平面内的加工边界线。

(2) 在主菜单栏中单击 加工(N) 按钮,在下拉菜单中选择【粗加工】→【等高线粗加工】,系统弹出【等高线粗加工】对话框。具体参数设置如下。

【加工参数 1】→加工方向为顺铣,层高为 1,行距为 3,切削模式为环切,行间连接方式为圆弧,加工精度为 0.01,加工余量为 0.5。

【加工参数 2】→区域切削类型为仅切削,起始点为 X=0、Y=0、Z=50。

【下刀方式】→安全高度为 40,慢速下刀距离为 10,退刀距离为 10。

【切削用量】→主轴转速为 1 000,慢速下刀速度为 100,切入切出连接速度为 200 mm/min,切削速度为 150 mm/min,退刀速度为 200。

【加工边界】→Z 设定:(使用有效的 Z 范围)最大为 13,最小为 0;相对于边界的刀具位置为边界上。

【刀具参数】→球头铣刀 D10:刀具半径为 5,刀角半径为 5。

(3) 全部设置完成后,单击【确定】按钮。然后点击零件实体为加工对象,单击鼠标右键,再拾取截交圆弧线为加工边界,系统生成如图 8-28 所示的加工轨迹。图 8-29 所示为本次加工完成后的仿真结果。

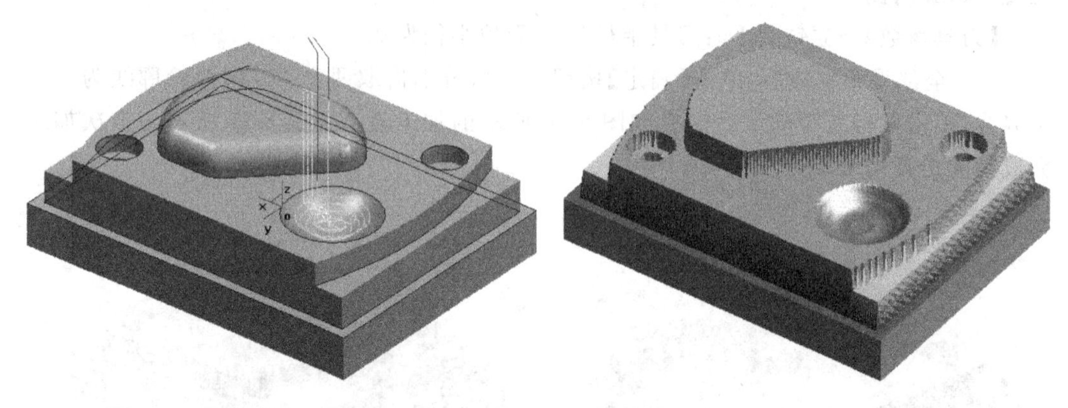

图 8-28 粗铣球形凹曲面加工轨迹　　图 8-29 粗铣球形凹曲面仿真结果

9) **精铣球形凹曲面**

(1) 在主菜单栏中单击 加工(N) 按钮,在下拉菜单中选择【精加工】→【三维偏置精加工】,系统弹出【三维偏置精加工】对话框。具体参数设置如下。

【加工参数】→加工方向为顺铣,进行方向为边界→内侧,行距为 0.5,切削模式为环切,行间连接方式为投影,最小抬刀高度为 25,加工精度为 0.01,加工余量为 0,起始点为 X=0、Y=0、Z=50。

【下刀方式】→安全高度为 40,慢速下刀距离为 10,退刀距离为 10。

【切削用量】→主轴转速为 1 000,慢速下刀速度为 100,切入切出连接速度为 200 mm/min,切削速度为 150 mm/min,退刀速度为 200。

【加工边界】→相对于边界的刀具位置为边界上。

【刀具参数】→球头铣刀 D10:刀具半径为 5,刀角半径为 5。

(2) 全部设置完成后,单击【确定】按钮。然后点击零件实体为加工对象,单击鼠标右键，再拾取圆弧截交线为加工边界，系统生成如图 8-30 所示的加工轨迹。图 8-31 所示为本次加工完成后的仿真结果。

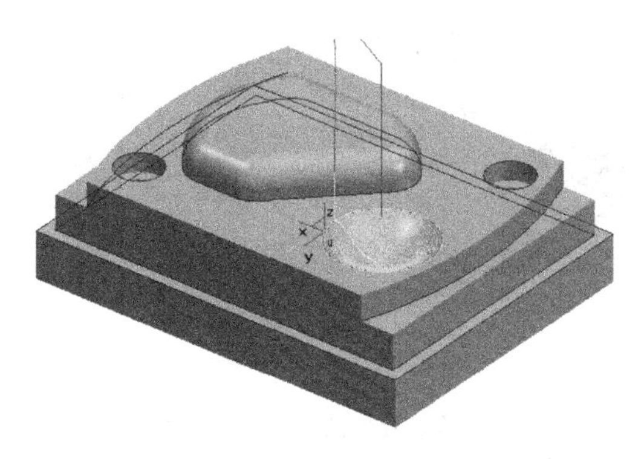

图 8-30　精铣球形凹曲面加工轨迹　　　　图 8-31　精铣球形凹曲面仿真结果

10）**精铣异形凸台圆角面**

（1）单击曲线工具条中的按钮，在立即菜单中选择【实体边界】，拾取异形凸台与上平面的截交线棱边生成出 X-Y 平面内的加工边界线。

（2）在主菜单栏中单击 加工(N) 按钮，在下拉菜单中选择【精加工】→【等高线精加工】，系统弹出【等高线精加工】对话框。具体参数设置如下。

【加工参数 1】→加工方向为顺铣，层高为 1，行距为 3，切削模式为环切，行间连接方式为圆弧，加工精度为 0.01，加工余量为 0.5。

【加工参数 2】→路径生成方式为不加工平坦部分，起始点为 X＝0、Y＝0、Z＝50。

【下刀方式】→安全高度为 40，慢速下刀距离为 10，退刀距离为 10。

【切削用量】→主轴转速为 1 000，慢速下刀速度为 100，切入切出连接速度为 200 mm/min，切削速度为 150 mm/min，退刀速度为 200。

【加工边界】→相对于边界的刀具位置为边界外侧。

【刀具参数】→球头铣刀 D10：刀具半径为 5，刀角半径为 5。

（3）全部设置完成后，单击【确定】按钮。然后点击零件实体为加工对象，单击鼠标右键，再拾取异形凸台截交线为加工边界，单击鼠标右键确认后生成加工轨迹。

（4）再次选择【精加工】→【等高线精加工】，具体参数设置基本上与精铣异形凸台圆角面的步骤②和步骤③中相同，只是设置：层高为 0.5，加工余量为 0。点击【确定】按钮后可得如图 8-32 所示的加工轨迹。图 8-33 所示为本次加工完成后的仿真结果，这也是零件全部加工完成后的仿真结果。

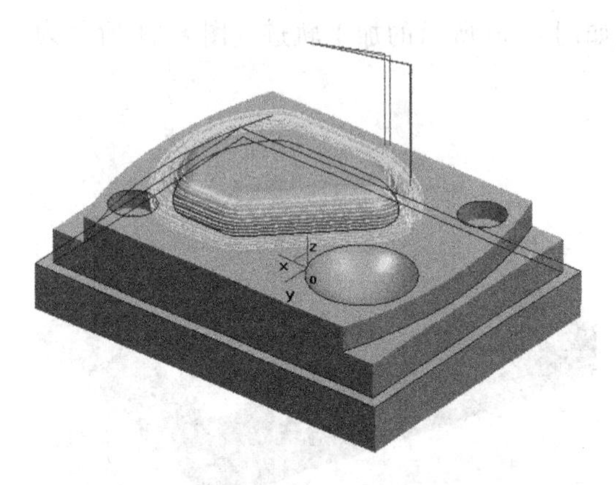

图 8-32　精铣异形凸台圆角面加工轨迹

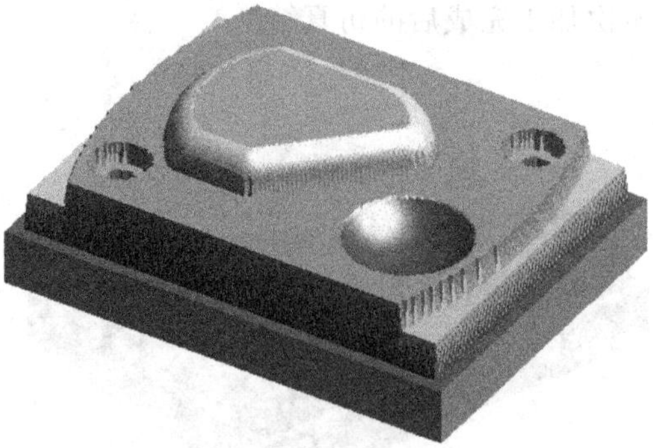

图 8-33　精铣异形凸台圆角面仿真结果

4. 数控加工后置处理

后置处理分成三个部分，分别是后置设置、生成 G 代码和校核 G 代码。其基本功能就是结合特定的数控机床把 CAXA 制造工程师生成的刀具轨迹转化成机床能够识别的 G 代码指令，所生成的 G 指令可以直接输入数控机床用于加工。考虑到生成程序的通用性，CAXA 制造工程师 2006 针对不同的数控机床，可以设置不同的机床参数和特定的数控代码程序格式；同时还可以对生成的机床代码的正确性进行校验；最后，还可生成零件加工工艺清单。

1）**后置设置**

在主菜单栏中单击 加工(N) 按钮，在下拉菜单中选择【后置处理】→【后置设置】，系统弹出【机床后置】对话框，即可进行机床与代码格式等的设置。

图 8-34 所示为【机床信息】对话框，共分为四个部分。分别是机床选定、机床参数设置、程序格式设置和机床速度设置。它提供了不同机床的参数设置和速度设置，针对不同的机床、不同的数控系统，设置特定的数控代码、数控程序格式及参数，并生成配置文件。

生成数控程序时，系统会根据该配置文件的定义生成用户所需要的特定代码格式的加工指令。机床配置给用户提供了一种灵活、方便的设置系统配置的方法。通过设置系统配置参数，后置处理所生成的数控程序可以直接输入到对应的数控机床或加工中心进行加工，而无须进行修改。

图 8-35 所示为【后置设置】对话框，后置设置就是针对特定的机床，结合已经设置好的机床配置，对后置输出的数控程序的格式，如程序段行号、程序大小、数据格式、编程方式、圆弧控制方式等进行设置。

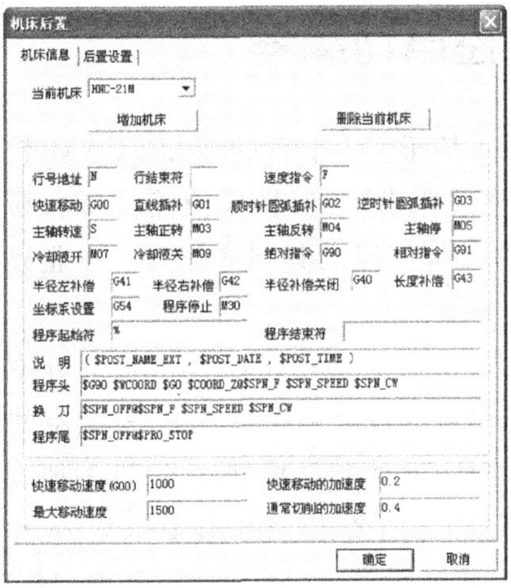

图 8-34　【机床信息】对话框图

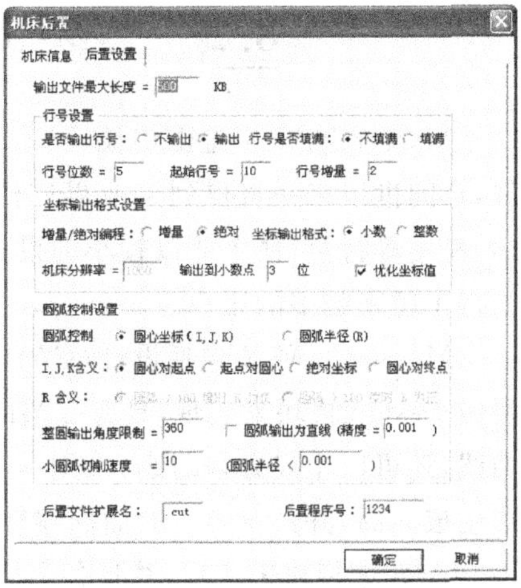

图 8-35　【后置设置】对话框

2) 生成 G 代码

生成 G 代码就是按照当前机床类型的配置要求，把已经生成的刀具轨迹转化成 G 代码数据文件，即 CNC 数控程序。后置生成的数控程序是数控编程的最终结果，有了数控程序就可以直接输入机床进行数控加工。其操作步骤如下。

(1) 在主菜单栏中单击 加工(N) 按钮，在下拉菜单中选择【后置处理】→【生成 G 代码】，系统弹出【机床后置】对话框，弹出图 8-36 所示【选择后置文件】对话框。输入 G 代码指令的文件名，选择文件保存路径，按【确定】按钮。

(2) 选择拾取要生成 G 代码的刀具轨迹(可以连续选择多条刀具轨迹)，单击【确定】按钮。

(3) 系统给出图 8-37 所示的“ * . cut”格式的 G 代码文本文档，文件保存成功。

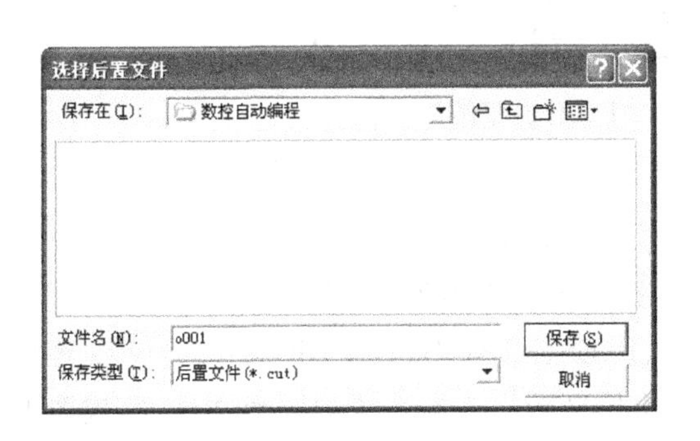

图 8-36　【选择后置文件】对话框

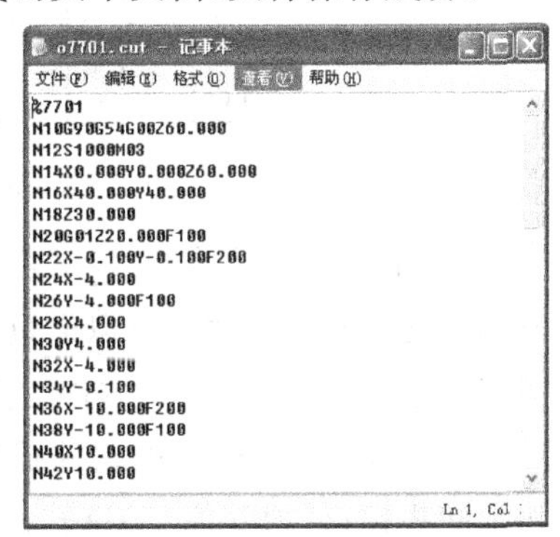
o7701.cut - 记事本

文件(F) 编辑(E) 格式(O) 查看(V) 帮助(H)

```
%7701
N10G90G54G00Z60.000
N12S1000M03
N14X0.000Y0.000Z60.000
N16X40.000Y40.000
N18Z30.000
N20G01Z20.000F100
N22X-0.100Y-0.100F200
N24X-4.000
N26Y-4.000F100
N28X4.000
N30Y4.000
N32X-4.000
N34Y-0.100
N36X-10.000F200
N38Y-10.000F100
N40X10.000
N42Y10.000
```

Ln 1, Col 1

图 8-37　G 代码文件

8.2 MasterCAM X 数控自动编程

MasterCAM X 是由美国 CNC Software 公司开发、基于 PC 平台的 CAD/CAM 软件,自问世以来一直得到工业界广泛使用。它具有对硬件要求不高,操作便捷、高效、易学、易用等特点,使企业以较小的投入、在较短的时间内大幅度提高其制造能力。在业界赢得了越来越多的用户。

MasterCAM X 包括设计(CAD)和加工(CAM)两大部分。其中设计(CAD)部分主要由 Design 模块来实现:具有完整的曲线曲面功能,不仅可以设计和编辑二维、三维空间曲线,还可以生成方程曲线;采用 NURBS、PARAMETERICS 等数学模型,可以以多种方法生成曲面,并具有丰富的曲面编辑功能。加工(CAM)部分主要由 Mill、Lathe、Wire 和 Router 四大模块来实现,并且各个模块本身都包含有完整的设计(CAD)系统,其中:Mill 模块可以用来生成铣削加工刀具路径,并可进行外形铣削、型腔加工、钻孔加工、平面加工、曲面加工及多轴加工等的模拟;Lathe 模块可以用来生成车削加工刀具路径,并可进行粗车、精车、切槽及车螺纹的加工模拟;Wire 模块用来生成线切割激光加工路径,从而能高效地编制出任何线切割加工程序,可进行二至四轴上、下异形加工模拟;Router 为刨削加工模块。

8.2.1 MasterCAM X 工作环境

MasterCAM 软件作为一个制造软件,其最终目的是要生成数控机床系统可以识别的数控加工程序。其工作流程如图 8-38 所示。

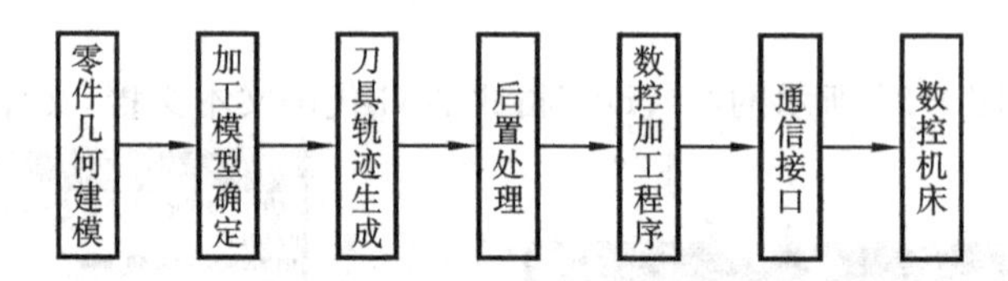

图 8-38 MasterCAM 工作流程图

1. 零件几何建模

零件几何模型的建立可以通过以下三种方式来实现。

(1) 通过 MasterCAM 软件自身的 CAD 设计建立零件的几何模型。

(2) 通过 MasterCAM 软件提供的 DXF、IGES、VDA、STL、PARASLD、DWG 等标准图形转换接口,把其他 CAD 软件生成的产品模型转换为本系统的图形文件,实现图形文件的交换和共享。

(3) 通过三坐标测量仪或激光扫描仪测得零件的三维数据，利用 MasterCAM 软件提供的 ASCII 图形转换接口，把其三维数据转换为图形文件。

2. 加工模型确定

加工模型是用于生成刀具轨迹的模型。应根据零件模型的加工要求，删除或隐藏不用的部分，增加辅助面、辅助线等，形成加工模型。

3. 刀具轨迹生成(.nci 文件)

根据加工要求，选择合理的粗加工、精加工刀具轨迹，定义加工区域、加工参数，生成刀具轨迹后进行模拟加工检查。刀具轨迹生成是自动编程的主要步骤。

4. 后置处理(.pst 文件)

根据所使用的数控系统，将所生成的刀具运动轨迹处理为数控机床系统所识别的 NC 代码。

5. 程序传输与数控加工

MasterCAM 软件可以通过计算机接口与数控系统接口连接，将生成的数控加工代码由软件的通信功能传输给数控机床，也可以通过专用传输软件将生成的数控程序传输给数控机床。

6. 工作界面

图 8-39 所示为 MasterCAM X 的窗口界面的一部分，它符合标准的 Windows 窗口，非常方便用户的使用。主要由标题栏、菜单栏、工具栏、对象管理区、图形窗口等组成。

图 8-39 MasterCAM X 窗口界面

1）标题栏

窗口界面的最上面为标题栏，其作用是显示当前使用的模块和打开的文件路径与名称。

2）菜单栏

菜单栏的项目逐级展开，依次为 File、Edit、Analyze、Create、Solids、Xform、Machine Type、Toolpaths、Screen、Settings、Help 等。

3）工具栏

标题栏下面的一排按钮即为工具栏。用户可以通过单击工具栏中的箭头按钮来改变工具栏的显示，也可以通过“Settings”菜单中的“Configuration”命令来设置用户自己的工具栏。

4）Ribbon 工具栏

Ribbon 工具栏用于根据当前正在进行的操作，显示相应的命令。

此外，还有对象管理区、图形窗口、显示及线形工具栏等。

7. 基本绘图命令

1）点的构建

选取 Create→Point 进入绘点模式菜单，选取其中的命令，可绘制出所需要的各类点。

2）直线的构建

选取 Create→Line，在弹出菜单中选取相应选项，可绘制出所需要的直线段。

3）圆弧及圆的构建

选取 Create→Arc，在弹出菜单中选取相应选项，可绘制出所需要的圆弧。

4）矩形的构建

选取 Create→Rectangle，在弹出菜单中选取相应选项，可绘制出所需要的矩形。

此外，依据上述方法，还可绘制正多边形、椭圆、曲线、螺旋线，对几何图形进行倒角和斜角处理等。

5）曲面的构建

选取 Create→Surface，进入曲面模式菜单，选取其中的命令，可生成所需要的曲面。

6）基本曲面的构建

选取 Create→Primitive，进入基本曲面模式菜单，可创建圆柱面、圆锥面、立方面、球面、圆环面等基本曲面。

此外，依据上述方法，还可绘制边界框、文字、退刀槽等。

8. 基本编辑命令

1）编辑功能

用于已绘出的图形进行剪切、删除、复制、修剪、打断等功能。其操作步骤为 Main

Menu→Edit，弹出相应的编辑菜单，选取相应选项便可进行图形的编辑。

2) 转换功能

通过镜射、旋转、比例、平移、补正等编辑方法来改变几何图形的位置、方向和大小。其操作步骤为 Main Menu→Xform，弹出转换菜单，选取相应选项便可进行图形的编辑。

8.2.2 CAD 几何造型

本小节通过实例了解 MasterCAM X 的几何造型方法和步骤。

例 8-1 完成图 8-40 所示零件的几何造型。

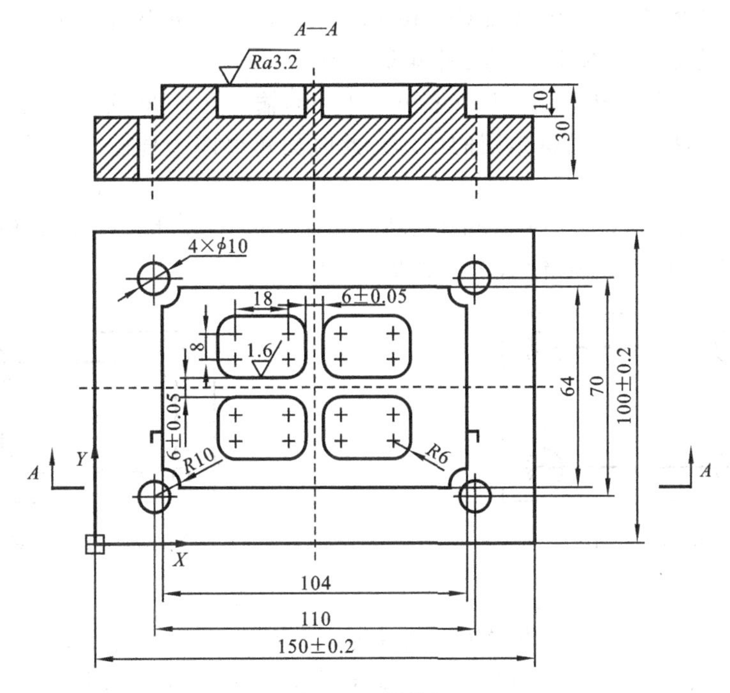

图 8-40 零件图

解 (1) 绘制外轮廓。

设置工件深度 Z 为 0.0，选取 Create→Rectangle，出现图 8-41 所示的对话框，设置矩形宽度为 150、高度为 100，且中心点的位置为原点，按 ESC 键结束矩形绘制。此时构建好一个中心点位于坐标原点的矩形，如图 8-42 所示。

(2) 绘制 4×ϕ10 孔。

选取 Create→Arc→Create Circle Center Point，输入直径 10，输入圆心坐标(55,35)、(55,－35)(－55,35)、(－55,－35)，分别按 Enter 键完成圆的绘制。此时构建出四个 ϕ10 的圆，如图 8-42 所示。

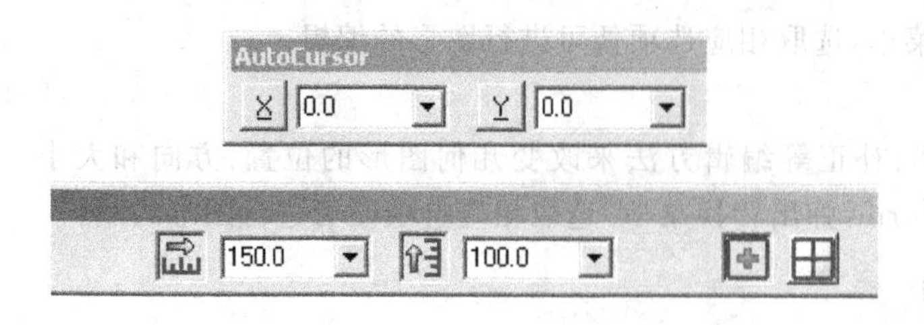

图 8-41 【Auto Cursor】矩形参数的对话框

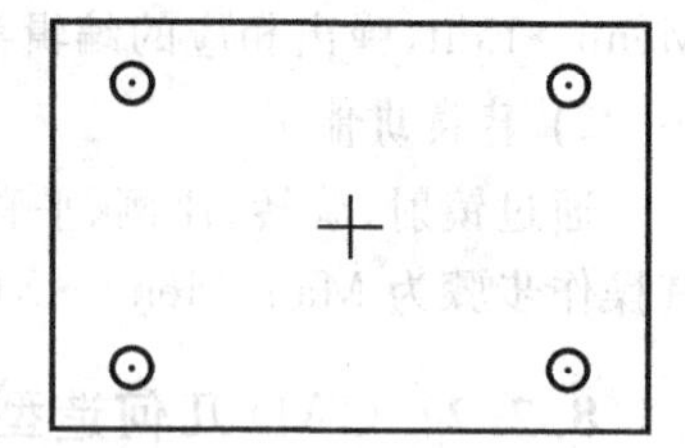

图 8-42 绘制图形

(3) 绘制凸台轮廓。

设置工件深度 Z 为 30.0，选取 Create→Rectangle，设置矩形宽度为 104、高度为 64，且中心点的位置为原点，按 ESC 键结束矩形绘制。

选取 Create→Arc→Create Circle Center Point，输入直径 20，分别捕捉矩形的四个顶点作为圆的圆心，按 ESC 键退出圆的绘制。此时构建出四个直径为 20 的圆和矩形，如图 8-43所示。

选取 Edit→Trim/Break→Trim/Break/Extend→Divide，鼠标选取要修剪的直线及圆弧，即可完成修剪，按 ESC 键退出。结果如图 8-44 所示。

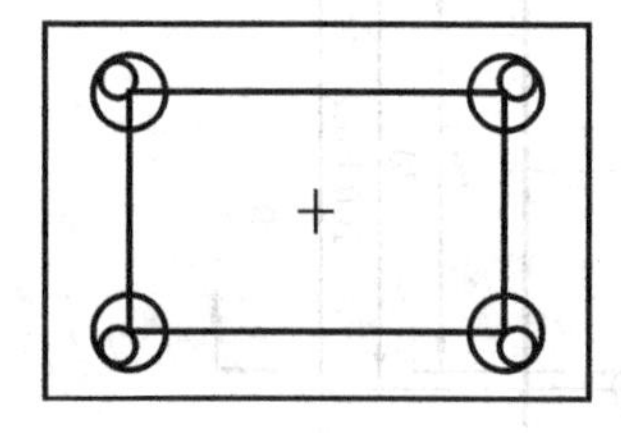

图 8-43 绘制图形

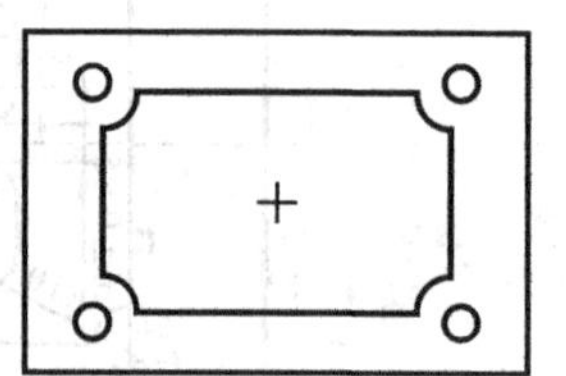

图 8-44 修剪后图形

(4) 绘制凹槽。

选取 Create→Rectangle，设置矩形宽度为 30、高度为 20，且定位点的位置为矩形左下角点，输入坐标(3,3)，回车后按 ESC 退出；选取 Create→Fillet→Fillet Entities，设置圆角半径为 6，拾取矩形相邻各边，完成后回车，按 ESC 键结束矩形绘制。如图 8-45 所示。

选取 Xform→Xform Mirror，鼠标选取要镜像的矩形，按分别按照 X 轴和 Y 轴镜像，点选 copy 项，回车即完成对 X 轴镜像，同样可矩形对 Y 轴镜像，完成四个凹槽的绘制，结果如图 8-46 所示。

(5) 产生外轮廓实体。

选取 Solids→Solid Extrude，用鼠标串联选取矩形外轮廓和四个 ϕ10 圆，按"√"按钮，如图 8-47 所示，如果挤出方向不向上，可以点击 Reverse direction 用鼠标点选向下的箭头即可改变方向，再按"√"按钮，出现如图 8-48 所示的挤出对话框，设置挤出距离为 20，按"√"按钮，即完成外轮廓实体的生成。

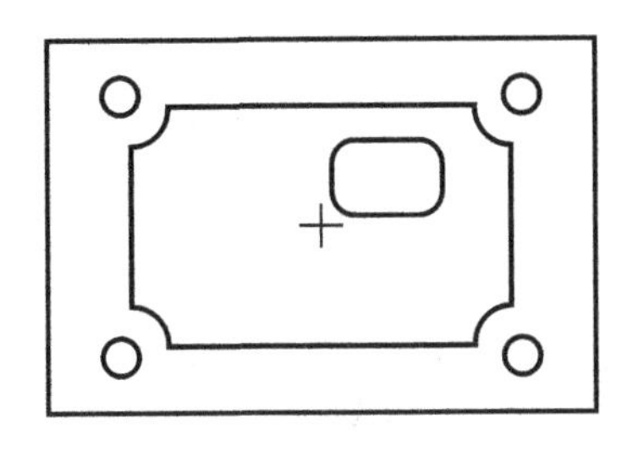

图 8-45　凹槽图

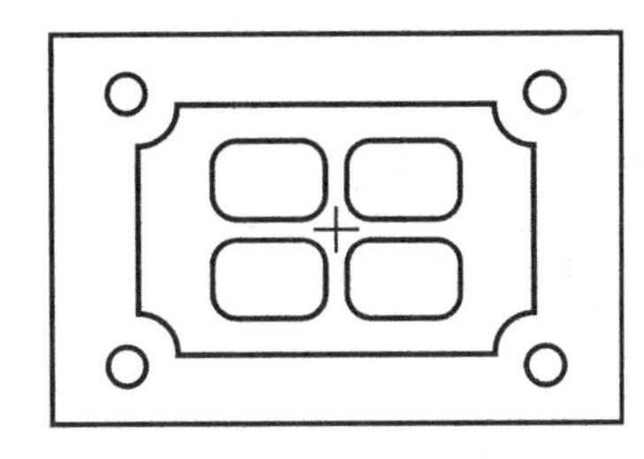

图 8-46　凹槽图镜像

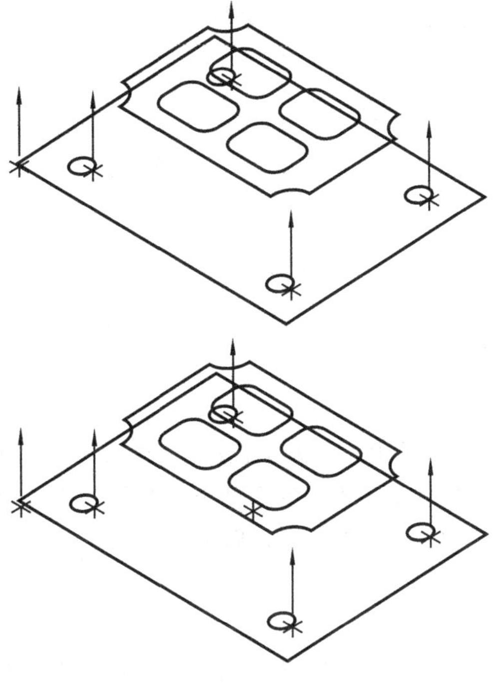

图 8-47　拉伸图

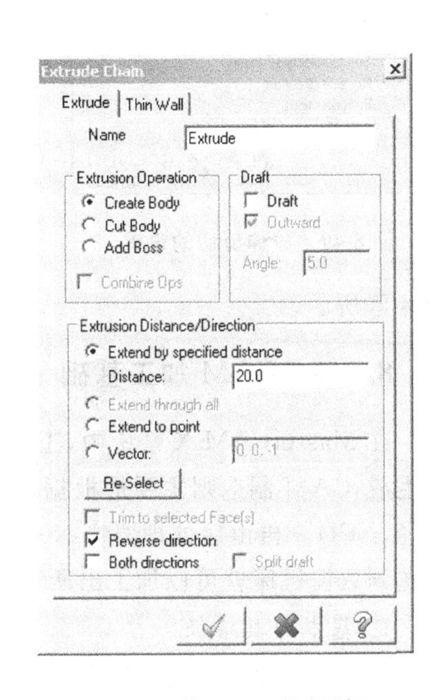

图 8-48　【Extrude】对话框

(6) 产生凸台实体。

选取 Solids→Solid Extrude，用鼠标串联选取凸台外轮廓，按“√”按钮箭头向下，再按“√”按钮，出现挤出对话框，点选增加实体 Add Boss 并设置挤出距离为 10，按“√”按钮，选取外轮廓实体为目标体，即完成凸台的构建。

(7) 产生凹槽。

选取 Solids→Solid Extrude，用鼠标依次串联选取四个凹槽轮廓，按“√”按钮箭头向下，再按“√”按钮箭头，出现如图 8-49 所示的挤出对话框，点选切除实体 Cut Body 并设置挤出距离为 10，按“√”按钮箭头，选取外轮廓实体为目标体，即完成凹槽的构建。如

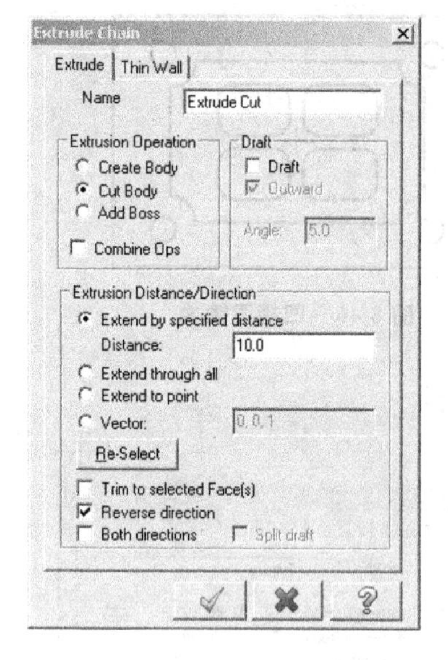

图 8-49 拉伸剪切的设置

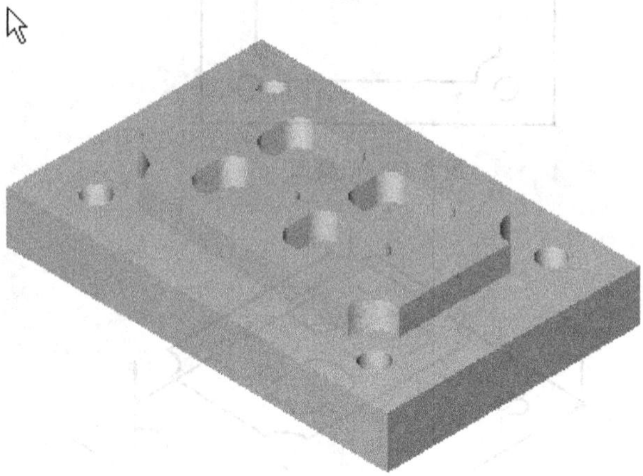

图 8-50 三维图

图 8-50所示。

8.2.3 CAM 加工基础

在 MasterCAM X 系统中,工件的几何外形可由其 CAD 功能完成或读入外部数据文件生成,CAM 制造则主要是根据工件的几何外形设置相关的切削加工数据并生成刀具路径(NCI)。再由后处理器将 NCI 文件转换为 CNC 控制器可以解读的 NC 码,通过介质传送到数控机床就可以加工出所需要的零件。

1. 基本刀具路径

刀具路径及参数的选择直接影响加工效率和加工质量。如何保证较高的加工效率和加工质量,是数控加工过程中必须重视的问题。MasterCAM X 模块中提供了多种加工刀具路径,下面介绍部分刀路的特点。

1) 二维曲线加工

选取 Machine Type→Mill→10 C:\……\MILL 3- AXIS HMC. MMD,进入 Toolpaths 后弹出刀具路径菜单。

(1) 外形加工(Contour Toolpath) 刀具沿所选曲线移动,用于外形粗、精加工,操作简单、实用。通常采用平刀、圆鼻刀、斜度刀加工。外形铣加工可在工件外进刀且下刀点可选择合适位置。如选择三维曲线,则自动转为三维曲线外形铣削。

(2) 钻孔加工(Drill Toolpath) 有钻孔、攻螺纹、镗孔等多种加工方式,以点确定加工位置。

(3) 面加工(Face Toolpath) 用于对平面加工。

(4) 挖槽加工(Pocket Toolpath) 选择封闭曲线确定加工范围，常用于对凹槽特征的加工，限制加工深度时可用于对平面光刀。挖槽加工在坯料上进刀，下刀时可选用螺旋或斜向下刀。

2) 曲面粗加工

选取 Machine Type→Mill→10 C:\……\MILL 3- AXIS HMC. MMD，进入 Toolpaths 后弹出刀具路径菜单。

(1) 平行加工(Rough Parallel Toolpath) 分层平行切削加工，可以稳定地加工所有类型的曲面，但刀路计算时间长，提刀次数多，粗加工时效率不高。

(2) 放射状加工(Rough Radial Toolpath) 刀具以指定点为径向中心，放射状分层切削加工，加工完毕的工件表面刀路呈中心放射状。较适合加工中心对称性的曲面。刀路在工件径向中心密集，刀路重叠较多，工件边缘刀路间距大，提刀次数多，加工效率一般。

(3) 投影加工(Rough Project Toolpath) 将已有的刀路数据投影到曲面上进行加工。

(4) 曲面流线加工(Rough Flowline Toolpath) 刀具沿着构成曲面形状的走向进行加工。

(5) 等高外形加工(Rough Contour Toolpath) 刀具沿曲面等高曲线加工，对陡峭曲面加工效果较好，曲面平坦时效果不佳。

(6) 粗加工残料清除(Rough Restmill Toolpath) 依据已加工刀路数据进一步加工以清除残料，计算时间长。

(7) 曲面挖槽加工(Rough Pocket Toolpath) 分层清除曲面与加工范围之间的所有材料，刀路计算时间短，刀具切削负荷均匀，加工效率高。常作为粗加工的首选方案。

(8) 插入式加工(Rough Plunge Toolpath) 类似于钻孔方式的加工方法，可快速去除余量，但对机床和刀具的刚度要求较高。

3) 曲面光刀(曲面精加工)

选取 Machine Type→Mill→10 C:\……\MILL 3- AXIS HMC. MMD，进入 Toolpaths 后弹出刀具路径菜单。

共有平行加工(Finish Parallel Toolpath)、平行陡斜面加工(Finish Parsteep Toolpath)、径向加工(Finish Radial Toolpath)、投影加工(Finish Project Toolpath)、曲面流线加工(Finish Flowline Toolpath)、等高外形加工(Finish Contour Toolpath)、浅平面加工(Finish Shallow Toolpath)、交线清角加工(Finish Pencil Toolpath)、残料清除加工(Finish Leftover Toolpath)、环绕等距加工(Finish Scallop Toolpath)、投影加工(Finish Blend

Toolpath)等 11 种刀路。

2. 刀具设置

在 MasterCAM X 中,用户可以直接从系统的刀具库中选择要使用的刀具,也可以自己定义新刀具。

1) 从刀具库中选择刀具

选择 Toolpaths,选择某一种加工路径,如选择 Pocket 挖槽加工时,系统提示定义要加工的对象,用鼠标串联外形,选定加工对象后,点击"√"按钮,此时系统弹出【挖槽参数】对话框,如图 8-51 所示。

第一个 Tool parameters 标签下是刀具对话框,将鼠标移到刀具区,点击鼠标右键,出现快捷菜单,选择刀具来源于刀具库,系统弹出图 8-52 所示的【加工参数】对话框,移动下拉条从中选择要用的刀具,如选择直径是 16 的平刀,点击确定即可选定该刀具,系统返回所示刀具参数对话框,此时在对话框中刀具区出现一把直径为 16 mm 的平刀。

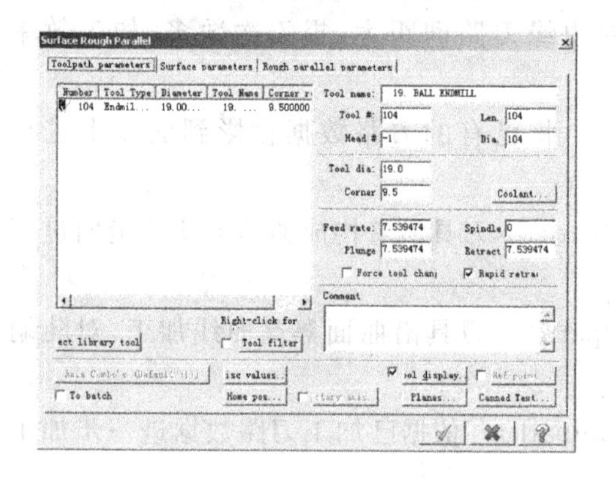

图 8-51 【挖槽参数】对话框

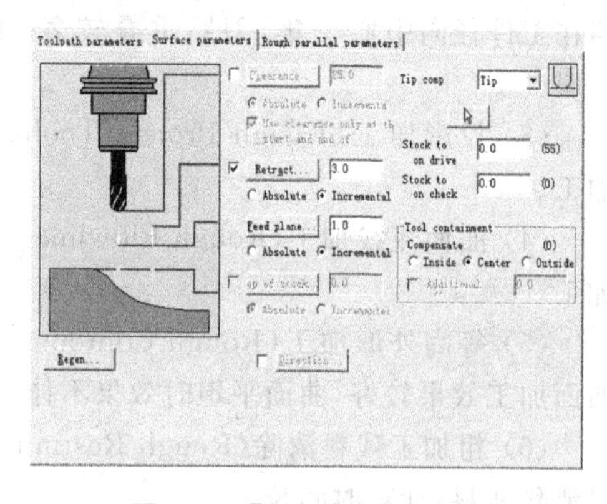

图 8-52 【加工参数】对话框

2) 定义新刀具

系统允许用户从刀具库中选取刀具的形状,通过设置刀具参数,在刀具列表中添加一个新刀具。在右键快捷菜单中选择建立新刀具,系统弹出图 8-53 所示的【定义刀具】对话框。系统给出的默认刀具为直径 10 mm 的平刀。

如果要改变刀具类型,单击 Tooltype 参数卡,出现【刀具类型】对话框如图 8-54 所示,选择需要的刀具类型,选定刀具类型后,自动打开该类刀具的类型参数卡。选择刀具类型后,对刀具的几何参数进行设定。设定完刀具几何参数后,还要对刀具加工参数 parameters进行设定。

3. 工件设定(Stock Setup)

工件设定包括设置毛坯的大小、原点和材料等,在 Tool paths 中单击 Stock Setup,弹出图 8-55 所示【工件设定】对话框。

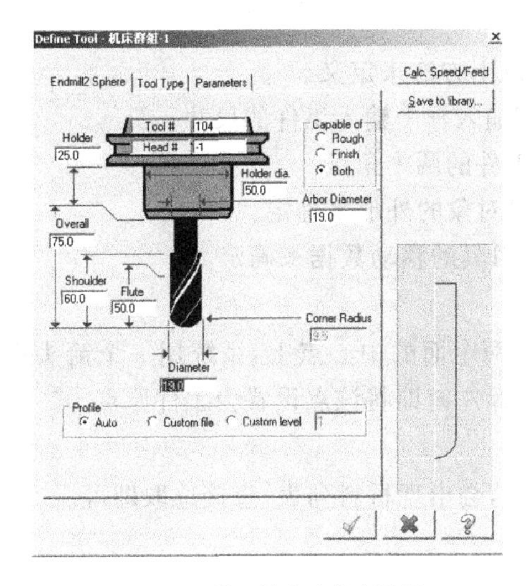

图 8-53　【刀具定义】对话框

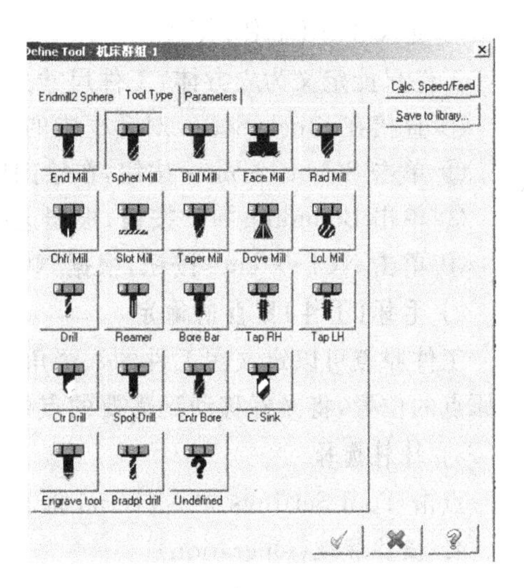

图 8-54　【刀具类型】对话框

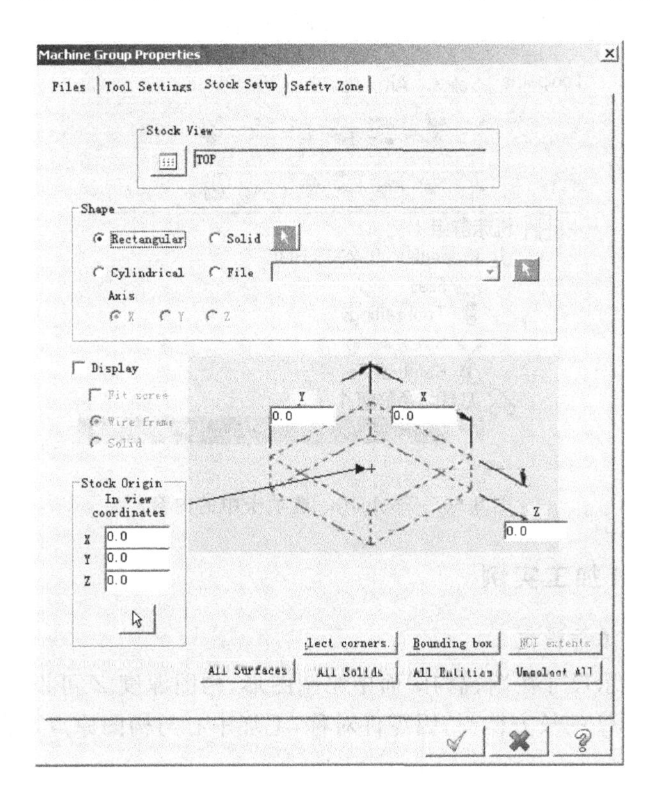

图 8-55　【工件设定】对话框

1) 定义毛坯(工件)尺寸

工件只能定义为立方体,工件尺寸大小可由以下方法来定义。

① 直接在 Stock Setup 对话框中的"X、Y、Z"输入框中输入工件的尺寸。

② 单击 Select corners 按钮,在绘图区选取工件的两个角点。

③ 单击 Bounding box 按钮,根据选取的几何对象的外形来确定。

④ 单击 NCI extents 按钮,根据 NCI 文件中刀具的移动数据来确定。

2) 毛坯(工件)原点的确定

工件原点可以定义在工件的八个角点或上下两个面的中心点上,系统用一个箭头指示原点的位置,将光标移动到需要的点处,单击鼠标左键即将该点设置为工件原点。

3) 材料选择

点击 Tool Settings 中 Material 框右侧的按钮,会出现材料列表,直接选取即可。

4. 操作管理(Operation)

MasterCAM X 提供了非常便捷的操作的方式,如图 8-56 所示。其中包括选中、清除、刷新、刀具路径模拟、真实加工模拟、后处理等功能。

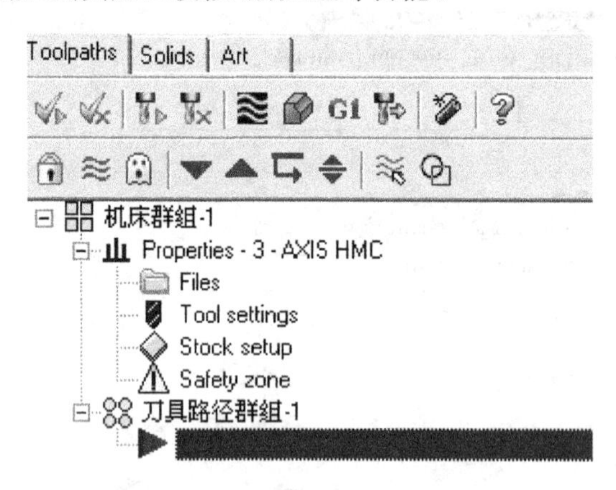

图 8-56 Toolpaths 选项卡中的内容

8.2.4 CAM 加工实例

1. 绘制图形与工作设定

根据图 8-40 所示尺寸在俯视构图面中绘制图形,构图深度 Z 可设为 0.0。设定工件毛坯为 155×105×32 的长方体料,因零件对称,毛坯中心与构图原点重合。

2. 工艺分析

(1) 毛坯厚度为 32 mm,首先安排端铣,铣削深度为 2 mm,考虑加工效率,可采用大直径平铣刀或端铣刀加工,选用 ϕ25 mm 平铣刀加工。

(2) 矩形外轮廓和凸台加工可采用外形铣削方式加工，先进行凸台加工，再进行外轮廓加工，凸台加工因余量较多需进行 X、Y 方向分层铣削。凸台内凹圆角半径为 10 mm，刀具可选用 ϕ16 mm 的平刀。也可以采用大直径刀具去处大部分余量，再用小刀完成凸台内凹圆角内的残料加工，以提高加工效率。

(3) 4 个矩形槽圆角为 6 mm，槽宽为 20 mm，刀具可采用 ϕ10 mm 平刀。

(4) 4 个直径为 10 mm 的通孔，因无特殊要求，直接用直径为 10 mm 的钻头加工完成。

3. *刀具路径规划*

采用 ϕ25 mm 平刀对毛坯表面进行端铣，铣削厚度为 2 mm，其步骤如下。

(1) 选择机床　选择 Machine Type→Mill→Default，在毛坯管理区单击 Stock Setup 选项卡，打开如图 8-55 所示【毛坯尺寸设定】对话框，并输入相应的毛坯尺寸，如图 8-57 所示。

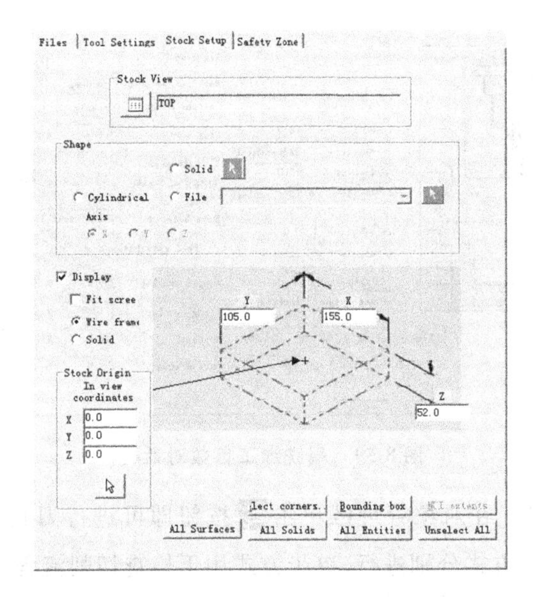

图 8-57　毛坯尺寸设定对话框

(2) 建立刀具路径　选择 Toolpaths→Face Toolpath…命令，打开串接选择对话框，确定刀具运动方向。

(3) 选择刀具　确定刀具路径后，系统自动打开【端铣刀具选择】对话框，如图 8-58 所示。

(4) 设置加工参数　确定刀具路径后，系统自动打开【端铣加工参数】对话框，如图 8-59所示。

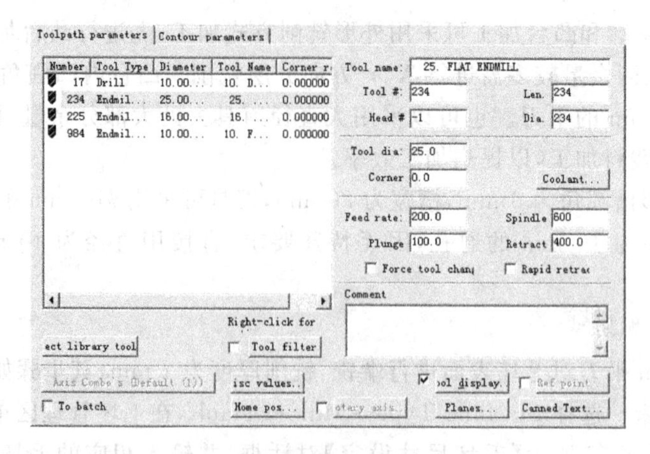

图 8-58　端铣刀具选择对话框

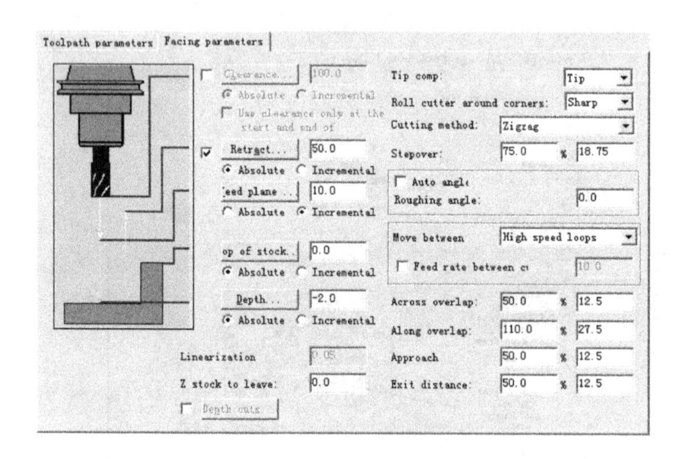

图 8-59　端铣加工参数对话框

(5) 检验刀具路径　在对象管理区单击按钮即可进行刀具路径的检验。检验时可以选择单步和连续的方式分别进行,单步方式用于检查切削流程,连续方式用于检查切削效果。真实加工模拟的显示效果如图 8-60 所示。

(6) 后置处理　在确认刀具路径正确后,即可产生 NC 加工程序,单击对象管理区中的G1按钮,打开如图 8-61 所示的【后置处理】对话框,确认后,系统提示用户选择 NC 文件保存的路径和名称。确定后,就生成了零件上表面的加工程序,部分程序如图 8-62 所示。

参照上述操作步骤,可完成矩形外轮廓、凸台、矩形槽和通孔的加工,操作时注意刀具路径的选择,轮廓加工时选择 Contour Toolpath 刀路,槽加工选择 Pocket Toolpath 刀路,钻削时选择 Drill Toolpath 刀路;同时注意设置合理的走刀次数、切削参数、挖槽方式等。

完成以上加工后,所形成的完整的零件加工模拟如图 8-63 所示。

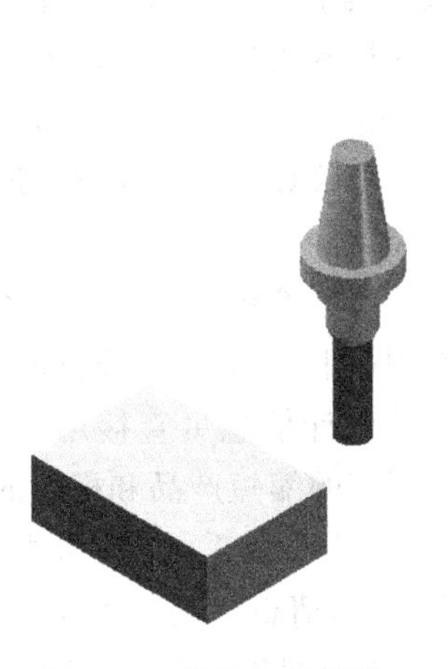

图 8-60　真实加工模拟

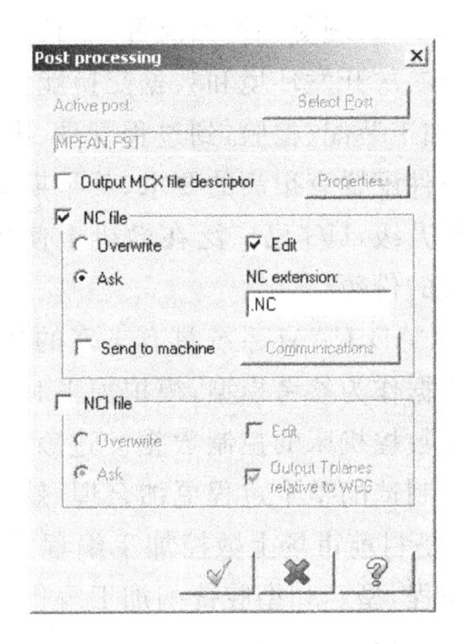

图 8-61　【后置处理】对话框

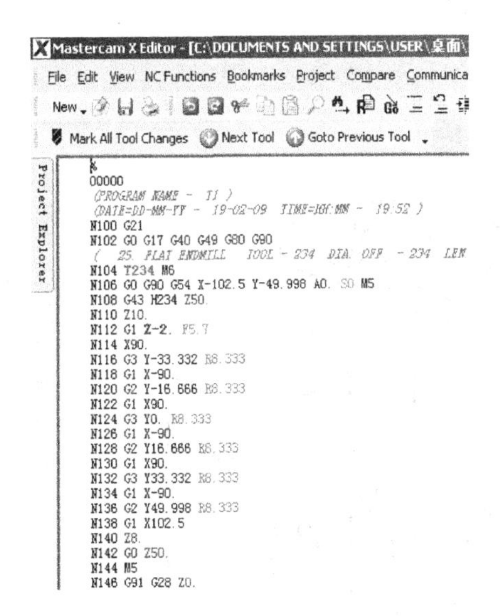


```
%
O0000
(PROGRAM NAME - T1 )
(DATE=DD-MM-YY - 19-02-09 TIME=HH:MM - 19:52 )
N100 G21
N102 G0 G17 G40 G49 G80 G90
( 25. FLAT ENDMILL TOOL - 234 DIA. OFF - 234 LEN
N104 T234 M6
N106 G0 G90 G54 X-102.5 Y-49.998 A0. S0 M5
N108 G43 H234 Z50.
N110 Z10.
N112 G1 Z-2. F5.7
N114 X90.
N116 G3 Y-33.332 R8.333
N118 G1 X-90.
N120 G2 Y-16.666 R8.333
N122 G1 X90.
N124 G3 Y0. R8.333
N126 G1 X-90.
N128 G2 Y16.666 R8.333
N130 G1 X90.
N132 G3 Y33.332 R8.333
N134 G1 X-90.
N136 G2 Y49.998 R8.333
N138 G1 X102.5
N140 Z8.
N142 G0 Z50.
N144 M5
N146 G91 G28 Z0.
```

图 8-62　部分加工程序

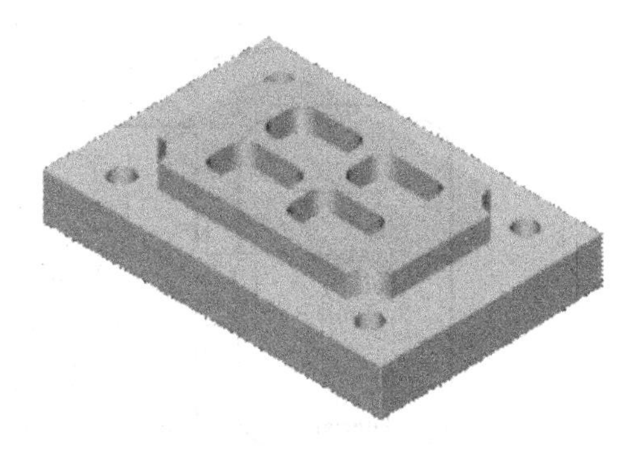

图 8-63　零件加工模拟

8.3　UG 数控自动编程

8.3.1　UG 简介

UG 由 UGS(Unigraphics solutions)公司开发经销，不仅具有复杂造型和数控加工的功能，还具有管理复杂产品装配，进行多种设计方案的对比分析和优化等功能。该软件具有较好的二次开发环境和数据交换能力。其庞大的模块群为企业提供了从产品设计、产品分析、加工装配、检验，到过程管理、虚拟运作等全系列的技术支持。由于软件运行对计算机的硬件配置有很高的要求，其早期版本只能在小型机和工作站上使用。随着微机配置的不断升级，UG 已广泛在微机上使用。目前该软件在国际 CAD/CAM/CAE 市场上占有较大的份额。

UG CAD/CAM 系统具有丰富的数控加工编程能力，其数控模块以 CAD 系统构建的三维数据作为参考模型，模拟加工时刀具的运动，并在对模拟结果进行分析的基础上，自动生成数控机床的控制数据。这就使得在 CAD 系统的设计信息可直接用于制造，使从设计到制造的整个过程更加合理，效率也更高，从而大幅度的缩短产品和模具的开发周期。UG 是目前市场上数控加工编程能力最强的 CAD/CAM 集成系统，其功能包括：车削加工编程，型芯和型腔铣削加工编程，固定轴铣削加工编程，清根切削加工编程，可变轴铣削加工编程，顺序铣削加工编程，线切割加工编程，刀具轨迹编辑，刀具轨迹干涉处理，刀具轨迹验证、切削加工过程仿真与机床仿真，通用后置处理。

8.3.2 UG 数控模块结构图

UG 数控模块结构如图 8-64 所示。

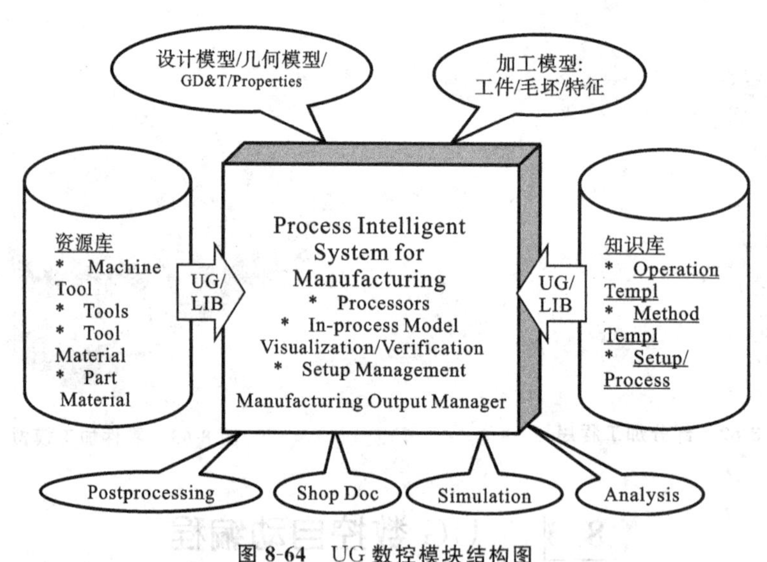

图 8-64 UG 数控模块结构图

8.3.3 UG 数控编程一般过程

UG 数控编程一般过程如图 8-65 所示。

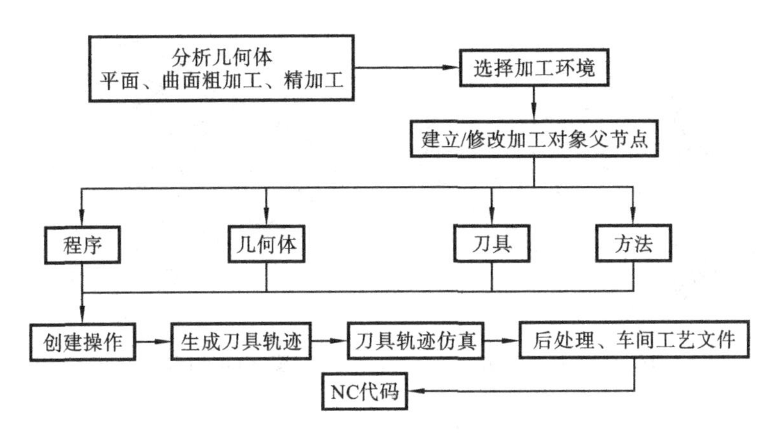

图 8-65 UG 数控编程一般过程

8.3.4 UG 数控铣削编程实例分析

1. 典型模具数控铣削实例

模具由于通常具有复杂的曲面形状，普通机床很难加工出令人满意的形状、尺寸精度，所以绝大多数凸、凹核心模仁是通过数控机床加工的，下面介绍利用软件 UG 完成凹模（见图 8-66）数控加工程序的编制。

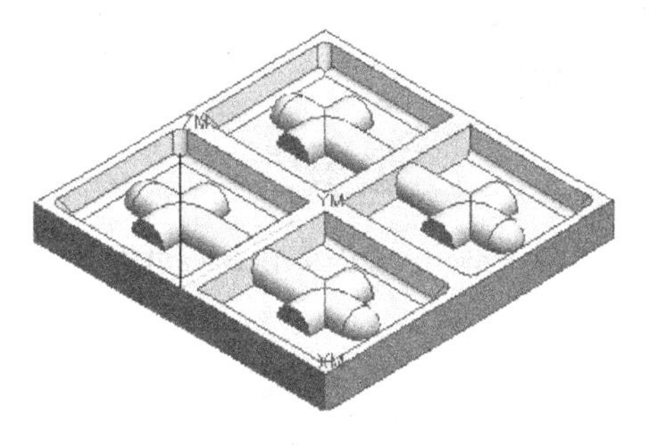

图 8-66 凹模型腔三维模型

本实例利用 UG 数控模块功能，结合数控加工工艺，该零件实心长方体毛坯依次经过开粗加工、半精加工、精加工三道工序，获得如图 8-66所示的目标模腔，主要有如下操作。

(1) 创建 ZLEVEL_FOLLOW_CAVITY 操作，用于模腔开粗加工，刀路如图 8-67所示。

(2) 创建 ZLEVEL_PROFILE_STEEP 操作，用于半精工陡峭区域，刀路如图 8-68所示。

(3) 创建 FACE_MILLING 操作，采用手动切削驱动方式精加工模腔顶面，刀路如图 8 69所示。

(4) 用 Verify Toolpath 模拟开粗加工、半精加工后材料去除情况，具体结果如图 8-70所示。

(5) 通过 IPW 文件和目标零件三维对比，模拟材料残留的情况，如图 8-71 所示。

(6) 创建 FLOWCUT_REF_TOOL 的多路清根操作，精加工转角和导角部位，如图 8-72 所示。

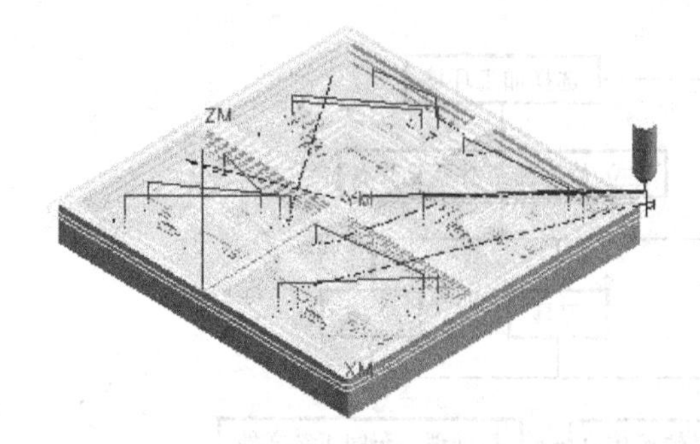

图 8-67 FOLLOW_CAVITY 刀路

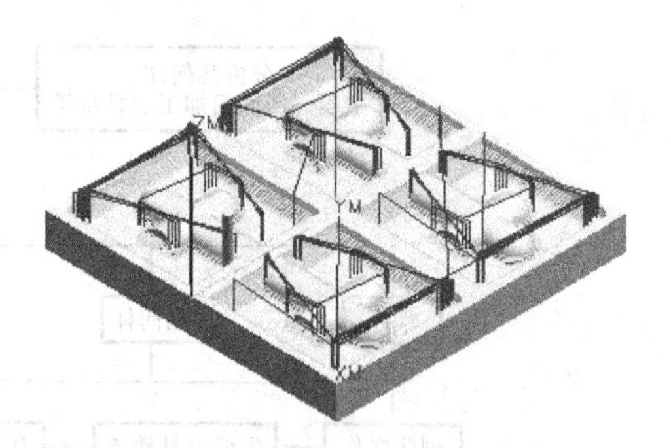

图 8-68 PROFILE_STEEP 刀路

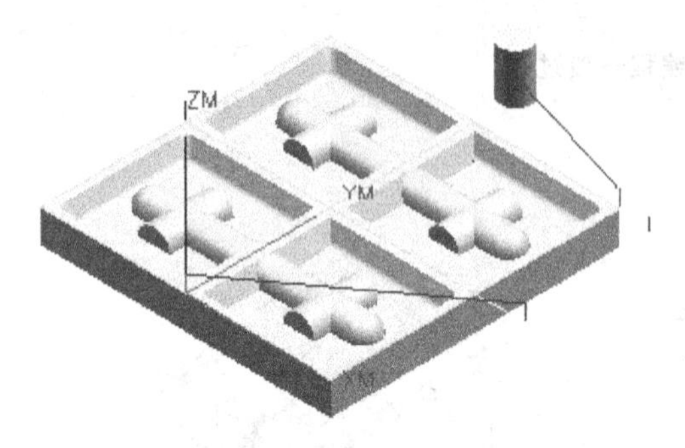

图 8-69 FACE_MILLING 刀路

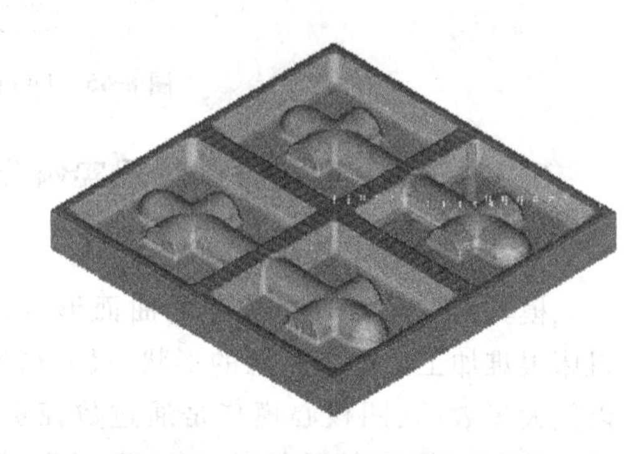

图 8-70 开粗加工后材料去除模拟

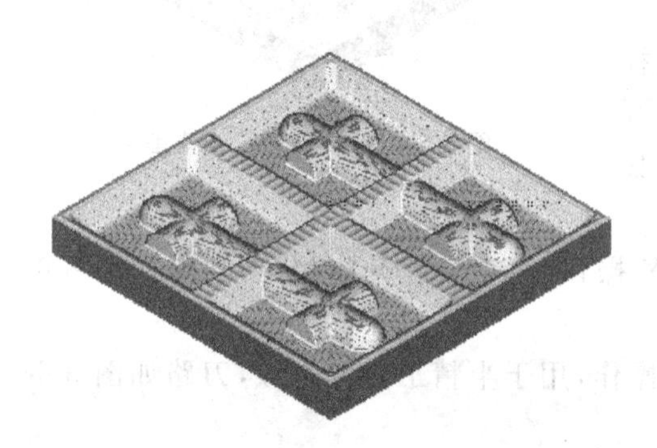

图 8-71 开粗加工后残料与零件三维对比

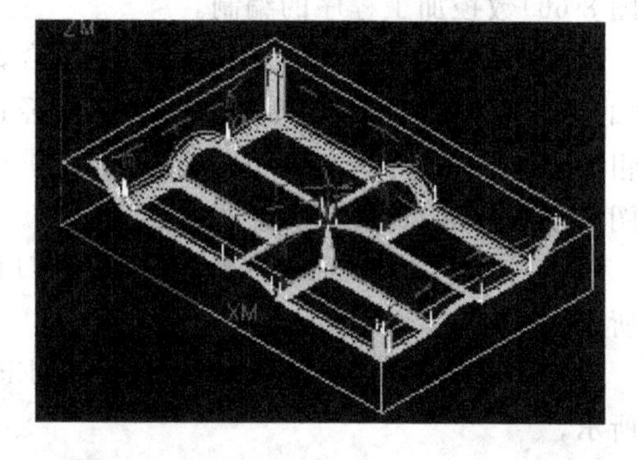

图 8-72 FLOWCUT_REF_TOOL 刀路

(7) 创建 FLOWCUT_SINGLE 单路清根操作,选用小径球刀精加工转角和导角部位,如图 8-73 所示。

(8) 用 Verify Toolpath 模拟精加工后材料去除情况,具体结果如图 8-74 所示。

(9) 通过精加工模型和目标模腔对比,模拟最终加工效果,如图 8-75 所示。

通过上面概述,对该模腔的数控加工编程有了初步了解,接下来详细介绍其中的

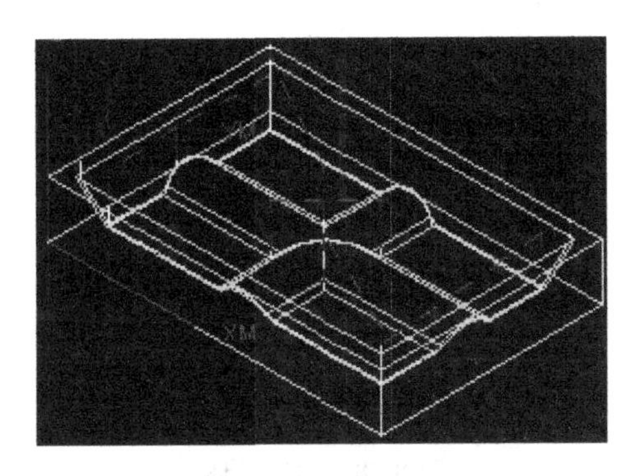

图 8-73 FLOWCUT_SINGLE 刀路

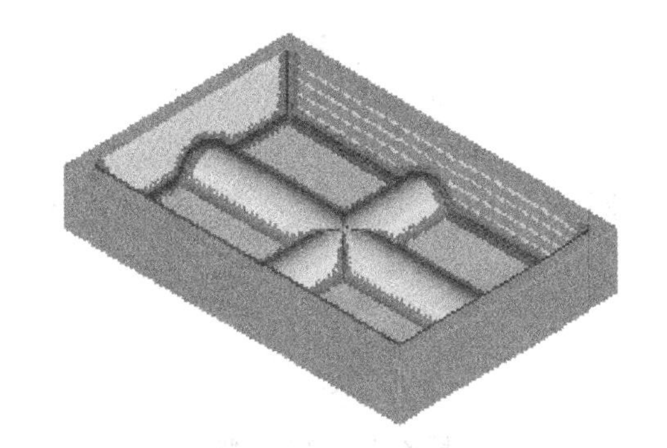

图 8-74 精加工后材料去除模拟

步骤。

(1) 建立 ZLEVEL_FOLLOW_CAVITY 操作,具体操作如下:

① 点击 Create Operation 按钮;

② 加工类型选择 mill_contour;

③ 加工类型子选项选择 ZLEVEL_FOLLOW_CAVITY 按钮;

④ 该操作的父节点如图 8-76 所示设置,选择 OK 按钮完成设置。

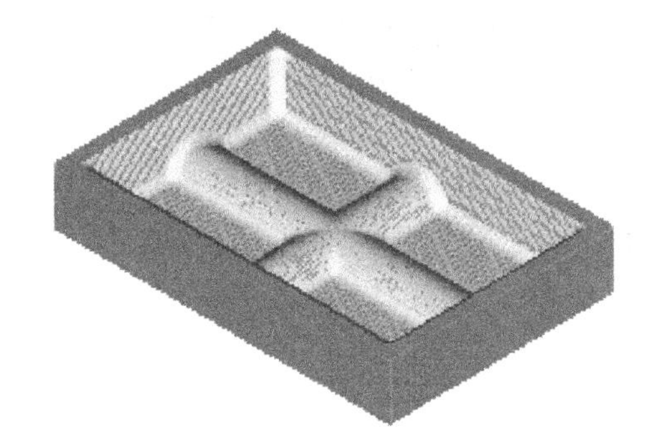

图 8-75 精加工模型与零件三维对比

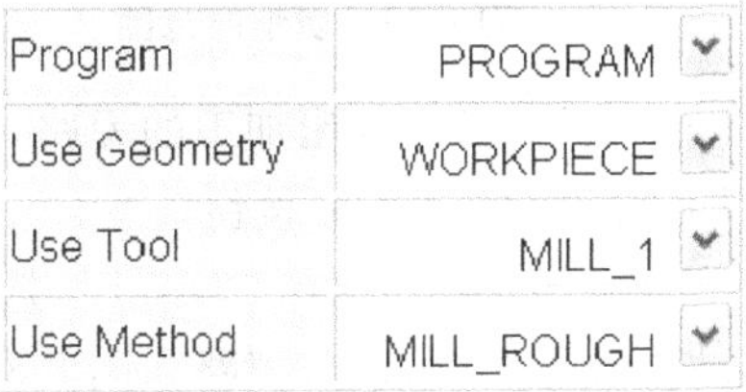

Program	PROGRAM
Use Geometry	WORKPIECE
Use Tool	MILL_1
Use Method	MILL_ROUGH

图 8-76 父节点设置对话框

(2) 选择加工参考模型和加工毛坯,具体操作如下:

① 在 Geometry 父节点对话框中,点击 Part 按钮并选择模腔三维实体,如图 8-77 所示;

② 在 Geometry 父节点对话框中,点击 Blank 按钮并选择加工毛坯三维实体,如图 8-78所示。

(3) 设置每层切深以及总的切削深度范围,具体操作如下:

① 在 Depth Per Cut 列表框中,键入 0.15;

② 点击 Control Geometry 列表菜单,选择 Cut ;

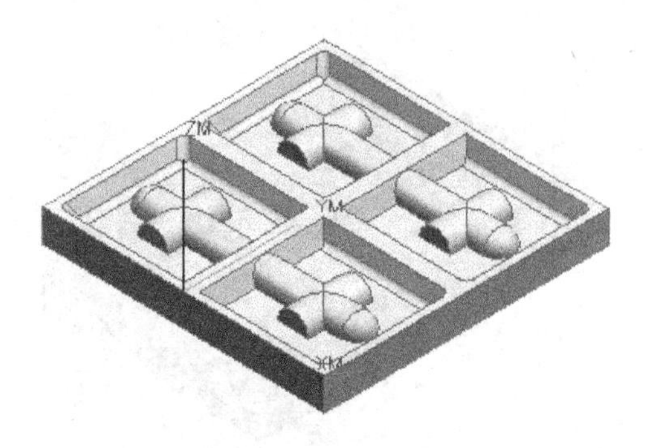

图 8-77 加工模型

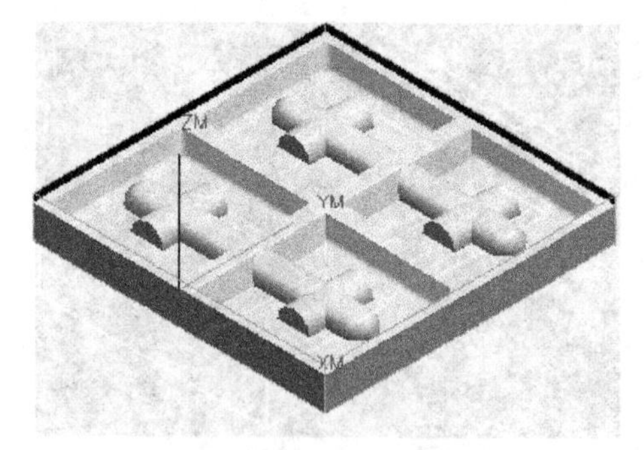

图 8-78 加工毛坯

③ 选择模具其中一个型腔的底面作为切削范围的最底层，如图 8-79 所示。

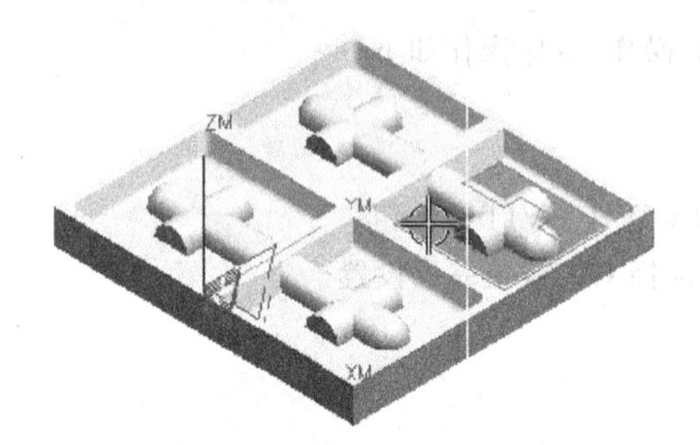

图 8-79 切削层范围

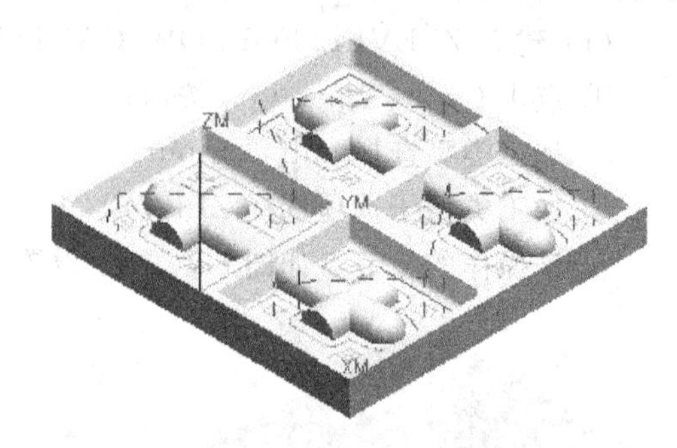

图 8-80 型腔铣刀路

(4) 生成型腔开粗加工的刀路，具体操作如下：

① 点击 Generate 按钮；

② 关掉 Pause After Display 选项；

③ 点击 OK 按钮，刀路如图 8-80 所示。

(5) 优化区域切削顺序：

① 选择 Cutting 按钮；

② 在 Cut Order 列表中选择 Depth First 选项；

③ 点击 OK 按钮接受所有切削参数。

(6) 再次生成型腔开粗加工的刀路，具体操作如下：

① 点击 Generate 按钮；

② 关掉 Pause After Display 选项；

③ 点击 OK 按钮，刀路如图 8-81 所示。

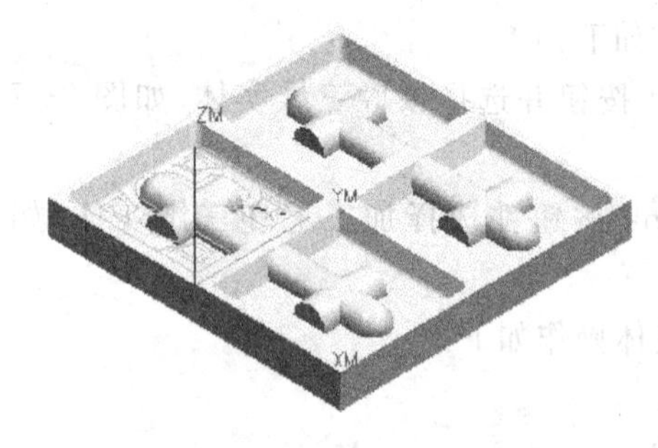

图 8-81 新生成的型腔铣刀路

(7) 点击 OK 完成开粗加工操作的全部内容，程序导航器如图 8-82 所示。

(8) 重新排序，使 ZLEVEL_FOLLOW_CAVITY 作为首程序，具体操作如下：

① 按住 Ctrl 键，同时选中 CONTOUR_AREA_NON_STEEP、CONTOUR_AREA、FLOWCUT_SINGLE 三个操作，点击 MB3→Cut；

② 选择 ZLEVEL_FOLLOW_CAVITY，点击 MB3→Paste，结果如图 8-83 所示。

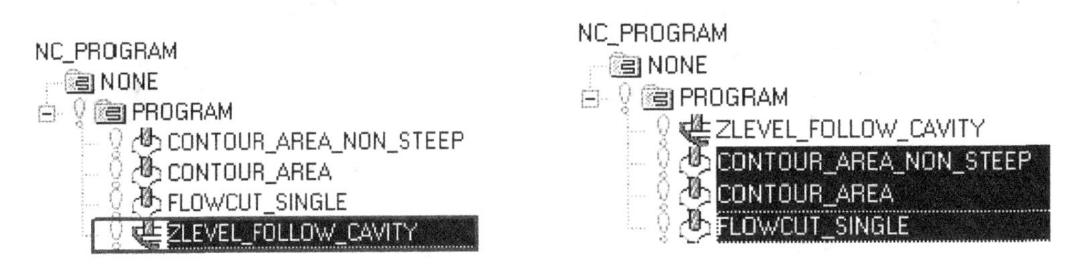

图 8-82　程序导航器　　图 8-83　排序后的程序导航器

(9) 建立 ZLEVEL_PROFILE_STEEP 操作，具体操作如下：

① 点击 Create Operation 按钮；

② 加工类型选择 mill_contour ；

③ 加工类型子选项选择 ZLEVEL_PROFILE_STEEP 按钮；

④ 该操作的父节点如图 8-84 所示设置，选择 OK 按钮完成设置。

Program	PROGRAM
Use Geometry	MILL_AREA
Use Tool	MILL
Use Method	MILL_SEMI_FINISH

图 8-84　父节点设置对话框

(10) 选择加工驱动几何体：

① 在 Geometry 父节点对话框中，点击 Cut Area 按钮，选择模腔表面，如图 8-85 所示；

② 点击鼠标右键，从弹出的快捷菜单中选择 Refresh，刷新屏幕显示。

(11) 设置陡峭面临界角度，即在 Steep Angle 中，键入 55 。

(12) 设置每层切深以及总的切削深度范围，具体操作如下：

① 在 Depth Per Cut 列表框中，键入 0.1；

② 点击 Control Geometry 列表菜单，选择 Cut Levels；

③ 选择模具其中一个型腔的底面作为切削范围的最底层，整个切削深度范围如图 8-86所示。

(13) 生成半精加工陡峭区域刀路，具体操作如下：

① 点击 Generate 按钮；

② 关掉 Pause After Display、Rresh After Display 选项；

③ 点击 OK 按钮，刀路如图 8-87 所示。

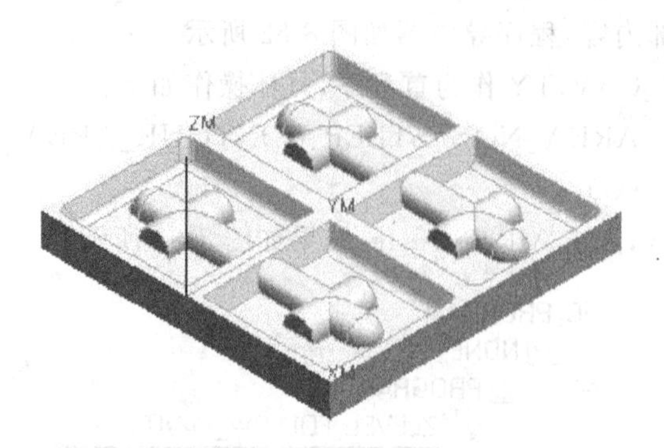

图 8-85　加工驱动几何体

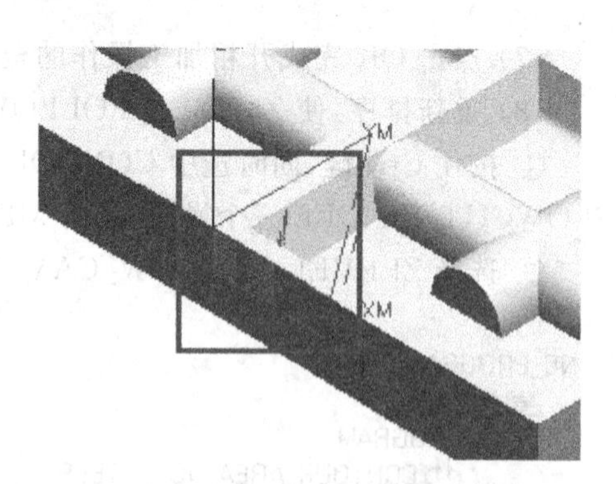

图 8-86　切削层范围

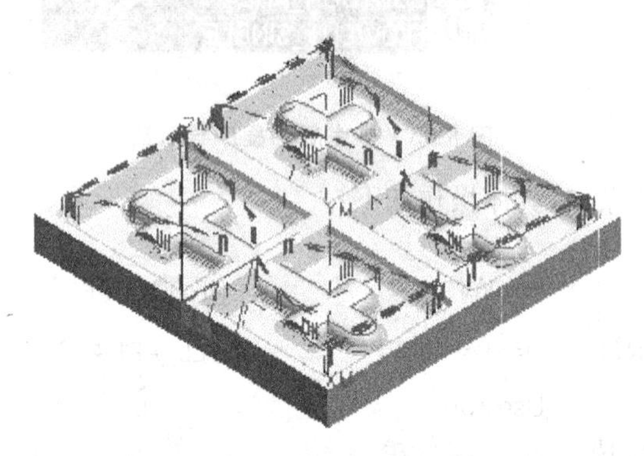

图 8-87　半精加工陡峭区域刀路

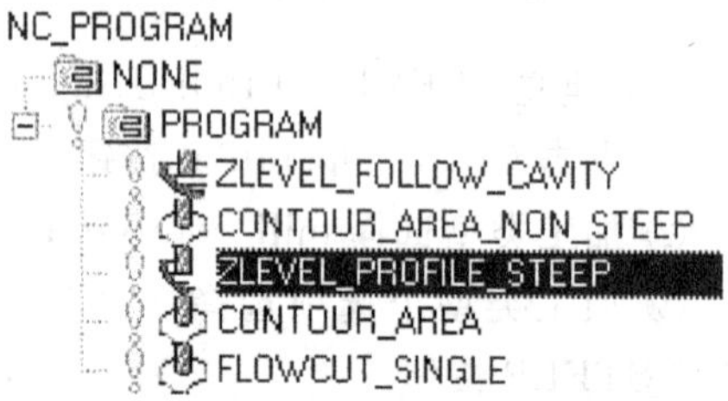

NC_PROGRAM
NONE
PROGRAM
ZLEVEL_FOLLOW_CAVITY
CONTOUR_AREA_NON_STEEP
ZLEVEL_PROFILE_STEEP
CONTOUR_AREA
FLOWCUT_SINGLE

图 8-88　排序后的程序导航器

(14) 重新排序，使 ZLEVEL_PROFILE_STEEP 作为第三个程序，具体操作如下：

① 选中 ZLEVEL_PROFILE_STEEP 操作，点击 MB3→Cut；

② 选中 CONTOUR_AREA_NON_STEEP，点击 MB3→Paste，结果如图 8-88 所示。

(15) 用 Verify Toolpath 模拟开粗加工、半精加工后材料去除情况，具体操作如下：

① 在程序导航器中，选择 PROGRAM；

② 点击 MB3→Verify Toolpath；

③ 在弹出的对话框中，选择 Dynamic 标签，选择 Play 按钮，结果如图 8-89 所示。

(16) 通过 IPW 文件和目标模腔三维对比，模拟材料残留的情况，具体操作如下：

① 在 Toolpath Visualization 对话框中，选择 Compare，结果如图 8-90 所示，最大材料残留处在模腔顶面；

② 点击 Cancel 退出 Toolpath Visualization 对话框。

(17) 建立 FACE_MILLING 操作，具体操作如下：

① 点击 Create Operation 按钮；

② 加工类型选择 mill_planar；

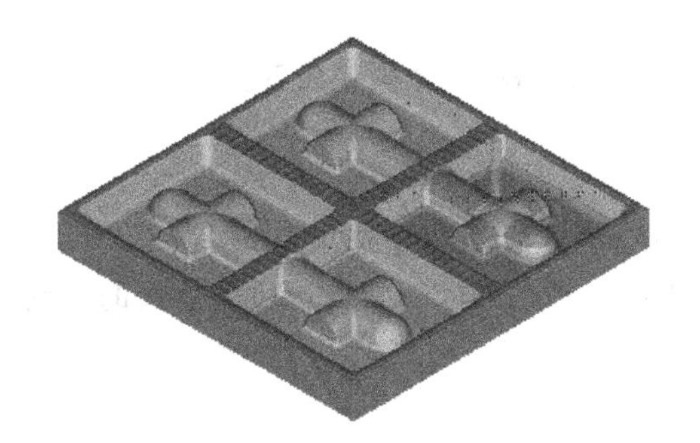

图 8-89　材料去除情况模拟

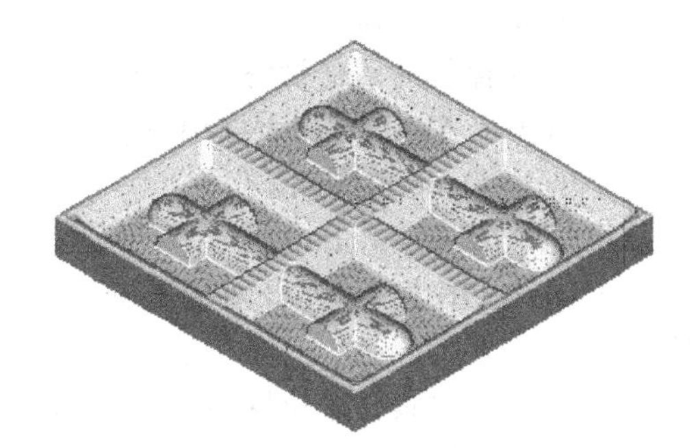

图 8-90　IPW 与目标模腔对比

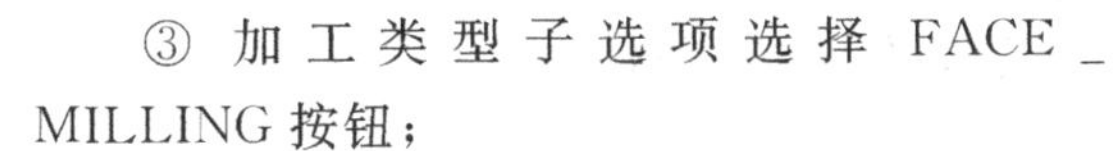

③ 加工类型子选项选择 FACE_MILLING 按钮；

④ 该操作的父节点如图 8-91 所示设置，选择 OK 按钮完成设置。

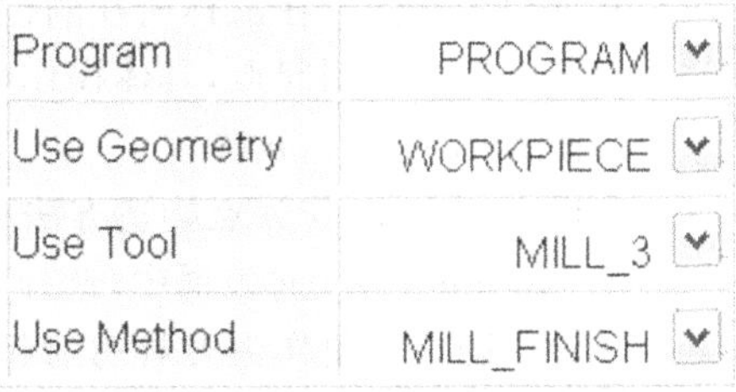

Program	PROGRAM
Use Geometry	WORKPIECE
Use Tool	MILL_3
Use Method	MILL_FINISH

图 8-91　父节点设置对话框

(18) 选择零件顶面作为精加工几何对象，具体操作如下：

① 在 Geometry 父节点对话框，点击 Face 按钮；

② 选择模腔顶面，点击 OK 按钮，退出几何体对话框，如图 8-92 所示。

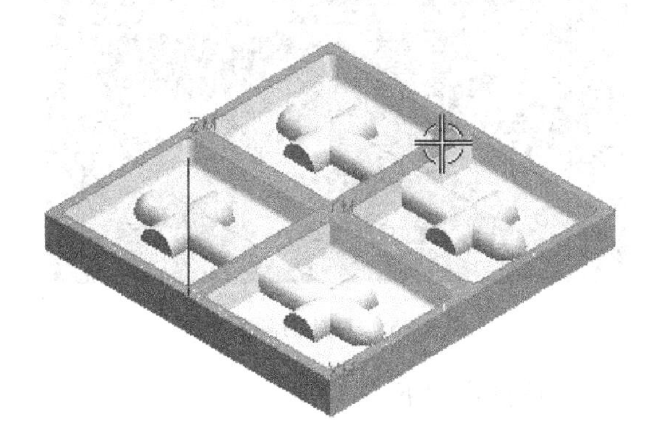

图 8-92　加工驱动几何体

图 8-93　顶视图

(19) 为了便于设置 manual cut pattern 模式，改变视图为顶视图，具体操作为 MB3→Replace View→TOP。结果如图 8-93 所示。

(20) 为了清晰反映刀路轨迹，更改仿真刀具及刀路的显示设置，具体操作如下：

① 在 Tool Path 对话框中，选择 Edit Display 按钮；

② 在 Tool Display 列表框中，选择 2-D，在 Path Display 列表框选择 Silhouette；

③ 点击 OK 按钮。

(21) 在操作对话框设置 manual cut pattern 驱动模式,具体操作如下:

① 在 Cut Method 列表框中,选择 Mixed;

② 点击 Generate 按钮;

③ 在 Mixed Cut Pattern 对话框中,确认 Cut Method 列表框选项是 Manual;

④ 点击 OK 按钮,弹出创建 Manual Cut Pattern 对话框,开始进行切削模式的手动定义。

(22) 定义刀具初始位置,具体操作如下:

① 确认已经选择 Reposition to Point 按钮;

② 选择 Cursor Location 作为点构造方法;

③ 刀具初始点便会在鼠标所在的位置生成,如图 8-94 所示。

(23) 定义刀具切削起点,具体操作如下:

① 选择 Move To Point;

② 选择 End Poin 作为点构造方法;

③ 在 Motion Type 列表框中,选择 Engage;

④ 选择模腔右上角作为刀具切削起始点,如图 8-95 所示。

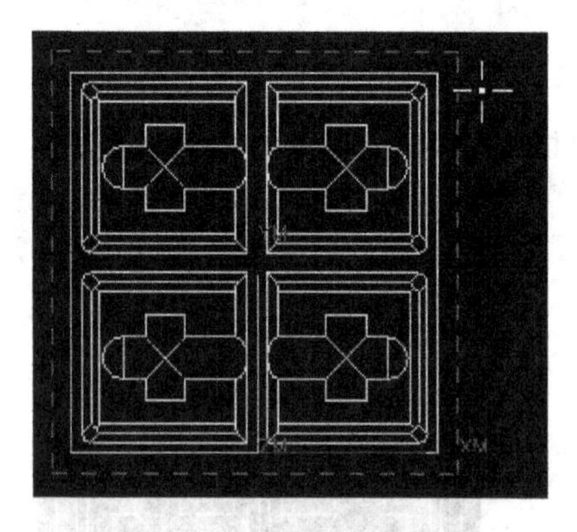

图 8-94　刀具初始位置

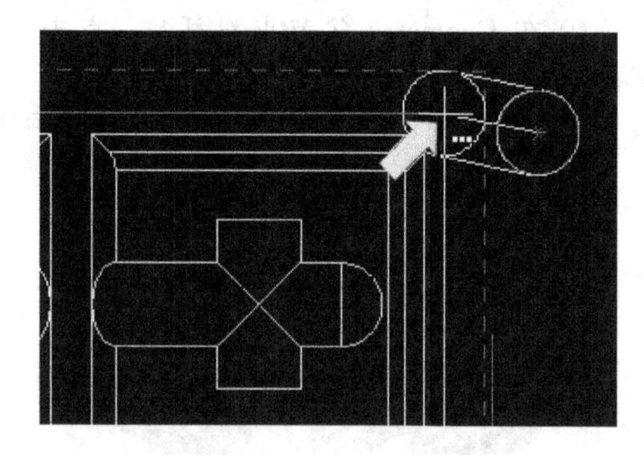

图 8-95　刀具切削起点

(24) 定义零件顶面的四周作为切削轨迹,具体操作如下:

① 在 Motion Type 列表框中,选择 Cut;

② 按如图 8-96 所示顺序,依次选择 4 个端点,定义刀具的切削轨迹。

(25) 定义刀具初始位置,具体操作如下:

① 确认已经选择 Reposition to Point 按钮;

② 选择 Cursor Location 作为点构造方法;

③ 刀具初始点便会在鼠标所在的位置生成,如图 8-97 所示。

(26) 定义刀具切削起点,具体操作如下:

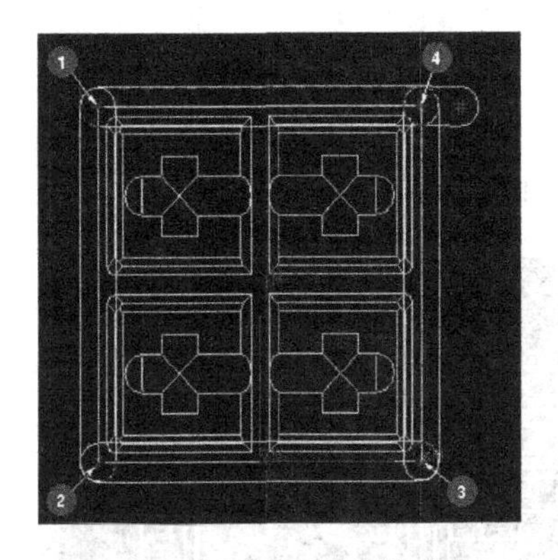

图 8-96 刀具切削轨迹

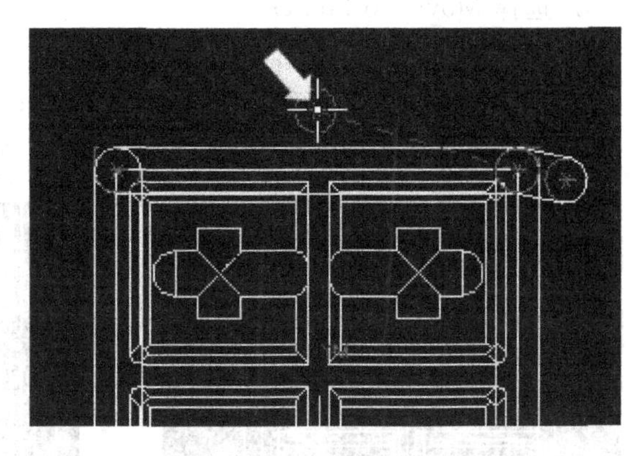

图 8-97 刀具初始位置

① 选择 Move To Point；

② 选择 Control Point 作为点构造方法；

③ 在 Motion Type 列表框中，选择 Engage；

④ 选择边缘线的中点作为刀具切削起始点，如图 8-98 所示。

(27) 定义零件顶面的中线作为切削轨迹，具体操作如下：

① 在 Motion Type 列表框中，选择 Cut；

② 选择对面边缘的中点，定义刀具的切削轨迹，如图 8-99 所示。

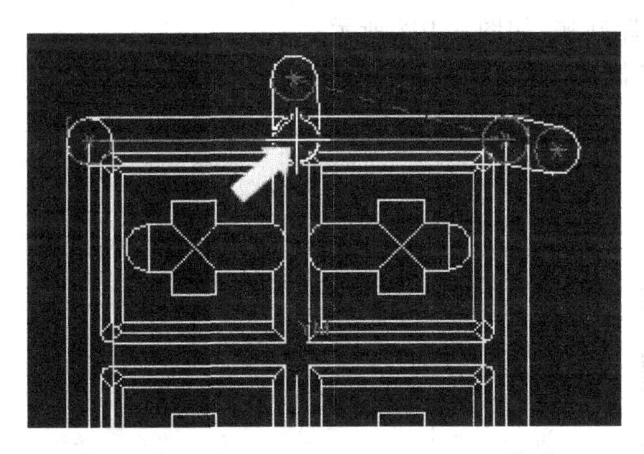

图 8-98 刀具切削起点

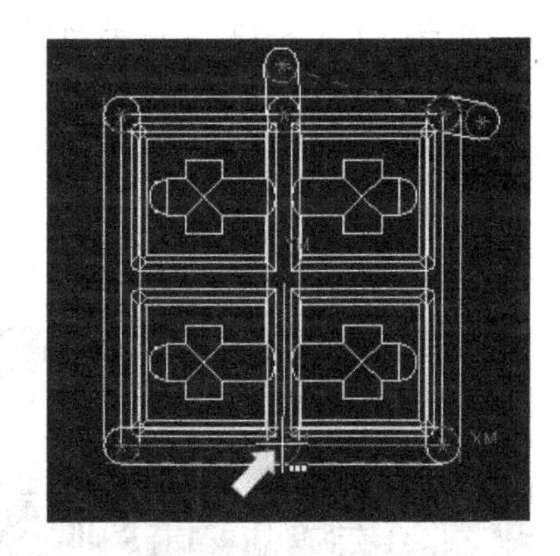

图 8-99 刀具切削轨迹

(28) 定义刀具初始位置，具体操作如下：

① 确认已经选择 Reposition to Point 按钮；

② 选择 Cursor Location 作为点构造方法；

③ 刀具初始点便会在鼠标所在的位置生成，如图 8-100 所示。

(29) 定义刀具切削起点，具体操作如下：

① 选择 Move To Point；

② 选择 Control Point 作为点构造方法；

③ 在 Motion Type 列表框中，选择 Engage；

④ 选择边缘线的中点作为刀具切削起始点，如图 8-101 所示。

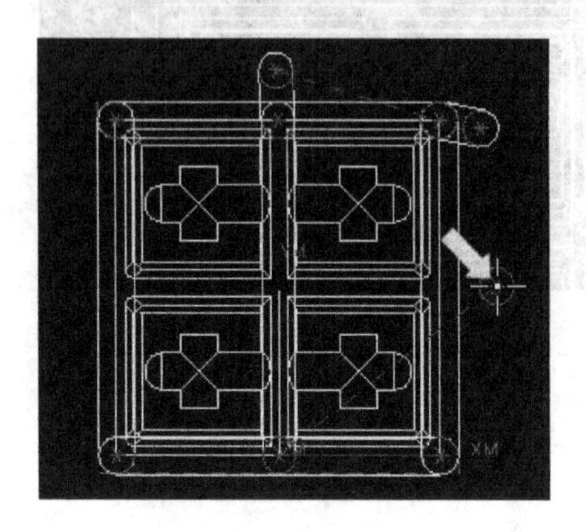

图 8-100　刀具初始位置

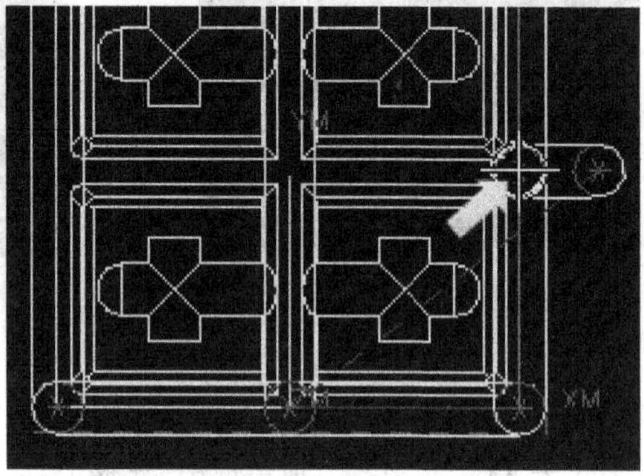

图 8-101　刀具切削起点

(30) 定义零件顶面的中线作为切削轨迹，具体操作如下：

① 在 Motion Type 列表框中，选择 Cut；

② 选择对面边缘的中点，定义刀具的切削轨迹；

③ 点击 OK 按钮，完成手动指定刀路轨迹，如图 8-102 所示。

(31) 替换当前视图为 TFR-ISO，具体操作如下：

① MB3→Replace View→TFR-ISO；

② 在操作对话框中，点击 Replay；

③ 点击 OK 按钮完成该操作的所有步骤，如图 8-103 所示。

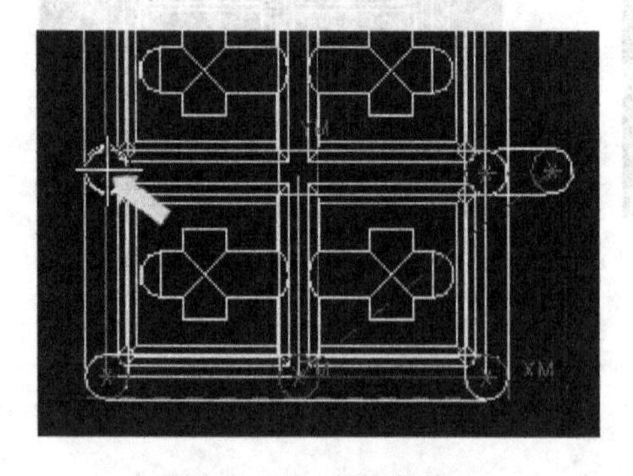

图 8-102　刀具切削轨迹

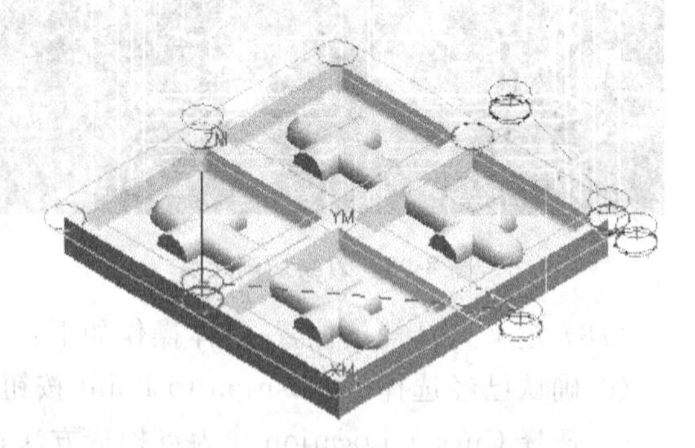

图 8-103　重生成刀轨

2. 整体叶片五轴数控铣削实例

整体叶轮(见图 8-104)作为发动机的关键部件,对发动机的性能影响很大,它的加工成为提高发动机性能的一个关键环节。但是由于整体叶轮结构的复杂性,其数控加工技术一直是制造行业的难点。下面介绍利用软件 UG 编制出深窄槽道、大扭角、变根圆角的微型涡轮发动机压气机的转子的五坐标加工程序。

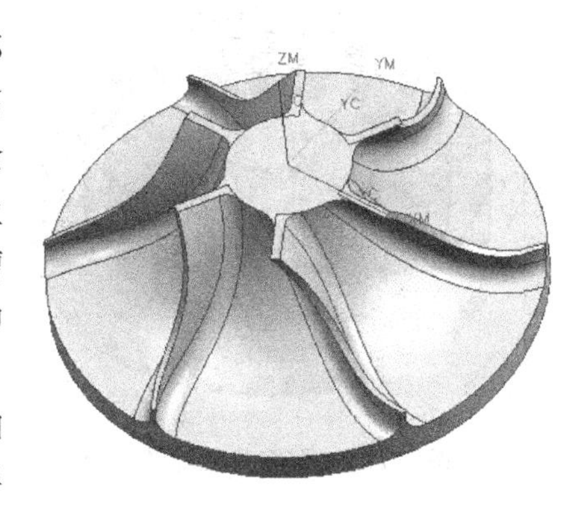

图 8-104 整体叶片三维模型

本实例利用 UG 数控模块功能,结合数控加工工艺,该零件圆柱形毛坯依次经过开粗加工、半精加工、精加工三道工序,获得如图 8-104 所示的目标模腔,主要有如下操作。

(1) 创建 PLANAR_MILL 操作,用于光毛坯外形和顶面,刀路如图 8-105 所示。

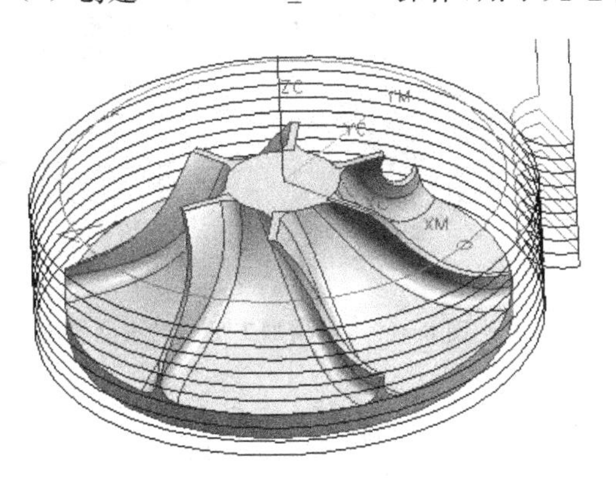

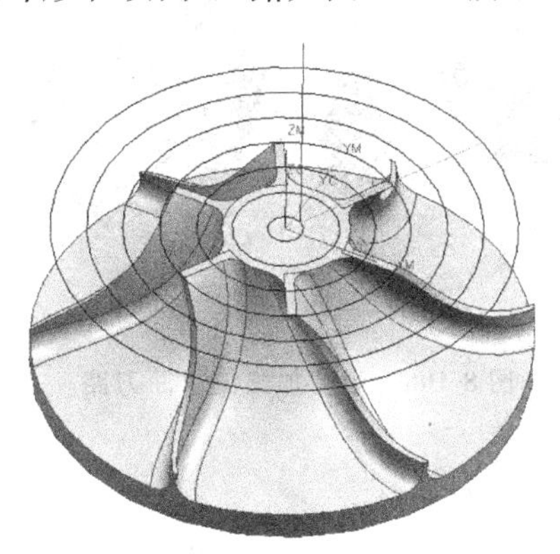

图 8-105 光圆柱毛坯和顶面刀路

(2) 创建 ZLEVEL_CAVITY_MILL 操作,用于三轴开粗加工,刀路如图 8-106 所示;

(3) 用 Verify Toolpath 模拟开粗加工后材料去除情况,具体结果如图 8-107 所示;

(4) 创建 VARIABLE_CONTOUR 操作,用于半精加工流道面,刀路如图 8-108 所示;

(5) 用 VerifyToolpath 模拟半精加工后材料去除情况,具体结果如图 8-109 所示;

(6) 创建 VC_SURF_REG_ZZ_LEAD_LAG 操作,用于精加工叶片面,刀路如图 8-110所示;

(7) 创建 VC_SURF_REG_ZZ_LEAD_LAG 操作,用于精加工流道面,刀路如图 8-111所示;

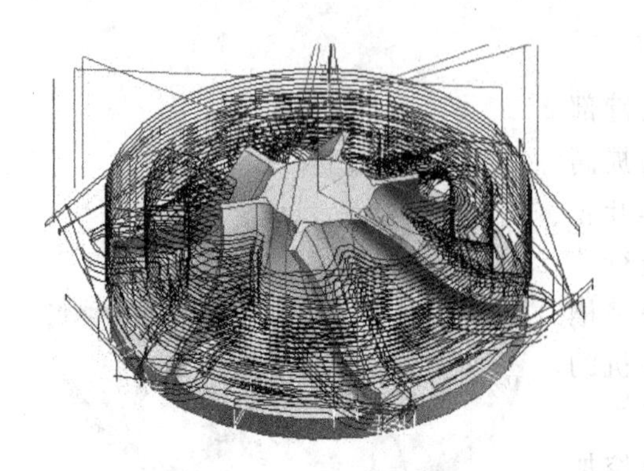

图 8-106 型腔开粗加工刀路

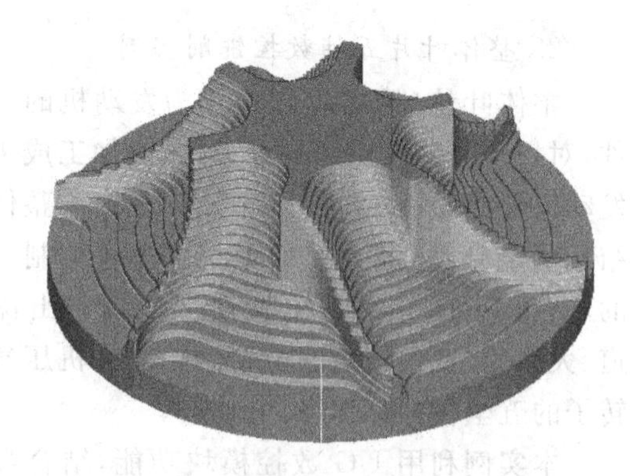

图 8-107 开粗加工后材料去除情况

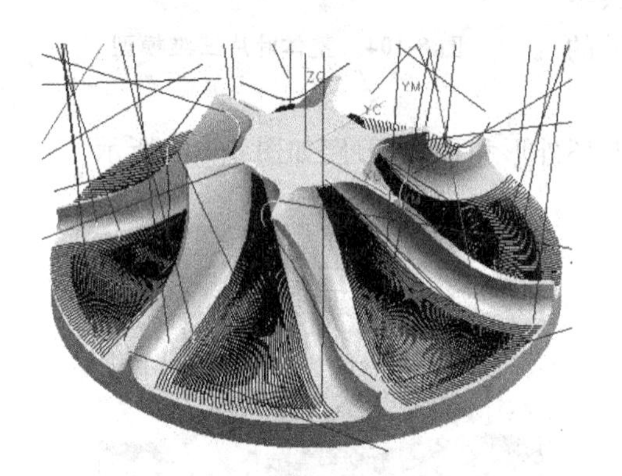

图 8-108 半精加工流道面刀路

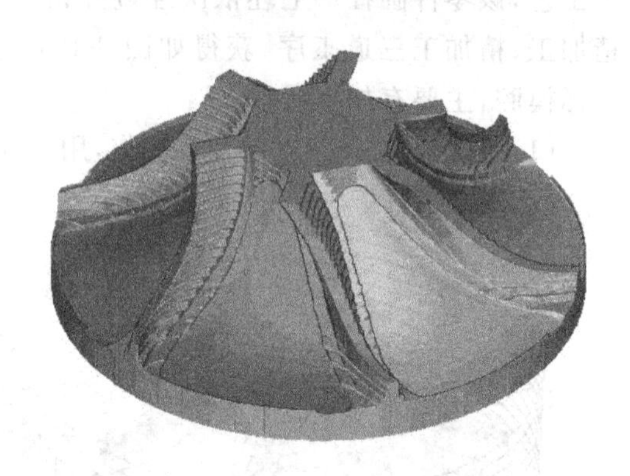

图 8-109 半精加工后材料去除情况

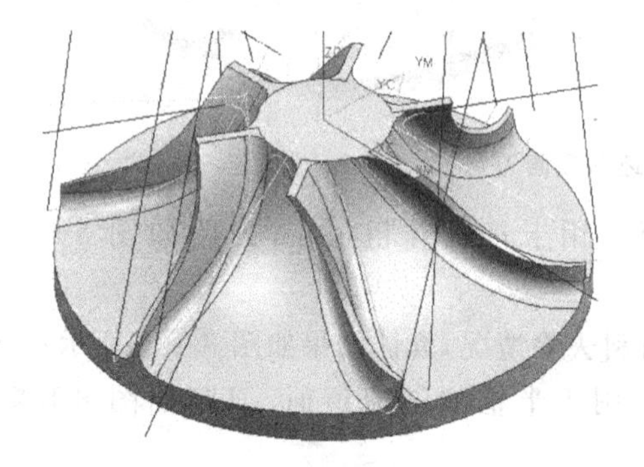

图 8-110 精加工叶片面刀路

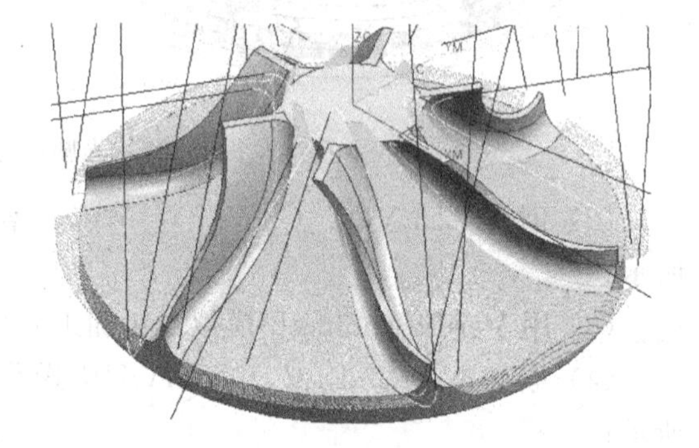

图 8-111 精加工流道面刀路

(8) 创建 VC_SURF_REG_ZZ_LEAD_LAG 操作,用于精清根流道面,刀路如图 8-112所示。

(9) 用 Verify Toolpath 模拟精加工后材料去除情况,具体结果如图 8-113 所示。

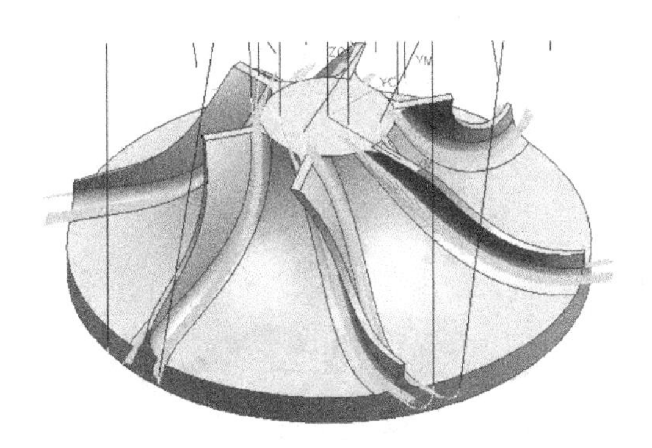

图 8-112　精清根刀路

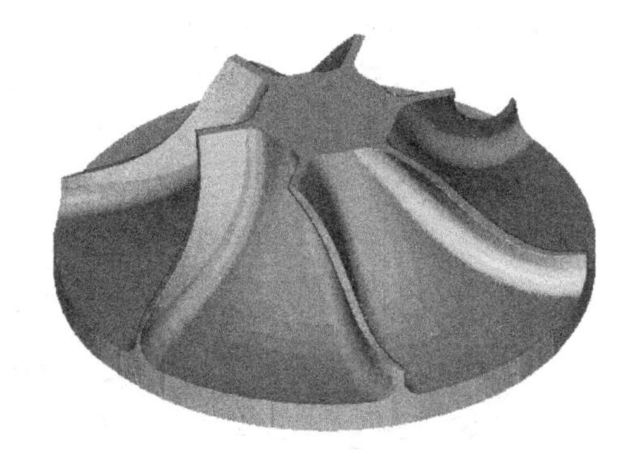
图 8-113　最终加工后的模型

通过上面概述，对该整体叶片的五轴数控加工编程有了初步了解，接下来详细介绍其中的步骤。

(1) 建立 PLANAR_MILL 操作，具体操作如下：

① 点击 Create Operation 按钮；

② 加工类型选择 mill_planar；

③ 加工类型子选项选择 PLANAR_MILL 按钮；

④ 该操作的父节点如图 8-114 所示设置，选择 OK 按钮完成设置。

Program	ROUGH
Use Geometry	WORKPIECE
Use Tool	D8
Use Method	METHOD

图 8-114　父节点设置对话框

(2) 选择加工驱动几何体，如图 8-115 所示，具体操作如下：

① 在 PLANAR_MILL 操作对话框中，点击 Part 按钮，选择顶面圆形加工几何边界；

② 在 PLANAR_MILL 操作对话框中，点击 Floor 按钮，选择底面。

(3) 生成光毛坯外形和顶面的刀路，具体操作如下：

① 点击 Generate 按钮；

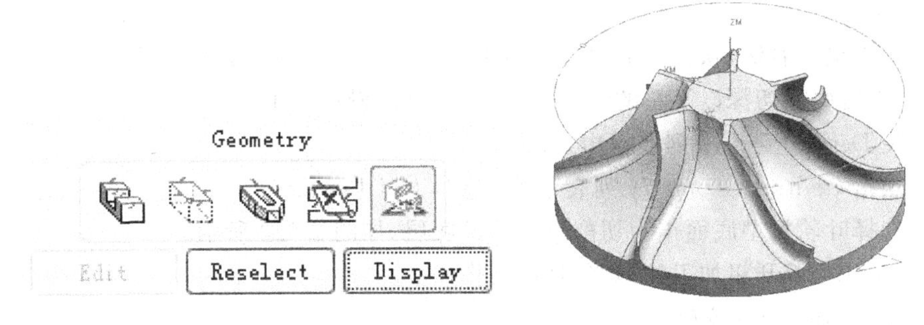

图 8-115　平面铣加工几何体

② 关掉 Pause After Display 选项；

③ 点击 OK 按钮，刀路如图 8-116 所示。

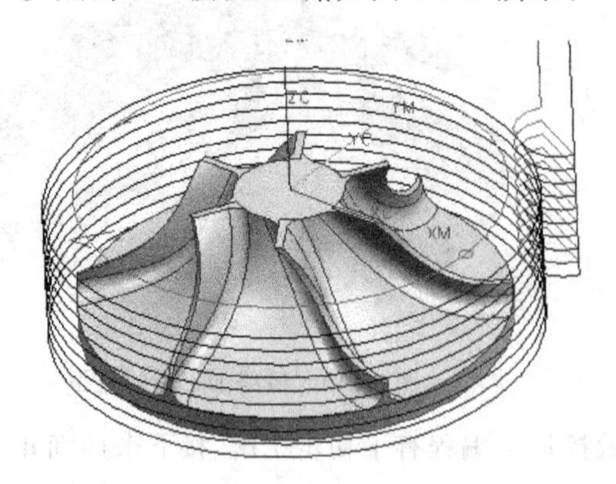

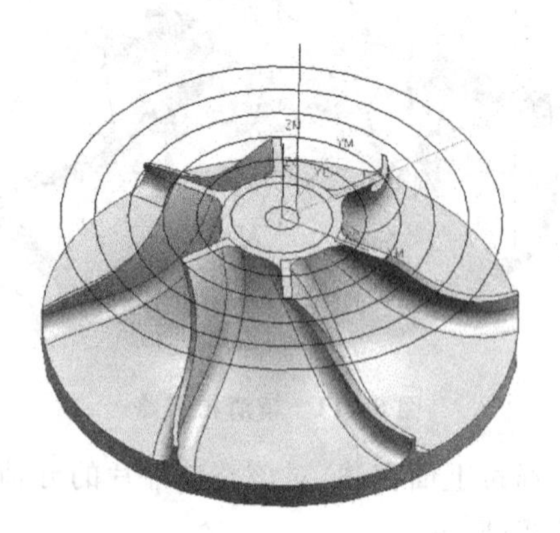

图 8-116 光圆柱毛坯和顶面刀路

Program	ROUGH
Use Geometry	WORKPIECE
Use Tool	D8
Use Method	METHOD

图 8-117 父节点设置对话框

(4) 建立 CAVITY_MILL 操作，具体操作如下：

① 点击 Create Operation 按钮；

② 加工类型选择 mill_contour；

③ 加工类型子选项选择 CAVITY_MILL 按钮；

④ 该操作的父节点如图 8-117 所示设置，选择 OK 按钮完成设置。

(5) 选择加工参考模型和加工毛坯，具体操作如下：

① 在 Geometry 父节点对话框中，点击 Part 按钮笔选择模腔三维实体，如图 8-118 所示；

② 在 Geometry 父节点对话框中，点击 Blank 按钮并选择加工毛坯三维实体，如图 8-119所示；

③ 点击鼠标右键，从弹出的快捷菜单中选择 Refresh，刷新屏幕显示。

(6) 设置每层切深以及总的切削深度范围，具体操作如下：

① 在 Depth Per Cut 列表框中，键入 0.8；

② 点击 Control Geometry 列表菜单，选择 Cut Levels；

③ 选择叶轮模型底面作为切削范围的最底层，如图 8-120 所示。

(7) 生成型腔开粗加工的刀路，具体操作如下：

① 点击 Generate 按钮；

② 关掉 Pause After Display 选项；

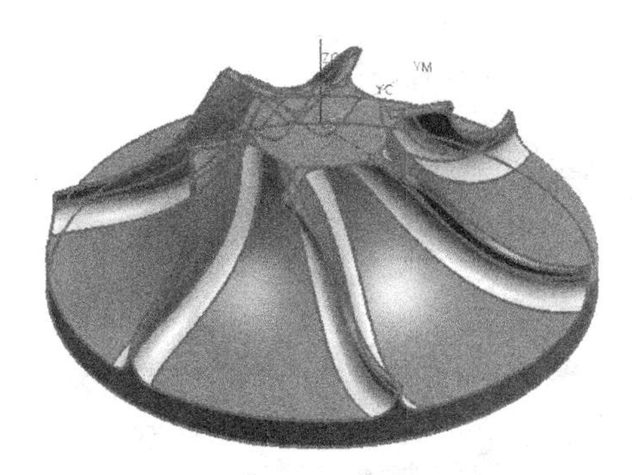
图 8-118 加工模型

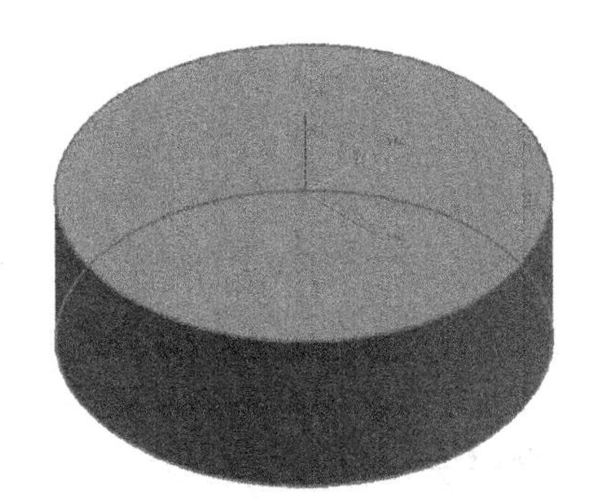
图 8-119 加工毛坯

③ 点击 OK 按钮，刀路如图 8-121 所示。

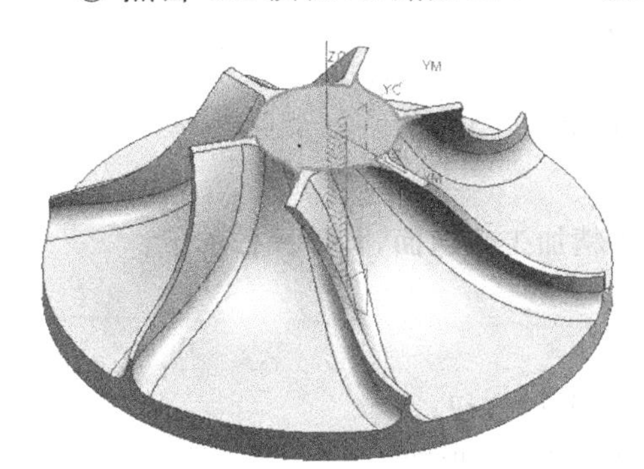
图 8-120 切削层范围

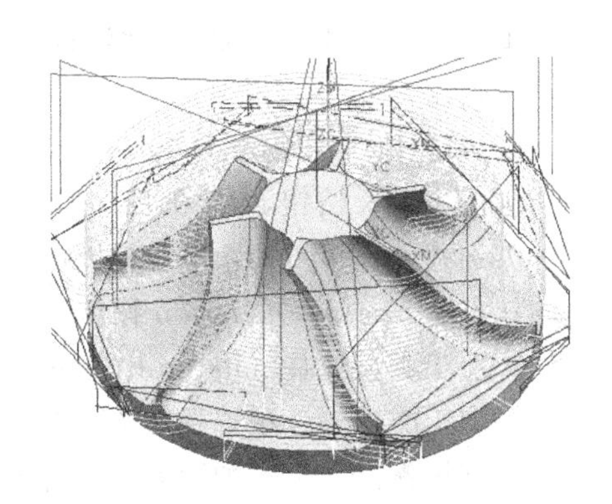
图 8-121 型腔铣刀路

(8) 建立 VARIABLE_CONTOUR 操作，半精加工叶片端面，具体操作如下：

① Create Operation 按钮；

② 加工类型选择 mill_multi-axis；

③ 加工类型子选项选择 VARIABLE_CONTOUR 按钮；

④ 该操作的父节点如图 8-122 所示设置，选择 OK 按钮完成设置。

Program	ROUGH2
Use Geometry	WORKPIECE
Use Tool	D4
Use Method	METHOD

图 8-122 父节点设置对话框

(9) 选择五轴加工驱动方法和驱动几何体，具体操作如下：

① 在 VARIABLE_CONTOUR 操作对话框中，设置驱动方法和刀具主轴方向，如图 8-123所示；

② 在 Surface Driver Method 对话框中，点击 Select 按钮，选择加工驱动几何体，如图 8-124所示。

Drive Method
Surface Area
Tool Axis
Swarf Drive

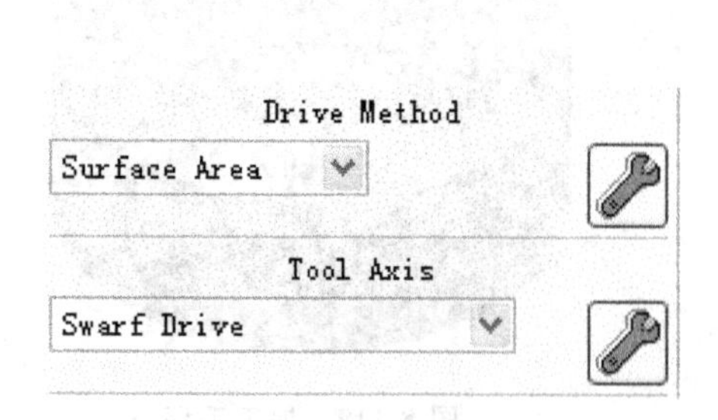

图 8-123 驱动和刀具主轴方向设定

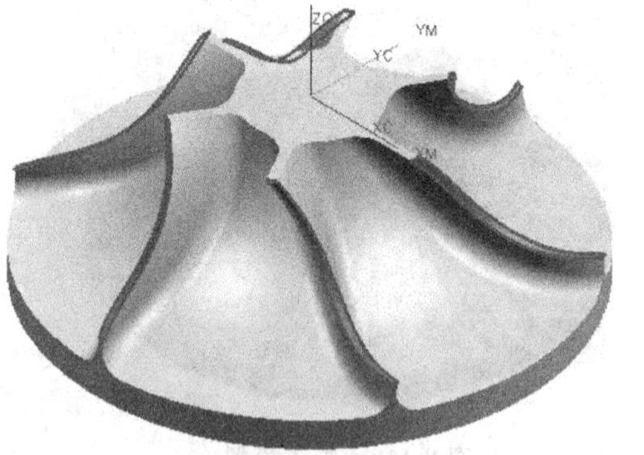

图 8-124 驱动几何体

(10) 生成叶片端面加工刀路，具体操作如下：

① 点击 Generate 按钮；

② 关掉 Pause After Display、Rresh After Display 选项；

③ 点击 OK 按钮，刀路如图 8-125 所示。

(11) 建立 VARIABLE_CONTOUR 操作，半精加工流道面，具体操作如下：

① 点击 Create Operation 按钮；

② 加工类型选择 mill_multi-axis；

③ 加工类型子选项选择 VARIABLE_CONTOUR 按钮；

④ 该操作的父节点如图 8-126 所示设置，选择 OK 按钮完成设置。

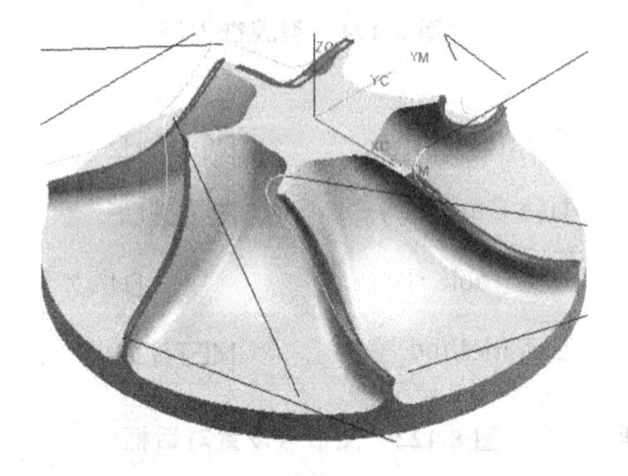

图 8-125 叶片端面加工刀路

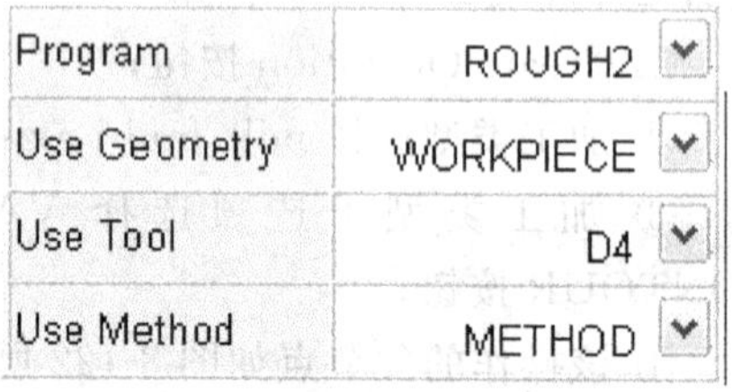

Program
ROUGH2
Use Geometry
WORKPIECE
Use Tool
D4
Use Method
METHOD

图 8-126 父节点设置对话框

(12) 选择五轴加工驱动方法和驱动几何体具体操作如下：

① 在 VARIABLE_CONTOUR 操作对话框中，设置驱动方法和刀具主轴方向，如图 8-127所示；

② 在 Surface Driver Method 对话框中，点击 Select 按钮，选择加工驱动几何体，如

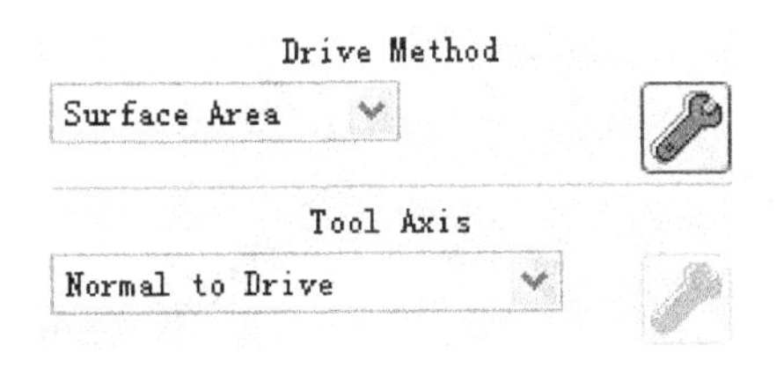

图 8-127　驱动和刀具主轴方向设定

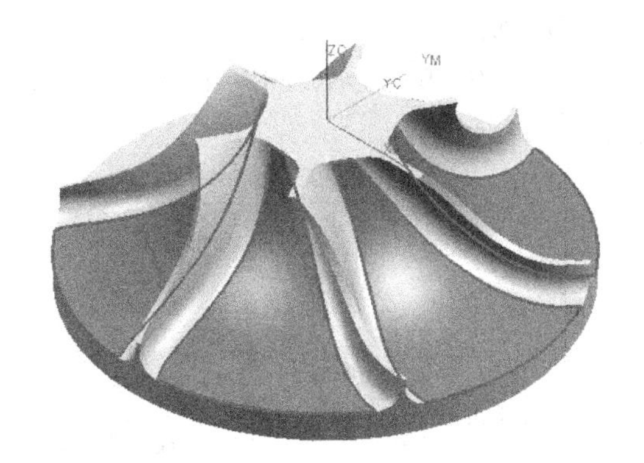

图 8-128　驱动几何体

图 8-128所示。

(13) 生成叶片流道面半精加工刀路，具体操作如下：

① 点击 Generate 按钮；

② 关掉 Pause After Display、Rresh After Display 选项；

③ 点击 OK 按钮，刀路如图 8-129 所示。

(14) 建立 VC_ F1_SURF_REG_ZZ_LEAD_LAG 操作，精加工主叶片面，具体操作如下：

① 点击 Create Operation 按钮；

② 加工类型选择 mill_multi-axis；

③ 加工类型子选项选择 VC_ F1_SURF_REG_ZZ_LEAD_LAG 按钮；

④ 该操作的父节点如图 8-130 设置，选择 OK 按钮完成设置。

(15) 选择五轴加工驱动方法和驱动几何，具体操作如下：

① 在 VC_ F1_SURF_REG_ZZ_LEAD_LAG 操作对话框中，设置驱动方法和刀具主

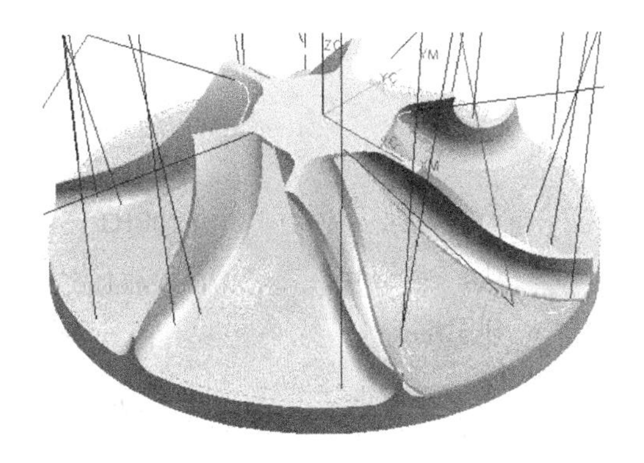

图 8-129　叶片流道加半精工刀路

Program	FINISH1
Use Geometry	WORKPIECE_1
Use Tool	R1.5
Use Method	METHOD

图 8-130　父节点设置对话框

轴方向，如图 8-131 所示；

② 在 Surface Driver Method 对话框中，点击 Select 按钮，选择加工驱动几何体，如图 8-132所示。

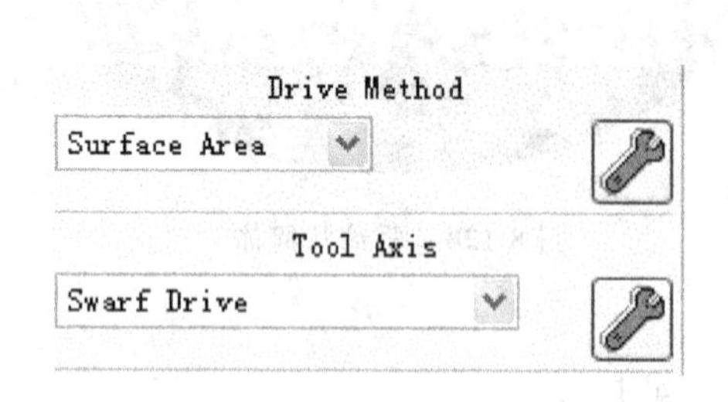

图 8-131　驱动和刀具主轴方向设定

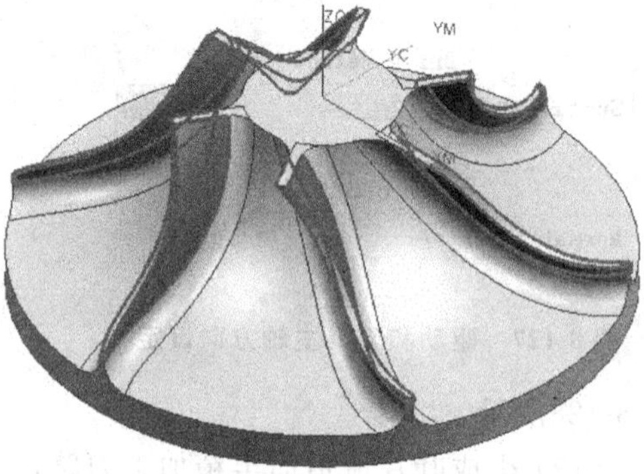

图 8-132　驱动几何体

(16) 生成主叶片面精加工刀路，具体操作如下：

① 点击 Generate 按钮；

② 关掉 Pause After Display、Rresh After Display 选项；

③ 点击 OK 按钮，刀路如图 8-133 所示。

(17) 建立 VC_ F1_SURF_REG_ZZ_LEAD_LAG 操作，精加工流道面，具体操作如下：

① 点击 Create Operation 按钮；

② 加工类型选择 mill_multi-axis；

③ 加工类型子选项选择 VC_ F1_SURF_REG_ZZ_LEAD_LAG 按钮；

④ 该操作的父节点如图 8-134 设置，选择 OK 按钮完成设置。

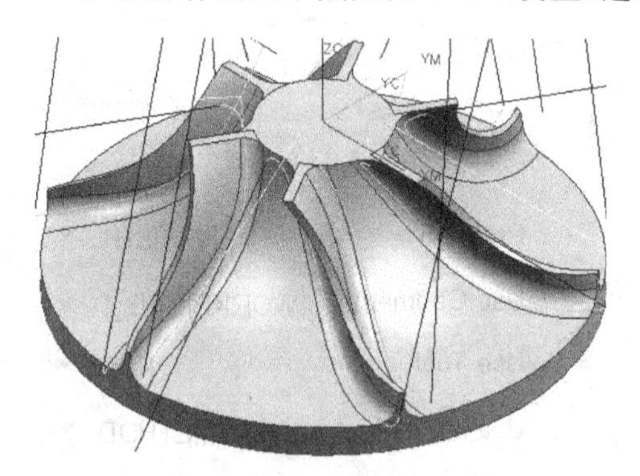

图 8-133　主叶片面加精工刀路

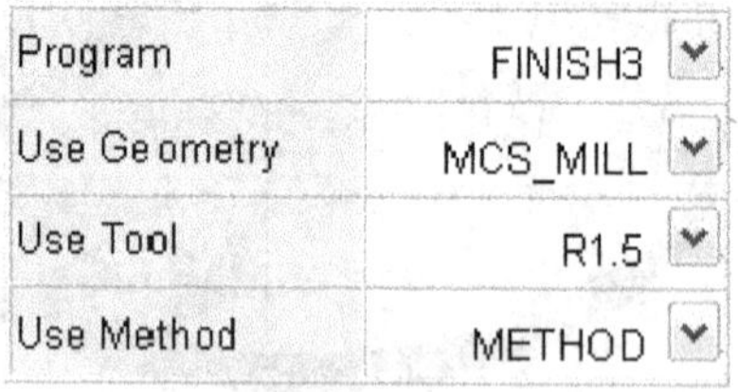

Program	FINISH3
Use Geometry	MCS_MILL
Use Tool	R1.5
Use Method	METHOD

图 8-134　父节点对话框

(18) 选择五轴加工驱动方法和驱动几何体,具体操作如下:

① 在 VC_ F1_SURF_REG_ZZ_LEAD_LAG 操作对话框中,设置驱动方法和刀具主轴方向,如图 8-135 所示;

② 在 Surface Driver Method 对话框中,点击 Select 按钮,选择加工驱动几何体,如图 8-136所示。

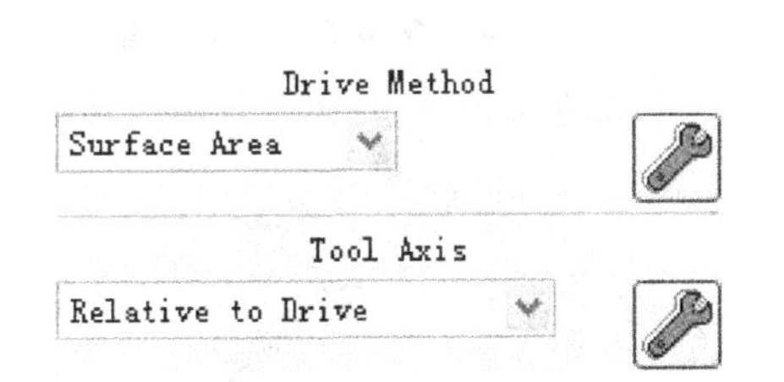

图 8-135 驱动和刀具主轴方向设定

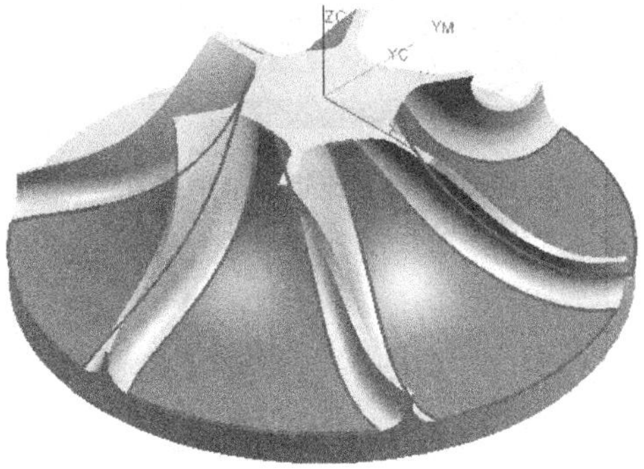

图 8-136 驱动几何体

(19) 生成叶片流道面半加工刀路,具体操作如下:

① 点击 Generate 按钮;

② 关掉 Pause After Display、Rresh After Display 选项;

③ 点击 OK 按钮,刀路如图 8-137 所示。

(20) 建立 VC_ F1_SURF_REG_ZZ_LEAD_LAG 操作,清除流道面与叶片面相交根部的残余材料。具体操作如下:

① 点击 Create Operation 按钮;

② 加工类型选择 mill_multi-axis;

③ 加工类型子选项选择 VC_ F1_SURF_REG_ZZ_LEAD_LAG 按钮;

④ 该操作的父节点如图 8-138 所示设置,选择 OK 按钮完成设置。

(21) 选择五轴加工驱动方法和驱动几何体,具体操作如下:

① 在 VC_ F1_SURF_REG_ZZ_LEAD_LAG 操作对话框中,设置驱动方法和刀具主轴方向,如图 8-139 所示;

② 在 Surface Driver Method 对话框中,点击 Select 按钮,选择加工驱动几何体,如图 8-140 所示。

(22) 生成叶片流道面半加工刀路。具体操作如下:

① 点击 Generate 按钮;

② 关掉 Pause After Display、Rresh After Display 选项;

③ 点击 OK 按钮,刀路如图 8-141 所示。

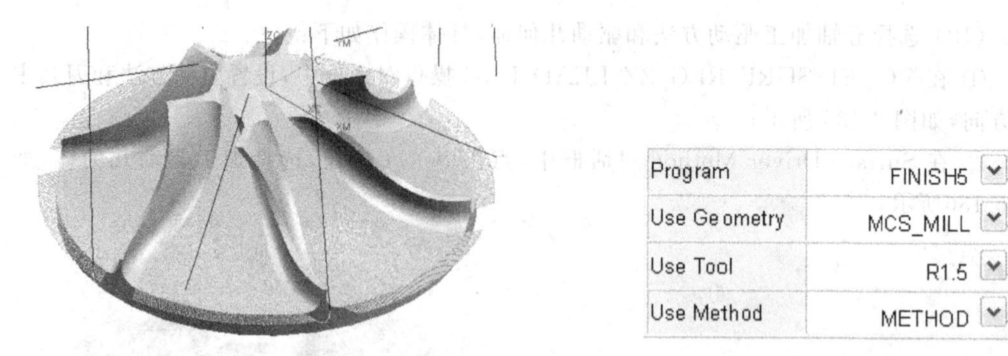

图 8-137 叶片流道加半精工刀路

图 8-138 父节点设置对话框

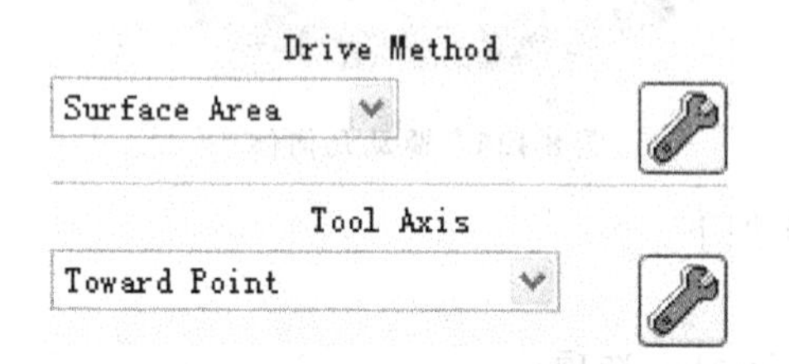

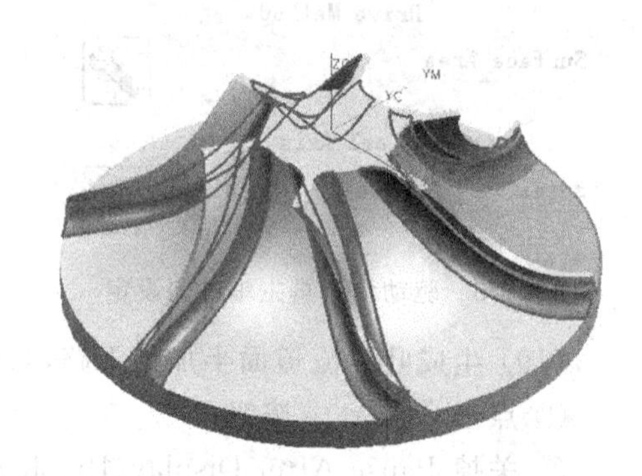

图 8-139 驱动和刀具主轴方向设定

图 8-140 驱动几何体

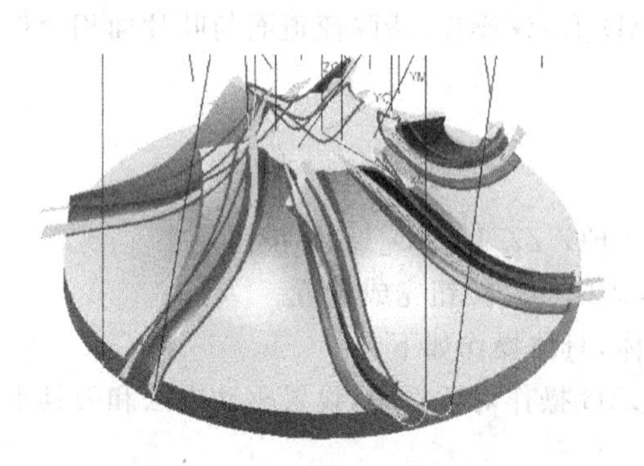

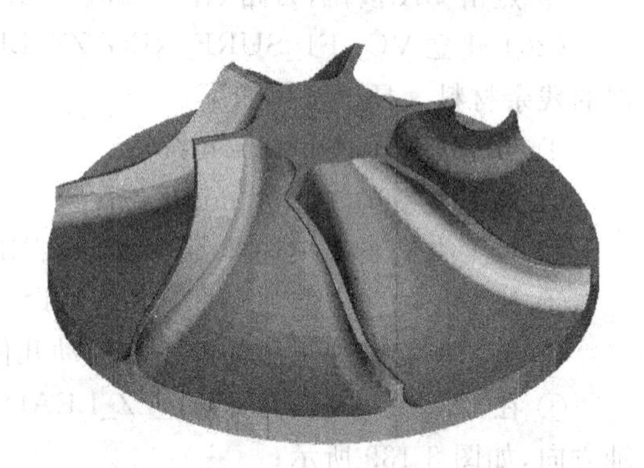

图 8-141 最后清根精工刀路

图 8-142 最终材料去除仿真渲染图

(23) 用 Verify Toolpath 模拟所有加工工后材料去除情况。具体操作如下：

① 在程序导航器中,选择 PROGRAM;

② 点击 MB3→选择 Verify Toolpath ;

③ 在弹出的对话框中,选择 Dynamic 标签,选择 Play 按钮,结果如图 8-142 所示。

本章重点、难点及知识拓展

本章重点：了解自动编程软件 CAXA 制造工程师 2006、MasterCAM X、UG 的基本功能、特点和适用范围；通过实例，学习和掌握机械零件的三维造型和自动生成数控加工轨迹及加工代码的基本方法。

本章难点：零件的加工工艺划分、安排及各个表面加工方法的合理选择与工艺参数的确定。

知识拓展：通过学习和掌握自动编程软件的基本操作，总结其基本使用技巧和使用心得，可以更好的理解和学习其他常用 CAD/CAM 软件，为在今后的工作实践中真正用好数控加工自动编程技术打下一个良好的 CAD/CAM 软件应用基础。

思考与练习题

8-1　分别用 CAXA 制造工程师 2006、MasterCAM X、UG 软件完成如图 8-143 所示零件的三维造型，并选择适当的加工工艺方法和路线，设置合适的工艺参数，生成其加工轨迹和加工代码(零件材料：20 钢)。

8-2　分别用 CAXA 制造工程师 2006、MasterCAM X、UG 软件完成如图 8-144 所示零件的三维造型，并选择适当的加工工艺方法和路线，设置合适的工艺参数，生成其加工

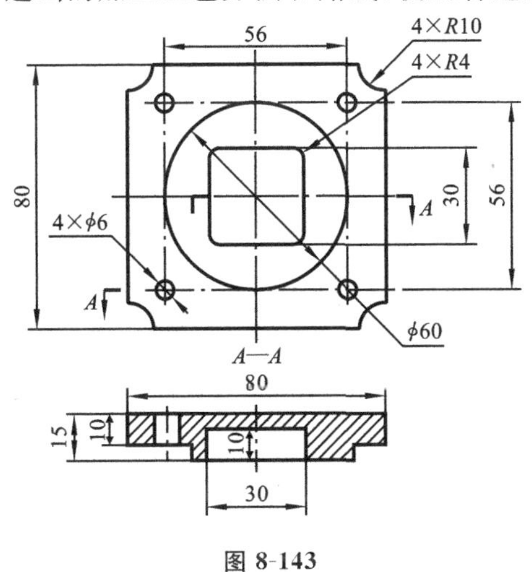

图 8-143

轨迹和加工代码(零件材料:LY12)。

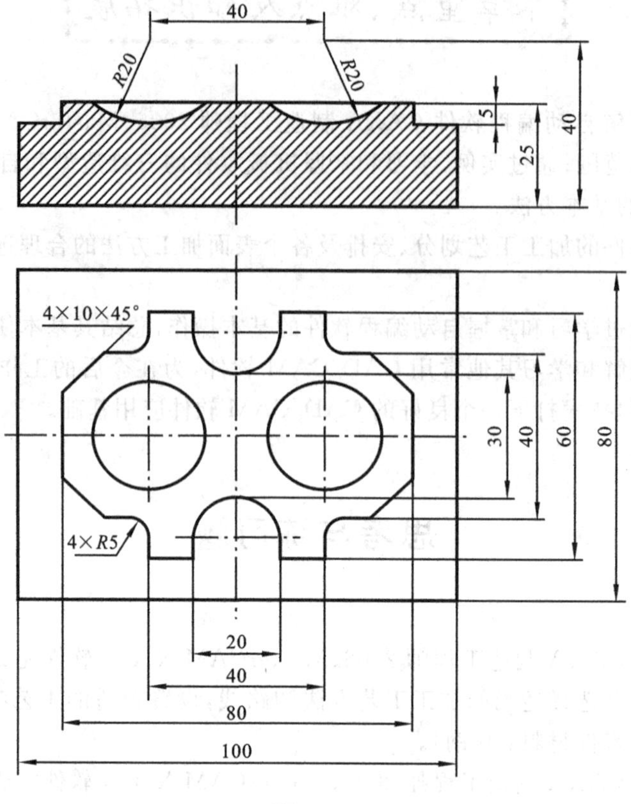

图 8-144

附 录

附录 A FANUC 数控系统铣削 G 代码指令系列

指令	模态	功 能	指令	模态	功 能
G00	01	快速定位运动	G54	07	选择工件坐标系 1
G01	01	直线插补运动	G55	07	选择工件坐标系 2
G02	01	顺时针圆弧插补	G56	07	选择工件坐标系 3
G03	01	逆时针圆弧插补	G57	07	选择工件坐标系 4
G04	#	暂停	G58	07	选择工件坐标系 5
G09	#	准确停	G59	07	选择工件坐标系 6
G10	#	数据设定	G65	#	调出用户宏程序
G17	02	*XY* 平面选择	G66	08	模态调出用户宏程序
G18	02	*XZ* 平面选择	G67	08	取消模态调出宏程序
G19	02	*YZ* 平面选择	G73	09	深孔钻固定循环
G20	03	寸制编程选择	G74	09	反攻螺纹自动循环
G21	03	米制编程选择	G76	09	精镗固定循环
G22	04	存储行程校验功能开	G80	09	取消固定循环
G23	04	存储行程校验功能关	G81	09	钻孔循环
G28	#	返回参考点	G83	09	钻深孔循环
G29	#	离开参考点	G84	09	攻螺纹循环
G30	#	返回到第二、三、四参考点	G85	09	镗孔循环
G40	04	切削刀具补偿	G86	09	镗孔循环
G41	04	刀具左补偿	G87	09	反镗自动循环
G42	04	刀具右补偿	G88	09	镗孔循环
G43	05	刀具长度正向补偿	G89	09	镗孔循环

续表

指令	模态	功　　能	指令	模态	功　　能
G44	05	刀具长度负向补偿	G90	10	绝对坐标编程
G45	#	刀偏增加	G91	10	相对坐标编程
G46	#	刀偏减少	G92	#	设定工件坐标系
G49	05	取消 G43/G44	G94	11	每分钟进给速度
G50	06	取消 G51	G95	11	每转进给速度
G51	06	缩放	G98	12	返回初始点
G53	07	取消 G54～G59	G99	12	返回参考面

注：① 表中凡有 01,02,…,11 指示的 G 代码为同一组代码，这种指令为模态指令；

② 有“#”指示的指令为非模态指令；

③ 在程序中，模态指令一旦出现，其功能在后续的程序段中一直起作用，直到同一组的其他指令出现才终止；

④ 非模态指令的功能只在它出现的程序段中起作用。

附录 B　FANUC 数控系统车削 G 代码指令系列

指令	模态	功　　能	指令	模态	功　　能
G00	01	快速定位运动	G50	#	设定工件坐标系
G01	01	直线插补运动	G65	05	调出用户宏程序
G02	01	顺时针圆弧插补	G66	05	模态调出用户宏程序
G03	01	逆时针圆弧插补	G67	05	取消 G66
G04	#	暂停	G68	05	双刀架镜像开
G17	02	*XY* 平面选择	G69	05	双刀架镜像关
G18	02	*XZ* 平面选择	G70	06	精车固定循环
G20	03	寸制编程选择	G71	06	粗车外圆固定循环
G21	03	米制编程选择	G72	06	精车端面固定循环
G22	04	存储行程校验功能开	G73	06	固定形状粗车固定循环
G23	04	存储行程校验功能关	G74	06	深孔钻削循环
G28	#	返回参考点	G75	06	精车固定循环
G29	#	返回参考点	G76	06	螺纹切削循环

续表

指令	模态	功能	指令	模态	功能
G30	#	离开参考点	G90	06	内、外圆切削循环
G40	04	切削刀具补偿	G92	06	螺纹切削循环
G41	04	刀具左补偿	G94	07	每分钟进给速度
G42	04	刀具右补偿	G95	07	每转进给速度

附录C FANUC数控系统M代码指令系列

指令	功能	指令	功能
M00	程序停止	M23	取消镜像
M01	程序选择停止	M30	程序结束并返回
M02	程序结束	M31	正方向启动排屑器
M03	主轴顺时针旋转	M32	反方向启动排屑器
M04	主轴逆时针旋转	M33	排屑器停止
M05	主轴停止	M34	切削液喷嘴升高一位
M06	换刀	M35	切削液喷嘴降低一位
M08	切削液打开	M39	旋转刀盘
M09	切削液关闭	M41	低速挡
M13	主轴顺时针旋转、切削液打开	M42	高速挡
M14	主轴逆时针旋转、切削液打开	M82	松开刀具
M17	主轴停止、切削液关闭	M86	夹紧刀具
M19	主轴准停	M97	子程序调用
M21	以 X 轴镜像	M98	子程序调用
M22	以 Z 轴镜像	M99	子程序调用结束

参 考 文 献

[1] 廖效果,朱启逑.数字控制机床[M].武汉:华中理工大学出版社,1992.

[2] 王仁德,赵春雨,张耀满.机床数控技术[M].沈阳:东北大学出版社,2002.

[3] 王润孝.机床数控原理与系统[M].西安:西北工业大学出版社,1989.

[4] 何雪明,吴晓光,常兴.数控技术[M].武汉:华中科技大学出版社,2006.

[5] 乐兑谦.金属切削刀具[M].北京:机械工业出版社,2001.

[6] 王爱玲.数控机床加工工艺[M].北京:机械工业出版社,2006.

[7] 徐宏海.数控加工工艺[M].北京:化学工业出版社,2004.

[8] 田春霞.数控加工工艺[M].北京:机械工业出版社,2006.

[9] 赵长旭.数控加工工艺[M].西安:西安电子科技大学出版社,2006.

[10] 罗春花,刘海明.数控加工工艺简明教程[M].北京:北京理工大学出版社,2003.

[11] 徐宏海.数控铣床[M].北京:化学工业出版社,2003.

[12] 中国机械工业教育协会.数控加工工艺及编程[M].北京:机械工业出版社,2004.

[13] 张超英.数控机床加工工艺、编程及操作实训[M].北京:高等教育出版社,2003.

[14] 余英良.数控加工编程及操作[M].北京:高等教育出版社,2005.

[15] 邓建新.数控刀具材料选用手册[M].北京:机械工业出版社,2004.

[16] 刘颖.CAXA 制造工程师 2006 实例教程[M].北京:清华大学出版社,2005.

[17] 张德强.CAXA 数控铣 CAD/CAM 技术[M].北京:机械工业出版社,2005.